U0320759

Ubuntu Linux
系统管理实战

·张春晓 编著·

清华大学出版社

北京

内 容 简 介

Linux 是目前使用最为广泛的操作系统，而 Ubuntu 是众多 Linux 发行版中的佼佼者。本书由浅入深、循序渐进，使零基础的读者也能够熟练掌握如何管理和维护 Ubuntu 系统。

本书分为三部分，第一部分是 Ubuntu 入门，包括 Linux 基础知识、Ubuntu 17 的安装和配置、桌面环境、文件系统基础知识、文件和目录管理以及用户和权限管理等。第二部分是进阶篇，包括 Ubuntu 系统的启动和关闭、服务和进程管理、软件包管理、磁盘和文件系统管理以及网络管理等。第三部分是精通 Linux，包括 Shell 编程、网络服务管理以及虚拟化和云计算等。

本书内容精练、重点突出、实例丰富，是广大 Linux 维护和开发人员、网络管理维护人员必备的参考书，同时非常适合大中专院校师生学习阅读，也可作为高等院校计算机及相关专业当教材使用。

本书封面贴有清华大学出版社防伪标签，无标签者不得销售

版权所有，侵权必究。举报：**010-62782989，beiqinquan@tup.tsinghua.edu.cn**。

图书在版编目（CIP）数据

Ubuntu Linux 系统管理实战 / 张春晓编著. — 北京：清华大学出版社，2018（2022.11 重印）
ISBN 978-7-302-49859-9

I. ①U… II. ①张… III. ①Linux 操作系统 IV.①TP316.85

中国版本图书馆 CIP 数据核字（2018）第 051388 号

责任编辑：夏毓彦
封面设计：王　翔
责任校对：闫秀华
责任印制：沈　露

出版发行：清华大学出版社
　　　网　　址：http://www.tup.com.cn，http://www.wqbook.com
　　　地　　址：北京清华大学学研大厦 A 座　　　邮　　编：100084
　　　社 总 机：010-83470000　　　邮　　购：010-62786544
　　　投稿与读者服务：010-62776969，c-service@tup.tsinghua.edu.cn
　　　质量反馈：010-62772015，zhiliang@tup.tsinghua.edu.cn

印 装 者：涿州市般润文化传播有限公司
经　　销：全国新华书店
开　　本：190mm×260mm　　　印　　张：33.75　　　字　　数：864 千字
版　　次：2018 年 5 月第 1 版　　　印　　次：2022 年 11 月第 5 次印刷
定　　价：108.00 元

产品编号：073779-01

前　言

　　自从 1991 年 10 月 Linux 诞生以来，一直受到广大 IT 界的关注。大批人士加入学习、研究、使用、开发以及交流 Linux 操作系统。尤其是 20 世纪 90 年代末，随着国际互联网的飞速发展，Linux 系统更是得到了充足的发展，在互联网中扮演了一个极其重要的角色，成为目前运用领域最广泛、使用人数最多的操作系统。

　　正因为众多研究者和开发者的积极参与，使得 Linux 系统出现了流派纷呈的局面。不同的派别百花齐放、各具特色。目前已经有超过三百个发行版被积极地开发，最普遍使用的发行版本大约有十几个。其中，比较有名的有 Debian、Ubuntu、Fedora、CentOS、Slackware、RedHat 和 openSUSE 等。在诸多的发行版当中，Ubuntu 尤其引人注目，成为 Linux 发行版中的佼佼者。

　　尽管每个发行版各有不同，但是它们使用的却是同一个内核。因此，它的核心功能是相同的。从这个方面讲，学习任何一个发行版都是可行的。

　　为了方便广大读者学习，作者结合自己十多年的 Linux 维护、开发和培训经验编写了本书。本书全面地介绍了 Linux 的基础知识、Ubuntu 17 的安装方法、桌面环境、文件系统、目录和文件管理、用户管理、服务管理、文件系统管理、网络管理、shell 编程等技术。在介绍每部分内容时，都给出了大量具体的实例，使得读者能够深入了解，快速掌握 Linux 系统。学完本书之后，力求让读者能够胜任 Linux 的日常开发和维护。

本书的特点

1．内容丰富，知识全面

　　全书共分 3 篇 15 章，采用从易到难、循序渐进的方式进行讲解。内容几乎涉及了 Linux 系统管理和开发的各个方面。

2．循序渐进，由浅入深

　　为了方便读者学习，本书首先让读者了解 Linux 的基础知识，并掌握 Ubuntu 17 的安装方法和桌面环境。读者在掌握这些入门知识的基础上，逐渐学习 Ubuntu 更深的知识，包括文件系统、文件和目录管理、用户管理以及网络管理等。最后介绍更加高级的 Shell 编程、网络服务管理以及虚拟化和云计算。从而使读者可以边学习，边动手，更快地掌握 Ubuntu 的各种知识。

3．格式统一，讲解规范

　　书中的每个命令都给出了详细的语法，并结合具体的实例。这样使得读者可以很清晰地了解每个命令的功能和使用方法，从而提高学习效率。

4．重点突出，言简意赅

由于 Linux 的相关技术非常多，很多读者无所适从，无从下手。本书在介绍 Ubuntu 时，突出了日常维护所需要重点关注的知识点和技巧，避免了冗长的无关知识的介绍。使得读者能够抓住重点，节省时间。

5．案例精讲，深入剖析

根据作者本人多年的管理和开发经验，Ubuntu 的管理万变不离其宗，一通百通。所以本书没有像其他书籍过多地举例，而是在每个知识点中选取了最典型的几个例子，然后通过对其以及相关知识点进行详细讲解，使读者可以真正掌握 Linux 的精髓。

本书的内容安排

本书共分为 3 篇，共 15 章，主要章节规划如下所示。

第一篇（第 1 章~第 6 章）Ubuntu 入门

讲述了 Linux 基础知识、Ubuntu 17 的安装和配置、桌面环境、文件系统基础知识、文件和目录管理以及用户和权限管理等。

第二篇（第 7 章~第 11 章）进阶篇

讲述了 Ubuntu 系统的启动和关闭、服务和进程管理、软件包管理、磁盘和文件系统管理以及网络管理等。

第三篇（第 12 章~第 15 章）精通 Linux

讲述了 Shell 编程、网络服务管理以及虚拟化和云计算系统网络安全等。

本书由浅入深，由理论到实践，尤其适合初级读者逐步学习和完善自己的知识结构。

适合阅读本书的读者

- 希望进入 Linux 系统领域的新手
- Ubuntu 学习人员
- Ubuntu 入门者
- 从事 Ubuntu 管理和开发的人员
- 想在 Ubuntu 上开发网络应用的人员
- 网络管理员
- 大中专院校的学生

本书由张春晓主编，其他参与本书创作的还有刘鑫、陈素清、张泽娜、常新峰，林龙、王亚飞、薛燚、王刚、吴贵文、李雷霆、王晓华，排名不分先后。

编者

2018 年 1 月

目　录

第三篇 精通 Linux

第一篇

Ubuntu 入门

第一章

个人信息篇

第 1 章

了解Ubuntu

在 1991 年，芬兰赫尔辛基大学计算机系的学生 Linus Torvalds 开发出了第 1 版的 Linux 内核。后来，随着互联网的兴起，Linux 席卷了整个互联网，成为互联网上最流行的操作系统。其中，Ubuntu 是众多 Linux 发行版中的佼佼者。因此，了解和掌握 Ubuntu 成为从事互联网行业的必备条件之一。本章将帮助读者了解什么是 Linux、Ubuntu 与 Linux 的关系以及如何快速掌握好 Ubuntu。

本章主要涉及的知识点有：

● 什么是 Linux：了解 Linux 的发展历史。
● 常见 Linux 发行版：介绍常见的 Linux 发行版以及特点。
● 了解 Ubuntu：介绍 Ubuntu 的特点及其发展历史。
● GNU GPL 和 POSIX 介绍：介绍 GNU GPL 与 Linux 的关系以及 POSIX。
● 学习 Ubuntu 的方法：介绍快速学习 Ubuntu 的方法。

1.1　什么是 Linux

对于大多数初学者来说，Linux 是一座令人畏惧的高山，似乎高得无法攀登。然而，当你进入 Linux 世界之后，就会发现这里面的风景真得很好，令人流连忘返。本节首先介绍什么是 Linux，使得用户对于 Linux 有个初步认识，了解常见的 Linux 发行版。接下来介绍 Ubuntu，让用户了解 Ubuntu 与其他的发行版的区别。最后介绍如何有效地、系统地学习 Ubuntu。

可以说，Linux 存在于人们日常生活的各个领域，尽管人们不一定意识到。但是，除了专门从事 Linux 或者 UNIX 系统开发或者维护的人员之外，其他的人很少去真正了解什么是 Linux。当你去问别人这个问题时，经常得不到满意的答案，因为绝大多数人知其名而不知其意。

举个简单的例子，如果你问目前最流行的智能手机操作系统是什么，相信大部分人会告诉你，是 Android。没错，Android 是当前两大移动设备操作系统之一。那么 Android 与我们这本书讲的 Linux 有关系吗？答案是肯定的，因为 Android 是在 Linux 内核的基础上开发出来的。也就是说，没有 Linux，就没有今天的 Android。

接下来我们要搞清楚什么是 Linux。要想弄清楚 Linux 的起源，不得不提操作系统的老祖宗 UNIX。故事总是从很久很久以前开始说起，1969 年，AT&T 贝尔实验室的 3 位殿堂级的大师肯·汤普森、丹尼斯·里奇和道格拉斯·麦克罗伊开发出了 UNIX 系统，见图 1-1~图 1-3。

图 1-1　肯·汤普森　　　　　图 1-2　丹尼斯·里奇　　　　　图 1-3　道格拉斯·麦克罗伊

最初的 UNIX 完全用汇编语言开发，这在现在看来几乎是不可能的事情，因为很少有人再去深入研究汇编语言了。当然，汇编语言与硬件有着密切的联系，这也影响了 UNIX 在其他的硬件平台上面的运行。到了 1973 年，丹尼斯·里奇这位 C 语言大师用 C 语言重新编写了 UNIX。由于 C 语言的应用，使得 UNIX 能够在多种硬件平台上运行。

由于最初美国反垄断法的限制，UNIX 操作系统不能作为商业产品发行。因此，AT&T 只能将 UNIX 的代码免费授权给需要的机构使用。也正是这个缘故，使得 UNIX 在大学、研究机构，甚至商业公司中得到了广泛使用，在一定程度上促进了 UNIX 的发展。

然而，当初的 AT&T 并没有想着把 UNIX 变成一个免费的产品，而是急于从 UNIX 中获得回报。1984 年，AT&T 脱离贝尔实验室，同时，UNIX 也变成了一个商业产品。

UNIX 操作系统的收费使得当时的人们非常想念那段免费使用 UNIX 的时光，于是，GNU 计划便在这种背景下产生了。GNU 计划的最初目标是开发一套完全免费的与 UNIX 系统兼容的操作系统。可以看出来，GNU 计划正是针对 UNIX 的商业化而提出的。GNU 计划的提出，也促进了 Linux 的诞生。按照林纳斯·托瓦兹的说法，如果没有 GNU 计划，他可能不会考虑开发 Linux 内核。

在 Linux 诞生之前，还有一个操作系统不得不提，那就是 MINIX。对于这个操作系统，国内大部分的读者都会感到陌生，因为这个系统并没有非常流行起来。但是，如果不是当时某些条件的限制，这个操作系统很有可能会变成今天的 Linux。

在 UNIX 商业化之后，计算机界的另外一位殿堂级大师 Andrew S. Tanenbaum 开发出了一套面向教育领域的与 UNIX 系统兼容的小型操作系统，即 MINX，MINX 1.0 的大约 12000 行 C 语言代码就打印在当时的教科书上面。然而，尽管 Andrew S. Tanenbaum 非常希望所有学习操作系统和计算机原理的学生都能够免费获得 MINX 的代码，但是 MINX 的发行公司却仍然收取 9 美金的许可费。因此，MINX 仍然存在着重走 UNIX 的老路，变成商业软件的风险。于是，当 Linux 出现之后，许多 MINX 的参与开发者便抛弃了 MINX，投向了 Linux 的怀抱。

1991 年，还在赫尔辛基大学读书的小伙子林纳斯·托瓦兹对操作系统充满了好奇，同时，也对 MINX 仅用于教育用途的许可感到非常不满，于是，他决定开发自己的操作系统内核，这就是后来大名鼎鼎、风靡整个互联网的 Linux 内核。

随着开发的深入，Linux 内核越来越成熟。同时，伴随着 GNU 计划的实施，越来越多的开发者参与到 Linux 应用程序的开发中来，也有许多的开发者将其他的系统平台上面的 GNU 项目移植到 Linux 平台上来，将其他的 GNU 项目与 Linux 内核整合。林纳斯·托瓦兹也修改了 Linux 内核的许可，从最初的禁止商业性的重新发布，到 GNU GPL 许可，从而吸引了更多的商业公司参与到 Linux 开发中来，包括红帽子、Novell 等，使得 Linux 成为一套完整的、免费的操作系统。

接下来，该说一下 Linux 名称的由来了。许多人也许会感到困惑，Linux 这个名称与林纳斯·托瓦兹的名字 Linus 是不是十分相似？难道林纳斯·托瓦兹以自己的名字来命名他开发的 Linux 操作系统内核？实际上，林纳斯·托瓦兹原本打算把他开发的操作系统内核命名为 Freax，这是免费（free）、突然的念头（freak）和 x 三者拼凑起来的。其中，最后一个字母 x 暗指 UNIX 操作系统。可以看到，林纳斯·托瓦兹为 Linux 命名也费尽了心思，同时，也反映出了 Linux 内核开发时的处境。Linux 这个名称也不是没有考虑过，由于与他的名字太相似，显得太过于自我，所以最终还是放弃了。

在当时，没有 Subversion，也没有 Git，许多人一起分享文件，最流行的就是 FTP 了。为了促进 Linux 的开发，在 1991 年的秋天，林纳斯·托瓦兹将 Linux 内核的文件上传到了 ftp.funet.fi FTP 服务器上。林纳斯·托瓦兹当时的合作者之一，身为 FTP 服务器管理员的 Ari Lemmke 认为 Freax 是一个非常糟糕的名字，于是他自作主张把这个项目名称改为 Linux。最终，林纳斯·托瓦兹也同意了使用这个名称，于是，Linux 就整式诞生了。

1.2　Linux 发行版

前面已经介绍了 Linux 的发展历程。可以看到，Linux 操作系统实际上是由分布在世界各地的参与者共同开发出来的，林纳斯·托瓦兹的主要工作是提供了 Linux 内核。而作为一个完整的操作系统，除了内核之外，还有许许多多的应用程序。面对这么多的软件包，最终用户如何管理整个 Linux 系统就成为一个非常棘手的问题。不可能要求每个 Linux 都是软件高手，即使对于一个软件高手来说，也不能精通 Linux 系统中的每个软件包。因此，迫切需要把一套相对比较容易管理、易于使用的 Linux 操作系统提供给普通用户。在这种情况下，产生了众多形形色色的 Linux 发行版，例如 Debian、Gentoo、Fedora、Arc、Ubuntu 以及 Slackware 等，而在这些主流分支上面，又产生了许多其他的分支。可以说，每个发行版都有自己的特色，有的发行版专注于桌面应用，有的发行版专注于服务器应用。而所有的发行版汇集在一起，构成了整个 Linux 家族。接下来，我们重点介绍几个比较流行的发行版。

1.2.1　Debian

Debian 绝对是 Linux 发行版中的佼佼者。该发行版由 Debian 项目开发社区维护，诞生于 1993 年。该项目的基本目标是完全免费，所以 Debian 是一套全部由免费软件构成的操作系统。而本书的主角 Ubuntu 也是在 Debian 的基础上开发出来的。Debian 的标识如图 1-4 所示。Debian 目前的最新版本为 8.2，支持 GNOME 、KDE、Xfce 以及 LXDE 等桌面环境，如图 1-5 和 1-6 所示。

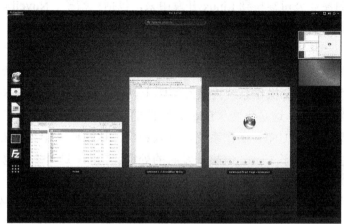

图 1-4　Debian　　　　　　　　　　　　图 1-5　Debian 8.2 上面的 GNOME 桌面

图 1-6　Debian 8.2 上面的 KDE 桌面

1.2.2　Ubuntu

前面已经提到过，Ubuntu 是基于 Debian 开发而来，其基本目标是为用户提供良好的用户体验和技术支持。实际上，Ubuntu 的发展非常迅猛，其应用领域已经扩展到了云计算、服务器、个人桌面，甚至移动终端，例如手机和平板等。此外，在 Ubuntu 的基础上，也衍生出了十几个发行版，包括 Edubuntu、Kubuntu、Ubuntu GNOME、Ubuntu MATE、Ubuntu Kylin、

Ubuntu Server、Ubuntu Studio、Ubuntu Touch 和 Ubuntu TV 等。它们要么有专门的应用领域，例如 Edubuntu 专门面向教育领域，可以用在教室等场合，Ubuntu Studio 提供了大量开源的多媒体处理工具，用户可以用来处理视频、音频或者图片等；要么用在不同的设备上面，例如 Ubuntu Server 运行在服务器上，Ubuntu Touch 专门为触摸设备设计。

　　Ubuntu Server 16.04 LTS 的界面如图 1-7 所示。

图 1-7　Ubuntu 16.04 LTS

1.2.3　Arch Linux

　　与其他的发行版不同，Arch Linux 被设计成为一个简单的、轻量的 Linux 发行版。Arch 采用 BSD 风格的启动脚本，集中管理，对于普通用户来说，非常容易上手。Arch Linux 拥有特定的软件包管理器 pacman。Arc Linux 的桌面环境如图 1-8 所示。

图 1-8　Arc Linux

1.2.4 Fedora

Fedora 是一套知名度较高的 Linux 发行版，由 Fedora 项目社区开发、红帽公司赞助，其目标是创建一套新颖、多功能并且自由，即开放源代码的操作系统。

Fedora 基于 Red Hat Linux 衍生而来。在 Red Hat Linux 终止发行后，红帽公司项目以 Fedora 来取代 Red Hat Linux 在个人领域的应用，而另外发行的 Red Hat Enterprise Linux 则取代 Red Hat Linux 在商业领域的应用。

Fedora 对于用户而言，是一套功能完备、更新快速的免费操作系统；而对赞助者 Red Hat 公司而言，它是许多新技术的测试平台，被认为可用的技术最终会加入到 Red Hat Enterprise Linux 中。Fedora 大约每 6 个月发布新版本。Fedora Server 25 的界面如图 1-9 所示。

图 1-9　Fedora

1.2.5 OpenSUSE

openSUSE 的前身为 SUSE Linux 和 SuSE Linux Professional，主要由 SUSE 公司赞助。openSUSE 在全世界，尤其是在德国被广泛使用。它的开发重心是为软件开发者和系统管理者创造适用的开放源代码的工具，并提供易于使用的桌面环境和功能丰富的服务器环境。openSUSE 针对桌面环境进行了一系列的优化，对 Linux 新手较为友好。目前最新的稳定版为 openSUSE Leap 42.2。

2003 年 11 月 4 日，Novell 公司收购 SuSE Linux AG 后创建了 openSUSE。YaST（Yet another Setup Tool）作为 openSUSE 的重要特性之一包含在内。它是一套集系统安装、网络设定、RPM 软件包安装、在线更新、硬盘分区等诸多功能于一身的管理工具，以其管理功能及集成界面见长。OpenSUSE Leap 的界面如图 1-10 所示。

图 1-10　OpenSUSE Leap

1.2.6　CentOS

CentOS（Community Enterprise Operating System）是 Linux 发行版之一，它是来自于 Red Hat Enterprise Linux 依照开放源代码规定发布的源代码所编译而成。由于出自同样的源代码，因此有些要求高度稳定性的服务器以 CentOS 替代商业版的 Red Hat Enterprise Linux 使用。两者的不同，在于 CentOS 并不包含商业源码软件。CentOS 对上游代码的主要修改是为了移除不能自由使用的商业软件包。

CentOS 和 RHEL 一样，都可以使用 Fedora EPEL 来补足软件。CentOS 目前的最新版本为 CentOS 7。CentOS 7 的界面如图 1-11 所示。

图 1-11　CentOS 7

1.2.7 Red Hat Enterprise Linux

Red Hat Enterprise Linux（RHEL）是一个由 Red Hat 开发的商业市场导向的 Linux 发行版。红帽公司从 Red Hat Enterprise Linux 5 开始对企业版 LINUX 的每个版本提供 10 年的支持。Red Hat Enterprise Linux 常被简称为 RHEL，但它并非官方名称。Red Hat Enterprise Linux 大约3 年发布一个新版本。RHEL 可以使用 Fedora EPEL 来补足软件。Red Hat Enterprise Linux 6 的界面如图 1-12 所示。

图 1-12　RedHat Enterprise Linux 6

1.3　Ubuntu 概述

通过前面 2 节的介绍，读者对于 Linux 有了一个比较全面的了解。在本节中，将会对 Ubuntu 进行详细地介绍，以便读者对 Ubuntu 有更加深入的了解。

1.3.1　什么是 Ubuntu

Ubuntu 这个名字非常神奇，它取自非洲南部祖鲁语的 ubuntu，是一个哲学名称，其意思为"人性"或者"我的存在是因为大家的存在"。对于中国人来说，一般称呼它为乌班图。

Ubuntu 是在 Debian 的基础上开发出来的，最早的版本发布于 2004 年 10 月，其版本号为4.10。细心的读者会发现，Ubuntu 的版本号不是从 1.0 开始的。究其原因，在于 Ubuntu 特殊的版本号命名规则，即年份加上月份。目前 Ubuntu 服务器版的最新版本为 17.10。通常来说，Ubuntu 每 6 个月会发布一个新的版本，一般是在每年的 4 月和 10 月份。

Ubuntu 的设计理念非常强调易用性和国际化。在 Linux 发展初期，所搭配的桌面环境还非常简陋，但是，Ubuntu 的出现惊艳了整个 Linux 界，为 Linux 的普及起到了极大的促进作用。后来，Ubuntu 又在 GNOME 的基础上开发出来自己的用户界面 Unity，使得 Ubuntu 成为全世界 Linux 界的桌面先驱者和创新者。

除了个人电脑，Ubuntu 又推出了面向多种设备的版本，包括面向移动设备，转为触屏设计的 Ubuntu Touch，用于智能电视的操作系统 Ubuntu TV，在 Intel Atom 处理器上运行的 Ubuntu Mobile 等。甚至后来，Ubuntu 又推出了面向服务器的版本 Ubuntu Server。

总之，Ubuntu 目前已经成为 Linux 众多发行版中开发最活跃的版本之一。

1.3.2　Ubuntu 的版本

在上面的小节中，已经提到 Ubuntu 推出了多种面向不同设备以及应用到不同领域的版本。在本小节中，重点介绍目前应用广泛的几个版本。

1. Ubuntu 桌面版

Ubuntu 桌面版主要运行在个人计算机以及笔记本等设备上面，可以替代 Windows 或者 MAC OS 作为个人日常办公、开发的操作系统。目前，Ubuntu 桌面的最新版本为 Ubuntu 16.04.3 LTS 和 Ubuntu 17.10。前者为长期支持版本，每 2 年发布一次，其中 LTS 表示长期技术支持。针对 LTS 版，Ubuntu 会提供 5 年的技术支持服务。后者为常规发布版本，每 6 个月发布一次，对于这种版本，Ubuntu 会提供至少 9 个月的安全更新服务。

Ubuntu 16.04.3 LTS 默认安装 GNOME 3.18，使用 Unity 8 作为用户界面。Unity 的文件管理器如图 1-13 所示。

图 1-13　Unity 文件管理器

Ubuntu16.04.3 LTS 默认安装了 LibreOffice 5 作为办公套件，用户可以用来处理日常事务，如图 1-14 所示。

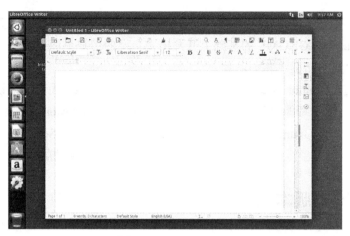

图 1-14　LibreOffice 5

Ubuntu 17.10 默认安装 GNONE 3.24，Unity 8 已经作为替代方案。这是因为 Ubuntu 已经放弃 Unity 的开发，使用原生的 GNOME 作为桌面环境。

2. Ubuntu 服务器版

Ubuntu 服务器版是专门针对服务器硬件开发的版本，主要用来提供各种网络服务，例如文件服务、Web 服务等。Ubuntu 服务器版支持的硬件架构比较广泛，例如常见的 x86、IBM POWER 以及 ARM 等。Ubuntu 也提供 LTS 版本，目前为 16.04.3 LTS。另外，Ubuntu 服务器版的常规发布版为 Ubuntu Server 17.10。

3. Ubuntu 云版本

Ubuntu 是 OpenStack 的早期采用者，OpenStack Autopilot 是安装、配置和升级 OpenStack 的最容易的方法之一。据 Ubuntu 背后的公司 Canonical Software 声称，在 OpenStack 部署环境中，OpenStack 解决方案三分之二运行 Ubuntu。

4. 优麒麟

优麒麟是基于 Ubuntu 的一款官方衍生版。 它是一款专门为中国市场打造的免费操作系统。优麒麟由 Canonical、工业和信息化部软件与集成电路促进中心（CSIP）以及国防科学技术大学（NUDT）联合开发，对 Ubuntu 进行了大量的本土化改造。优麒麟默认配备了许多中文软件包，适合国内用户使用。

1.3.3　Ubuntu 的特点

Ubuntu 是世界最受欢迎的操作系统之一。与其他的 Linux 发行版相比，Ubuntu 拥有非常明显的特点。

1. 简单易用

易用性一直是 Ubuntu 强调的重点之一。Ubuntu 桌面版拥有比其他发行版更加友好的用户界面。Ubuntu 与 GNOME 密切合作，每个新版本均会包含当时最新的 GNOME 桌面环境。

2. 自由免费

无论哪个版本，Ubuntu 都会使用那些自由、开源的软件。而其他的发行版则往往包含许多商业软件包。这对于用户来说，带来许多不必要的麻烦。

3. 开发活跃度高

Ubuntu 拥有庞大的社区群支持它的开发，用户可以及时获得技术支持，软件更新快，系统运行稳定。常规的发布版通常 6 个月发布一次，用户可以获得 9 个月的技术支持。而 LTS 版则 2 年发布 1 次，用户可以获得长达 5 年的技术支持。

4. Ubuntu 拥有优秀的软件管理器

Ubuntu 具有优秀的管理软件 Synaptic，方便更新、安装、删除软件。安装"傻瓜化"，使用 Sudo 操作防止用户的错误操作。

1.3.4　如何获得 Ubuntu

获得最新版本的 Ubuntu 非常简单，用户可以登录到 Ubuntu 的官方网站下载，下载网址为 https://www.ubuntu.com/download，如图 1-15 所示。

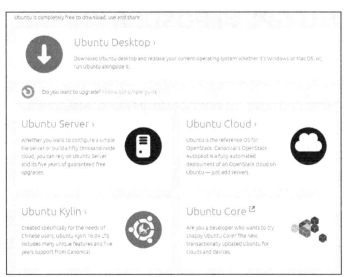

图 1-15　下载 Ubuntu

从图中可以看到，用户可以下载桌面版、服务器版、云平台、优麒麟以及核心版等。

除此之外，用户还可以通过其他的途径获得 Ubuntu，网址为 https://www.ubuntu.com/download/

alternative-downloads。通过该网址，用户可以下载网络安装包来安装 Ubuntu，也可以通过
BitTorrent 来快速下载各个版本的 Ubuntu，如图 1-16 所示。

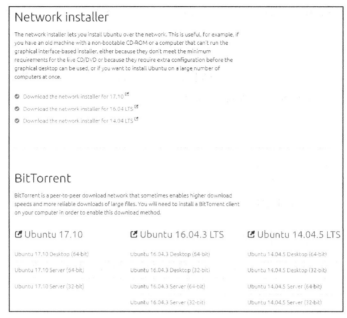

图 1-16　通过其他途径获得 Ubuntu

1.4　GNU GPL 和 POSIX 介绍

Linux 的发展与 GNU GPL 有着密切联系，可以说，如果没有 GNU GPL，则不会有 Linux
的成功。同时，Linux 又是完全符合 POSIX 标准的一个操作系统。为了能够使读者更加全面
地了解 Linux，本节将对 GNU GPL 和 POSIX 标准进行简单介绍。

1.4.1　什么是 GNU GPL

简单地讲，GNU 是一个自由的操作系统，该操作系统完全由自由软件构成。GNU 操作系
统由 GNU 计划推动，是该计划的主要目标。而 GNU 计划则在 1983 年 9 月 27 日由理查德·斯
托曼在麻省理工学院公开发起。GNU GPL 又称为 GNU 通用公共许可协议，是广泛使用的免
费软件许可证，可以保证终端用户的自由运行、学习、共享和修改软件。Linux 内核就是完全
遵循 GNU GPL 发布的。

1.4.2　GNU GPL 发展历史

GNU GPL 许可证最初由 GNU 项目的自由软件基金会的理查德·斯托曼（Richard Matthew

Stallman）撰写。

1989 年 2 月 25 日，GNU GPL 第一版发布。该版本主要解决了 2 个问题。首先，GNU GPL 规定，任何在 GNU GPL 软件基础上开发的软件，必须按照相同的许可条款，提供可读的源代码。其次，在 GNU GPL 软件基础上开发的软件，不可以增加许可证的限制。

GNU GPL 第 2 版于 1991 年 6 月发布。该版主要规定了任何人发布源于 GPL 软件的时候，同时也须遵守强制的条款分享源代码，否则无权发布该软件。

2007 年 6 月 29 日，GNU GPL 发布了第 3 版，也是目前为止最新的版本，使得它更加完善。

1.4.3　如何正确理解 GNU GPL

GNU GPL 被设计为许可证，而不是合同。许可证是根据版权法运行的。GPL 原理很简单，在版权法下，如果用户不遵守 GPL 的条款和条件，则就没有相对应的权利。

1.4.4　了解 POSIX 标准

POSIX 是一套 IEEE 和 ISO/IEC 的标准，它定义了应用程序和操作系统之间的接口，其初衷是为了提高 UNIX 环境下应用程序的可移植性，即用于保证用户编写的应用程序的源代码可以移植到多种操作系统上运行。在 POSIX 标准制定的最后阶段，即 20 世纪 90 年代，Linux 刚刚起步，这就为 Linux 的发展提供了良好的机遇。于是，无论是 Linux 最初的内核代码，还是在 Linux 的发展完善的过程中，都做到了与 POSIX 标准的兼容，可以这样说，Linux 是完全遵循 POSIX 标准的。

1.5　学习 Ubuntu 的方法

对于初学者来说，Ubuntu 充满了神秘和诱惑。但是，使用了一段时间的 Ubuntu 之后，又觉得枯燥无味，学习不下去。本节将对热衷于学习 Ubuntu 的用户提出几点建议。

1. 循序渐进，多多练习

Linux 系统的学习是一个循序渐进的过程，注重的是实践，练习。用户在学习的过程中，需要多思考，多动手。有的初学者认为学习 Linux 就是收集命令。实际上这是非常片面的。Linux 的命令实在是太多了，每个命令又有数不清的参数。只顾着死记硬背这些命令，而不多加实践，基本上是在浪费时间。

良好的学习习惯是由浅入深。先把粗浅的知识掌握好，再去研究更深的知识点，一步一个脚印。

2. 不忘初心，坚持到底

大量的初学者在接触 Linux 时，刚开始还很感兴趣，学会了很多命令，但是过了不久，却渐渐失去了兴趣，因为越到后面，难度越大，难以理解的问题也越多，例如 Shell 编程、文件系统以及用户权限等。对于这些难点，用户不应该轻易放弃，而是一个知识点一个知识点地完全吃透，当你弄懂了这些难点之后，你就会发现 Linux 其实很简单。

第 2 章

安装Ubuntu

学习 Ubuntu 操作系统的第一步是学会如何安装 Ubuntu。掌握 Ubuntu 系统安装方法的目的不仅仅是能够顺利把它安装好，此外，读者还应该在安装的过程中，加深对 Linux 系统引导过程、文件系统、磁盘分区以及 Ubuntu 的软件包管理的理解。

本章将帮助读者了解 Ubuntu 的获取方法、Ubuntu 的安装方式以及 Ubuntu 的安装过程等。本章主要涉及的知识点有：

- Ubuntu 安装前的准备工作：了解 Ubuntu 安装介质的获取方法、Ubuntu 的硬件要求以及 Ubuntu 的安装方式。
- 虚拟机软件：了解常见的虚拟机软件。
- 通过 ISO 镜像文件安装 Ubuntu：学会如何通过光盘或者 ISO 文件安装 Ubuntu。
- 通过网络安装 Ubuntu：学会如何通过网络安装器安装 Ubuntu。
- 将 Ubuntu 安装到 U 盘中：介绍使用 Rufus 工具制作 LiveUSB Ubuntu。
- 安装过程中的常见问题：解答初学者在安装 Ubuntu 时经常遇到的几个问题。

2.1 准备安装 Ubuntu

对于初学者来说，要想顺利安装 Ubuntu 并不是一件非常容易的事情。在正式安装之前，需要了解与安装Ubuntu有关的各种基础知识。本节将介绍如何获取Ubuntu的安装介质、Ubuntu 的基本硬件要求以及 Ubuntu 的各种常见的安装方式。

2.1.1 获得安装介质

正如前面介绍的，Ubuntu 是一款完全免费的操作系统，所以用户可以非常容易地从 Ubuntu 的官方网站下载到自己所需要的安装介质。Ubuntu 的下载网址为：

```
https://www.ubuntu.com/download
```

该网页详细介绍了如何获得 Ubuntu 的各个版本以及各种类型的安装介质，如图 2-1 所示。

图 2-1　获取 Ubuntu

由于大部分的初学者习惯了 Windows 的图形界面，如果突然面对一个完全由字符界面构成的操作系统，则会不知所措。所以在学习 Ubuntu 时，如果提供一个图形界面，则会更加易于掌握。Ubuntu 桌面版默认提供了 GNOME 桌面环境，所以用户可以选择下载 Ubuntu 桌面版进行学习。

单击图 2-1 中的 Ubuntu Desktop 链接，打开 Ubuntu 桌面版下载页面，如图 2-2 所示。

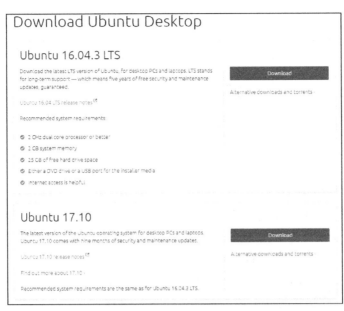

图 2-2 下载 Ubuntu 桌面版

在图 2-2 中，Ubuntu 提供了 2 个版本的桌面版，分别是长期技术支持版和常规发布版。目前，最新的长期技术支持版为 16.04.3 LTS，最新的常规发布版则为 17.10。用户可以单击 Download 按钮开始下载，也可以单击 Alternative downloads and torrents 链接下载 Ubuntu 网络安装器或者通过 BitTorrent 快速下载 Ubuntu。

无论通过哪种方式下载，得到的文件都为 ISO 镜像文件。对于每个 ISO 文件，都有对应各种硬件平台的多个版本，例如 i386 或者 amd64 等。其中 17.10 的 64 位版本下载后的文件名为 ubuntu-17.10-desktop-amd64.iso，而 64 位网络安装器的文件名为 mini.iso。

2.1.2 Ubuntu 的硬件要求

实际上，不同版本的 Ubuntu 对于硬件的要求是不同的。通常情况下，用户需要重点关注的硬件为 CPU、内存和硬盘。表 2-1 和 2-2 分别列出了 Ubuntu 桌面版和服务器版的最低硬件要求，读者可以参考其中的数值配置自己的硬件环境。

表 2-1 Ubuntu 桌面版硬件要求

硬件	参考数据
CPU	700 MHz 以上 CPU，相当于英特尔的赛扬或者以上
内存	512 MB 或者以上
硬盘空间	5GB 以上
显卡分辨率	1024×768 或者以上
引导设备	DVD 光驱或者 USB 接口

表 2-2 Ubuntu 服务器版硬件要求

硬件	参考数据
CPU	1GHz 以上 CPU
内存	512 MB 或者以上
硬盘空间	5GB 以上
显卡分辨率	1024×768 或者以上
引导设备	DVD 光驱或者 USB 接口

2.1.3　Ubuntu 的安装方式

Ubuntu 的安装方式非常灵活，用户可以根据实际情况采用不同的引导和安装方式。首先，用户可以下载 ISO 镜像文件，刻录成 DVD 或者 CD 光盘，然后通过光驱进行安装。其次，用户还可以将 ISO 镜像文件写入到 U 盘中，制作成可引导 U 盘，然后通过该 U 盘引导后安装。另外，用户还可以通过 GRUB 引导程序，直接加载存储在硬盘中的 ISO 镜像文件，然后安装系统。最后，用户还可以下载一个基本的网络安装器，启动系统后，在线安装 Ubuntu。总之，Ubuntu 的安装方式非常多，用户可以根据实际情况选择不同的安装方法。

2.2　虚拟机软件

随着计算机硬件的飞速发展，虚拟机软件也日益流行起来。通过虚拟机软件，用户可以将一台物理电脑，虚拟出多台电脑，称之为虚拟机。这些虚拟机可以安装不同的操作系统，而在物理机硬盘上面，这些虚拟机通常是一个磁盘文件或者一个目录。虚拟机技术的出现，为读者进行各种操作系统的学习提供了极大的方便。用户需要学习哪种操作系统，只要创建一个虚拟机就可以了。这些虚拟机的表现，与物理机几乎相同。本节将对常见的虚拟机软件进行简单介绍。

2.2.1　常见虚拟机软件

目前，虚拟机软件的种类比较多。有功能相对比较简单的，适合个人 PC 使用的，例如 VirtualBox 和 VMware Workstation；有功能和性能都非常完善的，适合服务器虚拟化使用的，例如 Xen、KVM、Hyper-V 以及 VMware vSphere。下面分别对常见的几种虚拟机软件进行简单介绍。

1. VirtualBox

VirtualBox 是一款开源的虚拟机软件，最初由美国 SUN 公司开发。后来 SUN 被 Oracle 公司收购以后，VirtualBox 更名为 Oracle VirtualBox。VirtualBox 是在 GPL 协议下开放源代码的，因此任何个人或者公司都可以免费使用。

VirtualBox 可以在多种操作系统平台上面运行，包括 Windows、Linux、Solaris 以及

Macintosh 等。支持 Windows、DOS/Windows 3.x、Linux、Solaris、OpenSolaris、OS/2 以及 OpenBSD 等多种客户机操作系统。其中 Windows 操作系统从 Windows 98 一直到 Windows 10 都支持，支持内核为 2.4、2.6、3.x 以及 4.x 的各种 Linux 发行版，例如 Ubuntu、Debian、SUSU/openSUSE、Fedora、Oracle Linux 以及 RHEL 等，支持 Mac OS X 以及 FreeBSD，甚至支持 DOS。

由于 VirtualBox 免费且支持非常多的客户机操作系统，因此非常适合用来学习 Ubuntu。

2. VMware

VMware 是全球桌面到数据中心虚拟化解决方案的领导厂商。VMware 拥有多个虚拟化产品，例如 VMware Workstation、VMware Player、VMware Fusion、VMware Server、VMware ESXi 服务器以及 VMware vSphere 等。其中大部分为商业软件，部分为免费软件，例如 VMware Player 以及 vSphere Hypervisor 等。

3. Xen

Xen 是一个开放源代码虚拟机管理系统，最初由剑桥大学开发。Xen 是基于 X86 架构、发展最快、性能最稳定、占用资源最少的开源虚拟化技术。对于大部分的人来说，Xen 是一个陌生的名词。但是，如果提起 XenServer，相信有很多人都会知道。XenServer 是 Citrix 公司推出的完整服务器虚拟化平台。XenServer 软件包中包含创建和管理在 Xen 上运行的 x86 计算机部署的所需的所有功能。目前 XEN 主要用于服务器虚拟化或者桌面虚拟化中，支持 Windows、Linux 以及 Solaris 等客户机操作系统。

4. Hyper-V

Hyper-V 是微软的一款虚拟化产品，其功能与 VMware 和 Xen 非常相似。Hyper-V 最早在 Windows 2008 中发布，是 Windows 中的一个组件。Hyper-V 支持多种客户机操作系统，例如 Windows 或者 Linux。

2.2.2 选择虚拟机软件

虚拟机软件的选择要根据用户自己的需求和实际环境来进行。通常来说，如果用户仅仅是用来学习某个操作系统或者进行简单测试，则可以选择小巧、简单的虚拟机软件，例如 VirtualBox 或者 VMware Player。如果想要用在正式的生产环境中，则需要选择功能完善、性能稳定的虚拟化软件，例如 XenServer、VMware ESXi 服务器或者 Hyper-V 等。当然，某些虚拟化软件是商业软件，需要购买相应的许可才可以长期使用。

在本书中，大部分的例子是运行在 VirtualBox 的 Ubuntu 中进行的。接下来，会简单地介绍 VirtualBox 的安装和配置方法。

2.2.3 安装 Oracle VM VirtualBox

前面已经讲过，Oracle VM VirtualBox 能够在许多硬件平台和操作系统环境中安装运行，所以，读者可以根据自己的环境选择不同的安装包。用户可以通过 VirtualBox 的官方网站下载所需的安装包，网址为：

```
https://www.virtualbox.org/wiki/Downloads
```

在其官方网站上，提供了 Windows、Mac OS、Linux 以及 Solaris 等常见操作系统的安装包，目前最新版本为 5.1.22，如图 2-3 所示。接下来，将以 Windows 为例，演示如何安装 VirtualBox。

图 2-3　下载 VirtualBox

（1）下载 VirtualBox。单击图 2-3 中的 Windows hosts 链接，下载 VirtualBox 安装包。

（2）双击下载后的安装包，开始安装，如图 2-4 所示。

（3）选择安装路径。单击 Next 按钮，出现安装路径对话框，默认的安装路径为 C:\Program Files\Oracle\VirtualBox\，用户可以单击 Browse 按钮改变默认的路径，如图 2-5 所示。选择好安装路径之后，单击 Next 按钮，进入下一步。

图 2-4　开始安装 VirtualBox

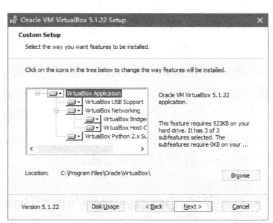

图 2-5　选择安装路径

（4）配置选项。用户可以选择是否创建开始菜单项目、是否创建桌面快捷方式等，如图 2-6 所示。

（5）网络连接重置确认。由于 VirtualBox 会安装一个虚拟网卡，所以会导致当前系统的网络连接暂时断开。如果用户在下载或者上传文件，此时需要特别注意，如果继续安装操作，会出现下载或者上传中断的情况。单击 Yes 按钮，进入下一步，如图 2-7 所示。

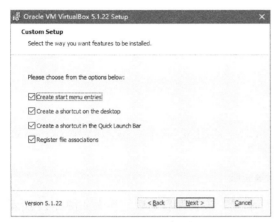

图 2-6　配置选项　　　　　　　　　　图 2-7　网络连接重置警告

（6）开始安装。前面所有的安装选项都设置好之后，单击 Install 按钮，正式开始安装过程，如图 2-8 所示。

（7）安装过程。在此过程中，用户只要耐心等待 VirtualBox 安装完成即可，如图 2-9 所示。

图 2-8　开始安装　　　　　　　　　　图 2-9　安装过程

（8）安装完成。当所有的文件都安装完毕之后，会弹出安装完成确认对话框，如图 2-10 所示。如果用户选择 Start Oracle VM VirtualBox 5.1.22 after installation 复选框，则在单击 Finish 按钮之后，会自动启动 VirtualBox。

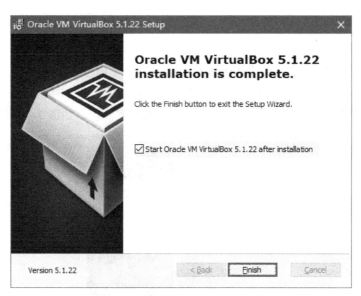

图 2-10　安装完成

VirtualBox 的使用比较简单，基本不需要进行配置。该软件启动后的界面如图 2-11 所示，
上方为菜单栏和工具栏，左侧为虚拟机列表，右侧为虚拟机的配置信息面板。

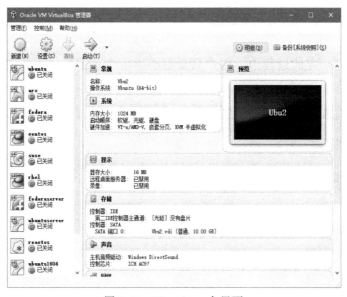

图 2-11　VirtualBox 主界面

用户可以单击"新建"按钮，启动新建虚拟机向导，创建一个新的虚拟机。也可以选中左
侧列表中的某个虚拟机，查看配置信息，如图 2-12 所示。

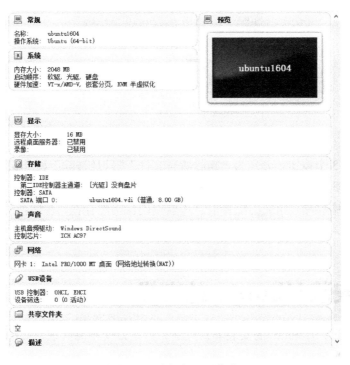

图 2-12　虚拟机配置信息

从图 2-12 中可以看到，一个 VirtualBox 虚拟机拥有与物理机基本相同的虚拟硬件配置，包括内存、显卡、硬盘、声卡、USB 接口以及网卡等。

如果用户需要修改某个虚拟机的虚拟硬件配置，则可以右击该虚拟机，选择"配置"菜单项，打开虚拟机设置对话框，如图 2-13 所示。

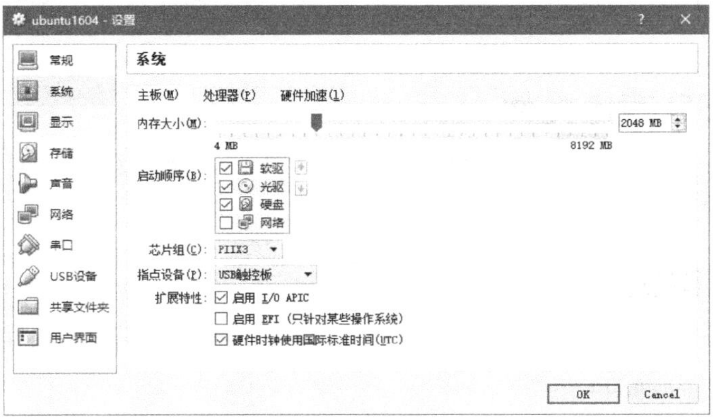

图 2-13　设置虚拟机

在当前对话框中，用户可以修改所有的硬件选项。修改完成之后，单击 OK 按钮，保存修改结果。

当某个虚拟机不再需要了，用户可以在虚拟机列表中右击该虚拟机，选择"删除"菜单项，打开"虚拟电脑控制台"对话框，如图 2-14 所示。

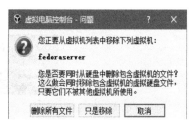

图 2-14　删除虚拟机

该对话框包含 3 个按钮，分别为"删除所有文件""只是移除"和"取消"。其中"删除所有文件"表示彻底删除该虚拟机，包括虚拟硬盘和所有的配置信息。"只是移除"则表示仅仅将该虚拟机从列表中移除，相应的配置信息和虚拟硬盘仍然存在，在适当的时候，用户还可以将该虚拟机重新导入。

2.3　安装 Ubuntu 的方式

前面已经介绍过，Ubuntu 的安装非常灵活。但是万变不离其宗，归纳起来，无非就是下面几种：

- 用户可以下载完整的 ISO 镜像文件，将其转移到各种介质上面，例如 DVD 或者 U 盘，然后以该介质引导系统进行安装。
- 用户还可以下载一个非常小的网络安装器，利用该安装器引导系统进行在线安装。
- 用户还可以将 Ubuntu 安装到一个 U 盘中，随身携带。

为了便于读者学习，本节将介绍通过完整的 ISO 镜像文件安装 Ubuntu。其他的安装方式将在后面介绍。

2.3.1　下载 ISO 镜像文件

获取 Ubuntu 安装介质的方法，已经在 1.3.4 小节中详细介绍了，在此不再重复。下载后的文件名为 ubuntu-17.04-desktop-amd64.iso，大约为 1.5GB 左右。

2.3.2　创建虚拟机

在本小节中，将以 64 位的 Ubuntu 17.04 桌面版为例，介绍其安装过程。为了便于演示，本例将在 VirtualBox 中进行。

（1）打开 VirtualBox，单击工具栏上面的"新建"按钮，打开"新建虚拟电脑"对话框，如图 2-15 所示。在"名称"文本框中输入虚拟机的名称，本例命名为 ubuntu。在"类型"下拉菜单中选择 Linux 选项，"版本"下拉菜单选择 Ubuntu （64-bit）选项，如图 2-15 所示。单击"下一步"按钮，进入下一步。

（2）设置内存。为虚拟机指定内存大小，对于 64 位的 Ubuntu 来说，VirtualBox 建议内存为 1024MB。当然，为了使系统运行更加顺畅，用户也可以根据物理机的内存情况进行调整。在本例中，设置虚拟机内存为 2048MB，如图 2-16 所示。单击"下一步"按钮，继续安装。

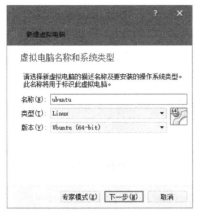

图 2-15　设置虚拟机名称和类型　　　　　　图 2-16　设置虚拟机内存

（3）设置虚拟硬盘。该对话框有 3 个选项，分别为"不添加虚拟硬盘""现在创建虚拟硬盘""使用已有的虚拟硬盘文件"。通常情况下，用户需要选择第 2 个选项，为虚拟机创建虚拟硬盘，VirtualBox 建议虚拟硬盘大小为 10GB。如果用户硬件预先创建了虚拟硬盘，则可以选择第 3 个选项，然后在下拉菜单中选择已有的虚拟硬盘。在本例中，选择第 2 个选项，如图 2-17 所示。单击"创建"按钮，进入下一步。

（4）选择虚拟硬盘文件类型。VirtualBox 提供了 3 种虚拟硬盘文件类型，如图 2-18 所示。其中 VDI 为 VirtualBox 专有文件类型，VHD 为微软的 Virtual PC 的虚拟硬盘文件类型，VMDK 为 VMware 专有的虚拟硬盘文件类型。如果该虚拟硬盘只想在 VirtualBox 中使用，则可以选择文件类型为 VDI。在本例中，选择第 1 个选项，单击"下一步"按钮，继续安装。

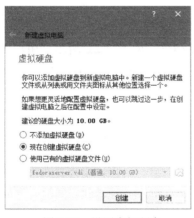
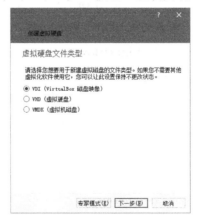

图 2-17　设置虚拟硬盘　　　　　　图 2-18　选择虚拟硬盘文件类型

（5）选择虚拟硬盘空间分配方式。VirtualBox 提供了 2 种分配方式：动态分配和固定大小，如图 2-19 所示。其中动态分配表示虚拟硬盘采用逐渐增长的方式，这意味着刚创建的虚拟硬盘文件的大小比较小，随着虚拟硬盘中的文件增加，虚拟硬盘文件的大小也不断增长，一直增长到用户设定的某个数值为止。而固定大小则表示在创建虚拟硬盘时，立即为该虚拟硬盘分配指定大小的空间。通常情况下，用户可以选择动态分配。单击"下一步"按钮，继续安装。

（6）选择文件路径和大小。默认情况下，VirtualBox 将虚拟硬盘存储在用户主目录的 VirtualBox VMs 路径下，用户可以单击文件路径文本框右侧的 按钮，选择其他的路径。同时，VirtualBox 设置虚拟硬盘的默认大小为 10GB，用户可以根据实际情况进行修改，如图 2-20 所示。设置完成之后，单击"创建"按钮，完成虚拟硬盘的创建。

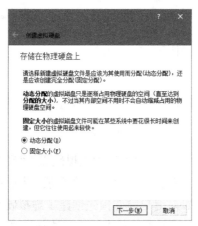
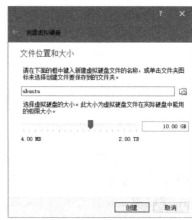

图 2-19　选择空间分配方式　　　　　图 2-20　创建虚拟硬盘

通过上面的操作，虚拟机就创建完成了。新建的虚拟机会出现在左侧的列表中。默认情况下，VirtualBox 为虚拟机设置了 1 个 CPU，用户可以修改该配置选项。在列表中右击新创建的虚拟机，选择"设置"菜单项，打开虚拟机设置对话框，如图 2-21 所示。在左侧的列表中选择"系统"选项，在右侧的选项卡中选择"处理器"，拖动"处理器数量"中的滑块，将处理器数量设置为 4。单击 OK 按钮，关闭对话框。

在左侧的列表中选中刚创建的虚拟机，单击工具栏中的"启动"按钮，启动该虚拟机。

由于初次启动，VirtualBox 会要求用户选择启动盘，如图 2-22 所示。用户可以在下拉菜单中选择某个镜像文件，如果所需要的文件不在列表中，则可以单击右侧的 按钮，选择需要的文件。选择完成之后，单击"启动"按钮，开始引导系统。

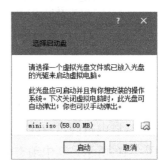

图 2-21　设置 CPU 数量　　　　　图 2-22　选择启动盘

2.3.3　安装 Ubuntu 过程

在 2.3.2 小节中，当虚拟机开始引导之后，便正式开始 Ubuntu 的安装过程。

（1）在 Ubuntu 安装程序启动之后，默认的界面为英文。用户可以在左侧的语言列表中选择"中文（简体）"选项，使其切换到中文界面，如图 2-23 所示。

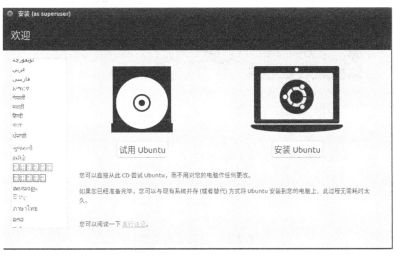

图 2-23　选择启动类型

在图 2-23 中，用户可以单击"试用 Ubuntu"按钮，以 Live CD 的方式启动 Ubuntu。也可以单击"安装 Ubuntu"按钮，开始安装过程。当然，以 Live CD 方式启动之后，也可以继续安装 Ubuntu。在本例中，单击"安装 Ubuntu"按钮，开始安装。

（2）准备安装 Ubuntu。在该对话框中，用户可以选择安装时下载更新，也可以选择安装第三方的多媒体软件包，如图 2-24 所示。对于一般用户来说，保留默认选项即可。单击"继续"按钮，进入下一步。

图 2-24　准备安装 Ubuntu

（3）选择安装类型。在本步骤中，实际上选择磁盘分区。Ubuntu 安装程序为用户提供了 2 个选择，第 1 个选择为默认的分区布局；第 2 个选择是用户自定义分区，如图 2-25 所示。对于默认分区，还提供了加密文件系统和启用 LVM 等 2 个选项。通常情况下，加密文件系统使用的较少；而启用 LVM 之后，用户可以为某个逻辑卷创建快照，也可以动态调整逻辑卷的大小，这种情况一般用在服务器中。为了能够使读者比较深入地了解 Ubuntu 的磁盘管理，在本例中选择"其他选项"单选按钮，单击"继续"按钮，进入下一步。

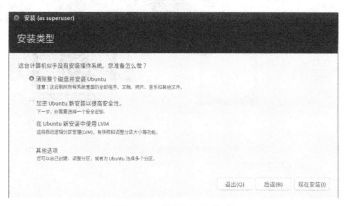

图 2-25　选择安装类型

（4）创建分区表。在图 2-26 中，Ubuntu 安装程序已经将虚拟机的虚拟硬盘在列表中列出来了。在本例中，只为虚拟机创建了 1 个硬盘，所以在列表中只有 1 项/dev/sda，关于这个设备的命名，将在磁盘管理中详细介绍。在这里，用户只需要知道这个名称就代表前面创建的虚拟硬盘。

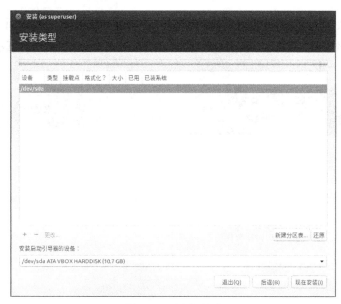

图 2-26　创建分区

在列表中选中该项，单击"新建分区表"按钮，向导会弹出一个确认对话框，如图 2-27
所示。

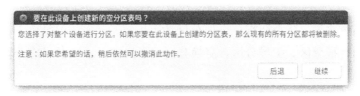

图 2-27　分区表确认对话框

（5）创建分区。在第（4）步中，当单击"创建分区表"按钮之后，在列表中的/dev/sda
下面会出现新的 1 行，显示当前磁盘的空闲空间。选中该空闲空间，单击左下角的 + 按钮，
打开"创建分区"对话框，如图 2-28 所示。

图 2-28　创建分区对话框

在图 2-28 中，用户可以选择分区的大小、分区的类型、分区的位置、分区的文件系统类
型以及挂载点。这些选项都与磁盘分区密切相关，在此只做简单说明。其中大小表示分配该磁
盘分区的空间大小，以 MB 为单位。主分区也称为主磁盘分区，和扩展分区、逻辑分区一样，
是一种分区类型。主分区中不能再划分其他类型的分区，因此每个主分区都相当于一个逻辑磁
盘，激活的主分区会成为引导分区。逻辑分区则必须建立于扩展分区中，逻辑分区的数量则相
对较多。因此，用户可以先创建几个主分区，然后将剩余的空间划分为逻辑分区。文件系统类
型表示操作系统如何在分区上面组织文件。Ubuntu 支持 Ext2、Ext3、Ext4、btrfs、JFS、XFS、
FAT16、FAT32 以及交换空间等文件系统。其中前面几种都是在 Linux 系统中使用的文件系统，
而 FAT16 和 FAT32 可以在多种操作系统中使用，包括 Windows。交换空间是一种特殊的文件
系统，专门供交换分区使用，而交换分区则是作为 Linux 的虚拟内存使用。Ubuntu 默认的文
件系统为 Ext4。对于 Windows 用户来说，挂载点是一个比较难理解的概念。在 Linux 中，挂
载点是用来访问某个分区的入口。对于操作系统来说，该挂载点就代表对应的分区。Linux 有
几个默认的挂载点，例如/表示根分区，/boot 表示引导分区，/home 表示用户的主目录，/tmp

表示临时文件分区。除此之外，用户还可以自定义自己的挂载点。

 通常情况下，一块硬盘最多可以有 4 个主分区，超过 4 个主分区之后，便不可以再创建分区了。

对于 Linux 系统来说，至少拥有一个根分区才可以正常运行。但是出于性能以及管理上的方便，应该至少拥有根分区、引导分区、交换分区、用户主目录以及日志分区等几个重要的分区。

在"大小"文本框中输入 300，选择类型为"主分区"，文件系统为 Ext4 日志文件系统，挂载点为/boot，创建一个引导分区。单击 OK 按钮，新创建的分区就出现在列表中，如图 2-29 所示。

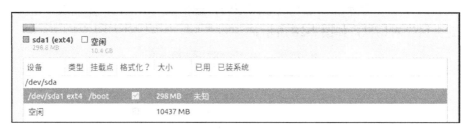

图 2-29　分区列表

按照以上方法分别创建根分区、交换分区、用户主目录分区以及日志分区，其大小以及挂载点如表 2-3 所示。

表 2-3　磁盘分区列表

挂载点	分区类型	大小	文件系统
/boot	主分区	300MB	Ext4
		1000MB	交换空间
/var	逻辑分区	1000MB	Ext4
/home	逻辑分区	3000MB	Ext4
/	主分区	5000MB	Ext4

 由于交换分区由操作系统管理，用户不能访问，所以交换分区没有挂载点。

表 2-1 只是给出了一个参考方案，用户可以根据自己的实际情况进行分配。划分完成后的列表如图 2-30 所示。

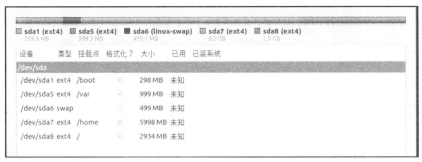

图 2-30　完成后的分区列表

 划分完成后，如果用户需要更改，则可以在列表中选中该分区，单击左下角的 ━ 按钮删除当前分区，或者单击 更改... 按钮来修改该分区。

创建分区之后，单击"现在安装"按钮，弹出确认对话框，单击"继续"按钮，进入下一步操作。

（6）选择时区。用户可以在下方的文本框中直接输入 Shanghai，也可以在上方的地图中选择中国。选择完成后，单击"继续"按钮。

（7）选择键盘布局。该对话框保留默认选项即可，如图 2-31 所示，直接单击"继续"按钮。

图 2-31　选择键盘布局

（8）创建默认用户。在图 2-32 中，"您的姓名"框表示使用者的姓名，"您的计算机名"框表示当前虚拟机的主机名，"选择一个用户名"框表示默认的登录 Ubuntu 的账号，下面的 2个密码框表示默认账号的密码。设置完成之后，单击"继续"按钮，开始安装。

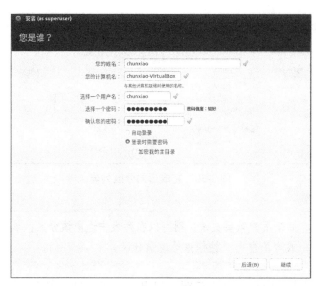

图 2-32　设置账号

（9）接下来，用户需要耐心等待安装过程结束，如图 2-33 所示。

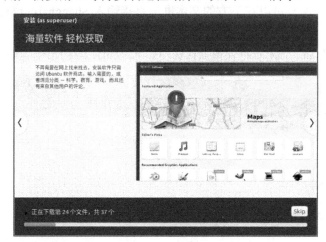

图 2-33　安装过程

（10）安装完成，重启虚拟机，如图 2-34 所示。

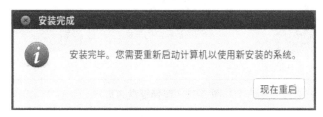

图 2-34　安装完成对话框

重启完成之后，便出现 Ubuntu 的登录界面，如图 2-35 所示。用户可以输入刚才设置的密码，登录操作系统。

图 2-35　Ubuntu 登录界面

2.4 通过网络安装 Ubuntu

在前面一节中，介绍了通过完整的 Ubuntu 镜像文件安装系统的方法。通常情况下，一个完整的镜像文件大约为 1.5GB。对于某些用户来说，可能不想花费较多的时间来下载这个镜像文件。此时，用户可以下载一个非常小的网络安装器，通过该安装器引导系统，进行安装。本节将介绍这个比较实用的安装方法。

2.4.1　下载网络安装器

Ubuntu 的网络安装器实际上是一个及其简化的 ISO 镜像文件，对于 Ubuntu 17.04 来说，该文件只有 58MB 左右，下载后的文件名为 mini.iso，下载网址为：

```
https://www.ubuntu.com/download/alternative-downloads
```

下载完成之后，用户可以将该文件刻录成 CD，也可以通过光盘工具制作成可引导 U 盘，通过相应的介质启动电脑来执行安装操作。

2.4.2　通过网络安装 Ubuntu 步骤

接下来，同样在 VirtualBox 环境中介绍如何通过网络安装 Ubuntu。按照前面介绍的方法，新建一个虚拟机，命名为 ubuntu-net。创建完成之后，启动该虚拟机，在"选择启动盘"对话框中选择网络安装器 mini.iso，单击"启动"按钮，开始安装。

（1）网络安装器的初始界面如图 2-36 所示，如果没有其他的需要，直接按回车键，进入下一步。

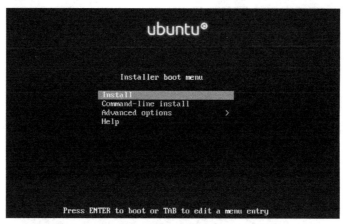

图 2-36　网络安装 Ubuntu

（2）选择语言。如图 2-37 所示，通过上下箭头键，选择 Chinese（Simplified），即简体中文，按回车键。

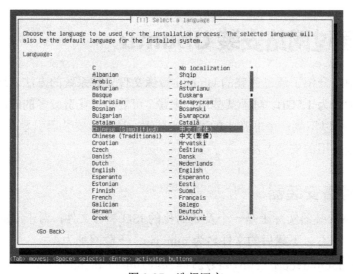

图 2-37　选择语言

（3）选择区域。选中"中国"选项，按回车键，进入下一步，如图 2-38 所示。

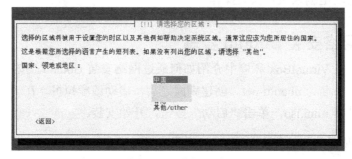

图 2-38　选择区域

（4）配置键盘布局。选择"否"选项，按回车键，如图 2-39 所示。然后在接下来的列表中选择"Chinese"选项。

图 2-39 配置键盘

（5）配置主机名。在"主机名"文本框中输入自己的计算机名称，该主机名会在网络上面标识本电脑，如图 2-40 所示。

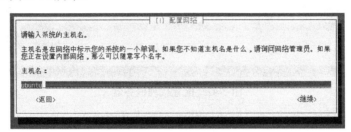

图 2-40 设置主机名

 在同一个网络中，主机名不能冲突，即在同一个网络中，主机名不能重复。

（6）选择 Ubuntu 归档镜像。本步骤比较重要，在此用户可以为本次安装选择一个最近的镜像站点，网络安装器会从该镜像站点下载所需要的软件包，在本例中，选择"中国"选项，如图 2-41 所示。按回车键，进入下一步。

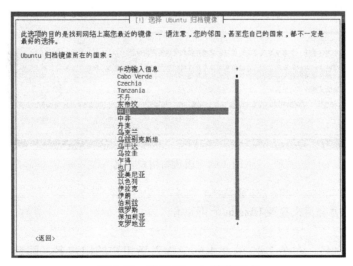

图 2-41 选择 Ubuntu 镜像站点

用户应该尽量选择一个最近的镜像站点，通常从最近的镜像站点上面下载文件较快。

（7）配置代理服务器。对于某些内部网络来说，可能需要通过代理服务器才能够访问到互联网。在这种情况下，用户应该在"HTTP 代理信息"文本框中输入代理服务器信息，包括账号、密码、代理服务器的域名或者 IP 地址、端口等，如图 2-42 所示。如果用户可以直接访问互联网，则不需要配置。

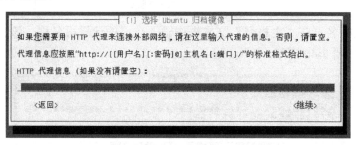

图 2-42　配置代理服务器

（8）加载额外组件。接下来，网络安装器会自动从网络上面下载所需的其他文件，如图 2-43 所示。

图 2-43　加载额外组件

（9）设置新用户全名。在安装过程中，安装向导会要求创建一个普通用户，该用户的作用是取代超级管理员 root 来执行非管理任务。在图 2-44 中，在文本框里面输入新用户的全名。

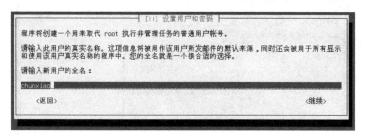

图 2-44　设置新用户全名

 用户全名并非用来登录 Ubuntu 的用户名。

（10）设置用户名。在图 2-45 的文本框中输入新用户的用户名，即登录 Ubuntu 的账号。

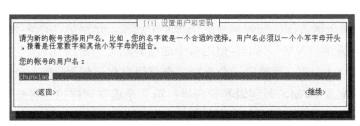

图 2-45 设置用户名

（11）设置密码。接下来为新用户设置密码，默认情况下，密码不会明文显示，而是以星号"*"代替，如图 2-46 所示。按回车键之后，安装向导会要求用户再次输入密码，其目的是确定用户输入的密码是正确的，防止用户输入错误导致不能登录系统，用户只要输入相同的密码即可。

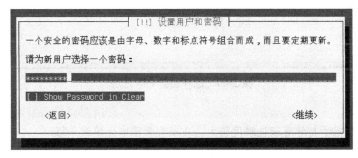

图 2-46 设置密码

（12）设置主目录加密。安装向导会询问用户是否加密主目录，一般情况下，选择"否"即可，如图 2-47 所示。

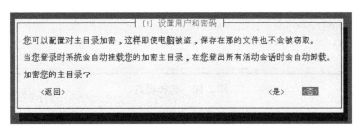

图 2-47 设置主目录加密

（13）设置时区。安装向导会自动检测用户电脑所在的区域，如果检测结果正确，则直接选择"是"即可，如图 2-48 所示。

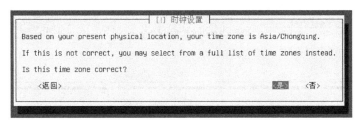

图 2-48 设置时区

（14）选择磁盘分区方法。安装向导提供了 4 个选项，分别是"向导-使用整个磁盘""向导-使用整个磁盘并配置 LVM""向导-使用整个磁盘并配置加密的 LVM""手动"。其中前 3个选项都是提供向导式配置，而最后一个选项完全靠用户自己配置。第 1 个选项是将整个磁盘重新分区，但是不配置 LVM，即逻辑卷管理器；第 2 个选项同样也是将整个磁盘重新分区，不同之处在于为该磁盘配置 LVM；第 3 个选项增加了 LVM 的加密。通常情况下，用户选择第 1 个选项即可，LVM 一般用在服务器中，而手动配置一般供比较熟练的人使用，如图 2-49所示。

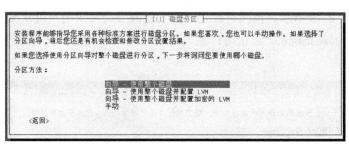

图 2-49　选择磁盘分区方法

 手动分区对于初学者来说难度较大，在磁盘管理中会详细介绍。

（15）选择磁盘。安装向导会列出当前计算机中的硬盘，用户可以通过上下箭头键选择要分区的硬盘，如图 2-50 所示。

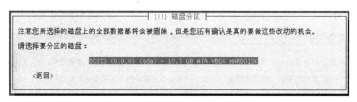

图 2-50　选择硬盘

（16）确认分区方案。选择硬盘之后，向导会要求用户确认磁盘分区信息，如图 2-51 所示。如果没有问题，则选择"<是>"选项。

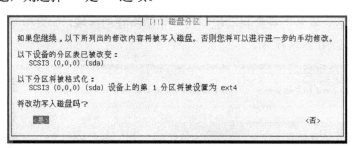

图 2-51　确认分区方案

（17）选择软件包。接下来，向导会要求用户选择要安装的软件包，如图 2-52 所示。除

了几个默认的软件包之外，用户可以根据自己的需要选择其他的软件包。在本例中，选择了
Ubuntu Desktop 软件包，即安装 Ubuntu 桌面环境。

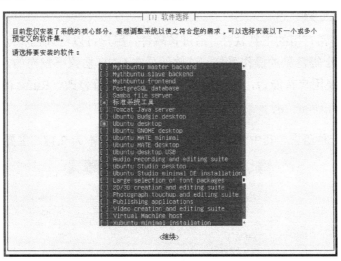

图 2-52 选择软件包

接下来就是耐心等待 Ubuntu 安装完成。当所有的软件包安装完成之后，向导会重新启动
计算机，然后就可以登录到桌面环境。

通过上面的介绍，读者应该清楚地了解到通过网络安装器安装 Ubuntu 的整个过程实际上
包含几个部分：

（1）通过安装器启动计算机，启动安装向导。

（2）选择语言和键盘，因为这 2 项都跟接下来的安装过程密切相关。

（3）配置网络和选择安装 Ubuntu 所需要的镜像站点，这 2 项仅在网络安装过程中出现，
如果用户下载的是完整的 ISO 镜像文件，则不需要从网络下载软件包。

（4）配置用户信息。

（5）磁盘分区。

（6）下载和安装基本的软件包。

（7）用户选择额外的软件包。

（8）安装完成。

2.5 将 Ubuntu 安装到 U 盘中

传统的 DVD 读取速度比较慢，在 24 倍速度的时候，DVD 的读取速度也仅仅为 3600KB/s。
而目前 USB 3.0 的存取速度已经达到了 500MB/s。因此，如果通过 U 盘来安装 Ubuntu 或者直
接在 U 盘上面运行 Ubuntu，则其速度无疑会大大提高。本节将介绍如何制作一个可以启动

Ubuntu 的 U 盘。

2.5.1　Rufus 工具

Rufus 是一个非常有用的工具软件。通过该软件，用户可以格式化和创建可引导 U 盘，支持 Linux 和 Windows 等常见的操作系统。该软件是在 GNU 协议下发布的，因此，用户可以免费使用该软件。如果用户有能力，甚至能够下载其代码进行修改。Rufus 的官方网站为：

```
https://rufus.akeo.ie/
```

Rufus 支持几十种语言，其中包括简体中文。其最新版本为 2.17，主界面如图 2-53 所示。

图 2-53　Rufus 主界面

从图 2-54 可以看出，Rufus 的界面非常简洁。最上面的下拉菜单为已经检测到的 USB 设备。接下来是分区方案，包括 MBR 和 GPT 两种方案，前者用于兼容老的计算机，后者则是最近几年随着大容量硬盘出现而新设计的一种分区方案。文件系统支持 FAT32、NTFS 以及 UDF 等，一般选择 FAT32。簇的大小保留默认值即可。新卷标是指为 U 盘设置的卷标，用户可以自己修改。单击　　按钮可以选择一个 ISO 镜像文件，用以制作可引导 U 盘。

2.5.2　制作 LiveUSB Ubuntu 系统

用户可以通过以下步骤制作一个可以引导的 LiveUSB Ubuntu 系统。

（1）打开 Rufus，在"设备"下拉菜单中选择目标 U 盘，如图 2-54 所示。如果目标 U 盘未出现在下拉菜单中，则可以重新插拔一次。

（2）单击右侧的光盘图标按钮　　，打开文件选择对话框，选中下载的 ISO 镜像文件，单击"打开"按钮，如图 2-55 所示，然后单击"开始"按钮。

图 2-54　选择目标 U 盘　　　　　　　　　图 2-55　选择镜像文件

（3）选择镜像写入模式。通常情况下，用户应该选择"以 ISO 镜像模式写入"选项，这适用于大部分的 ISO 镜像文件，如图 2-56 所示。

（4）确认写入。接下来是一个确认对话框，如图 2-57 所示，直接单击"确定"按钮。

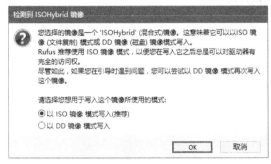

图 2-56　选项镜像写入模式　　　　　　　图 2-57　确认对话框

（5）等待制作完成。Rufus 会将引导记录和 Ubuntu 文件复制到 U 盘上面，如图 2-58 所示。

当制作完成之后，用户可以通过该 U 盘启动计算机。当计算机启动完成之后，会出现 2 个选项，分别是"试用 Ubuntu"和"安装 Ubuntu"，如图 2-59 所示。单击"试用 Ubuntu"按钮就可以进入 LiveUSB 桌面环境了，单击"安装 Ubuntu"按钮开始从 U 盘安装 Ubuntu。

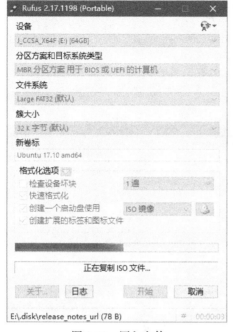

图 2-58　写入文件

图 2-59　选择试用还是安装 Ubuntu

2.6　安装过程中的常见问题

作为初学者，在安装 Ubuntu 过程中难免会遇到各种各样的问题。例如不知道该选择哪个版本的 Ubuntu、安装过程中不知道应该选择哪种语言、不知道应该如何进行磁盘分区等。本节将对安装过程中经常遇到的几个问题进行说明。

2.6.1　选择 32 位还是 64 位的 Ubuntu

目前计算机的处理器分为 32 位和 64 位两种类型，这两者的区别在于处理器能够一次处理的数据的位数。32 位处理器就是一次只能处理 32 位，也就是 4 个字节的数据；而 64 位处理器一次就能处理 64 位，即 8 个字节的数据。32 位的处理器目前还存于某些比较老的个人电脑中。而新的电脑，无论是 PC 机、笔记本，还是服务器，一般都是 64 位的。

如果不确定，用户可以通过某些工具软件来查看处理器的位数，例如 CPU-Z。图 2-60 显示了某台计算机的处理器的信息。从图中可以得知，当前处理器的指令集中包含 EM64T。EM64T 是英特尔公司的 64 位处理器技术。在这种计算机上面，可以安装 32 位或者 64 位的 Ubuntu，但是推荐安装 64 位的。因为 32 位是被逐渐淘汰的技术，而 64 位的处理器运算速度更快。如果用户的处理器的指令集中不包括 EM64T，则只能安装 32 位的 Ubuntu。

提示 EM64T 是针对英特尔公司的处理器而言的，如果用户使用 AMD 公司的处理器，则其 64 位处理器技术称为 AMD64。

图 2-60 使用 CPU-Z 查看处理器信息

2.6.2 应该选择哪种语言

语言的选择实际上是非常容易的，主要看 Ubuntu 系统的用途。如果用户只是安装在个人的计算机或者虚拟机中学习或者仅供个人日常使用，则可以选择中文或者英文，这主要看个人习惯。但是，如果 Ubuntu 主机是作为服务器使用的，则建议选择英文，其主要原因是用户经常需要远程管理服务器，如果服务器选择的是中文，用户必须要经常面临棘手的乱码问题。

2.6.3 Ubuntu 中的磁盘分区与 Windows 中的磁盘分区

大致来讲，Ubuntu 中的磁盘分区概念与 Windows 中的磁盘分区概念基本相同。同样是将一个磁盘划分为几个区域，然后在分区上面建立文件系统。只不过 Linux 系统中的文件系统类型比较多，例如 Ext2、Ext3、Ext4、brfs、JFS 以及 XFS 等，实际上还有更多的文件系统类型，例如 ZFS、NFS 等；而 Windows 系统中常见的文件系统则只有 NTFS、FAT32 等。

第 3 章
桌面环境

对于 Windows 或者 Mac OS X 用户来说，似乎并没有什么桌面环境的概念。因为对于这些操作系统而言，无论是在安装的过程中，还是在使用的过程中，用户面对的永远是一个图形界面，似乎图形界面与操作系统不可分离，并且绝大部分的操作都可以利用鼠标来完成。但是对于 Linux 用户来说，却并不是这样的。在 Linux 中，有相当一部分操作是在命令行中完成的，甚至有些操作只能在命令行中完成。作为服务器操作系统的时候，大部分的 Linux 是不安装图形界面的。因此，Linux 用户需要深入理解什么是桌面环境。

本章将介绍什么是桌面环境、常见的桌面环境有哪些、Unity 及其使用方法，以及如何更改 Ubuntu 默认的桌面环境等。

本章主要涉及的知识点有：

- 常见的桌面环境：主要介绍目前在 Linux 上面比较常见的几种桌面环境，包括 KDE、GNOME、Xfce 以及 Unity 等。
- 使用 Unity：介绍 Unity 的各个组件及其使用方法。
- 使用 GNOME：介绍 Ubuntu 17.10 中 GNOME 3.26 的使用方法。

3.1　常见的桌面环境

简单地讲，所谓桌面环境，就是用户与操作系统之间的一个图形界面。桌面环境由多个组件构成，包括窗口、文件夹、工具栏、菜单栏、图标以及拖放服务等。与 Windows 的桌面环境相比，Linux 的桌面环境可以说是丰富多彩，千变万化。本节将介绍目前最为大家所接受的几个桌面环境，包括 KDE、GNOME、Xfce、Mate 以及 Unity，用户可以根据自己的爱好来选择。

3.1.1　KDE

KDE 可以说是桌面环境中的元老，起源于 1996 年左右。当时，著名的 UNIX 操作系统上面还没有一个像样的图形界面。而几家大型的公司，包括 HP、IBM 以及 SUN 等，联合起来开发了 CDE，即通用桌面环境。在很长的一段时期内，CDE 成为各大 UNIX 厂商的标准的桌面环境。然而，不幸的是，CDE 是一套商业软件，主动权被几个大的 UNIX 厂商控制。

在这种情况下，德国的小伙子马蒂亚斯•埃特里希忧心忡忡，他希望在 UNIX 上面能够有一套可以自由使用的，开放源码的桌面环境。于是他提出了 KDE 计划，也得到了很多人的响应。KDE 桌面环境也由此诞生。

KDE 的吉祥物为 Konqi，是一条小巧玲珑的，快乐的绿色龙，如图 3-1 所示。KDE 的标识则是一个蓝色方形中有白色的 K 与齿轮，如图 3-2 所示。

图 3-1　KDE 吉祥物　　　　　　图 3-2　KDE 标识

KDE 是所有桌面环境中最易定制的。由于每个人的使用习惯不同，经常需要一些插件、小工具、配置工具来定制自己的环境。而 KDE 则把所有这些插件和工具都打包到系统设置里面。有了高级配置管理器，所有用户需求都可以被定制而不需要任何第三方工具来美化和配置。

伴随着许多改进，KDE 的 Plasma 5 算得上是最先进的用户界面了。它主要专注于视觉体验和不同设备之间的易用性。它提供了更好的程序启动器、更加便捷的菜单栏以及更加人性化的消息通知等。

在 KDE 环境包含了许多应用程序，例如文件管理器 Dolphin、终端 Konsole、文本编辑器 Kate、图片查看器 Gwenview、文档查看器 Okular，图形编辑器 Digikam 、电子邮件客户端 KMail，以及即时消息客户端 Quassel 等。

KDE 目前的最新版本为 4.5。随着 KDE 的日益成熟，越来越多的 Linux 发行版采用 KDE 作为默认的桌面环境，包括 Mandriva、Fedora、Mint 以及 OpenSUSE 等。而对于 Ubuntu 来说，Kubuntu 社区也对 KDE 进行了移植，并且衍生出了一个新的 Ubuntu 的分支，即 Kubuntu。Kubuntu 的发布基本与 Ubuntu 保持一致，目前桌面版的最新版本为 17.04。

Kubuntu 的登录界面如图 3-3 所示，工作区环境如图 3-4 所示。图 3-5 和图 3-6 分别显示了 Dolphin 文件管理器和应用程序启动器。

图 3-3　Kubuntu 登录界面

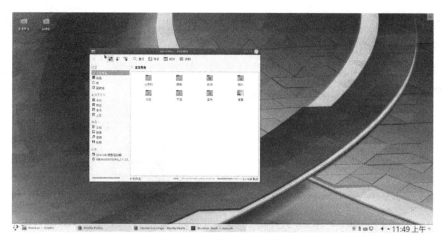

图 3-4　Kubuntu 工作区

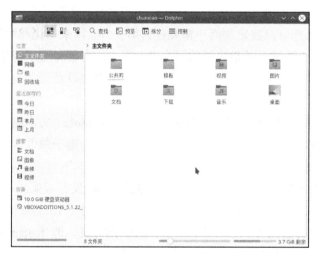

图 3-5　Dolphin 文件管理器

图 3-6　KDE 程序启动器

3.1.2　GNOME

与 KDE 相比，GNOME 稍微年轻一点。最初的时候，GNOME 代表的是一种 GNU 网络对象模型，该模型是 GNU 计划的一部分，但是目前 GNOME 已经发展成为一套比较完整的桌面环境，包含了大量的应用程序。

GNOME 缘起于 1997 年，比 KDE 晚了一年左右。GNOME 的诞生与 KDE 有着密切的关系。由于 KDE 是在 Qt 图形库的基础上开发出来的。虽然 Qt 图形库是开放源码的，但是并不是经过自由软件许可的。所以许多人担心 KDE 是否会受到 Qt 图形库的影响而难以自由使用。于是，一个完全基于 GPL 协议的 GNOME 就出现了。1999 年，GNOME 发布了 1.0。截至 2017 年，GNOME 已经发展到了 3.24。

作为 GNU 计划的正式桌面环境，GNOME 可以运行在包括 Linux、Solaris、HP-UX 和 BSD 等系统上。GNOME 拥有很多强大的特性，例如高质量的平滑文本渲染，首个国际化和可用性支持，并且包括对反向文本的支持。

　　GNOME 包含许多实用的组件，包括面板、桌面以及一系列标准的桌面工具和很多功能强大的应用软件，例如文件管理器、电子表格处理软件、文字处理软件、邮件阅读器、MP3 播放器、简单的编辑器以及可以与 Photoshop 媲美的图像处理软件等常用软件。

 出于版权考虑，1999 年，GNOME 采用 GTK+作为图形库，以替换 Qt。

　　GNOME 的标识如图 3-7 所示，是一个大大的脚印。

图 3-7　GNOME 标识

　　Ubuntu GNOME 是一个基于 Ubuntu 的 Linux 发行版，但其使用的桌面环境是 GNOME。目前 Ubuntu GNOME 的最新版本为 17.04。Ubuntu GNOME 的登录界面如图 3-8 所示。图 3-9 和图 3-10 分别显示了 GNOME 文件管理器和应用程序启动器。

图 3-8　Ubuntu GNOME 登录界面

图 3-9　GNOME 文件管理器

图 3-10　GNOME 应用程序启动器

3.1.3　Xfce

目前，Xfce 是仅次于 KDE 和 GNOME 的第三大桌面环境。Xfce 被设计为轻量级的桌面环境，致力于快速和低资源消耗。1996 年 Xfce 的创始人 Olivier Fourda 开始开发一套 Linux 上面运行的 CDE 桌面环境。但是经过了几个版本之后，Xfce 从 CDE 分离出来，变成一个独立的桌面环境。

与 GNOME 一样，Xfce 也是基于 GTK+图形库开发的。早期版本的 Xfce 有点像商业的桌面环境 CDE，不过在新版本中已经有较大分别了。

随着 Xfce 的不断发展，使用 Xfce 作为桌面环境的系统已经越来越多，一些大型的 Linux 发行版如 Debian 和 Fedora Core 都将其作为可选择桌面，而且 Xubuntu、Manjaro Linux、Ubuntu Studio 以及 Kali Linux 等则将 Xfce 作默认的桌面。

Xfce 提供了许多有用的组件，包括文本编辑器 Mousepad、图形日历 Orage、文件管理器 Thunar 以及终端模拟器 Xfce-terminal 等。

XUbuntu 的登录界面如图 3-11 所示。

图 3-11　XUbuntu 登录界面

图 3-12 显示了 XUbuntu 的文件管理器 Thunar。图 3-13 则显示了 XUbuntu 的应用程序启动器。

图 3-12 文件管理器 Thunar

图 3-13 XUbuntu 应用程序启动器

3.1.4 Unity

在前面的内容中，简单介绍了目前最为流行的 3 个桌面环境，包括 KDE、GNOME 以及 Xfce。这些都是完整的桌面环境，不仅仅包含了图形界面，还包含了大量的工具软件。与这些完整的桌面环境相比，Unity 则是在 GNOME 基础上开发出来的一个图形用户界面。Unity 的设计初衷不是开发一整套的应用程序，而是利用现有的应用程序。

Unity 首次露面是在 Ubuntu 10.10 的笔记本版本中。从此之后，Ubuntu 都将 Unity 作为默认的用户界面。发展到现在，已经是 Unity 8。

Unity 包含多个组件，包括工具栏、程序启动器、Dash 以及抬头显示器 HUB 等。关于这些组件的用途和使用方法，将在接下来的一节中介绍。

图 3-14 显示了 Unity 的用户界面，左侧为程序启动器，上方为工具栏。

图 3-14 Unity 的用户界面

Ubuntu 17.10 使用 GNOME 作为默认桌面环境。

3.2 使用 Unity

Unity 自从发布以来，一直受到广大用户的关注。本节将详细介绍 Unity 的各个组件及其使用方法。

3.2.1 菜单栏

菜单栏通常包含一些通用的功能。在 Unity 中，菜单栏位于屏幕的顶端，如图 3-15 所示。

图 3-15　菜单栏

菜单栏的最右边是通知区域，该区域包含了多个图标，常见的有以下几个：

1. 输入法

输入法图标是一个键盘<img>，单击该图标可以显示当前系统中已安装的输入法，如图 3-16 所示。

用户可以在此设置所需要的输入法，也可以对输入法进行配置。

2. 网络连接

网络连接图标是两个相反方向的箭头<img>，单击该图标，会出现一个与网络连接有关的下拉菜单，如图 3-17 所示。通过该下拉菜单，用户可以非常方便地管理网络连接，包括有线网和无线网。

图 3-16　输入法切换　　　　图 3-17　网络连接

3. 消息通知

该区域的图标是一个信封✉，如果用户安装了某些社交软件或者电子邮件客户端，当有新的消息或者邮件时，会在此处显示。

4. 声音管理

声音管理区域的图标是一个小喇叭🔊，与其他的操作系统非常相似，单击该图标会出现一个系统声音控制的面板，如图 3-18 所示。

用户可以在面板中调节音量，设置静音或者进行声音的设置。

5. 时间

时间区域会直接显示当前的时间，单击该区域，会出现一个日历面板，如图 3-19 所示。用户可以通过该面板查看时间日期，也可以对系统时间和日期进行设置。

6. 会话管理

会话管理的图标为一个齿轮⚙。单击该图标，会出现一个下拉菜单，如图 3-20 所示。

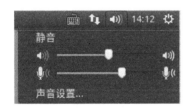

图 3-18　声音控制

图 3-19　时间面板

图 3-20　会话管理菜单

会话管理提供了一个系统设置的快捷方式，另外还提供了多个与会话有关的菜单项，包括锁定当前会话、注销当前会话、挂起当前会话以及关机等。其中通过关机命令，用户可以实现关闭系统或者重启系统。

通常情况下，每个拥有图形界面的应用程序都有一个菜单栏，用来执行相应的操作，例如打开文件、新建文件等。在 Unity 中，每个应用程序的菜单栏不显示在应用程序自己窗口的标题栏中，而是统一显示在 Unity 菜单栏中。打开应用程序之后，将鼠标指针移动到 Unity 菜单栏上面，该应用程序的菜单就会自动显示出来。图 3-21 显示了 LibreOffice Writer 的菜单栏。

图 3-21　LibreOffice 菜单栏

对于习惯于使用其他桌面环境的用户来说，必须注意这种情况，否则可能会找不到应用程序菜单。

目前 Unity 也支持将应用程序的菜单显示在应用程序窗口标题栏，将在后面的定制 Unity 中介绍。

3.2.2　启动器

启动器位于桌面的左侧，是一个垂直的长条形面板，如图 3-22 所示。

图 3-22　启动器

启动器为用户启动应用程序、访问挂载的设备以及垃圾箱提供了方便。所有正在运行的应用程序都会在启动器上面显示一个相应的图标，并且图标的左侧会显示一个小的三角形。

通常情况下启动器包含以下几个图标：

1. Dash

Dash 通常是启动器上面的第一个图标，用户可以通过键盘上面的 Windows 键来打开 Dash。

Dash 的主要功能是用来搜索和浏览电脑上和网络上的程序、文件、照片、音乐、视频、书签等。关于 Dash 的使用方法，将在后面详细介绍。

2. 文件管理器

文件管理器的功能主要用来浏览磁盘中的文件，类似于 Windows 中的资源管理器。

3. 火狐浏览器

用来浏览网页。

4. LibreOffice Writer

该应用程序用来编辑、处理文档，可以替代 Microsoft Word。

5. LibreOffice Calc

该应用程序用来处理电子表格，可以替代 Microsoft Excel。

6. LibreOffice Impress

该应用程序用来处理幻灯片，可以代替 Microsoft PowerPoint。

7. Ubuntu 软件中心

提供 Ubuntu 的软件包管理。

8. 系统设置

提供系统配置功能。

9. 显示桌面

返回当前桌面。

当用户需要启动某个应用程序时，如果该应用程序的图标显示在启动器上面，则可以直接单击该图标即可启动该应用程序。如果某个应用程序在后台运行，单击启动器上面相应的图标则可以将该应用程序放置到前台。

除了默认的几个图标之外，用户也可以增加或者移除某些图标，这些内容将在后面介绍。

3.2.3　Dash

关于 Dash 的主要功能，前面已经简单介绍过了，即用来搜索和浏览电脑上和网络上的程序、文件、照片、音乐、视频、书签等。

单击启动器上面的 Dash 图标，可以打开 Dash，如图 3-23 所示。整个 Dash 占据了桌面的大部分空间，是一个半透明的窗口。在窗口的顶端是一个搜索框，下面分别列出了最近使用过的应用程序、文件和文件夹。在窗口的底部，则显示了 6 个搜索范围按钮，分别是主页、应用程序、文件和文件夹、视频、音乐和照片。用户可以利用这些范围来限制搜索结果。此外，Dash 还为每个范围都设置了特定的限制选项，例如对于应用程序，Dash 提供了类别和软件来源 2 种限制条件；对于文件和文件夹，则提供了修改时间、类别和文件大小等限制条件。

图 3-23　Dash

用户需要搜索某个文件、文件夹或者应用程序，只需要在搜索框中输入文件或者应用程序名的一部分即可。

例如，如果需要搜索终端命令，则可以单击应用程序类别按钮，然后在搜索框中输入 term，则列表中会出现包含 term 的应用程序，如图 3-24 所示。如果出现的搜索结果过多，可以在窗口的右侧选择类别或者来源以限制结果数量。

图 3-24　搜索应用程序

搜索出来之后，单击结果中想要的应用程序即可将其打开。

3.2.4　工作区

工作区又称为虚拟桌面，实际上是用户桌面的不同的视图。工作区的主要功能是帮助用户组织正在使用的应用程序，改善用户体验。例如，用户可以在一个工作区中打开多媒体程序，而在另外一个工作区中打开文字处理程序，在第 3 个工作区中打开浏览器。用户需要使用相应的应用程序，只要切换到对应的工作区即可。

Ubuntu 支持多工作区，在默认情况下，Ubuntu 为用户提供了 4 个工作区。但是如果不做设置，多工作区支持并未开启。用户可以通过以下步骤启用多工作区支持：

（1）在启动器上面单击"系统设置"按钮，打开"系统设置"对话框，如图 3-25 所示。

图 3-25　"系统设置"对话框

（2）单击"外观"按钮，打开"外观"对话框，然后切换到"行为"选项卡，选中"开启工作区"复选框，如图 3-26 所示。

图 3-26　开启工作区

开启工作区之后，启动器上面的"显示桌面"按钮会被"工作区切换器"按钮代替，如图 3-27 所示。

图 3-27　工作区切换器

用户可以通过工作区切换器切换工作区。单击启动器上面的图标，所有的工作区都被显示出来，只要单击目标工作区，就可以切换到该工作区。

3.2.5　管理窗口

当用户打开一个应用程序后，会在当前工作区中出现一个窗口。与 Windows 中的窗口类似，Ubuntu 中的窗口也包括几个部分，比如菜单栏、标题栏、工具栏以及状态栏等，图 3-28 显示了 LibreOffice Writer 的主窗口。前面已经讲过，Unity 中应用程序的菜单栏统一放到桌面顶端的菜单栏中了。因此，默认情况下应用程序窗口不包括菜单栏。

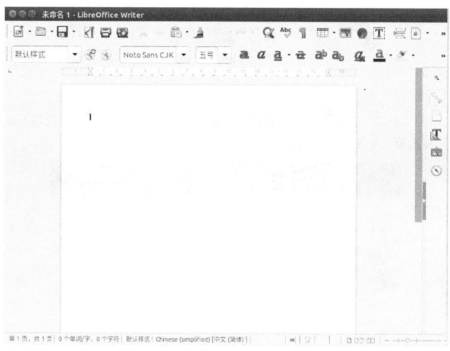

图 3-28　LibreOffce Writer 窗口

在图 3-28 中，窗口的左上角有 3 个按钮，分别为关闭、最小化和最大化，用户可以通过这 3 个按钮控制窗口的 3 个状态。例如如果想要关闭当前窗口，单击左上侧的关闭按钮即可。

与 Windows 一样，用户可以通过拖曳标题栏来移动窗口。如果想要改变某个窗口的大小，用户可以将鼠标指针移动到窗口的任意一条边框或者任意一个角，当鼠标指针变成一个大的箭头时，按下左键，向某个方向拖曳鼠标即可。向外侧拖曳，可以使得窗口变大；向内侧拖曳，可以使得窗口变小。

 Unity 的窗口管理按钮位于窗口的左上侧，而不是右上侧，一定要注意。

3.2.6 文件管理器

Ubuntu 桌面利用文件管理器来管理磁盘文件。单击启动器上面的"文件"按钮，打开文件管理器，如图 3-29 所示。从图中可以看出，Ubuntu 的文件管理器与 Windows 的资源管理器的布局大致相同，上部为标题栏，左侧为目录树，右侧是当前目录的内容。用户可以通过右上角的按钮来改变内容显示的方式，例如图标或者列表。

图 3-29 文件管理器

用户可以通过文件管理器进行一系列的文件操作，包括打开文件、新建文件或者文件夹、隐藏文件或者文件夹、复制或者移动文件及文件夹等。

1. 打开文件

用户想要打开某个文件，直接用鼠标双击该文件即可。如果该文件已经与某个应用程序关联，则会自动在该应用程序中打开文件。当然，在某些情况下，用户可能不想使用默认的应用程序来打开文件，则可以在文件管理器中右击该文件，在弹出的快捷菜单中选择"使用其他程序打开"命令，如图 3-30 所示。

然后在打开的对话框中选择所需要的应用程序，如图 3-31 所示。

图 3-30　使用其他程序打开文件　　　　图 3-31　选择应用程序

2. 创建文件夹

用户可以非常方便地在文件管理器中创建新的文件夹。具体方法是右击目标目录的空白处，在弹出的快捷菜单中选择"新建文件夹"命令，然后在弹出的对话框的"文件夹名"文本框中输入新文件夹的名称，单击"创建"按钮即可创建完成，如图 3-32 所示。

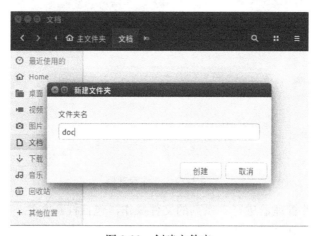

图 3-32　创建文件夹

3. 隐藏文件或者文件夹

与 Windows 不同，Ubuntu 中隐藏文件或者文件夹不是通过文件属性来设置的，而是通过文件名。在 Linux 中，只要将文件名的最前面加上一个圆点，即可将该文件或者文件夹隐藏起来。

例如，在文件管理器中右击刚才创建的名称为 doc 的文件夹，选择"重命名"命令，在弹出的对话框的文件夹前面加上一个圆点，如图 3-33 所示。然后单击"重命名"按钮。当执行完以上操作之后，会发现名称为 doc 的文件夹消失了。

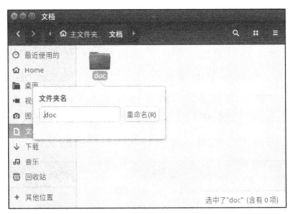

图 3-33 隐藏文件夹

4. 复制或者移动文件

Ubuntu 支持通过鼠标来完成文件或者文件夹的复制以及移动操作。方法比较简单，即在文件管理器中右击要复制或者移动的文件或文件夹，然后在弹出的快捷菜单中选择相应的命令，其中"剪切"和"移动到"这 2 个命令的功能差不多，都是将文件或者文件夹移动到其他的位置，相应的文件或者文件夹并不增加副本。"复制"和"复制到"这 2 个命令的功能大致相同，只是后者会弹出一个选择目标位置的对话框供用户选择目标位置。这 2 个命令都可以为目标文件或者文件夹创建一个新的副本。

例如，用户右击前面创建的文件夹 doc，然后选择"复制到"命令，在弹出的对话框中选择"桌面"，然后即可将该文件夹复制到桌面上面，原有的文件夹并没有被删除，如图 3-34 所示。

图 3-34 选择目标位置

3.2.7 搜索文件和文件夹

在前面已经介绍过，用户可以通过 Dash 来搜索本地以及在线的各种资源，包括文件/文件夹、应用程序、音乐以及视频等。除了这种方法之外，Ubuntu 的文件管理器还提供了另外一种更加便捷的搜索文件和文件夹的方法。下面对这种方法进行介绍。

（1）打开文件管理器，然后通过左侧的目录树切换到要搜索的位置。如果要搜索的位置没有在左侧目录树中出现，则可以单击目录树下方的 ＋ 其他位置 按钮，将目标位置添加进来。

（2）按 CTRL+F 组合键，或者单击文件夹内容上方的 按钮。此时，在文件夹内容上方会出现一个搜索文本框，如图 3-35 所示。在搜索文本框中输入要搜索的关键字，在本例中输入 doc，此时，在下面的网格中会列出包含所输入的关键字的文件。

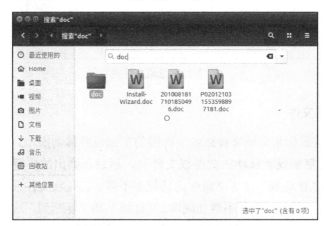

图 3-35　通过搜索框搜索文件

（3）如果搜索结果过多，可以单击文本框右侧的下箭头按钮 ，此时会弹出一个对话框，该对话框包含 2 种限制条件，分别为时间范围和搜索类型，如图 3-36 所示。

图 3-36　限制条件

（4）单击"时间范围"下拉菜单，会弹出另外一个日期范围选择对话框，如图 3-37 所示。用户可以根据需要选择文件创建时间范围。

（5）单击"搜索类型"下拉菜单，弹出文件类型选择对话框，如图 3-38 所示。用户可以根据目标文件的类型进行选择。

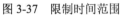

图 3-37 限制时间范围　　　　　　　　图 3-38 文件类型选择

3.2.8 定制桌面

Ubuntu 桌面是可以高度定制化的。通过定制桌面，用户可以拥有个性化的桌面环境，包括启动器样式、壁纸、主题以及菜单栏等。与桌面有关的设置选项大部分都位于系统设置里面的外观设置中，下面分别对其进行介绍。

1. 定制启动器

用户可以定制启动器图标的大小、启动器位置以及是否自动隐藏等。配置方法如下：

（1）单击启动器上面的"系统设置"按钮或者桌面上方菜单栏右端的会话菜单中的"系统设置"命令，进入系统设置对话框。然后选择"外观"类目，打开"外观"对话框，如图3-39 所示。

图 3-39 外观设置对话框

（2）左右移动对话框底部的"启动器图标大小"滑块，可以改变启动器图标的尺寸。

（3）切换到"行为"选项卡，打开"自动隐藏启动器"开关，则可以实现启动器的自动隐藏，如图 3-40 所示。

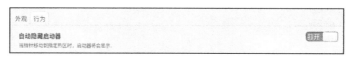

图 3-40　自动隐藏启动器

2. 定制壁纸和主题

用户可以在对话框右侧的图片列表中选择某个图片作为壁纸，也可以通过"主题"下拉菜单来改变当前的主题。默认情况下，Ubuntu 提供了 3 个主题，如图 3-41 所示。

图 3-41　选择壁纸和主题

3. 定制菜单栏

前面已经介绍过，默认情况下，应用程序的菜单并不在应用程序自己的窗口的顶部，而是统一位于桌面顶部的菜单栏中。实际上，用户可以配置应用程序的菜单显示的位置。

在"行为"选项卡的底部，有一组"显示窗口菜单"单选按钮，如图 3-42 所示。如果用户选择了"在菜单栏"选项，则应用程序的菜单统一显示在桌面顶部菜单栏中；如果用户选择了"在窗口的标题栏"选项，则应用程序菜单会显示在自己的窗口的顶部标题栏，如图 3-43 所示。

图 3-42　配置菜单显示位置和可见度

图 3-43 将应用程序菜单显示在自己窗口顶部

"菜单可见度"选项用来控制菜单是否一直显示。如果选择"鼠标悬浮时显示"单选按钮，则应用程序菜单只有鼠标指针移动到标题栏时才显示；如果选择"总是显示"单选按钮，则应用程序菜单会一直显示在标题栏中。

3.3 使用 GNOME

Ubuntu 17.10 完全 Unity，而采用 GNOME 3.26.1 作为默认的桌面环境。与 Unity 相比，GNOME 拥有更多的开发支持者。本节将介绍如何使用 GNOME 进行日常的维护工作。

3.3.1 桌面布局

GNOME 3 的桌面布局非常简洁，如图 3-44 所示。顶部为工具栏，工具栏的左侧为活动按钮，中间为日历，右侧为托盘图标。桌面左侧为浮动面板，里面包含多个常用的应用程序的快捷按钮，占据桌面右侧大部分的为工作区。

图 3-44 GNOME 3 桌面环境

3.3.2 活动按钮

活动按钮的功能非常强大。单击活动按钮，桌面顶部会弹出应用程序搜索框，同时桌面的右侧会出现工作区列表，如图 3-45 所示。

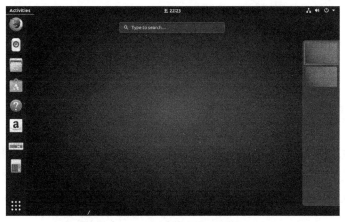

图 3-45　程序搜索框和工作区列表

在搜索框中输入要启动的应用程序名称，在搜索框的下面会出现符合搜索条件的应用程序列表，如图 3-46 所示。

图 3-46　搜索应用程序

用户单击程序列表中的图标，即可启动该程序。

工作区类似于虚拟桌面，便于用户组织管理运行中的应用程序。用户在屏幕右侧的工作区列表中单击相应的工作区，即可实现工作区的切换。

3.3.3 工作区

GNOME 的工作区为用户提供了极大的方便。用户不必把所有运行着的应用程序都堆积在一个可视桌面区域，这一点比 Windows 的桌面功能强大多了。用户可以把一些正在使用的程序在当前工作区打开，其他一些比如听音乐的或类似的软件在其他工作区打开，这样可以大大地简化桌面，方便工作。

GNOME 支持动态工作区。也就是说，用户可以从单个工作区开始，根据需要自动添加更多的工作区，或者减少工作区。

列出当前的工作区列表的方法有多种，可以单击活动按钮，或者按下键盘上面的 Windows 键。

当用户打开第 1 个应用程序时，会发现该应用程序出现在第 1 个工作区上面。同时，在第 1 个工作区下面，会多出 1 个新的工作区，如图 3-47 所示。

如果用户想要在第 2 个工作区上面打开另外一个应用程序，可以单击第 2 个工作区。此时，工作区处于空白状态；然后单击浮动面板上面的应用程序图标，启动需要的应用程序。在工作区列表上面，就会发现刚刚启动的应用程序出现在第 2 个工作区中。同时，第 3 个工作区又出现了，如图 3-48 所示。

图 3-47　工作区列表　　　　　　　图 3-48　增加工作区

将一个已经启动的应用程序移动到某个工作区也非常方便。用户只要将该应用程序的窗口拖动到指定的工作区就可以了。此外，在工作区列表中，用户也可以将应用程序在工作区之间拖动。

如果想要某个应用程序在所有的工作区中都出现，可以右击该应用程序窗口的标题栏，选择 Always on Visible Workspace 菜单。此时，用户在切换不同的工作区时，该应用程序都会出现。

3.3.4　浮动面板

默认情况下，浮动面板位于桌面左侧。浮动面板包含了最常使用的应用程序的图标。为了符合自己的使用习惯，用户可以增加或者删除浮动面板上面的图标。

如果想要删除图标，可以右击浮动面板上面的对应图标，然后选择 Remove from Favorite 选项，即可将其从浮动面板上面移除，如图 3-49 所示。

如果用户经常使用某个特定的应用程序，可以将其添加到浮动面板中。方法是单击活动按钮，搜索到该应用程序，然后右击该应用程序，选择 Add to Favorite 选项，如图 3-50 所示。

图 3-49　移除浮动面板图标

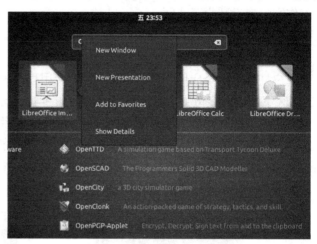

图 3-50　添加应用程序到浮动面板

3.3.5　显示应用程序

有时候通过搜索来寻找应用程序不是那么快捷，GNOME 提供了一个显示所有应用程序的功能。方法是单击浮动面板下面的▦按钮，即可将当前系统中所有的已经安装的应用程序以网格的形式显示出来，如图 3-51 所示。

图 3-51　显示所有应用程序

3.3.6　锁定、关闭或者重启电脑

单击顶部菜单右侧的电源按钮 ，弹出控制面板，如图 3-52 所示。在该面板中，用户可以调整音量，管理网络、VPN 连接、当前会话以及电源等。单击当前用户名称右侧的右箭头，会展开相应的菜单，包括退出会话和账户设置两项功能。单击 按钮，可以打开设置窗口。单击 按钮，可以锁定当前会话。单击 按钮，可以关闭电源或者重启当前系统。

图 3-52　电源控制面板

第 4 章

文件系统基础知识

文件系统是 Ubuntu 的核心内容之一。在 Linux 系统中，一切都是文件，而文件系统就是文件的组织和管理方式。可以这么说，在本书中除了最前面的几章之外，其余的所有章节都会涉及文件系统。深入理解和掌握文件系统，是每个 Linux 学习者都必须面对的问题；而掌握好文件系统，Linux 系统中的许多难题都会迎刃而解。

本章将介绍什么是文件系统、文件系统的层次结构、Linux 文件系统的组织结构、Linux 中常见的文件类型以及如何管理文件权限等。

本章主要涉及的知识点有：

- 文件系统的层次结构：主要介绍 Linux 的树形文件系统结构以及路径名等。
- 文件类型：主要介绍 Linux 系统常见的文件类型，例如普通文件、目录文件、特殊文件、链接文件以及管道文件等。
- 文件权限：主要介绍文件权限的管理，包括显示文件权限、修改文件权限、设置文件权限以及其他的文件权限管理等。

4.1 文件系统的层次结构

在 Linux 系统中，最小的数据存储单位为文件。"一切都是文件"是 Linux 和 UNIX 一直贯彻的原则。也就是说，在 Linux 中，所有的数据都是以文件的形式存在的，包括设备。为了便于访问文件，Linux 按照一定的层次结构来组织文件系统。本节将对 Linux 的文件系统的层次结构进行介绍。

4.1.1 树形层次结构

在 Windows 系统中，存储空间首先分为不同的硬盘，在各个硬盘上面再划分为分区，在每个分区上面创建文件系统，在文件系统中创建不同的目录，在目录下再创建一个或者多个子目录。所以，尽管 Windows 的文件组织也是树形的层次结构，但是这个树形结构的根却不是唯一的，基本上每个分区都是一个相对独立的树形结构，且树与树之间并没有什么必然的联系，如图 4-1 所示。

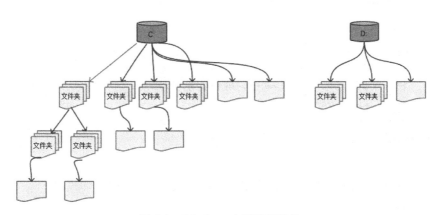

图 4-1　Windows 文件系统结构

但是在 Linux 系统中，所有的存储空间和设备共享一个根目录，不同的磁盘块、不同的分区再挂接上来成为某个子目录的子目录，甚至设备也挂接成了某个子目录下的一个文件，如图 4-2 所示。与 Windows 相比，观念上有比较大的区别，因此，在理解和使用 Linux 文件系统时一定要注意。

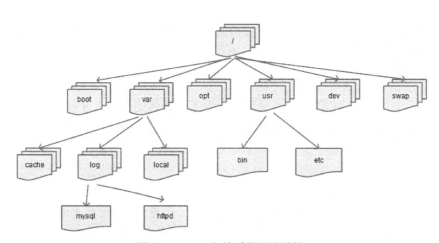

图 4-2　Linux 文件系统层次结构

在创建 Linux 文件系统时，至少需要有一个根文件系统，作为整个文件系统树的根节点。然后用户可以根据自己的实际情况来创建其他的文件系统，例如 home、boot、var、opt、usr 以及 swap 等。当然，这些目录不一定都是以文件系统（分区）的形式存在，也可能仅仅是根文件系统中的一个子目录。

Linux 专门提供了一个名称为 tree 的命令，用来查看这种树形的层次结构，如下所示。

```
chunxiao@chunxiao-VirtualBox:~/文档/doc$ tree /home
/home
├── chunxiao
│     ├── examples.desktop
```

```
|       ├──  公共的
|       ├──  模板
|       ├──  视频
|       ├──  图片
|       |       ├──  2017-06-04 11-01-58屏幕截图.png
|       |       ├──  2017-06-04 11-08-54屏幕截图.png
|       |       ├──  2017-06-04 21-38-32屏幕截图.png
|       |       ├──  2017-06-04 21-40-14屏幕截图.png
|       ├──  文档
|       |       └──  doc
|       ├──  下载
|       |       ├──  20100818171101850496.doc
|       |       ├──  201312115526818.pdf
|       |       ├──  chinachengruo_cn.pdf
|       |       ├──  Install-Wizard.doc
|       |       ├──  P020091106639455042832.pdf
|       |       └──  P020121031553598897181.doc
|       ├──  音乐
|       └──  桌面
└──  lost+found [error opening dir]
```

在上面的命令中，参数/home 表示要列出其树形结构的路径。关于这个命令的详细使用方法，将在后面的章节中介绍。

在 Linux 系统中，分区和目录的关系如下：

（1）任何一个分区都必须挂载到目录树中的某个具体的目录上才能进行读写操作。

（2）目录是逻辑上的区分，分区是物理上的区分。

（3）根目录是所有 Linux 的文件和目录所在的地方，需要挂载上一个磁盘分区。

> 创建不同分区（文件系统）的目的是可以把不同资料，分别放入不同分区中管理，降低风险。另外，大硬盘搜索范围大，效率低，创建分区（文件系统）后可以提高效率。磁盘配额只能对分区设置。/home /var /usr/local 经常是单独分区，因为经常会操作，容易产生碎片。

4.1.2　路径名

通过前面的介绍，可以得知在 Linux 文件系统中，每个子目录都是整个目录树中的一个中间节点。从根目录开始，到达每个子目录，都需要经过一条路线，这条路线在 Linux 中称为路径。因此，所谓路径，就是到达某个目录中间所有的子目录的组合。例如：

```
/home/chunxiao
```

就是一个路径，该路径从根目录开始，中间经过了 home 目录，然后到达 chunxiao 子目录。

在 Linux 中，路径分为绝对路径和相对路径，下面分别进行介绍。

1. 绝对路径

所谓绝对路径，是指从根目录开始算起的路径，例如/var、/usr、/bin 以及/var/log 等。也就是说，如果看到一个以/开始的路径，那么它一定就是绝对路径。通过绝对路径，可以非常清楚地表达目标文件在整个目录树中的位置。

那么用户如何判断当前所在的路径呢？Linux 提供了一个名称为pwd的命令来显示用户当前所处的位置。pwd 是一个使用非常频繁的命令，其含义是打印当前工作目录，如下所示。

```
chunxiao@chunxiao-VirtualBox:~$ pwd
/home/chunxiao
```

2. 相对路径

顾名思义，相对路径是相对于当前的路径而言的。也就是说，如果一个路径从当前的路径算起，则一定是相对路径。

在 Linux 中，相对路径有 4 种表示方法，分别为.、..、~user 以及~。其中，.表示当前路径，..表示父路径，~user 表示某个用户的主目录，其中 user 表示用户账号，~则表示当前用户的主目录。例如，以下路径都是相对路径：

```
./doc
../log
~chunxiao
~
```

其中，./doc 表示当前路径下面的 doc 目录，../log 表示父路径中的 log 目录，~chunxiao 表示账号为 chunxiao 的用户的主目录。

使用相对路径的好处是可以不受绝对路径的限制。这在创建配置文件的时候非常有用。因为应用程序可能会根据实际需要迁移到不同的位置，如果用户使用相对路径来表示配置文件，则通常不需要修改配置；如果采用绝对路径表示，则必须根据新的路径进行修改。

另外，使用相对路径可以简化路径的输入。如果用户的当前位置的绝对路径比较长，在进行目录切换时，如果使用绝对路径则必须每次都要把从根目录开始算起的完整路径输入进去；如果使用相对路径，则会极大地简化路径。例如，如果想要切换到当前目录中的某个子目录，则只需要执行以下命令即可：

```
chunxiao@chunxiao-VirtualBox:/var$ cd ./log
```

或者

```
chunxiao@chunxiao-VirtualBox:/var$ cd log
```

如果使用绝对路径，则需要执行以下命令：

```
chunxiao@chunxiao-VirtualBox:/var/log$ cd /var/log/
```

在上面的命令中，cd 表示改变当前的工作目录。

4.1.3　Linux 目录结构

由于历史的原因，Linux 的目录组织参考了 UNIX 的做法。而 UNIX 对于系统目录的组织和命名是有一定的规律可循的。下面通过 tree 命令列出了当前系统中根目录下面的所有目录：

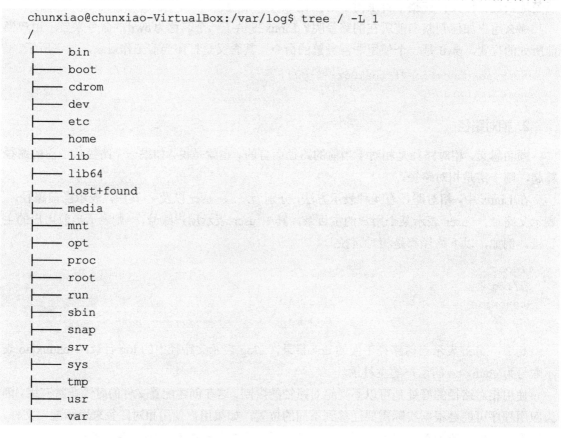

```
chunxiao@chunxiao-VirtualBox:/var/log$ tree / -L 1
/
├── bin
├── boot
├── cdrom
├── dev
├── etc
├── home
├── lib
├── lib64
├── lost+found
├── media
├── mnt
├── opt
├── proc
├── root
├── run
├── sbin
├── snap
├── srv
├── sys
├── tmp
├── usr
├── var
```

表 4-1 列出了部分常见的目录及其功能。

表 4-1　常见系统目录及其功能

目录	说明
/bin	包含系统管理员、系统以及普通用户可以使用的各种可执行命令，例如 cp、cat、ed 以及 tar 等
/boot	该目录与系统引导有关，包括系统引导程序、Linux 内核文件 vmlinuz、磁盘内存映像文件 initrd.img 以及 GRUB 引导程序和配置文件等
/cdrom	光盘挂载点，用户可以通过该挂载点访问光盘上面的文件
/dev	该目录包含当前系统支持的所有的设备文件。例如 console 表示控制台，mem 表示系统的物理内存，sda 表示连接到主控制器的第一个磁盘
/etc	该目录可以说是 Linux 的控制中心，包含了与系统和应用程序有关的各种配置文件。例如 passwd、rc、host.conf 以及 init 等

（续表）

目录	说明
/home	用户主目录的根目录。每创建一个新的用户，就会在该目录下面创建一个新的子目录，子目录以用户账号命名
/lib 和 lib64	该目录包含所有的与系统和应用程序有关的，可以共享的库文件。前者为 32 位，后者为 64 位
/lost+found	每个文件系统都会包含一个该目录，用来存放 fsck 命令在检测和修复文件系统时删除的目录或者文件
/media	该目录为移动介质的挂载点。例如当用户插入 U 盘或者移动硬盘时，Linux 系统会自动将该设备挂载到该目录下面的一个子目录中
/mnt	文件系统的临时挂载点。用户可以临时将其他的文件系统挂载到该目录下使用
/opt	各可选应用程序的安装位置
/proc	各进程文件的存放位置。该目录比较特殊，是一个虚拟的文件系统，其中不包括任何物理文件，而是可以访问的当前系统的各种信息，例如 CPU、内存、各进程对应的文件以及系统运行时间等。例如，通过/proc/cpuinfo 文件可以了解到当前系统的 CPU 信息，通过/proc/meminfo 可以了解到当前系统的内存信息等
/root	root 用户的主目录
/sbin	该目录包含了与系统管理有关的可执行文件，普通用户不可以使用
/sys	该目录包含了各种系统设备的配置信息，例如/sys/bus 目录包含了与系统总线有关的配置信息
/tmp	系统临时目录
/usr	该目录比较特殊，可以作为根目录下面的一个子目录，也可以作为一个单独的文件系统。其中包含了多种共享数据文件，例如命令、库函数、头文件以及各种应用程序的文档等
/var	该目录同样可以作为根目录的子目录，也可以单独作为一个文件系统。包含了各种可变的数据文件，例如日志文件

4.2 文件类型

　　文件是数据在磁盘上面的存储形式。对于绝大多数人来说，面对计算机就是不停地与各种文件打交道，处理各种各样的文件。例如，对于 Word 文档、文本文件、各种应用程序、音频以及视频等，这些当然属于不同的文件类型。但是，对于 Linux 系统来说，其文件类型的划分却大有不同之处，在 Linux 里面，一切都是文件。对于学习 Linux 的读者来说，常见的文件类型必须要熟练掌握。本节将对 Linux 系统常见的几种文件类型进行介绍。

4.2.1　普通文件

　　在 Linux 系统中，最常见的文件就是普通文件了。所谓普通文件，是指包含文本、数据、程序指令等数据的文件。

文件是通过文件名来访问的。通常情况下，文件名是由字母、数字、点、下划线、连字符以及其他的 UNICODE 字符组成。某些特殊的字符不可以出现在文件名中，例如反斜线和&等，因为这些字符在 Shell 中有特殊的含义。各个文件系统对于文件名的长度有不同的限制，但是绝大部分的文件系统将文件名的长度限制在 256 个字符以内。

普通文件都是用户直接或者通过应用程序间接创建的文件，用来存储用户数据。一般来说，普通文件可以分为以下几种类型：

1. 纯文本文件

这是 Linux 系统中最多的一种文件类型，之所以称为纯文本文件，是因为其内容是可以直接阅读的文本数据，例如数字、字母以及 UNICODE 字符等。Linux 中几乎所有的配置文件都属于纯文本文件。下面的命令显示了 SSH 服务器的配置文件的部分内容：

```
chunxiao@ubuntu:~$ cat /etc/ssh/ssh_config

# This is the ssh client system-wide configuration file.  See
# ssh_config(5) for more information.  This file provides defaults for
# users, and the values can be changed in per-user configuration files
# or on the command line.

# Configuration data is parsed as follows:
#  1. command line options
#  2. user-specific file
#  3. system-wide file
# Any configuration value is only changed the first time it is set.
# Thus, host-specific definitions should be at the beginning of the
# configuration file, and defaults at the end.

# Site-wide defaults for some commonly used options.  For a comprehensive
# list of available options, their meanings and defaults, please see the
# ssh_config(5) man page.

Host *
#   ForwardAgent no
#   ForwardX11 no
#   ForwardX11Trusted yes
#   RhostsRSAAuthentication no
#   RSAAuthentication yes
#   PasswordAuthentication yes
#   HostbasedAuthentication no
#   GSSAPIAuthentication no
#   GSSAPIDelegateCredentials no
#   GSSAPIKeyExchange no
```

```
#    GSSAPITrustDNS no
#    BatchMode no
#    CheckHostIP yes
```

从上面的内容可以得知，该文件的内容可以直接阅读和修改，里面所有的内容都是 ASCII 码字符，其中 cat 命令用来输出某个文件的内容。

2. 二进制文件

二进制文件是指经过编译的计算机可以直接执行的机器代码文件。Linux 中的可执行文件几乎都是二进制文件，包括 cp、cat、su 以及 rm 等各种命令，Apache HTTP 服务器的主文件 httpd 等。这些文件的内容不可以直接供人阅读，而是给计算机执行的。如果使用 cat 等命令来查看二进制文件的内容，会发现输出的是一些不可识别的字符。

 Shell 脚本文件以及批处理文件，尽管可以执行，但是他们属于文本文件，不是二进制文件。

3. 其他特定数据格式的文件

这些特定格式的文件一般都是由特定的应用程序生成和操作的，人们不可以直接阅读和修改。例如图片文件，用户只能通过图片处理程序来创建和修改；MySQL 的数据库文件，只能通过 MySQL 数据库管理系统来读取和修改；音频文件，也只能通过多媒体处理程序来修改。

在 Linux 系统中，普通文件有着特殊的标识，用户可以通过多种方式来判断是否普通文件及其类型。

通常情况下，用户可以通过含有-l 选项的 ls 命令来查看文件类型，如下所示。

```
chunxiao@ubuntu:~$ ls -l /etc/
总用量 1164
drwxr-xr-x    129    root    root    12288    6月  10 22:39    ./
drwxr-xr-x    24     root    root    4096     6月  10 08:05    ../
drwxr-xr-x    3      root    root    4096     4月  12 11:14    acpi/
-rw-r--r--    1      root    root    3028     4月  12 11:07    adduser.conf
drwxr-xr-x    2      root    root    4096     6月  2  20:45
 alternatives/
-rw-r--r--    1      root    root    401      12月 29 2014     anacrontab
-rw-r--r--    1      root    root    433      8月  5  2016      apg.conf
…
```

在上面的命令中 ls 命令用来列出目录的内容，-l 选项表示以详细格式来显示。关于这个命令的详细使用方法，将在后面介绍，在此只介绍如何通过该命令查看文件类型。可以得知，上面的输出结果一共有 7 列，第 1 列是一个 10 个字符组成的字符串，其中第一个字符为-的文件为普通文件。当然，可以是文本文件或者是可执行文件等。

为了执行方便，很多 Linux 发行版都为 ls -l 命令定义了一个别名为 ll。也就是说，用户可以直接输入 ll 来代替 ls -l。

除了使用 ls -l 命令之外，Linux 还提供 file 命令来查看文件的具体类型，例如：

```
chunxiao@ubuntu:/usr/bin$ file /etc/profile
/etc/profile: ASCII text
chunxiao@ubuntu:/usr/bin$ file /bin/touch
/bin/touch: ELF 64-bit LSB shared object, x86-64, version 1 (SYSV), dynamically
linked, interpreter /lib64/ld-linux-x86-64.so.2, for GNU/Linux 2.6.32,
BuildID[sha1]=7d2d093d92521ed97002477d7cbef07ef2a4dbbb, stripped
```

从上面的命令可以得知，/etc/profile 为一个纯文本文件；而/bin/touch 则是一个可执行文件，其中 ELF 表示可执行文件。

4.2.2 目录文件

Linux 把目录也看作是一种文件。目录的功能与普通文件不同，它主要是用来组织和管理文件或者其他的目录的，其中存放着文件名和文件索引结点之间的关联关系。目录文件的命名与普通文件一样。在 ls -l 命令的显示结果中，目录文件的第一个字符为 d。例如，用户可以通过以下命令将/etc 下面的目录文件单独列出来：

```
chunxiao@ubuntu:~$ ls -l /etc|grep '^d'
drwxr-xr-x  3  root    root    4096   4月  12 11:14   acpi
drwxr-xr-x  2  root    root    4096   6月   2 20:45   alternatives
drwxr-xr-x  6  root    root    4096   4月  12 11:11   apm
drwxr-xr-x  3  root    root    4096   4月  12 11:14   apparmor
drwxr-xr-x  8  root    root    4096   6月   2 20:47   apparmor.d
drwxr-xr-x  5  root    root    4096   4月  12 11:14   apport
…
```

在上面的命令中，| 符号表示匿名管道，将 ls -l 命令的输出结果输入到后面的命令。Grep 命令用来对 ls -l 命令的输出结果进行筛选，而^d 则是一个正则表达式，表示以字符 d 开始的文本。

同样，file 命令也可以用来判断是否为目录文件，如下所示。

```
chunxiao@ubuntu:~$ file /etc/*
/etc/acpi:              directory
/etc/adduser.conf:      ASCII text
/etc/alternatives:      directory
/etc/anacrontab:        ASCII text
/etc/apg.conf:          ASCII text
/etc/apm:               directory
/etc/apparmor:          directory
```

```
/etc/apparmor.d:              directory
/etc/apport:                  directory
/etc/appstream.conf:          ASCII text
```

可以得知，对于目录文件，file 命令输出为 directory。

而在文件管理器中，目录文件的图标为一个文件夹，如图 4-3 所示。

图 4-3　目录文件

4.2.3　字符设备文件

字符设备文件为一类特殊文件，该类文件代表的是硬件设备。字符设备文件的数据是以字节流发送的，只能一个字节一个字节地读写，不能随机读取设备内存中的某一数据，读取数据需要按照先后顺序。这些设备包括终端设备和串口设备，例如键盘、鼠标以及打印机等。

在 ls -l 命令中，字符设备的标识为 c，如下所示。

```
chunxiao@ubuntu:~$ ls -l /dev
总用量 0
…
brw-rw----+ 1   root    cdrom     11,  0 6月  10 22:38      sr0
…
crw-rw-rw- 1    root    tty        5,  0 6月  10 22:38      tty
…
```

在上面的输出中，终端设备 tty 的文件类型为 c，即字符英文单词的首字母。

如果使用 file 命令，则可以显示更加详细的信息，如下所示。

```
chunxiao@ubuntu:~$ file /dev/tty
/dev/tty: character special (5/0)
```

上面的命令显示/dev/tty 文件为字符特殊文件。

4.2.4 块设备文件

与字符设备文件一样，块设备文件也属于 Linux 中的特殊文件。但是与前者不同的是，块设备文件支持从设备的任意位置读取一定长度数据。也就是说，块设备文件不是按照顺序读取数据的，而是可以随机访问的，数据的读写只能以块为单位。此外，块设备文件一般都配备了高速缓存，大大提高了性能，能够在短时间内传输大量的数据。在计算机中，作为块设备使用的设备也有很多，其中最常见的就是磁盘、U 盘以及 SD 卡等。

用户同样可以通过 ls 命令或者 file 命令判断设备的类型。例如，可以通过以下命令列出当前系统中的块设备文件：

```
chunxiao@ubuntu:~$ ls -l /dev | grep '^b'
brw-rw----  1      root    disk    7,  0 6月  11 09:48      loop0
brw-rw----  1      root    disk    7,  1 6月  11 09:48      loop1
brw-rw----  1      root    disk    7,  2 6月  11 09:48      loop2
brw-rw----  1      root    disk    7,  3 6月  11 09:48      loop3
…
brw-rw----  1      root    disk    8,  0 6月  11 09:48      sda
brw-rw----  1      root    disk    8,  1 6月  11 09:48      sda1
brw-rw----  1      root    disk    8,  2 6月  11 09:48      sda2
…
brw-rw----+ 1      root    cdrom   11, 0 6月  11 09:48      sr0
```

上面的输出结果中，块设备文件的文件类型属性为 b，即块的英文单词的首字母。sda 为当前系统中连接的第 1 块磁盘，sda1、sda2 以及 sda3 等分别是 sda 上面的分区。sr0 为光驱，光盘也是属于块设备文件。

如果通过 file 命令，也可以得到相同的结果，如下所示。

```
chunxiao@ubuntu:~$ file /dev/sda
/dev/sda: block special (8/0)
```

上面介绍了 Linux 系统中常见的 2 种特殊文件，分为字符设备和块设备。在理解和掌握这 2 种特殊文件时需要特别注意以下几点：

（1）字符设备和块设备的定义属于操作系统的设备访问层，与实际物理设备的特性并无必然联系。在操作系统中，设备访问层下面就是驱动程序，所以只要驱动程序能够提供的方式，都可以使用。也就是说如果驱动程序支持字符流方式，那么就可以用这种方式访问；驱动程序如果还支持块方式，那么用哪种方式访问都可以。

一个比较典型的例子是磁盘。通常情况下，操作系统对磁盘的读写都是按块进行的，使用缓冲区来存放暂时的数据，待条件成熟后，从缓存一次性写入磁盘或者从磁盘一次性读出放入缓冲区。但是在某些特殊情况下，为了提高性能，需要绕开操作系统对磁盘进行存取访问，此时称为磁盘裸设备。那么在这种情况下，操作系统就不能按块访问磁盘了，而是由应用程序来直接访问，因此，此时磁盘是作为字符设备使用的。最常见的应用场景就是 Oracle 数据库。

（2）两种类型的设备的根本区别在于它们是否可以被随机访问，换句话说就是，能否在访问设备时随意地从一个位置跳转到另一个位置。例如，键盘提供的就是一个字符流，当用户敲入 dog 这个字符串时，键盘驱动程序会按照和输入完全相同的顺序返回这个由三个字符组成的字符流。如果让键盘驱动程序打乱顺序来读字符串，或读取其他字符，都是没有意义的。所以键盘就是一种典型的字符设备，它提供的就是用户从键盘输入的字符流。对键盘进行读操作会得到一个字符流，首先是 d，其次是 o，然后是 g，最后是文件的结束符（EOF）。当没人敲键盘时，字符流就是空的。

而磁盘设备的情况就不大一样。磁盘设备的驱动可能要求读取磁盘上任意块的内容，然后又转去读取别的块的内容，而被读取的块在磁盘上位置不一定要连续，所以说磁盘可以被随机访问，而不是以流的方式被访问，显然它是一个块设备。

4.2.5　管道

管道的名称非常形象。所谓管道，是 Linux 系统中将一个进程的输出连接到另一个进程的输入，从而允许进程间通信的文件。因此，可以简单地讲，管道的作用是充当两个进程间数据交换的通道。可以把 Linux 系统中需要通信的两个进程比作是两段断开的水管，现在需要将一段水管中的水引入到另外一段水管中。为了达到这个目的，需要一段中间的转接水管。而管道则承担了这个角色。参与数据交换的两个进程就是那两段断开的水管，管道就是中间的转接水管，而数据就是水管中的水。

Linux 中的管道文件有两种类型，分别为匿名管道和命名管道。下面首先介绍匿名管道。

在 Linux 中，匿名管道使用 | 符号表示。通常情况下，它用来连接两个命令。例如：

```
chunxiao@ubuntu:~$ ps -ef | grep mysql
mysql      5790    1     0   10:27 ?        00:00:01
/usr/sbin/mysqld
chunxiao    6586   2872   0   11:04 pts/0    00:00:00        grep
--color=auto mysql
```

在上面的命令中，通过 | 符号把 ps 和 grep 这两个命令连接起来。前者表示列出当前系统中的进程，后者用来匹配指定的字符串。ps -ef 命令的执行结果会直接作为 grep mysql 命令的输入。经过 grep 命令的筛选之后，才输出到屏幕上。因此，这个组合命令的作用就是查找当前系统中是否存在包含 mysql 关键字的进程。通常情况下，用户可以使用以上命令来判断 MySQL Server 是否正在运行。

类似的应用场合还有很多，例如，用户通过 ls 命令查看目录内容，如果文件太多的话，屏幕就会滚动很快，根本看不清。此时，可以通过以下组合命令来解决这个问题：

```
chunxiao@ubuntu:~$ ls -l /etc | more
总用量 1152
drwxr-xr-x  3   root       root     4096   4月 12 11:14       acpi
-rw-r--r--  1   root       root     3028   4月 12 11:07       adduser.conf
```

```
drwxr-xr-x  2  root      root    4096    6月  11 10:27      alternatives
..
```

通过匿名管道将 ls 命令的输出结果传递给 more 命令之后，如果输出结果超过一屏，则会在屏幕底部显示一个"更多"的提示。用户可以通过空格键翻屏，也可以通过回车键逐行滚动。

尽管匿名管道也属于特殊文件，但是它并没有在磁盘上面出现，也没有文件名。因此，匿名管道只能用于具有亲缘关系的进程间通信，在命名管道（FIFO）提出后，该限制得到了克服。FIFO 不同于管道之处在于它提供一个文件名与之关联，以 FIFO 的文件形式存储于文件系统中。命名管道是一个设备文件，因此，即使进程与创建 FIFO 的进程不存在亲缘关系，只要可以访问该路径，就能够通过 FIFO 相互通信。

用户可以通过 ls 命令或者 file 命令来查看命名管道的类型，如下所示。

```
chunxiao@ubuntu:~$ ls -l /run/systemd/initctl/
总用量 0
prw-------      1       root      root    0       6月  11 09:48
fifo
```

在上面的输出结果中，fifo 为一个命名管道文件，其类型属性为 p，即管道英文单词的首字母。

如果用 file 命令，则可以得到以下结果：

```
chunxiao@ubuntu:~$ file /run/systemd/initctl/fifo
/run/systemd/initctl/fifo: fifo (named pipe)
```

下面介绍命名管道的创建和读写数据方法。Linux 提供了两种方式创建命名管道，一种是在 Shell 下通过命令交互式创建命名管道，另外一种是在程序中通过调用系统函数创建命名管道。

在 Shell 下，用户可以通过 2 个命令来创建命名管道，分别为 mknod 和 mkfifo。下面首先使用 mknod 来创建一个命名管道：

```
chunxiao@ubuntu:~$ mknod fifo p
chunxiao@ubuntu:~$ ls - fifo
prw-r--r--      1     chunxiao      chunxiao      0   6月  11 12:14
fifo
```

在上面的命令中，fifo 参数表示命名管道文件名，p 选项表示要创建的特殊文件类型为管道文件。

使用 mkfifo 命令则比较简单，直接指定文件名作为参数即可，如下所示。

```
chunxiao@ubuntu:~$ mkfifo fifo
chunxiao@ubuntu:~$ ls -l fifo
prw-r--r--      1       chunxiao      chunxiao      0   6月  11 12:52
fifo
```

为了便于用户编写程序，Linux 提供了 mkfifo()函数来创建命名管道文件，该函数的原型如下：

```
int mkfifo(const char *pathname, mode_t mode);
```

其中 pathname 参数为命名管道文件的文件名，mode 为文件的访问权限，该函数返回值为整型。下面的代码演示了如何通过 mkfifo()函数创建命名管道：

```
01  #include <unistd.h>
02  #include <stdlib.h>
03  #include <stdio.h>
04  #include <sys/types.h>
05  #include <sys/stat.h>
06
07  int main()
08  {
09      int res = mkfifo("my_fifo",0777);
10      if(!res)
11      printf("FIFO created\n");
12
13      exit(EXIT_SUCCESS);
14  }
```

在上面的代码中，第 9 行调用 mkfifo()函数创建名称为 my_fifo 的命名管道文件，并且指定其访问权限为 0777，即所有的用户都可以执行读写操作。如果创建成功，则该函数返回值为 0，否则返回值为-1。第 11 行在创建成功后会输出一行提示信息。

将以上代码保存为 mkfifo.c 文件，然后通过 gcc 命令进行编译。默认情况下，gcc 的输出目标文件为 a.out。执行该文件之后，可以得到以下结果：

```
chunxiao@ubuntu:~$ gcc mkfifo.c
chunxiao@ubuntu:~$ ./a.out
FIFO created
0chunxiao@ubuntu:~$ ls -l my_fifo
prwxr-xr-x  1   chunxiao   chunxiao      0   6月  11 13:15       my_fifo
```

 在编译 C 程序时，需要安装 gcc 软件包。

接下来通过一个简单的例子来说明命名管道的读写方法。

首先在命令行中输入以下命令：

```
chunxiao@ubuntu:~$ cat < my_fifo
```

在上面的命令中，cat 命令用来显示文本内容，小于号<为重定向符，其功能是将后面的输出重定向到 cat 命令，my_fifo 是刚才创建的命名管道的文件名。按回车键之后，会发现该命令并没有直接返回，而是出于阻塞状态，等待用户输入。

接下来重新打开一个终端窗口，输入以下命令：

```
chunxiao@ubuntu:~$ echo "Hello, world" > my_fifo
```

在上面的命令中，echo 命令用来输出一行字符串到屏幕，后面紧跟的是要输出的内容。大于号>同样是重定向符，其功能与小于号相反，是将前面命令的输出重定向到后面的设备，最后的 my_fifo 同样是前面创建的命名管道。当按回车键之后，会发现前面打开的终端窗口中的 cat 命令已经执行完成，并且输出了以下信息：

```
chunxiao@ubuntu:~$ cat < my_fifo
Hello, world
```

可以发现，cat 命令的输出结果正是 echo 命令发送的数据。这样，通过命名管道作为中间的桥梁，实现了不同进程间的数据通信。

> FIFO 总是按照先进先出的原则工作，第一个被写入的数据将首先从管道中读出。此外，命名管道中不保存数据。

4.2.6 套接字

在介绍套接字之前，必须再次重复一遍，在 Linux 系统中，一切都是文件。希望读者在理解 Linux 文件类型和文件系统的时候，一定不要忘记 Linux 的这个理念。如果脱离了这个理念，在学习文件类型和文件系统时，就会陷入迷茫。

简单地讲，套接字是方便进程之间通信的特殊文件。与管道不同的是，通过套接字能使通过网络连接的不同计算机的进程之间进行通信。这就是说，套接字可以为运行网络上不同机器中的进程提供数据和信息传输。

一般来说，套接字文件都是用在编写程序中，很少用在 Shell 的交互场合中。一个比较典型的例子就是 MySQL Server 的套接字文件。在 ls 命令中，套接字文件以字母 s 标识，如下所示。

```
chunxiao@ubuntu:~$ ll /run/mysqld/
总用量 8
drwxr-xr-x   2  mysql  mysql  100   6月  11 10:27   ./
drwxr-xr-x  29  root   root   900   6月  11 10:27   ../
-rw-r-----   1  mysql  mysql    5   6月  11 10:27   mysqld.pid
srwxrwxrwx   1  mysql  mysql    0   6月  11 10:27   mysqld.sock=
-rw-------   1  mysql  mysql    5   6月  11 10:27   mysqld.sock.lock
```

> 与管道一样，套接字文件也不与任何数据块关联。

4.2.7 文件链接

在 Linux 的文件系统中，用户会经常遇到文件链接。文件链接是 Linux 文件系统的最重要的特点之一。简单地讲，所谓链接，是对文件的引用。从某种程度上讲，文件链接类似于 Windows 中的快捷方式。但是，文件链接的功能要比快捷方式强大得多。

在 Linux 系统中，链接可以如同原始文件一样来对待。链接可以与普通的文件一样被执行、编辑和访问。对系统中的其他应用程序而言，链接就是它所对应的原始文件。当用户通过链接对文件进行编辑时，实际上编辑的是原始文件，文件链接不是原始文件的副本。

文件链接分为符号链接和硬链接两种类型。下面分别对这两种文件链接进行介绍。

1. 符号链接

符号链接又称为软链接。符号链接的功能类似于一个指针，指向文件在文件系统中的具体位置。比较重要的是，符号链接可以跨文件系统，甚至可以指向远程文件系统中的文件。也就是说，可以在一个文件系统中创建一个符号链接，指向另外一个文件系统中的某个文件。

符号链接只是指明了原始文件的位置，用户需要对原始文件有访问权限才可以使用链接。如果原始文件被删除，所有指向它的符号链接也将都会失效，它们会指向文件系统中并不存在的一个位置。

用户可以通过 ls 或者 file 命令来判断符号链接。在 ls 命令中，符号链接的标识为字母 l。此外，在文件名中，还是用箭头符号指向了原始文件，在如下所示。

```
chunxiao@ubuntu:~$ ls -l /bin
总用量 11348
-rwxr-xr-x  1  root  root  1099016    5月  16 19:35  bash
-rwxr-xr-x  1  root  root  34888      1月  30 02:30  bunzip2
-rwxr-xr-x  1  root  root  1996936    8月  24 2016   busybox
-rwxr-xr-x  1  root  root  34888      1月  30 02:30  bzcat
lrwxrwxrwx  1  root  root  6          5月  28 19:17  bzcmp -> bzdiff
…
```

在上面的输出结果中，bzcmp 为符号链接，该符号链接指向了 bzdiff 文件。

如果使用 file 命令，则可以得到以下结果：

```
chunxiao@ubuntu:~$ file /bin/bzcmp
/bin/bzcmp: symbolic link to bzdiff
```

上面的命令明确告诉我们，/bin/bzcmp 是一个指向 bzdiff 的符号链接。

2. 硬链接

硬链接是同一个文件系统中同一个文件的一个或者多个别名。硬链接直接指向文件的实际数据在磁盘上面的存储位置，而不是文件在文件目录树中的位置。正因为如此，当用户移动或删除原始文件时，硬链接不会被破坏。如果用户删除的文件有相应的硬链接，那么这个文件依然会保留，直到所有对它的引用都被删除。

实际上，Linux 文件系统的绝大部分文件都是硬链接，只不过有的文件有一个硬链接，而有的文件有多个硬链接。用户可以通过 ls 命令来查看文件的硬链接的数量，如下所示。

```
chunxiao@ubuntu:~$ ls -li
总用量 76
…
2155    -rw-r--r--  3  chunxiao    chunxiao    2701    6月  12 22:50    http
2155    -rw-r--r--  3  chunxiao    chunxiao    2701    6月  12 22:50
 http1.c
2155    -rw-r--r--  3  chunxiao    chunxiao    2701    6月  12 22:50
 http.c
2151    lrwxrwxrwx  1  chunxiao    chunxiao    4       6月  12 22:56    https ->
http
2149    -rw-r--r--  1  chunxiao    chunxiao    275     6月  11 13:14
 mkfifo.c
…
```

在上面的命令中，使用了 ls 的-i 选项，该选项可以把文件的 i 节点显示出来。所谓 i 节点，是 Linux 文件系统中非常重要的一个概念。i 节点是一个整数值，可以唯一地在文件系统中标识某个文件。

观察上面命令的输出结果，可以发现前面 3 个文件除了文件名不同之外，其他的属性都是完全相同的。其中第 1 列就是文件的 i 节点，前面 3 个文件的 i 节点都是 2155，这说明这 3 个文件是同一个文件。第 3 列是文件的硬链接数，可以看到，这个文件的硬链接数都为 3。实际上，这 3 个硬链接指的就是前面的 3 个文件。用户可以尝试删除第 1 个文件，然后再观察后面 2 个文件的硬链接数的变化，如下所示。

```
chunxiao@ubuntu:~$ rm http
chunxiao@ubuntu:~$ ls -il
总用量 72
…
2155    -rw-r--r--  2  chunxiao chunxiao  2701 6月  12 22:50 http1.c
2155    -rw-r--r--  2  chunxiao chunxiao  2701 6月  12 22:50 http.c
2151    lrwxrwxrwx  1  chunxiao chunxiao  4    6月  12 22:56    https -> http
…
```

rm 命令用来删除文件。在上面的命令中，将名称为 http 的文件删除。然后通过 ls 命令查看 http1.c 和 http.c 这 2 个文件的硬链接数的变化。可以发现，这 2 个文件的硬链接数都减少了 1。

如果继续删除 http1.c 文件，那么 http.c 的硬链接数就会减少为 1，以此类推。当文件的硬链接数变为 0 时，该文件就从磁盘中消失了。

从前面的介绍，可以得知符号链接和硬链接存在以下不同的特性：

（1）硬链接的几个文件之间有着相同的 i 节点和文件数据区，而每个符号链接都是一个相对独立的文件，拥有自己的文件属性和权限。

（2）用户只能对已存在的文件进行创建硬链接，但可对不存在的文件或目录创建符号链接。

（3）不可以跨越文件系统创建硬链接，但是符号链接可以跨越文件系统。

（4）不能对目录创建硬链接，但是可以对目录创建符号链接。

（5）删除一个硬链接文件并不影响其他拥有相同 i 节点的文件，同样，删除软链接也并不影响被指向的文件；但若被指向的原文件被删除，则相关符号链接失效。

（6）创建硬链接，文件的链接数会增加；创建符号链接，原始文件的链接数不会增加。

图 4-4 显示了符号链接和硬链接的具体区别。

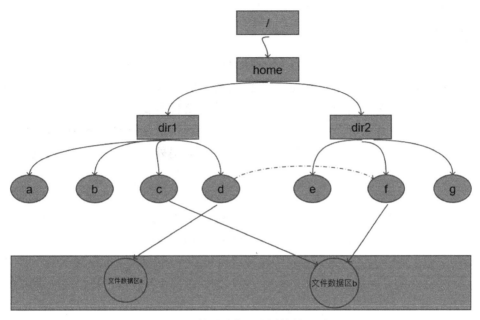

图 4-4　符号链接和硬链接的区别

在图 4-4 中，长方形为目录，椭圆形为文件。home 目录下面有 2 个子目录，分别为 dir1 和 dir2。在 dir1 中有 4 个文件，在 dir2 中有 3 个文件。其中文件 c 和文件 f 都指向了同一块文件数据区 b，因此，这 2 个文件拥有相同的 i 节点，这 2 个文件互为硬链接。文件 d 则指向了文件数据区 a，同时又指向了文件 f。因此，文件 d 为符号链接。

4.3　文件权限

用户在操作 Linux 系统的过程中，都会不知不觉地与文件权限发生密切的关系。在 Linux 系统中，一切都是文件。而任何一个文件，都会有其访问权限。作为初学者，需要深入了解 Linux 的文件权限的定义及其更改方法。本节将对文件权限的概念、文件权限的显示、修改等进行介绍。

4.3.1 文件权限概述

Linux 系统是一个多用户的系统，每个用户都会创建自己的文件。为了防止其他人擅自改动他人文件，需要拥有一套完善的文件保护机制。在 Linux 系统中，这种保护机制就是文件的访问权限。文件的访问权限决定了谁可以访问和如何访问特定的文件。

为了便于读者理解后面的内容，下面首先介绍一些基础知识。

Linux 的文件权限分为基本权限和特殊权限。

1. 基本权限

Linux 系统将文件的基本权限分为 3 个权限组，分别为文件所有者、文件所属组以及其他用户。所谓文件所有者，一般是指文件的创建者，谁创建了文件，谁就默认成为该文件的所有者。通常情况下，文件所有者对该文件拥有全部权限。文件所属组是指某个用户组对该文件拥有的访问权限。同理，其他用户是指除了文件所有者和所属组之外的系统中的其他用户对于该文件的访问权限。这 3 个权限组分别用 u、g 和 o 表示。另外，还加上一个所有用户，用 a 表示。

对于每个文件或者目录，都有 3 种基本权限类型，分别为读、写和执行。所谓读权限，是指用户能够读取文件的内容。写权限是指用户能够写入或者修改文件或者目录内容。执行权限是指用户能够执行该文件或者进入某个目录。这 3 种基本权限分别用字母 r、w 和 x 表示。如果没有该种权限，则用连字符-表示。除了这种字母表示方法之外，Linux 还支持一种二进制数字表示法，即分别用二进制 100、010 和 001 表示读、写和执行权限，转换成十进制就是 4、2和 1。

2. 特殊权限

Linux 的权限设置非常灵活，除了基本权限之外，还有 3 种特殊权限，分别是 setuid、setgid和黏滞位。前面 2 种都是为了使得某个程序在执行时能够得到权限提升而设置，而后者则是为了保护文件或者目录不被他人删除而设置的。

setuid 和 setgid 分别允许用户以文件所有者和文件所属组的身份执行某个文件。这 2 种权限经常适用于某个任务所需的权限高于运行者所拥有的权限，而为了运行这个的任务，允许用户暂时提高权限。

首先介绍一下 setuid 和 setgid。setuid 的全称是 set user ID upon execution，也就是说在程序执行时设置其用户 ID。那么到底是设置成谁的用户 ID 呢？当然是程序所有者的用户 ID。这意味着无论是哪个用户，只要有执行该程序的权限，那么在该程序执行时，都相当于该程序的所有者在执行。程序所有者所拥有的权限，程序执行者在程序执行的时候也拥有。setgid 的全称是 set group ID upon execution，其中组 ID 指的是文件所在组的 ID。也就是说，无论谁在执行该程序，只要有执行的权限，那么在程序执行的时候，程序所在组所拥有的权限，执行者同样拥有。

这两种权限通常用在执行某个特殊任务时，需要任务执行者的权限得到临时提升。例如，在 Linux 系统中，/etc/passwd 和/etc/shadow 是 2 个非常关键的文件。前者用来存储账号信息，后者用来存储密码。这两个文件的所有者为 root 用户，并且只有 root 用户才有写入的权限。但是，我们知道，Linux 系统中的每个用户都可以通过 passwd 命令修改自己的密码，有些非 root 用户可以在 Linux 系统中增加或者删除账号。而无论是修改密码还是增删账号都会修改 /etc/shadow 和/etc/passwd，那么这个功能是如何实现的呢？

实际上，这要归功于 setuid 权限，Linux 系统为 passwd 命令设置了该权限，并且将 passwd 命令的所有者设置为 root，而系统中其他的有效用户都可以执行 passwd 命令。这样，在其他用户执行 passwd 命令的时候，就会拥有 root 用户的权限，因此就可以修改这 2 个文件了。

除了 setuid 和 setgid 之外，Linux 还提供了其他的安全机制，包括普通用户不能修改其他用户的密码等。

setuid 和 setgid 这 2 种特殊权限用字符 s 表示，其中，setuid 占用所有者权限的第 3 个字符，即 x 所在的位置。setgid 占用文件所在组权限的第 3 个字符，同样是 x 所在的位置。如果 setuid 或者 setgid 和 x 权限同时拥有，则会 2 种权限叠加，用小写的字符 s 表示。如果只设置了 setuid 或者 setgid，而没有 x 权限，则用大写的字符 S 表示。

除了字符表示法之外，还可以使用数字表示这 2 种特殊权限，其中 setuid 在权限的最高位上用十进制数字 4 表示，而 setgid 在权限的最高位上用十进制数字 2 表示。

黏滞位的作用恰恰与刚才介绍的 2 个权限相反。例如，/tmp 目录是 Linux 为所有的应用程序提供的临时目录，这个目录对于所有的用户来说都是可读、可写的。系统中那么多的应用程序，会不会出现某个应用程序修改或者删除其他的应用程序的情况呢？如果这种情况下发生的话，必然会导致 Linux 系统中的应用程序执行错乱。

为了防止上面所讲的现象的发生，Linux 系统为/tmp 目录设置了黏滞位。设置了黏滞位之后，只有文件的所有者才可以修改或者删除/tmp 目录中的文件。

黏滞位在文件权限中用字符 t 表示，占用其他用户权限的第 3 个字符，即 x 所在的位置。同样，如果同时设置了黏滞位和执行权限，则用小写的字母 t 表示；如果只有黏滞位，而没有执行权限，则用大写的字母 T 表示。如果用数字来表示黏滞位的话，则是最高位上用十进制数字 1 表示。

4.3.2　显示文件权限

前面介绍了 Linux 系统的文件权限的概念，接下来就详细介绍一下如何显示 Linux 系统中的文件的权限。

要显示文件权限，可以使用含有-l 选项的 ls 命令。该命令可以用来显示一组或者某个特定的文件的访问权限，如下所示。

```
chunxiao@ubuntu:~$ ls -l /bin
总用量 11348
```

```
-rwxr-xr-x  1    root       root         1099016       5月  16 19:35    bash
-rwxr-xr-x  1    root       root     34888            1月  30 02:30    bunzip2
-rwxr-xr-x  1    root       root         1996936       8月  24  2016
busybox
-rwxr-xr-x  1    root       root     34888            1月  30 02:30    bzcat
lrwxrwxrwx  1    root       root     6                5月  28 19:17    bzcmp ->
bzdiff
…
```

上面的输出结果一共有 7 列。其中，第 1 列的第 1 个字符代表文件类型，已经在前面介绍过了。而第 1 列的后面 9 个字符就代表文件的访问权限。至于剩下的 6 列，将在后面的文件操作中详细介绍。下面介绍第 1 列中的后 9 个字符的含义。

这 9 个字符分为 3 组，其中第 1 组的 3 个字符代表文件所有者的访问权限，第 2 组 3 个字符代表文件所在组的访问权限，第 3 组 3 个字符代表其他用户的访问权限。r 字符表示读（read）权限，w 字符表示写（write）权限，x 字符表示执行（execute）权限。如果没有该权限，则用连字符-表示。

例如 bash 文件的权限为 rwxr-xr-x，所以文件所有者的访问权限为 rwx，即可读、可写和可执行；文件在组的访问权限为 r-x，即可读、可执行但不可写；其他用户的访问权限为 r-x，同样是可读、可执行但不可写。符号链接 bzcmp 的权限为 rwxrwxrwx，即所有的用户都是可读、可写和可执行的。如果我们查看/etc/passwd 文件，则其结果显示如下：

```
chunxiao@ubuntu:~$ ls -l /etc/passwd
-rw-r--r--    1    root       root         2522       6月  14 20:32
/etc/passwd
```

可以得知，文件所有者对于该文件的访问权限为可读和可写，而对于所有其他的用户而言，该文件都是只读的。

如果显示 passwd 命令的访问权限，则结果如下：

```
chunxiao@ubuntu:~$ ls -l /usr/bin/passwd
-rwsr-xr-x  1    root       root         54256       5月  16 10:28
/usr/bin/passwd
```

从上面的结果可以得知，passwd 命令的所有者权限为 rws，这意味着同时设置了 setuid 权限和可执行权限。

/tmp 目录的访问权限如下所示。

```
chunxiao@ubuntu:~$ ls -l /
总用量 101
…
drwxrwxrwt  12       root       root     4096       6月  16 21:56        tmp
…
```

从上面的结果可以得知，/tmp 的文件权限的最后 1 组为 rwt，即设置了黏滞位，而其他的用户又拥有执行权限。

除了使用 ls 命令之外，在文件管理器中右击某个文件，在弹出的快捷菜单中选择"属性"命令，然后切换到"权限"选项卡，则同样可以查看文件的访问权限，如图 4-5 所示。

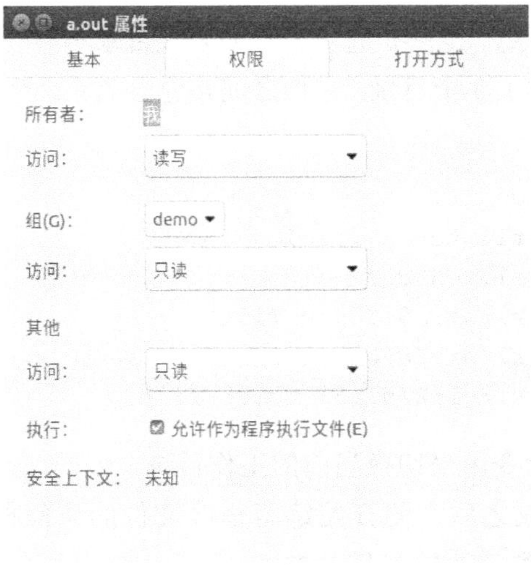

图 4-5　显示文件访问权限

在图 4-5 中，可以看到文件的权限同样分为 3 组，分别为"所有者""组""其他"。

4.3.3　修改文件权限

学会了如何显示文件的访问权限，必然会考虑到如何修改某个文件的访问权限。修改访问权限需要使用 chmod 命令，其基本语法如下：

```
chmod [option]... permission[,permission]... file...
```

其中，option 表示命令选项。chmod 有多个选项，但是其中最常用的为-R 或者--recursive，该选项表示递归修改文件的权限，也就是说，如果用户使用含有-R 选项的 chmod 命令修改某个目录的权限，那么该目录所包含的所有的文件和子目录以及子目录所包含的文件和子目录的权限都会被修改。否则，只修改目录本身，而目录所包含的文件和子目录的权限不会被修改。

permission 参数表示文件的权限。文件的权限可以使用字符串表示，也可以使用数值表示。下面首先介绍字符串表示法。

前面已经介绍过，文件的访问权限分为 3 个权限组，分别为所有者、所在组和其他用户，这 3 个权限组分别用字符 u、g 和 o 表示。这 3 个字符实际上是英文单词用户（user）、组（group）和其他（other）的首字母，这样更加便于记忆。

另外，既然是权限，就必然会涉及权限的增加或者删除。在 Linux 系统中，使用+表示增加某个权限，而-表示删除某个权限。

关于权限的表示方法，在 5.3.1 小节中已经详细介绍了，不再重复。

chmod 命令的最后一个参数 file 表示要修改的文件或者目录列表，多个文件或者目录之间用逗号隔开。

为了便于演示，首先需要创建几个目录和文件，命令如下：

```
chunxiao@ubuntu:~$ mkdir -p dir1/dir2/dir3
```

mkdir 命令表示创建目录，其中-p 选项表示如果父目录不存在，则创建其父目录。因此，上面的命令实际上同时创建了 3 个目录，它们之间是包含关系。然后再分别在这 3 个目录中创建 1 个文件，命令如下：

```
chunxiao@ubuntu:~$ cd dir1
chunxiao@ubuntu:~/dir1$ touch file1
chunxiao@ubuntu:~/dir1$ cd dir2
chunxiao@ubuntu:~/dir1/dir2$ touch file2
chunxiao@ubuntu:~/dir1/dir2$ cd dir3
chunxiao@ubuntu:~/dir1/dir2/dir3$ touch file3
```

在上面的命令中，cd 命令用来切换当前的工作目录，touch 命令则创建一个空白文件。当所有的文件和目录创建完成之后，便开始练习修改文件的访问权限。如果当前的目录还是 dir3，则执行以下命令返回到 dir1 的父目录中：

```
chunxiao@ubuntu:~/dir1/dir2/dir3$ cd ../../..
```

然后显示一下 dir1 的访问权限，如下所示。

```
chunxiao@ubuntu:~$ ls -l
总用量 176
…
drwxr-xr-x   3   chunxiao        demo    4096    6月  16 23:03        dir1/
…
```

可以得知其访问权限为 rwxr-xr-x。下面通过 chmod 命令将 dir1 的访问权限设置为所在组可写，命令如下：

```
chunxiao@ubuntu:~$ chmod g+w dir1
chunxiao@ubuntu:~$ ls -l
总用量 76
…
drwxrwxr-x   3   chunxiao        demo    4096    6月  16 23:03        dir1
…
```

其中 g+w 表示为所在组增加写入权限。从结果可以看到 dir1 的访问权限已经被修改为 rwxrwxr-x，第 2 组由 r-x 变为 rwx。如果想要把刚才增加的权限删除，则可以使用以下命令：

```
chunxiao@ubuntu:~$ chmod g-w dir1
chunxiao@ubuntu:~$ ls -l
总用量 76
…
drwxr-xr-x   3   chunxiao        demo    4096        6月  16 23:03        dir1
```

其中 g-w 的作用与 g+w 相反，即将所在组的写入权限取消。

用户可以同时修改多个权限组，例如想要为所在组和其他人同时增加写入权限，则可以执行以下命令：

```
chunxiao@ubuntu:~$ chmod g+w,o+w dir1
```

此外，多个权限也可以组合，例如，下面的命令将为所在组增加写入权限，删除读取权限，同时为其他用户组删除写入权限：

```
chunxiao@ubuntu:~$ chmod g+w-r,o-w dir1
```

接着通过以下命令进入 dir1 目录，并且查看其内容的文件权限：

```
chunxiao@ubuntu:~$ cd dir1
chunxiao@ubuntu:~/dir1$ ls -l
总用量 4
drwxr-xr-x 3        chunxiao        demo    4096        6月  16 23:03
dir2
-rw-r--r-- 1        chunxiao        demo    0           6月  16 23:03
file1
```

可以得知，无论是子目录 dir1，还是文件 file1，其访问权限都没有发生变化，也就是说没有收到上面的命令的影响。但是，如果我们在前面命令中增加-R 选项，则会影响到 dir1 目录下面的所有的文件和子目录，读者可以自行验证。

介绍了通过字符串表示法来修改文件的权限，想必读者已经掌握了基本的权限设置方法。在前面的内容中，我们已经讲了权限的数值表示法，同样，在这里也可以通过数值来修改文件的权限。

如果不包含特殊权限，则文件的权限可以用 3 位十进制数值来表示，第 1 位表示所有者权限，第 2 位表示所在组权限，第 3 位表示其他用户权限。每位十进制数值都是 3 种权限的数值的和。例如，7 表示文件可读、可写和可执行，因为 7=1+2+4，其中 1 表示可执行，2 表示可写，4 表示可读。如果只有可写和可执行，则其数值为 6。以此类推，只有可读和可执行，则其数值为 5。可读和可写，其数值为 3。

通过上面的分析，可以得出，如果一个文件其所有者是可读、可写和可执行，所在组为可读和可执行，其他用户为可执行，则其权限可表示为 751，如下所示。

```
chunxiao@ubuntu:~$ chmod 751 dir1
chunxiao@ubuntu:~$ ls -l
总用量 76
…
drwxr-x--x 3    chunxiao    demo    4096    6月  16 23:03    dir1
…
```

如果将文件的权限设置为 777，则所有的用户都将可以读取、修改和执行该文件：

```
chunxiao@ubuntu:~$ chmod 777 dir1
chunxiao@ubuntu:~$ ls -l
总用量 76
…
drwxrwxrwx  3     chunxiao      demo    4096     6月  16 23:03   dir1
…
```

 在进行系统管理时，切勿将关键文件的访问权限设置为 777，这将引起不可预料的安全隐患。此外，在设置权限时，一定要坚持最小权限的原则，切勿为了省事，而授予过多必要的权限。

读到这里，读者可能会有个疑问。怎么样才能通过数值法来设置 setuid、setgid 以及粘滞位等特殊权限呢？答案实际上很简单，将在下面的小节中介绍。

4.3.4 更改文件所有权

通常来说，文件的所有者就是文件的创建者，文件的所有者拥有文件的所有访问权限。在某些情况下，需要改变文件的所有者。例如系统管理员以 root 用户的身份创建了一个 MySQL 数据库的配置文件，此时，文件的所有者应该是 root 用户。当配置完成之后，这个配置文件就应该由 MySQL 的服务账号来管理和访问。这个时候，就需要把该配置文件的所有权让渡给 MySQL 服务账号，让其对该文件拥有完整的权限。

首先介绍一下如何查看文件的所有者。在含有-l 选项的 ls 命令中，输出结果的第 3 列为文件的所有者，第 4 列为文件的所属组，如下所示。

```
chunxiao@ubuntu:~$ ls -l
总用量 48
drwxr-xr-x  3   chunxiao     chunxiao     4096     6月  17 08:52
dir1
…
```

在上面的结果中，目录 dir1 的所有者为 chunxiao，所属组也为 chunxiao。

Linux 系统提供了一个名称为 chown 的命令，可以更改文件的所有者。该命令的基本语法如下：

```
chown [option]... [owner][:[group]] file..
```

其中，option 表示命令选项。与 chmod 命令一样，其中最常用的一个选项就是-R 或者--recursive 了，用来实现递归更改。owner 是文件新的所有者，必须是系统中已经存在的有效账号。冒号后面的 group 是所属组，即通过该命令可以修改文件的所属组。如果 group 参数为空，则只更改文件的所有者；否则，文件的所有者和所属组同时更改。file 参数为要更改的文件列表。

下面的命令将目录 dir1 的所有者更改为 root 用户，不更改所属组：

```
chunxiao@ubuntu:~$ sudo chown root dir1
chunxiao@ubuntu:~$ ls -l
总用量 48
drwxr-xr-x   3    root      chunxiao        4096      6月  17 08:52        dir1
…
```

在上面的命令中，sudo 命令用来以 root 用户的身份来执行某个命令。

> 在现代 Linux 系统中，为了提高系统的安全，防止误操作，通常以普通用户的身份来执行
> 日常的维护工作。如果需要执行某些系统配置方面的任务，需要使用 sudo 命令以 root 身
> 份来执行。

如果需要同时更改文件所有者和所属组，可以使用以下命令：

```
chunxiao@ubuntu:~$ sudo chown root:root dir1
chunxiao@ubuntu:~$ ls -l
总用量 48
drwxr-xr-x   3       root         root        4096      6月  17 08:52        dir1
…
```

可以发现，此时文件的所属组变为 root。

> 在 chown 命令中，owner 和 group 这 2 个参数没有必然的联系，即 owner 不一定是 group
> 中的成员，group 也不一定包含 owner。因为该命令修改的是文件的所有者和所属组，而
> 不是将文件的所有权更改为某个用户组中的某个用户。

4.3.5 文件特殊权限

在前面的小节中，已经对特殊权限进行了简单的介绍。接下来，需要详细地介绍一下特殊
权限的查看和设置方法。在显示的时候，这 3 种特殊权限分别占用了所有者、所属组以及其他
用户权限的第 3 个字符，即执行权限的位置。如果目标文件或者目录同时设置了执行权限，则
分别用小写字母 s 和 t 表示；如果只有特殊权限，而没有可执行权限，则用大写的字母 S 和 T
表示。例如，下面的 data 文件因为其他用户没有执行权限，但是又设置了黏滞位，所以出现
了大写的字母 T：

```
chunxiao@ubuntu:~$ ls -l
总用量 48
-rw-r--r-T    1     chunxiao     chunxiao     0       6月  17 09:18
 data
```

如果用户想要为名称为 data 文件设置 setuid 权限，则可以使用以下命令：

```
chunxiao@ubuntu:~$ chmod u+s data
chunxiao@ubuntu:~$ ls -l
```

```
总用量 48
-rwSr--r-T  1  chunxiao      chunxiao      0   6月  17 09:18        data
..
```

在上面的命令中，字母 u 表示权限设置为所有权组，+s 表示设置 setuid 权限。设置完成之后，通过 ls 命令，可以看到 data 文件的权限字符串已经变为 rwSr--r-T，其中 setuid 权限使用大写的 S 表示，这是因为该文件的所有者没有执行权限。如果为所有者赋予执行权限，则 setuid 权限也会相应地变为小写字母 s，如下所示。

```
chunxiao@ubuntu:~$ chmod u+x data
chunxiao@ubuntu:~$ ls -l
总用量 48
-rwsr--r-T     1  chunxiao       chunxiao     0        6月  17 09:18
 data
…
```

由于 setgid 权限也用 s 表示，只是位置不同，所以如果用户想要设置 setgid 权限，则只要将命令中的 u 改为 g 即可，如下所示。

```
chunxiao@ubuntu:~$ chmod g+s data
chunxiao@ubuntu:~$ ls -l
总用量 48
-rwsr-Sr-T  1  chunxiao        chunxiao   0       6月  17 09:18        data
…
```

最后，黏滞位位于其他用户权限组，表示方法为 t，所以要设置黏滞位，需要使用以下命令：

```
chunxiao@ubuntu:~$ chmod o+t data
chunxiao@ubuntu:~$ ls -l
总用量 48
-rwsr-Sr-T  1  chunxiao        chunxiao   0       6月  17 09:18        data
…
```

 setuid 和 setgid 权限通常用在可执行文件上面，而黏滞位通常用在非可执行文件或者目录上面。

除了使用字符表示之外，特殊权限同样可以使用数值表示。表示方法非常简单，直接将这些特殊权限的数值放在最高位上面就可以了。关于这 3 种特殊权限的数值表示法，前面已经介绍过了，其数值分别为 4、2 和 1。所以，如果想要为目录 dir1 设置 setuid 权限，则可以通过以下命令：

```
chunxiao@ubuntu:~$ chmod 4751 dir1
chunxiao@ubuntu:~$ ls -l
总用量 76
```

```
…
drwsr-x--x   3   chunxiao        demo      4096        6月  16 23:03        dir1
…
```

在上面的命令中，4751 中的 4 就是 setuid 权限，而 751 则表示 rwxr-x--x 普通权限。这样，权限的数值就变成了 4 位十进制数字。

 有时设置了 s 或 t 权限，会发现相应的权限位变成了大写的 S 或 T，这是因为在那个位置上没有给它执行权限。

第 5 章

文件和目录管理

在操作 Linux 系统的时候，用户面对的都是各种各样的文件，而目录则是用来组织和管理文件的。所以，无论何时，都会涉及文件和目录的管理，包括创建文件、修改文件、删除文件、创建目录和删除目录等。作为一个系统管理员，必须熟练掌握文件和目录的常用操作。

本章将介绍文件的创建方法、显示目录内容、显示文件内容、文件的常用操作以及目录的管理等内容。学习完本章之后，读者会基本掌握如何管理 Linux 系统中的文件和目录。

本章主要涉及的知识点有：

- 创建文件：主要介绍 Linux 系统中用户创建文件的几种方法。
- 显示文件列表：主要介绍如何通过 ls 命令显示目录中的文件列表。
- 显示文件内容：主要介绍如何通过 cat、more、less、head 以及 tail 等命令来显示文本文件的内容。
- 文件的常用操作：主要介绍文件的复制、移动、删除、比较以及重命名等操作。
- 搜索文件：主要介绍 Linux 系统中如何搜索文件以及如何将搜索结果进行后续的处理。
- 文本内容筛选：主要介绍利用 grep 命令来筛选文本内容。
- 排序：主要介绍文件的排序方法。
- 文件的压缩和解压：主要介绍 Linux 系统的几种压缩和解压缩命令。
- 目录管理：主要介绍目录的相关操作，包括创建目录、改变当前目录、复制目录以及移动目录等。

5.1 创建文件

在 Linux 系统中，创建文件的方法非常多。用户可以自己创建文件，应用程序也可以创建文件，Linux 系统本身也会创建文件。本节将介绍几种用户创建文件的方法。

5.1.1　使用 touch 命令创建文件

touch 命令的主要功能本来并不是为了创建文件，而是用来改变文件的时间戳。众所周知，每个文件都被附有时间戳。这个时间戳记包括访问时间和修改时间。而 touch 命令主要就是用来修改文件的访问时间和修改时间。但是，如果指定的目标文件不存在，则 touch 命令会创建一个空白文件。touch 命令的基本语法如下：

```
touch filename
```

在上面的语法中，filename 为要创建的文件的文件名。例如，下面的命令创建一个名称为 file1.txt 的文件：

```
chunxiao@ubuntu:~$ touch file1.txt
chunxiao@ubuntu:~$ ls -l file1.txt
-rw-r--r-- 1    chunxiao        chunxiao      0    6月  24 00:06
 file1.txt
```

从上面的输出结果可以得知，文件 file1.txt 已经被成功创建，其大小为 0 字节。

如果 touch 命令后面的文件已经存在，则 touch 命令会修改目标文件的时间戳为当前系统时间。

5.1.2　使用重定向创建文件

在 Linux 系统中，每个命令的输出都有默认的目标设备，例如 ls、cat 以及 more 等命令的输出默认情况下都是屏幕，而 lp 等命令的默认输出设备为打印机。但是，Linux 系统提供了一种特殊的操作，可以改变命令的默认输出目标，称为 I/O 重定向。重定向分为输出重定向和输入重定向。其中，输出重定向可以创建文件，因此，在此只介绍输出重定向。

Linux 主要提供了 2 种操作符实现输出重定向，分别为>和>>，这 2 个操作符的区别在于在目标文件已经存在的情况下，>操作符会覆盖已有文件，而>>则会将新的内容追加到已有文件内容的后面，不会清除原来的内容。

如果想要通过重定向创建一个新的空白文件，则非常简单，如下所示。

```
chunxiao@ubuntu:~$ > file2.txt
chunxiao@ubuntu:~$ ls -l file2.txt
-rw-r--r-- 1    chunxiao        chunxiao      0    6月  24 00:22
 file2.txt
```

即直接将文件名作为参数，放在>操作符的后面即可。同样，在目标文件不存在的情况下，使用>>操作符也可以创建一个新的空白文件，如下所示。

```
chunxiao@ubuntu:~$ >> file3.txt
chunxiao@ubuntu:~$ ls -l file3.txt
-rw-r--r-- 1    chunxiao        chunxiao      0    6月  24 00:24
```

```
file3.txt
```

除了创建空白文件之外，用户还可以通过重定向，将某些命令的执行结果存储到文件中。例如，下面的命令将 ls 命令的输出结果存储到一个名称为 filelist.txt 的文件中：

```
chunxiao@ubuntu:~$ ls -l > filelist.txt
chunxiao@ubuntu:~$ more filelist.txt
总用量 52
-rwsr-Sr-T  1       chunxiao        chunxiao        0       6月 24 00:05    data
drwxr-xr-x  3       root            root            4096    6月 17 08:52
dir1
-rw-r--r--      1       chunxiao        chunxiao        0       6月 24 00:06
file1.txt
-rw-r--r--      1       chunxiao        chunxiao        0       6月 24 00:22
file2.txt
-rw-r--r--      1       chunxiao        chunxiao        0       6月 24 00:24
file3.txt
-rw-r--r--      1       chunxiao        chunxiao        0       6月 24 00:26
filelist.txt
drwxr-xr-x  2       chunxiao        chunxiao        4096    6月 17 08:48
公共的
drwxr-xr-x  2       chunxiao        chunxiao        4096    6月 17 08:48
模板
drwxr-xr-x  2       chunxiao        chunxiao        4096    6月 17 08:48
视频
drwxr-xr-x  2       chunxiao        chunxiao        4096    6月 17 08:48
图片
...
```

在上面的命令中，more 命令用来显示一个文本文件的内容。从其输出结果可以得知，filelist.txt 文件中包含了 ls 命令执行结果中的所有文件信息。

通过上面的例子，发现通过输出重定向可以实现许多非常灵活的功能，达到意想不到的效果。这也正是 Linux 系统的魅力所在。在系统维护的时候，用户经常需要通过 find 命令来搜索文件。那么如何将搜索结果保存下来以供后续的其他程序来处理呢？通过重定向，可以非常容易地达到这个目的。例如下面的命令在当前目录中搜索名称含有 .txt 的文本文件，并且将结果保存到名称为 txtfiles 的文件中：

```
chunxiao@ubuntu:~$ find . -name "*.txt" > txtfiles
chunxiao@ubuntu:~$ more txtfiles
./file1.txt
./file3.txt
./filelist.txt
./file2.txt
```

通过输出重定向，不仅可以创建新文件，还可以快速清空文件内容。重定向并不改变文件的访问权限、所有者和所在组等属性，在清空某些日志文件时非常方便。

5.1.3　使用 vi 命令创建文件

vi 是一个非常古老的 UNIX 命令，也是系统管理员最常用的工具之一。vi 是 UNIX 操作系统和类 UNIX 操作系统中最通用的全屏幕纯文本编辑器。在 Linux 系统中，vi 编辑器叫 vim，它是 vi 的增强版，与 vi 编辑器完全兼容，而且实现了很多增强功能。

vi 编辑器支持两种模式，分别为编辑模式和命令模式，编辑模式下可以完成文本的编辑功能，命令模式下可以完成对文件的操作命令。要正确使用 vi 编辑器，就必须熟练掌握这两种模式的切换。默认情况下，打开 vi 编辑器后自动进入命令模式。从命令模式切换到编辑模式使用 A、a、O、o、I 或者 i 键，从编辑模式切换到命令模式使用 Esc 键。vi 的工作模式切换如图 5-1 所示。

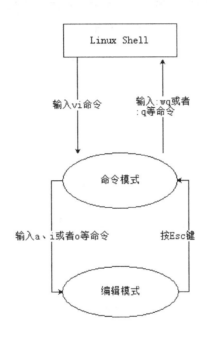

图 5-1　vi 工作模式切换

用户在终端窗口中输入以下命令即可启动 vi 编辑器：

```
chunxiao@ubuntu:~$ vi demo.txt
```

其中 demo.txt 为要创建的文件的文件名。启动之后，vi 编辑器的界面如图 5-2 所示。

图 5-2　vi 编辑器

在窗口的底部显示了当前文件的名称为 demo.txt，并且是一个新的文件。

在命令模式下，用户不可以输入内容。此时，用户按下 A、a、O、o、I 以及 i 中的任何一个键，就可以从命令模式切换为编辑模式，进行内容编辑了。

编辑完成之后，用户可以按 Esc 键，返回到命令模式，然后按下以下命令保存文件并退出：

```
:wq
```

在输入以上命令时，首先按下冒号键，在屏幕底部出现命令输入提示符，然后再依次输入 w 和 q 命令，按回车键即可。

vi 的各种操作都是通过各种命令完成的。为了能够让用户灵活地编辑文件，vi 提供了丰富内置命令，因此学习 vi 编辑器最困难的地方在于学习和掌握各种内置命令。表 5-1 列出了 vi 的常用内置命令。

 :w!和:q!命令用在某些特殊的场合，例如需要覆盖某些文件或者是放弃所做的修改。在这些场合中，普通的保存或者退出命令无法完成操作。

表 5-1　vi 内置命令

命令	说明
Ctrl+u	向文件首翻半屏
Ctrl+d	向文件尾翻半屏
Ctrl+f	向文件尾翻一屏
Ctrl+b	向文件首翻一屏
Esc	从编辑模式切换到命令模式
:行号	光标跳转到指定行的行首
:$	光标跳转到最后一行的行首
x 或 X	删除一个字符，x 删除光标后的，而 X 删除光标前的
D	删除从当前光标所在位置到该行行尾的全部字符

（续表）

命令	说明
dd	删除光标所在行
ndd	删除当前行以及后面的 n-1 行
p	粘贴文本，用于将剪贴板中的内容粘贴到当前光标所在位置的下方
P	粘贴文本，用于将剪贴板中的内容粘贴到当前光标所在位置的上方
/字符串	文本查找操作，用于从当前光标所在位置开始向文件尾部查找指定字符串的内容，查找的字符串会被加亮显示
?字符串	文本查找操作，用于从当前光标所在位置开始向文件头部查找指定字符串的内容，查找的字符串会被加亮显示
a	在当前字符后添加文本
A	在行末添加文本
i	在当前字符前插入文本
I	在行首插入文本
o	在当前行后面插入一空行
O	在当前行前面插入一空行
:wq	在命令模式下，执行存盘退出操作
:w	在命令模式下，执行存盘操作
:w!	在命令模式下，执行强制存盘操作
:q	在命令模式下，执行退出 vi 操作
:q!	在命令模式下，执行强制退出 vi 操作
:e 文件名	在命令模式下，打开并编辑指定名称的文件

5.2　显示文件列表

对于 Linux 系统管理员来说，其大部分时间不是通过图形界面操作，而是通过终端命令进行操作。所以，显示文件列表是每个管理员都必须首先掌握的基本技能。Linux 提供了功能非常强大的 ls 命令，可以根据用户的需求来调整显示的内容和格式。本节将介绍 ls 命令的使用方法。

5.2.1　使用 ls 命令显示文件列表

ls 命令是 Linux 系统中使用非常频繁的命令之一，其功能为显示目标目录的内容。ls 命令的基本语法如下：

```
ls [option]... [file]
```

其中 option 为选项。为了满足用户的显示需求，ls 命令提供了大约 50 多个选项。当然，用户没有必要完全掌握这么多的选项，只要掌握其中最常用的几个即可。

- -a: 显示所有的文件，包括以圆点.开头的隐藏文件。
- -A: 显示除本目录.和父目录..之外的所有的文件，包括隐藏文件。
- -color[=WHEN]: 使用不同的颜色高亮显示不同类型。
- -C: 多列显示，本选项为默认选项。
- -F: 在每个输出项后追加文件的类型标识符，*表示具有可执行权限的普通文件，/表示目录，@表示符号链接，|表示命令管道 FIFO，=表示套接字。当文件为普通文件时，不输出任何标识符。
- -i: 显示文件的 i 节点信息。
- -k: 以 KB 为单位显示文件大小。
- -l: 以单列的形式显示文件详细信息。输出的信息包括文件名、文件类型、权限模式、硬连接数、所有者、组、文件大小和文件的最后修改时间等。
- -m: 用逗号分隔每个文件和目录的名称。
- -R: 递归显示目录及其子目录的内容。

下面介绍几种通过 ls 命令来显示目录内容的方法。

1. 显示非隐藏文件和目录

显示非隐藏文件直接使用默认选项即可。例如，下面的命令以默认格式显示当前目录下面的非隐藏文件和目录：

```
chunxiao@ubuntu:~$ ls
data  demo.txt  dir1  examples.desktop  file1.txt  file2.txt  file3.txt
filelist.txt  txtfiles  公共的  模板  视频  图片  文档  下载  音乐  桌面
```

由于结果是以制表符分隔的单行显示，所以当目录内容比较多的时候，会显得比较杂乱。

2. 列出文件和子目录的详细信息

ls 命令提供了一个-l 选项，使用该选项，可以使得 ls 的输出结果更加详细，即所谓的长格式。下面的命令显示当前目录中的文件以及子目录的详细信息：

```
chunxiao@ubuntu:~$ ls -l
总用量 56
-rwsr-Sr-T  1  chunxiao   chunxiao   0      6月  24 00:05   data
-rw-r--r--  1  chunxiao   chunxiao   17     6月  24 09:22   demo.txt
drwxr-xr-x  3  root       root       4096   6月  17 08:52   dir1
-rw-r--r--  1  chunxiao   chunxiao   8980   6月  17 08:42
 examples.desktop
-rw-r--r--  1  demo       demo       0      6月  24 08:26   file1.txt
-rw-r--r--  1  chunxiao   chunxiao   0      6月  24 00:22   file2.txt
…
```

上面的输出结果一共分为 7 列，下面把每列的含义进行介绍。

第 1 列为文件或者目录的属性。文件属性一共 10 个字符，其中第 1 个字符表示文件的类型，在前面的内容中已经介绍过了。剩下的 9 个字符表示文件的访问权限，包括一般权限和特殊权限都是通过这 9 个字符表示的。

第 2 列为文件或者目录的硬链接数，关于硬链接，读者可以参考前面介绍的文件类型，在此不再重复介绍。

第 3 列为文件或者目录的所有者。通常情况下，文件或者目录的创建者就为文件的所有者，但是用户可以通过 chown 命令进行修改。所有者对于文件或者目录的访问权限对应着第 1 列的 2~4 这 3 个字符，也就是 3 组权限中的第 1 组权限。

第 4 列为文件或者目录的所属组。所属组和所有者是相对独立的，并不一定存在着关系，即所属组不一定是所有者所在的组。通常情况下，创建者所在的主组就是文件或者目录默认的所属组。用户可以通过 chown 或者 chgrp 命令来修改文件或者目录的所属组。所属组对于文件或者目录的访问权限对应着第 1 列中的 5~7 这 3 个字符，即 3 组权限中的第 2 组权限。

第 5 列为文件和目录的大小。默认情况下，Linux 以字节（Byte）为单位显示文件或者目录的大小，用户可以使用-k 选项以 KB 为单位显示文件大小。对于文件的大小，读者比较容易理解。但是大家注意到，在上面的输出结果中，目录 dir1 也是有大小的。在 ls 命令的输出结果中，目录的大小不是指该目录及其所包含的文件和子目录所占用的磁盘空间的大小，而是指目录本身所占的磁盘空间的大小。这是因为目录本身也是一种特殊的文件，也需要占据磁盘的存储空间。

在不同的文件系统中，由于数据块的大小不同，目录的大小也有所不同。在 ext2、ext3 或者 ext4 中，由于每个数据块默认为 4KB，所以空白目录的大小一般也为 4KB，即 4096 个字节。随着目录内容的增多，其大小也以 4KB 为幅度增长。

第 6 列为文件的创建日期，其格式为"月 日 时间"。例如"6 月 24 00:22"为当年的 6 月 24 日凌晨 22 分。

第 7 列为文件名。如果是符号链接，则会出现箭头符号表示符号链接所指向的磁盘文件的位置。

3. 显示 i 节点

i 节点是 Linux 系统中用来标识每个文件的，是一个整数值。如果 i 节点的值相同，则表示为同一个文件。ls 命令的-i 选项可以把文件的 i 节点信息显示出来，如下所示。

```
chunxiao@ubuntu:~$ ls -il
总用量 60
438790   -rwsr-Sr-T  1  chunxiao   chunxiao      0   6月  24 00:05    data
395874   -rw-r--r--  1  chunxiao   chunxiao     17   6月  24 09:22    demo.txt
442879   drwxr-xr-x  3  root       root       4096   6月  17 08:52    dir1
450719   drwxr-xr-x  2  chunxiao   chunxiao   4096   6月  25 09:24    dir2
…
```

在上面的输出结果中，第 1 列为对应文件的 i 节点索引值。

4. 以可读的方式显示文件大小

细心的读者会发现，在前面所有的例子中，ls 命令列出的文件或者目录的大小读起来非常费劲。这是因为 Linux 从 UNIX 继承了非常多的优秀传统，以字节为单位显示文件大小就是其中之一。对于大师级的人物来说，阅读这样的数据自然不费吹灰之力。但是对于初学者来说，则会摸不着头脑。幸运的是，现代的 Linux 已经对 ls 命令进行了非常人性化的改进，增加了一些实用的选项，-h 就是其中的一个。-h 选项与-l 选项配合使用后，输出结果中文件目录的大小就非常易读了，如下所示。

```
chunxiao@ubuntu:~$ ls -lh /var/log
总用量 3.8M
-rw-r--r--   1   root     root     40K    6月  24 00:13   alternatives.log
drwxr-xr-x   2   root     root     4.0K   6月  24 22:30   apt
-rw-r-----   1   syslog   adm      38K    6月  25 15:45   auth.log
-rw-r-----   1   syslog   adm      26K    6月  18 23:05   auth.log.1
-rw-r--r--   1   root     root     59K    4月  12 11:08   bootstrap.log
-rw-------   1   root     utmp     0      4月  12 11:07   btmp
drwxr-xr-x   2   root     root     4.0K   6月  25 09:27   cups
drwxr-xr-x   2   root     root     4.0K   4月  11 23:57   dist-upgrade
-rw-r--r--   1   root     root     1.4M   6月  24 22:30   dpkg.log
-rw-r--r--   1   root     root     32K    6月  24 08:24   faillog
...
```

在上面的输出结果中，出现了熟悉的 K、M 等单位。这样阅读起来，是不是更加方便？

5.2.2　显示隐藏文件

在 Linux 系统中，隐藏文件或者目录是通过文件名前面加上一个圆点（.）表示的。也就是说，如果用户在文件或者目录名的前面加上一个圆点，该文件或者目录就被隐藏起来。隐藏文件只有在含有-a 的 ls 命令中才可以显示出来。

例如，下面的命令创建了一个名称为.filetobehidden 的文件，然后通过 ls 命令来查看：

```
chunxiao@ubuntu:~$ touch .filetobehidden
chunxiao@ubuntu:~$ ls -l
总用量 60
-rwsr-Sr-T 1   chunxiao   chunxiao   0      6月  24 00:05   data
-rw-r--r-- 1   chunxiao   chunxiao   17     6月  24 09:22   demo.txt
drwxr-xr-x 3   root       root       4096   6月  17 08:52   dir1
drwxr-xr-x 2   chunxiao   chunxiao   4096   6月  25 09:24   dir2
...
-rw-r--r-- 1   chunxiao   chunxiao   0      6月  24 00:22   file2.txt
-rw-r--r-- 1   chunxiao   chunxiao   0      6月  24 00:24   file3.txt
-rw-r--r-- 1   chunxiao   chunxiao   960    6月  24 00:26
filelist.txt
```

```
-rw-r--r--   1   chunxiao   chunxiao   0        6月 24 08:24   txtfiles
…
```

可以看到前面创建的文件并没有出现在列表中。如果使用-a 选项，则可以将所有的隐藏文件显示出来，如下所示。

```
chunxiao@ubuntu:~$ ls -la
总用量 156
…
drwxr-xr-x   2   chunxiao   chunxiao   4096     6月 25 09:24   dir2
-rw-r--r--   1   chunxiao   chunxiao   25       6月 17 08:48   .dmrc
-rw-r--r--   1   chunxiao   chunxiao   8980     6月 17 08:42
 examples.desktop
-rw-r--r--   1   demo       demo       0        6月 24 08:26   file1.txt
-rw-r--r--   1   chunxiao   chunxiao   0        6月 24 00:22   file2.txt
-rw-r--r--   1   chunxiao   chunxiao   0        6月 24 00:24   file3.txt
-rw-r--r--   1   chunxiao   chunxiao   960      6月 24 00:26   filelist.txt
-rw-r--r--   1   chunxiao   chunxiao   0      6月 25 12:42   .filetobehidden
…
```

加上-a 选项之后，ls 命令的输出结果会多出许多以圆点开头的文件，其中包括前面刚刚创建的.filetohidden 文件。

5.2.3　递归显示目录内容

所谓递归显示目录内容，是指不仅仅显示目录的本级的文件列表，而且还要显示其所包含的子目录及其下级子目录的文件列表。ls 提供了-R 选项来实现这个功能。在递归显示目录内容时，ls 命令会首先显示本级文件和子目录列表，然后再逐个显示各级子目录。例如在 Linux 系统中存在着如图 5-3 所示的目录结构。

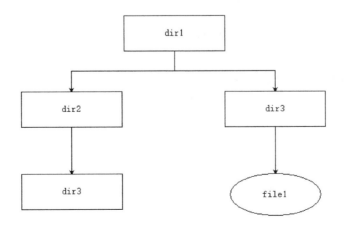

图 5-3　多层目录结构

如果用 ls 命令来递归显示其内容，如下所示。

```
chunxiao@ubuntu:~$ ls -lR dir1
dir1:
总用量 8
drwxr-xr-x   3    chunxiao     chunxiao     4096    6月  17 08:52     dir2
drwxr-xr-x   2    chunxiao     chunxiao     4096    6月  25 13:00     dir3

dir1/dir2:
总用量 4
drwxr-xr-x   2    chunxiao     chunxiao     4096    6月  17 08:52     dir3

dir1/dir2/dir3:
总用量 0

dir1/dir3:
总用量 0
-rw-r--r--   1    chunxiao     chunxiao     0    6月  25 13:00     file1
```

从输出结果可以得知，ls 命令会首先显示顶层目录 dir1 的内容，包含 dir2 和 dir3 这 2 个子目录。接下来再显示子目录 dir1/dir2 的内容，该目录包含 dir3 子目录。然后再显示 dir1/dir2/dir3 目录的内容，由于该目录已经是最底层的目录了，所以接下来会显示 dir1/dir3 目录的内容。

从上面的例子可以得知，这个递归显示目录内容的过程与递归遍历的过程基本相同，所以这种显示方法称为递归显示。

5.3　显示文件内容

在 Linux 系统中，除了可执行文件以及某些应用系统创建的文件（例如 Oracle 数据库文件）之外，绝大部分的文件都是文本文件，并且是可读的，例如各种配置文件、Shell 脚本文件、日志文件以及 PHP 的程序文件等。当系统出现故障时，系统管理员需要通过查看日志文件来了解问题所在。因此，用户需要掌握各种查看文本文件内容的方法。本节将介绍 Linux 系统中最常用的几个命令，例如 more、less 以及 cat 等。

5.3.1　拼接文件内容：cat 命令

cat 命令的基本功能是用来拼接文本文件内容并且输出到屏幕上面，但是在日常维护中，cat 命令通常用来显示某个文件的内容。cat 命令的基本语法如下：

```
cat [option] files
```

其中 option 为命令选项，最常用的有-n、-b 以及-s，-n 和-b 用来添加行号，-s 则用来压缩空白行，files 为要显示的文件列表。下面通过具体例子来介绍 cat 命令的使用方法。

1. 单独使用 cat 命令

cat 命令可以单独使用，直接用来显示某个文本文件的内容，此时不需要使用任何选项：

```
chunxiao@ubuntu:~$ cat /etc/mysql/mysql.cnf
#
# The MySQL database server configuration file.
#
# You can copy this to one of:
# - "/etc/mysql/my.cnf" to set global options,
# - "~/.my.cnf" to set user-specific options.
#
# One can use all long options that the program supports.
# Run program with --help to get a list of available options and with
# --print-defaults to see which it would actually understand and use.
#
# For explanations see
# http://dev.mysql.com/doc/mysql/en/server-system-variables.html


#
# * IMPORTANT: Additional settings that can override those from this file!
#   The files must end with '.cnf', otherwise they'll be ignored.
#


!includedir /etc/mysql/conf.d/
!includedir /etc/mysql/mysql.conf.d/
```

在文件内容比较少的情况下，这种显示方法非常方便；但是如果目标文件的内容较长，直接使用 cat 命令会导致文件内容在屏幕上一闪而过，不易看清。下面介绍如何实现分屏显示。

2. 通过管道实现分屏

如果文件内容较长，超过了一个屏幕的高度，可以利用前面介绍的管道将 cat 命令和 more 命令配置起来使用，如下所示。

```
chunxiao@ubuntu:~$ cat /etc/rc0.d/K01alsa-utils | more
```

通过管道将 cat 命令的输出结果输入到 more 命令之后，在屏幕的底部会出现一个"更多"的提示，如图 5-4 所示。此时，用户可以通过空格键滚动屏幕，以达到分页的效果。

```
chunxiao@ubuntu: ~
#!/bin/sh
#
# alsa-utils initscript
#
### BEGIN INIT INFO
# Provides:          alsa-utils
# Required-Start:    $local_fs $remote_fs
# Required-Stop:     $remote_fs
# Default-Start:     S
# Default-Stop:      0 1 6
# Short-Description: Restore and store ALSA driver settings
# Description:       This script stores and restores mixer levels on
#                    shutdown and bootup.On sysv-rc systems: to
#                    disable storing of mixer levels on shutdown,
#                    remove /etc/rc[06].d/K50alsa-utils.  To disable
#                    restoring of mixer levels on bootup, rename the
#                    "S50alsa-utils" symbolic link in /etc/rcS.d/ to
#                    "K50alsa-utils".
### END INIT INFO

# Don't use set -e; check exit status instead

# Exit silently if package is no longer installed
[ -x /usr/sbin/alsactl ] || exit 0

PATH=/usr/local/sbin:/usr/local/bin:/usr/sbin:/usr/bin:/sbin:/bin
MYNAME=/etc/init.d/alsa-utils
ALSACTLHOME=/run/alsa

[ -d "$ALSACTLHOME" ] || mkdir -p "$ALSACTLHOME"

. /lib/lsb/init-functions
--更多--
```

图 5-4　分屏显示文件内容

3. 合并文件内容

如果在 cat 命令的后面输入多个文件名,则 cat 命令会将这些文件的内容依次拼接起来。这在合并一些文件的时候非常有用。例如,现在有 2 个文件,其内容分别如下:

```
chunxiao@ubuntu:~$ cat file1.txt
Don't push yourself trying to fit everything right,
chunxiao@ubuntu:~$ cat file2.txt
because sometimes being wrong makes you a better person.
chunxiao@ubuntu:~$
```

如果我们想把这 2 个文件的内容合并起来,并且输出到屏幕上面,则可以使用以下命令:

```
chunxiao@ubuntu:~$ cat file1.txt file2.txt
Don't push yourself trying to fit everything right,
because sometimes being wrong makes you a better person.
```

从上面例子可以看到 Linux 的命令的功能是非常强大的。有的读者可能会想到一个问题,那就是我们怎样才能把合并的结果也保存到文件中呢?这个问题的答案同样也是出乎意料的简单,那就是配合使用重定向操作符,把 cat 命令的合并结果重定向到一个文件中,如下所示。

```
chunxiao@ubuntu:~$ cat file1.txt file2.txt > file3.txt
chunxiao@ubuntu:~$ cat file3.txt
Don't push yourself trying to fit everything right,
because sometimes being wrong makes you a better person.
```

可以发现,file3.txt 文件包含了前面 2 个文件的所有内容。

 使用重定向操作符>>可以连续地向目标文件追加内容。

4. 显示行号

cat 命令的-n 或者-b 选项可以为输出结果添加行号。这个功能对于程序员来说非常有用，为了使得代码易于阅读，需要在每一行的行首增加一个行号，用来标识该行代码。-n 选项为目标文件的每一行添加行号，不管是不是空行，-b 选项则会忽略空行。如下所示。

```
chunxiao@ubuntu:~$ cat -n /etc/mysql/mysql.cnf
     1	#
     2	# The MySQL database server configuration file.
     3	#
     4	# You can copy this to one of:
     5	# - "/etc/mysql/my.cnf" to set global options,
     6	# - "~/.my.cnf" to set user-specific options.
     7	#
     8	# One can use all long options that the program supports.
     9	# Run program with --help to get a list of available options and with
    10	# --print-defaults to see which it would actually understand and use.
    11	#
    12	# For explanations see
    13	# http://dev.mysql.com/doc/mysql/en/server-system-variables.html
    14	
    15	#
    16	# * IMPORTANT: Additional settings that can override those from this
file!
    17	#   The files must end with '.cnf', otherwise they'll be ignored.
    18	#
    19	
    20	!includedir /etc/mysql/conf.d/
    21	!includedir /etc/mysql/mysql.conf.d/
```

5.3.2　分屏显示：more 命令

more 命令为阅读大文件提供了方便，它以全屏幕的方式按页显示文本文件的内容。more 命令的基本语法如下：

```
more [option] files
```

more 命令的选项主要有-数字、-c 和-s，-数字用来指定每屏要显示的行数，-c 选项表示不滚动屏幕，直接刷新该屏幕，-s 同样用来压缩空白行。

该命令一次显示一屏文本，满屏后暂停下来，并且在屏幕的底部出现一个提示信息，给出至今已显示的该文件的百分比，如图 5-5 所示。

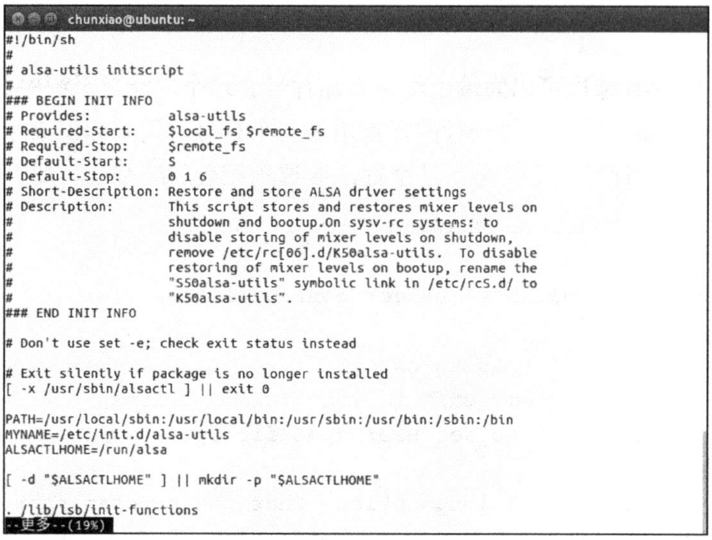

图 5-5　通过 more 命令分屏显示文件内容

用户可以按下列不同的方法进行操作：

- 按空格键：显示文本的下一屏内容。
- 按回车键：只显示文本的下一行内容。
- 按斜线（/）：接着输入一个字符串，可以在文本中寻找下一个相匹配的字符串。
- 按 h 键：显示帮助屏，该屏上有相关的帮助信息。
- 按 b 键：显示上一屏内容。
- 按 q 键：退出 more 命令。

如果用户想要每屏显示 20 行文字，并且不刷新屏幕，则可以使用以下命令：

```
chunxiao@ubuntu:~$ more -dc -20 /etc/rc0.d/K01alsa-utils
```

其执行结果如图 5-6 所示。

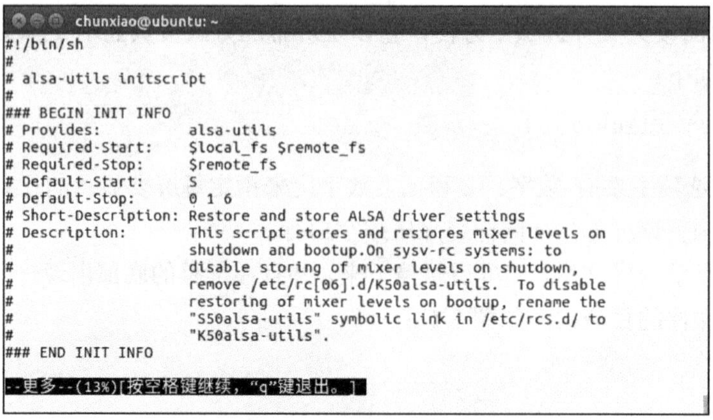

图 5-6　指定每页行数

除了单独使用之外，more 命令更多的是与其他的命令配合使用实现分屏效果。

5.3.3　前后翻页分屏显示：less 命令

尽管 more 命令的功能已经非常强大了，但是部分人可能对其操作方法不太习惯，例如翻页需要使用 b 和空格键。less 命令同样可以实现 more 命令的功能，但是要比 more 命令更加先进。对于大文件而言，less 命令的性能更优，它不需要一开始就把整个大文件的内容全部读取到内存中。

less 命令的语法与 more 命令非常相似。less 命令的显示结果如图 5-7 所示。用户可以通过 PgUp 和 PgDn 等按键前后翻页。按下 q 键，可以退出 less 命令。

```
chunxiao@ubuntu: ~
#!/bin/sh
#
# alsa-utils initscript
#
### BEGIN INIT INFO
# Provides:          alsa-utils
# Required-Start:    $local_fs $remote_fs
# Required-Stop:     $remote_fs
# Default-Start:     S
# Default-Stop:      0 1 6
# Short-Description: Restore and store ALSA driver settings
# Description:       This script stores and restores mixer levels on
#                    shutdown and bootup.On sysv-rc systems: to
#                    disable storing of mixer levels on shutdown,
#                    remove /etc/rc[06].d/K50alsa-utils.  To disable
#                    restoring of mixer levels on bootup, rename the
#                    "S50alsa-utils" symbolic link in /etc/rcS.d/ to
#                    "K50alsa-utils".
### END INIT INFO

# Don't use set -e; check exit status instead
:
```

图 5-7　less 命令显示文件内容

5.3.4　查看前几行内容：head 命令

head 命令用来查看文件的开头部分的内容，该命令的基本语法如下：

```
head [option] file
```

其中，最常用的选项为-n，表示要输出的行数。例如，如果想要输出某个文件的前 15 行，可以使用以下命令：

```
chunxiao@ubuntu:~$ head -n 15 /etc/rsyslog.conf
#  /etc/rsyslog.conf Configuration file for rsyslog.
#
#           For more information see
#           /usr/share/doc/rsyslog-doc/html/rsyslog_conf.html
#
# Default logging rules can be found in /etc/rsyslog.d/50-default.conf
```

```
################
#### MODULES ####
###############

module(load="imuxsock") # provides support for local system logging
#module(load="immark")  # provides --MARK-- message capability
```

在使用 head 命令的时候，除了可以指定行数之外，还可以指定要显示的字符数。字符数是通过-c 选项指定的，例如下面的命令输出/var/log/alternatives.log 文件的前 30 个字符：

```
chunxiao@ubuntu:~$ head -c 30 /var/log/alternatives.log
update-alternatives 2017-04-12
```

5.3.5　查看最后几行内容：tail 命令

在 Linux 系统中，各种应用系统一般都会产生日志文件。在系统发生故障时，系统管理员都会通过查看最新的日志来了解问题所在。而 tail 命令就是一个非常有用的工具。通过 tail 命令，用户可以查看文件的最后部分内容。该命令的基本语法如下：

```
tail [option] files
```

其中，比较常用的选项有-f 和-n。-f 选项可以使得 tail 命令随时检查目标文件是否发生变化，如果检查到文件的内容有所增长，则 tail 命令会把增长的部分实时输出到屏幕。这个功能在调试系统的时候比较方便。

例如，某个用户在调试一套 Java 应用系统，使用 Tomcat 作为容器。在 Tomcat 启动的时候，用户可以通过以下命令查看 Tomcat 的日志文件：

```
chunxiao@ubuntu:/var/log/mysql$ tail -f /var/log/tomcat8/catalina.out
六月 29, 2017 10:44:06 下午 org.apache.catalina.startup.Catalina start
信息: Server startup in 1652 ms
六月 29, 2017 10:44:28 下午 org.apache.coyote.AbstractProtocol pause
信息: Pausing ProtocolHandler ["http-nio-8080"]
六月 29, 2017 10:44:28 下午 org.apache.catalina.core.StandardService
stopInternal
…
警告: Failed to scan [file:/usr/share/java/el-api-3.0.jar] from classloader
hierarchy
java.io.FileNotFoundException: /usr/share/java/el-api-3.0.jar (没有那个文件或
目录)
 at java.util.zip.ZipFile.open(Native Method)
 at java.util.zip.ZipFile.<init>(ZipFile.java:219)
 at java.util.zip.ZipFile.<init>(ZipFile.java:149)
 at java.util.jar.JarFile.<init>(JarFile.java:166)
 at java.util.jar.JarFile.<init>(JarFile.java:130)
…
六月 29, 2017 10:44:41 下午 org.apache.jasper.servlet.TldScanner scanJars
```

信息: At least one JAR was scanned for TLDs yet contained no TLDs. Enable debug
logging for this logger for a complete list of JARs that were scanned but no TLDs
were found in them. Skipping unneeded JARs during scanning can improve startup time
and JSP compilation time.

六月 29, 2017 10:44:41 下午 org.apache.catalina.startup.HostConfig
deployDirectory

信息: Deployment of web application directory /var/lib/tomcat8/webapps/ROOT has
finished in 1,731 ms

六月 29, 2017 10:44:41 下午 org.apache.coyote.AbstractProtocol start

信息: Starting ProtocolHandler ["http-nio-8080"]

六月 29, 2017 10:44:41 下午 org.apache.catalina.startup.Catalina start

信息: Server startup in 1877 ms

从上面的输出可以得知，通过含有-f 选项的 tail 命令，可以使用户完整地了解到 Tomcat
的启动过程，以及启动过程中所出现的问题。

 在使用含有-f 选项的 tail 命令时，用户可以使用 Ctrl+C 组合键退出命令。

tail 命令还有一个-n 选项，指定用户要输出的行数。例如，下面的命令输出了 Tomcat 日
志文件的最后 20 行：

```
chunxiao@ubuntu:/var/log/mysql$ tail -n 20 /var/log/tomcat8/catalina.out
    at org.apache.catalina.util.LifecycleBase.start(LifecycleBase.java:145)
    at
org.apache.catalina.core.ContainerBase.addChildInternal(ContainerBase.java:725
)
    at org.apache.catalina.core.ContainerBase.addChild(ContainerBase.java:701)
    at org.apache.catalina.core.StandardHost.addChild(StandardHost.java:717)
    at
org.apache.catalina.startup.HostConfig.deployDirectory(HostConfig.java:1092)
    at
org.apache.catalina.startup.HostConfig$DeployDirectory.run(HostConfig.java:183
4)
    at java.util.concurrent.Executors$RunnableAdapter.call(Executors.java:511)
    at java.util.concurrent.FutureTask.run(FutureTask.java:266)
    at
java.util.concurrent.ThreadPoolExecutor.runWorker(ThreadPoolExecutor.java:1142
)
    at
java.util.concurrent.ThreadPoolExecutor$Worker.run(ThreadPoolExecutor.java:617
)
    at java.lang.Thread.run(Thread.java:748)

六月 29, 2017 10:44:41 下午 org.apache.jasper.servlet.TldScanner scanJars
信息: At least one JAR was scanned for TLDs yet contained no TLDs. Enable debug
```

logging for this logger for a complete list of JARs that were scanned but no TLDs
were found in them. Skipping unneeded JARs during scanning can improve startup time
and JSP compilation time.

六月 29, 2017 10:44:41 下午 org.apache.catalina.startup.HostConfig
deployDirectory

信息: Deployment of web application directory /var/lib/tomcat8/webapps/ROOT has
finished in 1,731 ms

六月 29, 2017 10:44:41 下午 org.apache.coyote.AbstractProtocol start

信息: Starting ProtocolHandler ["http-nio-8080"]

六月 29, 2017 10:44:41 下午 org.apache.catalina.startup.Catalina start

信息: Server startup in 1877 ms

5.4 文件的常用操作

文件的常用操作包括复制、移动、重命名、删除以及比较文件内容等，这些操作对于系统
管理员非常重要，是系统首先要掌握的基础内容。本节将对 Linux 系统中常用的几种文件操作
进行介绍。

5.4.1 复制文件

复制文件是为现有的文件新建一个副本。文件副本可以是在同一个目录，也可以在另外的
目录中。实际上在 Linux 系统中，创建文件副本的方法非常多，在前面的许多例子中已经提到
过，例如通过重定向操作等。

Linux 为文件和目录的复制提供一个基本的命令 cp，该命令的语法如下：

```
cp [option]... source dest
```

其中，option 为选项，source 为源文件或者目录，dest 为目标文件或者目录。原始文件和
目录以及目标文件和目录都可以通过绝对路径或者相对路径来表示。cp 命令常用选项有：

- -d: 当复制符号连接时，把目标文件或目录也建立为符号连接，并指向与源文件或目
  录连接的原始文件或目录。
- -f: 强行复制文件或目录，不论目标文件或目录是否已存在。
- -i: 覆盖已有文件之前先询问用户。
- -l: 对源文件建立硬连接，而非复制文件。
- -p: 保留源文件或目录的属性。
- -R/r: 递归复制文件或者目录，复制指定目录下的所有文件与子目录。
- -s: 对源文件建立符号连接，而非复制文件。
- -u: 使用这项参数后只会在源文件的更改时间较目标文件更新时或是名称相互对应的
  目标文件并不存在时，才复制文件。

- -S: 在备份文件时，用指定的后缀"SUFFIX"代替文件的默认后缀。
- -b: 覆盖已存在的文件目标前将目标文件备份。

 默认情况下，cp 命令不能复制目录，如果要复制目录，则必须使用-R 或者-r 选项。

例如，下面的命令将/etc/mysql/mysql.cnf 文件复制到当前目录中：

```
chunxiao@ubuntu:~$ cp /etc/mysql/mysql.cnf .
```

其中源文件采用绝对路径表示，目标目录采用相对路径表示方法。

在使用 cp 命令复制文件时，所有目标文件指定的目录必须是已经存在的，cp 命令不能创建目录。如果目标文件所在的目录不存在，则会出现错误提示，如下所示。

```
chunxiao@ubuntu:~$ cp /etc/mysql/mysql.cnf /test/test
cp: 无法创建普通文件'/test/test'：没有那个文件或目录
```

在复制文件的时候，如果用户指定的目标文件的文件名与源文件的文件名不同，则新的文件副本的文件名将以用户指定的文件名保存。此时，可以实现文件重命名的功能。

```
chunxiao@ubuntu:~$ cp /etc/mysql/mysql.cnf ./mysql.cnf.bak
chunxiao@ubuntu:~$ ls -l mysql.cnf.bak
-rw-r--r--    1   chunxiao   chunxiao    682    7月  1 09:47
mysql.cnf.bak
chunxiao@ubuntu:~$ ls -l /etc/mysql/mysql.cnf
-rw-r--r--    1   root       root        682    9月  20 2016
/etc/mysql/mysql.cnf
```

在上面的例子中，将/etc/mysql/my.cnf 文件复制到当前目录，并且以 my.cnf.bak 的名称保存。

默认情况下，cp 命令创建的文件副本与源文件并没有什么关联，是完全不同的两个文件。因此，默认情况下，cp 命令创建的副本的文件属性也会发生改变，例如上面的 mysql.cnf 的所有者、所在组以及文件创建时间等属性都有所改变。尽管第 1 列中的文件的访问权限看起来似乎没有变化，但是由于文件副本的所有者和所在组发生了改变，从而也会导致用户对于该文件副本的访问权限发生变化。当然，在复制的过程中，文件的大小不会发生变化。

在没有使用-r 或者-R 选项的情况下，cp 命令不会复制目录，只会复制文件。为了能够把某个目录下面的文件及其子目录完整地复制到其他的地方，需要使用-r 或者-R 选项。例如，下面的命令将/var/log 目录下的文件及其子目录复制到/home/chunxiao/backup 目录中：

```
chunxiao@ubuntu:~$ sudo cp -r /var/log /home/chunxiao/backup/
```

由于普通用户对于/var/log 下面的目录或者文件没有访问权限，所以在上面的命令中使用了 sudo 命令。

在目标文件或者目录存在的情况下，cp 命令会覆盖目标文件而不给出任何提示。这一点对于系统管理员来说需要特别注意，稍不留神就可能会由于覆盖目标文件而导致数据丢失。实际上，cp 命令也支持交互式的操作，此时需要使用-i 选项。应用-i 选项之后，如果目标文件存在，则 cp 命令会给出提示，如下所示。

```
chunxiao@ubuntu:~$ sudo cp -ri /var/log /home/chunxiao/backup/
cp：是否覆盖'/home/chunxiao/backup/log/vboxadd-install.log'？
```

如果用户输入 y 并且按回车键，则目标文件将会被覆盖；如果用户输入了 n，则表示不覆盖目标文件，cp 命令会跳过该文件，继续复制下面的文件。

除了上面的例子中介绍的选项之外，cp 命令还有一些非常有用的选项，例如-l 选项可以为目标文件创建一个硬链接。前面介绍过，硬链接与原始文件实际上为同一个文件，他们的 i 节点是相同的，所以含有-l 选项的 cp 命令不会创建一个新的文件副本。-s 选项可以为目标文件创建一个符号链接，当然这种操作也不是创建一个新的文件副本。关于这些选项，用户可以自己尝试着操作，不再详细介绍了。

cp 命令也支持通配符，例如下面的命令把当前目录中所有的 txt 文件复制到 backup 目录中：

```
chunxiao@ubuntu:~$ cp ./*.txt backup/
```

5.4.2 移动文件

移动文件与复制文件不同，移动文件只是将源文件改变其在整个目录系统中的位置，不会创建新的文件或者目录。Linux 系统提供了 mv 命令实现文件或者目录的移动，该命令的基本语法如下：

```
mv [option] source dest
```

mv 的选项比较多，其中比较常用的有以下几个：

- --backup=<备份模式>：若需覆盖文件，则覆盖前先行备份。备份模式可以是 none、numbered、existing 或者 simple。
- -b：当文件存在时，覆盖前，为其创建一个备份。该选项与--backup 类似，但是不接受参数。
- -f：若目标文件或目录与现有的文件或目录重复，则直接覆盖现有的文件或目录。
- -i：交互式操作，覆盖前先行询问用户，如果源文件与目标文件或目标目录中的文件同名，则询问用户是否覆盖目标文件。用户输入 y，表示将覆盖目标文件；输入 n，表示取消对源文件的移动。这样可以避免误将文件覆盖。
- -S<后缀>：为备份文件指定后缀，而不使用默认的后缀。默认后缀为~。

例如，下面的命令将当前目录中的 file1.txt 文件移动到当前目录下面的 backup2 目录中：

```
chunxiao@ubuntu:~$ mv file1.txt backup2
```

在上面的命令中，如果目标位置已经存在着同名的文件，则已有的文件会被覆盖。为了防止由于文件被覆盖而导致数据丢失，用户可以在移动文件时使用--backup 或者-b 选项。使用该选项之后，遇到覆盖文件的情况，mv 会自动为已有文件创建一个备份，然后再覆盖该文件。默认情况下，备份的文件名是在原来的文件名后面增加一个~符号。例如，下面的命令将 file1.txt 文件移动到 backup2 目录中：

```
chunxiao@ubuntu:~$ mv -b file1.txt backup2
chunxiao@ubuntu:~$ ls -l backup2/file1.txt*
-rw-r--r--      1   chunxiao    chunxiao    53  7月  2 22:05
backup2/file1.txt
-rw-r--r--      1   chunxiao    chunxiao    53  6月  25 16:41
backup2/file1.txt~
```

由于 backup2 目录中已经存在着一个名称为 file1.txt 的文件，所以在覆盖 file1.txt 文件之前，mv 命令创建了一个名称为 file1.txt~的备份文件。

与 cp 命令一样，mv 命令也支持通配符操作，用户可以通过使用通配符实现文件的批量转移。

5.4.3　删除文件

如果用户不再需要某些文件了，用户可以将其从文件系统中删除。在 Linux 系统中，删除文件使用 rm 命令，该命令的基本语法如下：

```
rm [option] files
```

rm 命令中常用的选项有-f、-i 以及-r 等。这几个选项的功能如下：

- -f: 强制删除文件，不给出任何提示。
- -i: 实现交互式删除文件，在删除文件时给出提示。
- -r: 递归删除目录及其所包含的文件和子目录。

参数 files 为要删除的文件或者文件列表，如果是多个文件，则文件名之间用空格分开。例如，下面的命令将 filelist.txt 文件从磁盘中删除：

```
chunxiao@ubuntu:~$ rm filelist.txt
```

在使用 rm 命令时，一定要非常小心，因为一旦将文件删除，基本上就无法恢复了。因此，在删除某些关键的文件时，用户可以使用-i 选项。-i 选项使得 rm 命令采用交互式方式删除文件。每删除一个文件，都要求用户输入 y 然后按回车键确认。如果用户不想删除该文件，则可以输入 n 按回车键。例如，下面的命令采用交互方式删除名称为 file 的文件：

```
chunxiao@ubuntu:~/dir2$ rm -i file
rm：是否删除普通文件 'file'？ y
```

在删除某些受保护的文件时，rm 命令通常会逐一要求用户确认。如果文件非常多，则文件删除速度会很慢，而且用户也会觉得非常烦琐。此时，用户可以使用-f 选项来强制删除文件。应用该选项之后，rm 命令不会要求用户做出任何确认操作，而是直接删除文件。

当然，任何事情都有其两面性。-f 选项在带来方便的同时，也带来了很大的风险。由于其在删除文件的过程中不给用户任何提示信息，经常会导致用户误操作的发生，删除了有用的文件，导致数据丢失。所以，在使用-f 选项时，务必非常小心。

默认情况下，rm 命令不可以删除目录，只可以删除文件。如果要删除目录，需要使用-r 选项。例如，下面的命令删除当前目录下除隐含文件外的所有文件和子目录：

```
chunxiao@ubuntu:~/dir2$ rm -r *
```

> 在以前的 UNIX 或者 Linux 系统中，root 用户可以通过 rm -fr 命令来删除整个根文件系统中的所有的文件，从而导致灾难发生。但是在现在的版本中，系统已经对该命令进行了限制。

5.4.4 比较文件

在编写程序代码的时候，用户经常对比不同版本的源文件的内容有何不同之处。对于 Windows 用户来说，如果不借助专门的版本控制系统，要完成这项任务是非常困难的。然而，Linux 系统专门提供了一个命令来帮助用户对比文件内容的异同，借助该命令，对比不同的源文件就非常简单了。该命令的名称为 diff，其基本语法如下：

```
diff [option]... files
```

diff 命令的选项比较多，通过应用这些选项，可以使得 diff 命令在对比文件时表现出不同的行为。常用的选项有以下几个：

- -b: 不检查空格字符的不同。
- -B: 不检查空行的不同。
- -c: 使用上下文输出格式。
- -i: 不检查大小写的不同。
- -r: 在对比目录时，递归比较其所包含的子目录中的文件的不同。
- -x: 不比较该选项中指定的文件或者目录的不同。
- -y: 以并列的方式显示文件的不同。

files 参数为要比较的文件或者目录。如果指定比较的是文件，则只有当输入为文本文件时才有效，以逐行的方式，比较文本文件的异同处。如果指定比较的是目录，diff 命令会比较两个目录下名称相同的文本文件，列出不同的二进制文件、公共子目录和只在一个目录出现的文件。

下面通过 diff 命令对比 2 个 C 源程序 hello.c 和 hello1.c 的不同。为了能够使读者了解这 2 个文件的不同之处，首先通过 cat 命令分别显示其内容。其中 hello.c 的代码如下：

```
chunxiao@ubuntu:~$ cat -n hello.c
    1    #include <stdio.h>
    2    int main(void)
    3    {
    4      char msg[] = "Hello world!";
    5      puts(msg);
    6      printf("Welcome to use diff command.\n");
    7      return 0;
    8    }
```

hello1.c 的代码如下：

```
chunxiao@ubuntu:~$ cat -n hello1.c
    1    #include <stdio.h>
    2    int main(void)
    3    {
    4      int i,j;
    5      char msg[] = "Hello world, from hello1.c";
    6
    7      puts(msg);
    8
    9      printf("hello1 says,'Here you are,using diff.\n");
   10
   11      return 0;
   12
   13      //
   14    }
```

然后使用 diff 命令对比这 2 个文件，结果如下所示。

```
chunxiao@ubuntu:~$ diff hello.c hello1.c
4c4,6
<   char msg[] = "Hello world!";
---
>   int i,j;
>   char msg[] = "Hello world, from hello1.c";
>
6c8,10
<   printf("Welcome to use diff command.\n");
---
>
>   printf("hello1 says,'Here you are,using diff.\n");
>
7a12,13
>
>   //
```

从上面的输出可以得知，diff 命令使用一种非常简洁的语法来描述文件的不同，例如上面的 4c4,6、6c8,10 和 7a12,13。实际上，这种表示语法分为 3 个部分，前后两部分用中间的字母隔开。第 1 部分中的数字表示第 1 个文件中的行号，例如 4c4,6 中的第 1 个数字 4 表示 hello.c 文件的第 4 行。中间的字母表示是什么原因导致的不同，包括 c、a 以及 d 等 3 种情况，其中 c 表示修改，a 表示增加，d 表示删除。最后一组数字表示第 2 个文件中相应的行号，4,6 表示 4~6 行。

在本例中，diff 命令一共显示了 3 处不同。第 1 处不同通过 4c4,6 表示，其意思为第 1 个文件的第 4 行发生改变，对应第 2 个文件的 4~6 行。diff 命令会在随后将不同之处显示出来。左箭头表示第 1 个文件中的内容，右箭头表示第 2 个文件中的内容，中间用短划线隔开。同理，6c8,10 表示第 1 个文件的第 6 行发生了改变，对应第 2 个文件的第 8~10 行。而最后的 7a12,13 表示第 2 个文件在第 1 个文件的第 7 行对应的位置增加了内容，即第 12~13 行。

5.4.5 重命名文件

重命名文件是改变现有文件的文件名，不产生新的副本，也不会改变现有文件的硬链接数。在 Linux 系统中，重命名文件也通过 mv 命令完成。在前面我们已经详细介绍了如何通过 mv 命令来移动文件。实际上重命名文件是移动文件的一种特例，即不改变文件的位置，只改变文件的名称。

重命名文件的方法与移动文件大致相同，例如下面的命令将 hello.c 文件重命名为 hello.c.bak：

```
chunxiao@ubuntu:~$ mv hello.c hello.c.bak
```

5.5 搜索文件

随着磁盘中文件的日益增多，文件的管理也越来越困难，经常会出现找不到文件的情况。Linux 提供了许多搜索文件的方法，例如 find、locate、whereis、which 以及 type 等命令。掌握好并且灵活运用这些命令，是每个 Linux 系统管理员的基本技能。本节将详细介绍这些 Linux 命令的使用方法。

5.5.1 快速搜索文件：locate 命令

locate 命令是 Linux 系统中搜索最快的命令。这是因为 locate 命令不是实时在文件系统中搜索目标文件，而是通过一个数据库索引来搜索的。在 Ubuntu 中，与 locate 命令有关的文件有 updatedb、/etc/updatedb.conf 以及 /var/lib/mlocate/mlocate.db。/var/lib/mlocate/mlocate.db 是一个文件索引数据库文件，里面包含了 locate 搜索文件所需要的信息，包括文件名及其路径等。updatedb 是一个命令，该命令用来更新 /var/lib/mlocate/mlocate.db 的内容。通常情况下，updatedb

命令由 crontab 定期自动执行，当然，用户也可以手动执行该命令，以更新 /var/lib/mlocate/mlocate.db 文件。/etc/updatedb.conf 是一个配置文件，用来配置要查询哪些目录或者哪些文件。

locate 命令的基本语法如下：

```
locate [option]... pattern...
```

其中，locate 命令常用的选项有-c 和-i。-c 选项用来控制 locate 命令输出搜索结果的数量，而不是具体的文件列表，-i 选项则可以使得 locate 命令在搜索的时候忽略字母的大小写。pattern 为匹配的模式，可以是文件名的一部分，也可以使用通配符。

默认情况下，locate 通过文件名模糊匹配，例如下面的命令搜索包含 passwd 这个字符串的文件：

```
chunxiao@ubuntu:~$ locate passwd
/etc/passwd
/etc/passwd-
/etc/cron.daily/passwd
/etc/init/passwd.conf
/etc/pam.d/chpasswd
/etc/pam.d/passwd
/etc/security/opasswd
/usr/bin/gpasswd
/usr/bin/grub-mkpasswd-pbkdf2
/usr/bin/passwd
/usr/bin/vino-passwd
/usr/include/rpcsvc/yppasswd.h
/usr/include/rpcsvc/yppasswd.x
/usr/lib/libreoffice/share/config/soffice.cfg/svx/ui/passwd.ui
/usr/lib/tmpfiles.d/passwd.conf
/usr/lib/x86_64-linux-gnu/samba/libsmbpasswdparser.so.0
…
```

通过上面的输出结果可以得知，只要文件名中包含 passwd 这个字符串，都会出现在结果中。因此，用户需要在结果列表中进行二次筛选，以找到自己需要的文件。当然，locate 命令也可以实现精确匹配文件名，其方法就是使用-b 选项。例如，下面的命令精确匹配文件名 passwd：

```
chunxiao@ubuntu:~$ locate -b '\passwd'
/etc/passwd
/etc/cron.daily/passwd
/etc/pam.d/passwd
/usr/bin/passwd
/usr/share/bash-completion/completions/passwd
/usr/share/doc/passwd
```

```
/usr/share/lintian/overrides/passwd
```

如果用户需要搜索以某个字符串开头的文件，则可以使用以下命令：

```
chunxiao@ubuntu:~$ locate /etc/pm
/etc/pm
/etc/pm/sleep.d
/etc/pm/sleep.d/10_grub-common
/etc/pm/sleep.d/10_unattended-upgrades-hibernate
```

上面的 locate 命令搜索出了/etc 目录下面以 pm 开头的文件列表。

用户可以在 locate 命令使用*和?等通配符，其中*表示匹配任意多个字符，而? 匹配一个字符。例如，下面的命令搜索/etc 目录下面所有的以.txt 结尾的文件：

```
chunxiao@ubuntu:~$ locate /etc/*.txt
/etc/X11/rgb.txt
/etc/brltty/Input/ba/all.txt
/etc/brltty/Input/bd/all.txt
/etc/brltty/Input/bl/18.txt
/etc/brltty/Input/bl/40_m20_m40.txt
/etc/brltty/Input/ec/all.txt
/etc/brltty/Input/ec/spanish.txt
…
```

 有时使用 locate 命令查不到最新变动过的文件。为了避免这种情况，可以在使用 locate 之前，先使用 updatedb 命令，手动更新数据库。

locate 命令会使用绝对路径来匹配用户指定的搜索模式。如果不了解这种情况，指定了错误的匹配模式，在使用 locate 命令时就会出现搜索不到的现象。例如，下面的命令就没有任何搜索结果：

```
chunxiao@ubuntu:~$ locate fdisk*
```

其原因就在于当前文件系统中没有以 fdisk 这个字符串开头的绝对路径。如果把通配符移到前面去就可以得到正确的搜索结果了：

```
chunxiao@ubuntu:~$ locate *fdisk
/sbin/cfdisk
/sbin/fdisk
/sbin/sfdisk
/usr/share/bash-completion/completions/cfdisk
/usr/share/bash-completion/completions/fdisk
/usr/share/bash-completion/completions/sfdisk
```

5.5.2 按类型搜索：whereis 命令

whereis 命令主要用来定位可执行文件、源代码文件、帮助文件在文件系统中的位置。与其他的搜索命令不同，默认情况下 whereis 命令仅仅搜索特定的位置，这些位置包括 PATH 和 MANPATH 系统变量指定的路径等。当然，用户可以通过选项来指定其他的路径。whereis 命令的基本语法如下：

```
whereis [options] [-BMS directory... -f] name...
```

其中，选项主要有 3 个，如下所示。

● -b: 指定 whereis 命令搜索二进制文件。
● -m: 指定 whereis 命令搜索命令手册。
● -s: 指定 whereis 命令搜索源代码文件。

此外，whereis 命令还有其他的 3 个选项，-B、-M 和-S，这 3 个选项用来指定 whereis 命令搜索的路径，分别针对二进制文件、命令手册和源代码文件，搜索路径直接跟在这 3 个选项的后面，多个路径用空格隔开，路径的最后必须以-f 结尾。

name 参数为要搜索的文件名，可以使用通配符。

例如，下面的命令搜索文件名中含有 fsck 的文件：

```
chunxiao@ubuntu:/etc$ whereis fsck
fsck:/sbin/fsck.fat /sbin/fsck.ext3 /sbin/fsck /sbin/fsck.ext2 /sbin/fsck.vfat
/sbin/fsck.ext4 /sbin/fsck.msdos /sbin/fsck.minix /sbin/fsck.cramfs
/usr/share/man/man8/fsck.8.gz
```

由于没有指定类型，所以上面的结果中出现了二进制文件和命令手册。

如果用户只想搜索二进制文件，则可以指定-b 选项，如下所示。

```
chunxiao@ubuntu:/etc$ whereis -b fsck
fsck:/sbin/fsck.fat /sbin/fsck.ext3 /sbin/fsck /sbin/fsck.ext2 /sbin/fsck.vfat
/sbin/fsck.ext4 /sbin/fsck.msdos /sbin/fsck.minix /sbin/fsck.cramfs
```

如果想要指定搜索的路径，则可以使用以下命令：

```
chunxiao@ubuntu:~$ whereis -b -B . -f a
a: /home/chunxiao/a.out
```

在上面的命令中，通过-B 选项指定搜索路径为当前目录，通过-b 选项指定搜索的文件类型。因此，上面的命令是搜索当前目录中文件名包含 a 的可执行文件。

5.5.3 搜索二进制文件：which 命令

which 命令的功能比较简单，通常用来搜索一个 Linux 命令。因此，which 命令非常依赖于 PATH 系统变量。which 命令的基本语法如下：

```
which filename
```

例如，我们想要搜索 fsck 命令的位置，可以使用以下命令：

```
chunxiao@ubuntu:~$ which fsck
/sbin/fsck
```

which 命令只在文件名中搜索，也不支持通配符。

5.5.4　全功能搜索：find 命令

学习了前面的几个搜索命令之后，用户就会发现这些命令各有特色，同时也各有缺点。此外，上面所有的命令都不可以实时在整个磁盘中搜索某个文件。在以上命令都无法满足需求的情况下，用户可以使用 Linux 提供的终极搜索武器 find 命令。find 命令非常复杂，它的功能实在是太强大了，如果把 find 命令完全介绍完，需要花费很多的篇幅，因此，本书只能介绍其中最常用的功能，其余的功能读者可以自己去查看相关的帮助手册。

find 命令的基本语法如下：

```
find [starting-point...] [expression]
```

其中，starting-point 是指搜索的起始位置，如果没有指定该选项，则默认为当前工作目录。expression 是指搜索表达式，主要用来表达搜索什么样的文件以及如何处理搜索到的文件。搜索表达式包括以下几个部分：

- 匹配条件：匹配条件返回真或者假，通常是基于文件的某些属性，例如文件名、修改时间等。
- 动作：表示对搜索结果的处理方法，例如打印、删除或者执行其他的命令等。
- 全局选项：该类选项会影响到所有的匹配条件和动作。
- 局部选项：该类选项只会影响到跟在它们后面的匹配条件或者动作。
- 运算符：主要用来连接搜索表达式中的各个部分。

下面看几个示例。

查找/etc 目录下面以.txt 结尾的文件：

```
chunxiao@ubuntu:~$ find /etc -name "*.txt"
/etc/brltty/Input/mb/all.txt
/etc/brltty/Input/bl/18.txt
/etc/brltty/Input/bl/40_m20_m40.txt
/etc/brltty/Input/tt/all.txt
…
```

查找/etc 目录下面以.txt 结尾的文件，并且忽略字母的大小写：

```
chunxiao@ubuntu:~$ find /etc -iname "*.txt"
/etc/brltty/Input/mb/all.txt
/etc/brltty/Input/bl/18.txt
/etc/brltty/Input/bl/40_m20_m40.txt
```

```
/etc/brltty/Input/tt/all.txt
..
```

查找/usr/share 目录下面所有的以.txt 和.pdf 结尾的文件：

```
chunxiao@ubuntu:~$ find /usr/share \( -name "*.txt" -o -name "*.pdf" \)
/usr/share/perl/5.24.1/Unicode/Collate/allkeys.txt
/usr/share/perl/5.24.1/Unicode/Collate/keys.txt
/usr/share/perl/5.24.1/unicore/Blocks.txt
/usr/share/perl/5.24.1/unicore/NamedSequences.txt
/usr/share/perl/5.24.1/unicore/SpecialCasing.txt
/usr/share/nux/4.0/Fonts/nuxfont_size_8.txt
…
/usr/share/cups/data/secret.pdf
/usr/share/cups/data/classified.pdf
/usr/share/cups/data/form_english.pdf
/usr/share/cups/data/topsecret.pdf
/usr/share/cups/data/confidential.pdf
/usr/share/cups/data/default-testpage.pdf
```

在上面的命令中，有 2 个测试表达式，分别为-name "*.txt"和-name "*.pdf"，这 2 个表达式用-o 运算符连接起来。为了避免 Shell 解释错误，左右圆括号的前面都用反斜线转义。

用正则表达式查找上面的文件：

```
chunxiao@ubuntu:~$ find /usr -regex ".*\(\.txt\|\.pdf\)$"
/usr/src/linux-headers-4.10.0-24-generic/scripts/spelling.txt
/usr/src/linux-headers-4.10.0-24/arch/sh/include/mach-kfr2r09/mach/partner-
jet-setup.txt
/usr/src/linux-headers-4.10.0-24/arch/sh/include/mach-ecovec24/mach/partner
-jet-setup.txt
/usr/src/linux-headers-4.10.0-24/scripts/spelling.txt
…
/usr/share/cups/data/secret.pdf
/usr/share/cups/data/classified.pdf
/usr/share/cups/data/form_english.pdf
/usr/share/cups/data/topsecret.pdf
/usr/share/cups/data/confidential.pdf
/usr/share/cups/data/default-testpage.pdf
…
```

5.6 文本内容筛选

Linux 提供了许多强大的文本处理工具，例如 grep、fgrep 以及 egrep 等，甚至 awk 还提供了一种复杂的编程语言来处理文本数据。文本处理通常用在系统日志的分析过程中，因此，每个用户都需要认真学习并且掌握常用的文本处理工具。本节将介绍其中最常用的几个命令。

5.6.1 使用 grep 命令检索文本内容

grep 命令是一个非常强大的文本处理工具，它不仅支持普通的字符串搜索，还支持正则表达式。grep 命令的基本语法如下：

```
grep [option] pattern [file...]
```

grep 命令的常用选项有：

- -c: 不输出具体的内容，只输出含有匹配文本的行数。
- -e: 指定要匹配到的字符串。
- -E: 表示 pattern 为扩展正则表达式。
- -F: 按照字符串的字面意思进行匹配，不作为正则表达式处理。
- -i: 忽略大小写。
- -r: 递归搜索指定的目录。

pattern 参数是指要匹配的字符串或者正则表达式，file 参数为要搜索的文件。

例如，下面的命令只在 hello.c 文件中搜索字符串 main：

```
chunxiao@ubuntu:~$ grep "main" hello.c
int main(void)
```

通常从上面的输出可以得知，grep 命令会将含有指定字符串的文本行输出。

grep 命令支持从多个文件中查找文本，例如，下面的命令从 file.c 和 hello.c 这两个文件中搜索字符串 main：

```
chunxiao@ubuntu:~$ grep "main" file.c hello.c
file.c:int main(void)
hello.c:int main(void)
```

默认情况下，grep 支持基本正则表达式，例如，下面的命令搜索以英文字母开头的文本行，并且输出行号：

```
chunxiao@ubuntu:~$ grep -n '^[a-z]' hello.c
2:int main(void)
```

在上面的命令中，正则表达式^[a-z]中的^表示以后面的字符开头的文本行，[a-z]则表示 a~z 这些字母中的任何一个。关于正则表达式的详细使用方法，请参考相关书籍，在此不再详细介绍。

除了查找字符串之外，用户可以通过 grep 命令统计包含指定字符串的行数，此时需要使用-c 选项，如下所示。

```
chunxiao@ubuntu:~$ grep -c "print" all.c
3
```

在前面一节中，详细介绍了 Linux 提供的几个搜索文件的命令，但是这些命令并不支持文件内容的搜索。如果用户想要搜索内容中包含某个字符串的文件，则前面的命令就无能为力了。幸运的是，grep 命令完全可以完成这个任务。grep 命令的-r 选项提供了递归搜索目录的能力。例如，下面的命令搜索当前目录中含有字符串 printf 的文件：

```
chunxiao@ubuntu:~$ grep "printf" . -r |more
./src/hello1.c: printf("hello1 says,'Here you are,using diff.\n");
./src/hello.c: printf("Welcome to use diff command.\n");
./.bash_history:find / -name "*.c" -fprintf print.txt
./.bash_history:find . -name "*.c" -type f -exec printf "File:%s\n" {} \;
…
```

可以发现，上面的命令中都指定了一个字符串，如果想要同时指定多个字符串，则需要通过多个-e 选项来指定，每个-e 选项之后跟随一个字符串，如下所示。

```
chunxiao@ubuntu:~/src$ grep -e "main" -e "print" . -r
./hello1.c:int main(void)
./hello1.c: printf("hello1 says,'Here you are,using diff.\n");
./file.c:int main(void)
./hello.c:int main(void)
./hello.c: printf("Welcome to use diff command.\n");
```

 通过-e 选项指定的多个字符串之间的关系为或者，也就是说只要出现一个就可以了。

除了 grep 命令之外，Linux 还提供了 egrep、fgrep 以及 rgrep 等相关的命令。这 3 个命令的功能与 grep -E、grep -F 和 grep -r 相同。

5.6.2　筛选其他命令的输出结果

尽管单独的 grep 命令已经拥有许多的功能了，但是对于用户来说，通常却不会单独使用 grep 命令，其更多的应用场合是作为其他命令输出结果的后续处理，当然在这个过程中需要用到管道。

系统管理员经常会判断某个进程是否存在，此时就可以使用 ps 命令结合 grep 命令进行搜索。例如，下面的命令判断 MySQL 的服务进程是否存在：

```
chunxiao@ubuntu:~/src$ ps -ef | grep -i mysql
mysql      1008     1     0   12:00 ?        00:00:07  /usr/sbin/mysqld
chunxiao   3220   2813     0   15:44 pts/0    00:00:00  grep --color=auto
-i mysql
```

在上面的输出结果中，第 1 行显示的就是 MySQL 的服务进程，第 2 行是我们刚才执行的命令。由于不能判断 MySQL 服务进程的名称是否含有大小写的字母，所以在上面的命令中使用了-i 选项。

与 grep 命令经常在一起使用的还有 ls 命令，因为通常情况下，ls 命令的输出都比较多，为了从中筛选所需要的内容，就需要使用 grep 命令。例如，下面的命令用来查找 cron 有关文件：

```
chunxiao@ubuntu:~/src$ ls -l /etc/ | grep cron
-rw-r--r--  1  root   root        401    12月 29  2014        anacrontab
drwxr-xr-x  2  root   root       4096     6月 17 12:12        cron.d
drwxr-xr-x  2  root   root       4096     6月 29 22:42        cron.daily
drwxr-xr-x  2  root   root       4096     4月 12 11:08        cron.hourly
drwxr-xr-x  2  root   root       4096     4月 12 11:14        cron.monthly
-rw-r--r--  1  root   root        722     4月  6  2016        crontab
drwxr-xr-x  2  root   root       4096     4月 12 11:17        cron.weekly
...
```

5.6.3 在 grep 命令中使用正则表达式

正则表达式是一种极为简洁、功能强大的语言。grep 命令支持基本正则表达式和扩展正则表达式。表 5-2 列出了 grep 命令支持的常用正则表达式。

表 5-2 在 grep 命令中使用的正则表达式

运算符	含义
^	匹配行首
$	匹配行尾
[ ] or [n - n]	匹配方括号内的任意字符
.	匹配任意的单字符
*	跟在某个字符后面，表示匹配 0 个或者多个前面的字符
\	用来屏蔽元字符的特殊含义
\?	匹配前面的字符 0 次或者 1 次
\+	匹配前面的字符 1 次或者多次
X\{m\}	匹配字符 X m 次
X\{m,\}	匹配字符 X 最少 m 次
X\{m,n\}	匹配字符 X m~n 次
|	表示或的关系

为了便于介绍如何在 grep 命令使用正则表达式，我们首先创建一个文本文件。文本文件的名称为 demo.txt，内容为来自叶芝的一首诗《When you are old》，内容如下：

```
chunxiao@ubuntu:~$ cat demo.txt
When you are old and grey and full of sleep
And nodding by the fire, take down this book
And slowly read,and dream of the soft look
```

```
Your eyes had once,and of their shadows deep
How many loved your moments of glad grace
And loved your beauty with love false or true
But one man loved the pilgrim Soul in you
And loved the sorrows of your changing face
And bending down beside the glowing bars
Murmur,a little sadly,how love fled
And paced upon the mountains overhead
And hid his face amid a crowd of stars
```

接下来依次介绍表 5-2 中的正则表达式的使用方法。

首先查找以字符串 And 开头的文本行，命令如下：

```
chunxiao@ubuntu:~$ grep -n '^And' demo.txt
2:And nodding by the fire, take down this book
3:And slowly read,and dream of the soft look
6:And loved your beauty with love false or true
8:And loved the sorrows of your changing face
9:And bending down beside the glowing bars
10:And paced upon the mountains overhead
11:And hid his face amid a crowd of stars
```

可以发现文本文件中的所有以字符串 And 开头的文本行都已经被筛选出来了。

查找以字符串 book 结尾的文本行，命令如下：

```
chunxiao@ubuntu:~$ grep -n 'book$' demo.txt
2:And nodding by the fire, take down this book
```

查找以字母 A 或者 Y 开头的文本行，命令如下：

```
chunxiao@ubuntu:~$ grep -n '^[AY]' demo.txt
2:And nodding by the fire, take down this book
3:And slowly read,and dream of the soft look
4:Your eyes had once,and of their shadows deep
6:And loved your beauty with love false or true
8:And loved the sorrows of your changing face
9:And bending down beside the glowing bars
10:And paced upon the mountains overhead
11:And hid his face amid a crowd of stars
```

查找包含字符串 loved，并且最后一个字母 d 出现 0 次或者 1 次的文本行：

```
chunxiao@ubuntu:~$ grep -n 'loved\?' demo.txt
5:How many loved your moments of glad grace
6:And loved your beauty with love false or true
7:But one man loved the pilgrim Soul in you
8:And loved the sorrows of your changing face
9:Murmur,a little sadly,how love fled
```

从上面的输出结果可以得知，第 5~8 行都包含字符串 loved，而第 9 行包含字符串 love。如果用户想要将第 9 行排除掉，可以使用以下命令：

```
chunxiao@ubuntu:~$ grep -n 'loved\+' demo.txt
5:How many loved your moments of glad grace
6:And loved your beauty with love false or true
7:But one man loved the pilgrim Soul in you
8:And loved the sorrows of your changing face
```

由于\+表示前面的字符至少出现 1 次，所以第 9 行被排除掉了。

loved 中的字母 d 恰好出现 1 次可以使用以下命令来搜索：

```
chunxiao@ubuntu:~$ grep -n 'loved\{1\}' demo.txt
5:How many loved your moments of glad grace
6:And loved your beauty with love false or true
7:But one man loved the pilgrim Soul in you
8:And loved the sorrows of your changing face
```

在上面的命令中，正则表达式'loved\{1\}'表示字母恰好出现 1 次。在前面\+运算符已经表达了其前面的字母至少出现 1 次，同种含义也可以使用以下表达式表达：

```
chunxiao@ubuntu:~$ grep -n 'loved\{1,\}' demo.txt
5:How many loved your moments of glad grace
6:And loved your beauty with love false or true
7:But one man loved the pilgrim Soul in you
8:And loved the sorrows of your changing face
```

在上面的命令中，\{1,\}表达了出现次数的下界。如果想要表达出现某个字母 0~1 次，可以使用以下表达式：

```
chunxiao@ubuntu:~$ grep -n 'loved\{0,1\}' demo.txt
5:How many loved your moments of glad grace
6:And loved your beauty with love false or true
7:But one man loved the pilgrim Soul in you
8:And loved the sorrows of your changing face
9:Murmur,a little sadly,how love fled
```

5.7 文本排序

前面已经介绍过，Linux 系统本身提供了许多功能非常强大的文本处理工具。实际上还有更多的优秀工具，这是因为 Linux 或者 UNIX 与文本有着天然的联系。尤其是 UNIX 诞生的年代，正是文本的天下。Linux 系统可以对文本文件的内容进行排序以及合并有序文件。本节将对这两个方面进行介绍。

5.7.1　使用 sort 命令文本排序

文本排序使用 sort 命令来完成，该命令的基本语法如下：

```
sort [option]... [file]...
```

其中，常用的选项有：

- -b: 忽略每行开头的空格字符。
- -c: 检查目标文本文件是否已经排序。
- -d: 排序时只考虑空格、英文字母和数字，忽略其他的字符。
- -f: 排序时，将小写字母视为大写字母。
- -n: 依照数值的大小排序。
- -r: 以相反的顺序来排序。
- -o filename: 将排序后的结果存入指定的文件。
- -m: 合并有序文件。

例如，可以使用以下命令将上一节中的英文诗按照字典顺序排序：

```
chunxiao@ubuntu:~$ sort demo.txt
And bending down beside the glowing bars
And hid his face amid a crowd of stars
And loved the sorrows of your changing face
And loved your beauty with love false or true
And nodding by the fire, take down this book
And paced upon the mountains overhead
And slowly read,and dream of the soft look
But one man loved the pilgrim Soul in you
How many loved your moments of glad grace
Murmur,a little sadly,how love fled
When you are old and grey and full of sleep
Your eyes had once,and of their shadows deep
```

在上面的输出结果中，首先按照首字母排序，如果首字母相同，则依次按照后面的字母排序。

上面的命令只是把排序结果输出到屏幕，如果想要把结果保存到文件中，则可以使用以下命令：

```
chunxiao@ubuntu:~$ sort demo.txt -o sorted.txt
chunxiao@ubuntu:~$ cat sorted.txt
And bending down beside the glowing bars
And hid his face amid a crowd of stars
And loved the sorrows of your changing face
And loved your beauty with love false or true
And nodding by the fire, take down this book
And paced upon the mountains overhead
```

```
And slowly read,and dream of the soft look
But one man loved the pilgrim Soul in you
How many loved your moments of glad grace
Murmur,a little sadly,how love fled
When you are old and grey and full of sleep
Your eyes had once,and of their shadows deep
```

可以发现 sorted.txt 文件的内容已经是按照字典顺序排序了。用户可以使用含有-c 选项的 sort 命令来验证某个文件是否已经排序，如下所示。

```
chunxiao@ubuntu:~$ sort -c sorted.txt
```

如果已经排序，则 sort 命令没有任何输出；否则，sort 命令会给出以下提示：

```
chunxiao@ubuntu:~$ sort -c demo.txt
sort：demo.txt:2：无序：And nodding by the fire, take down this book
```

5.7.2 合并有序文件

有时用户需要将多个已经排序的文件合并起来，仍然保持有序，可以使用含有-m 选项的 sort 命令来完成。例如，下面有 2 个无序的文本文件，分别为 demo1.txt 和 demo2.txt，其内容如下：

```
chunxiao@ubuntu:~$ cat demo1.txt
When you are old and grey and full of sleep
And nodding by the fire, take down this book
And slowly read,and dream of the soft look
Your eyes had once,and of their shadows deep
How many loved your moments of glad grace
And loved your beauty with love false or true
chunxiao@ubuntu:~$ cat demo2.txt
But one man loved the pilgrim Soul in you
And loved the sorrows of your changing face
And bending down beside the glowing bars
Murmur,a little sadly,how love fled
And paced upon the mountains overhead
And hid his face amid a crowd of stars
```

然后通过以下命令分别将这两个文件排序并输出：

```
chunxiao@ubuntu:~$ sort demo1.txt -o sorted1.txt
chunxiao@ubuntu:~$ sort demo2.txt -o sorted2.txt
```

我们就得到了两个有序的文本文件，分别为 sorted1.txt 和 sorted2.txt，其内容分别如下：

```
chunxiao@ubuntu:~$ cat sorted1.txt
And loved your beauty with love false or true
And nodding by the fire, take down this book
```

```
And slowly read,and dream of the soft look
How many loved your moments of glad grace
When you are old and grey and full of sleep
Your eyes had once,and of their shadows deep
chunxiao@ubuntu:~$ cat sorted2.txt
And bending down beside the glowing bars
And hid his face amid a crowd of stars
And loved the sorrows of your changing face
And paced upon the mountains overhead
But one man loved the pilgrim Soul in you
Murmur,a little sadly,how love fled
```

最后使用 sort 命令将这两个文件合并起来，如下所示。

```
chunxiao@ubuntu:~$ sort -m sorted1.txt sorted2.txt
And bending down beside the glowing bars
And hid his face amid a crowd of stars
And loved the sorrows of your changing face
And loved your beauty with love false or true
And nodding by the fire, take down this book
And paced upon the mountains overhead
And slowly read,and dream of the soft look
But one man loved the pilgrim Soul in you
How many loved your moments of glad grace
Murmur,a little sadly,how love fled
When you are old and grey and full of sleep
Your eyes had once,and of their shadows deep
```

可以发现，经过合并之后，新的内容仍然是有序的。

5.8 文件的压缩和解压

在归档文件的时候，通常是对文件进行压缩处理，以节约磁盘空间。而需要查询归档文件的时候，则是将压缩后的文件释放出来。Linux 提供了非常多的压缩和解压缩工具，这些工具通常是成对出现，每种工具都有自己的特色。本节将对常用的几种压缩/解压缩工具进行介绍。

5.8.1 压缩文件

压缩文件是按照某种特定的压缩算法，将文件内容进行压缩，以减少占用的磁盘空间。Linux 系统中常用的压缩命令有 zip、gzip、compress 以及 bzip2 等。

1. zip 命令

zip 命令的基本语法如下:

```
zip [option] zipfile file ...
```

zip 命令常用的选项有:

- -d: 从压缩文件中删除指定的文件。
- m: 将文件压缩并加入压缩文件后, 删除原始文件, 即把文件移到压缩文件中。
- -r: 递归处理, 将指定目录下的所有文件和子目录一并处理。

zipfile 参数为压缩文件的名称, file 参数为要压缩的文件列表, 多个文件名之间用空格隔开, 可以使用通配符。zip 命令压缩后的文件的扩展名为.zip。

例如, 下面的命令将所有.c 文件压缩成 src.zip 文件:

```
chunxiao@ubuntu:~$ zip src.zip *.c
  adding: all.c (deflated 69%)
  adding: file.c (deflated 32%)
  adding: hello.c (deflated 13%)
```

使用-d 选项可以将某个文件从压缩文件中删除, 如下所示。

```
chunxiao@ubuntu:~$ zip -d src.zip file.c
deleting: file.c
```

上面的命令将 file.c 文件从 src.zip 文件中删除。

使用-r选项可以实现递归压缩目录,例如,下面的命令将src目录及其子目录压缩为src.zip:

```
chunxiao@ubuntu:~$ zip -r src.zip src
  adding: src/ (stored 0%)
  adding: src/hello1.c (deflated 20%)
  adding: src/test.c (stored 0%)
  adding: src/file.c (deflated 32%)
  adding: src/hello.c (deflated 13%)
```

2. gzip 命令

gzip 是 Linux 系统中经常使用的压缩命令之一, 既方便又好用。gzip 不仅可以用来压缩大的文件以及节省磁盘空间, 还可以和 tar 命令一起构成 Linux 系统中比较流行的压缩文件格式。据统计, gzip 命令对文本文件有 60%~70%的压缩率。减少文件大小有两个明显的好处, 一是可以减少存储空间, 二是通过网络传输文件时, 可以减少传输的时间。gzip 命令的基本语法如下:

```
gzip [ option ] [ name ... ]
```

gzip 命令常用的选项有:

- -d: 解压缩文件。
- -l: 列出压缩文件中每个文件的信息，包括压缩后的大小、压缩前的大小、压缩比以及文件名等。
- -r: 递归处理，将指定目录下的所有文件及子目录一并处理。

name 参数为要压缩的文件的列表，支持通配符。gzip 命令压缩后的文件的扩展名为.gz。例如，下面的命令将当前目录中的所有的日志文件压缩成.gz 文件：

```
chunxiao@ubuntu:~/logback$ gzip *.log
```

压缩完成之后，可以使用 ls 命令查看执行结果，如下所示。

```
chunxiao@ubuntu:~/logback$ ls -l
总用量 12
-rw-r--r-- 1  chunxiao     chunxiao          8146     7月  9 11:25
bootstrap.log.gz
-rw-r--r-- 1  chunxiao     chunxiao     576     7月  9 11:25
fontconfig.log.gz
```

可以发现，默认情况下 gzip 命令会逐个将文件压缩，压缩文件以原文件名加上后缀.gz 命名，操作完成后，原始文件被删除。

用户可以使用-l 选项查看该压缩文件，如下所示。

```
chunxiao@ubuntu:~/logback$ gzip -l bootstrap.log.gz
         compressed             uncompressed    ratio
uncompressed_name
         8146             59400             86.3%     bootstrap.log
```

单独的 gzip 命令不可以将多个文件压缩成为一个文件，但是用户可以结合 tar 命令来实现这个操作。首先通过 tar 命令将所需要压缩的文件打包，然后再将打包后的.tar 文件压缩。这就是在 Linux 系统中经常见到的.tar.gz 文件。

3. compress 命令

compress 是个历史悠久的压缩程序，文件经它压缩后，其名称后面会多出.Z 的扩展名。compress 命令的基本语法与 gzip 大同小异。例如下面的命令将当前目录中的所有的.c 文件压缩成为.Z 文件：

```
chunxiao@ubuntu:~/src$ compress *.c
chunxiao@ubuntu:~/src$ ls -l
总用量 16
-rwxr-xr-x 1  chunxiao         chunxiao        273     7月  9 11:09
 file.c.Z
-rwxr-xr-x 1  chunxiao         chunxiao        171     7月  9 11:09
 hello1.c.Z
-rwxr-xr-x 1  chunxiao         chunxiao        135     7月  9 11:09
```

```
hello.c.Z
...
```

4. bzip2

bzip2 命令用于创建和管理扩展名为.bz2 的压缩包。bzip2 命令常用的选项有：

- -d: 执行解压缩。
- -f: 在压缩或解压缩时，若输出文件与现有文件同名，预设不会覆盖现有文件。若要覆盖，请使用此选项。
- -k: 在执行压缩时，保留原始文件。

例如，下面的命令将当前目录中所有的.c 文件压缩成为.bz2 文件：

```
chunxiao@ubuntu:~/src$ bzip2 *.c
chunxiao@ubuntu:~/src$ ls -l
总用量 16
-rwxr-xr-x  1   chunxiao         chunxiao         278     7月  9 11:09
file.c.bz2
-rwxr-xr-x  1   chunxiao         chunxiao         185     7月  9 11:09
hello1.c.bz2
-rwxr-xr-x  1   chunxiao         chunxiao         155     7月  9 11:09
hello.c.bz2
-rw-r--r--  1   chunxiao         chunxiao         42      7月  9 15:30
test.c.bz2
...
```

 除 zip 命令之外，gzip、compress 以及 bzip2 命令都不可以将多个文件压缩成为单个文件。在使用后 3 个命令压缩文件时，可以结合 tar 命令实现多个文件压缩为单个文件。

5.8.2 解压文件

由于每个压缩命令都有自己的压缩算法，所以压缩命令和解压命令通常都是成对的。zip、gzip、compress 和 bzip2 命令对应的解压命令分别为 unzip、gunzip、uncompress 和 bunzip2。

例如，下面的命令列出压缩文件 src.zip 中文件列表：

```
chunxiao@ubuntu:~$ unzip -l src.zip
Archive:  src.zip
  Length      Date       Time       Name
---------    ----------  -----      ----
      0      2017-07-09  15:30      src/
    183      2017-07-09  11:09      src/hello1.c
      5      2017-07-09  15:30      src/test.c
    331      2017-07-09  11:09      src/file.c
    138      2017-07-09  11:09      src/hello.c
```

```
   ---------                    -------
      657                       5 files
```

下面的命令将压缩文件 **src.zip** 解压：

```
chunxiao@ubuntu:~$ unzip src.zip
Archive:  src.zip
  inflating: src/hello1.c
 extracting: src/test.c
  inflating: src/file.c
  inflating: src/hello.c
```

下面的命令将 **sorted1.txt.gz** 文件解压，并且删除压缩文件：

```
chunxiao@ubuntu:~$ gunzip sorted1.txt.gz
```

下面的命令将 **all.c.gz** 文件解压，并且删除压缩文件：

```
chunxiao@ubuntu:~$ uncompress all.c.gz
```

下面的命令将所有的**.bz2** 文件解压：

```
chunxiao@ubuntu:~/src$ bunzip2 *.bz2
```

5.9　目录管理

在前面几节中，重点介绍了文件的管理，实际上也涉及了部分目录的管理。目录的管理与文件管理相比简单一些，但是同等重要。本节将介绍 Linux 系统的目录管理。

5.9.1　显示当前工作目录

工作目录是指用户当前所在的目录。Linux 系统提供了 **pwd** 命令来显示用户当前所在的目录。该命令用法比较简单，直接在命令行输入该命令即可，如下所示。

```
chunxiao@ubuntu:/etc/mysql$ pwd
/etc/mysql
```

以上命令显示用户所在的路径为**/etc/mysql**。

5.9.2　改变目录

改变目录是指通过命令切换到不同的路径下面。改变目录需要使用 **cd** 命令，该命令基本语法如下：

```
cd [option] path
```

cd 命令常用的选项有:

- -P: 如果要切换到的目标目录是一个符号连接,直接切换到符号连接指向的目标目录。
- -L: 如果要切换的目标目录是一个符号的连接,直接切换到字符连接名代表的目录,而非符号连接所指向的目标目录。

path 参数为要切换到的目录名称。

如果单独使用 cd 命令,不带任何参数,则表示切换到当前用户的主目录。如下所示。

```
chunxiao@ubuntu:~$ cd
chunxiao@ubuntu:~$ pwd
/home/chunxiao
```

由于主目录可以使用~符号表示,所以也可以使用以下命令切换到用户主目录:

```
chunxiao@ubuntu:~$ cd ~
chunxiao@ubuntu:~$ pwd
/home/chunxiao
```

如果使用短横线-作为参数,则可以实现 2 个目录之间的来回切换,这是一个非常有用的技巧。其中-表示进入此目录之前所在的目录。例如:

```
chunxiao@ubuntu:~$ cd /etc
chunxiao@ubuntu:/etc$ cd
chunxiao@ubuntu:~$ cd -
/etc
chunxiao@ubuntu:/etc$ cd -
/home/chunxiao
```

此外,前面还介绍过一个圆点(.)表示当前目录,两个圆点(..)则表示父目录。因此用户可以通过以下命令切换到上级目录:

```
chunxiao@ubuntu:/home$ cd ..
chunxiao@ubuntu:/home$ pwd
/home
```

在使用目录名作为参数时,可以使用相对路径,也可以使用绝对路径。例如下面的命令将工作目录切换到/var/log:

```
chunxiao@ubuntu:/home$ cd /var/log
```

5.9.3 创建目录

创建目录是在磁盘上面创建一个新的目录。当目录刚被创建后,其内容是空的,里面不包含文件。创建目录使用 mkdir 命令,该命令的基本语法如下:

```
mkdir [option]... directory...
```

其中常用的选项只有一个-p，该选项表示在创建目录时，如果父目录不存在，则先创建父目录。directory 参数为目录名称，多个目录名之间用空格隔开。

例如下面的命令在当前工作目录下面创建一个名称为 test 的目录：

```
chunxiao@ubuntu:~$ mkdir test
```

而下面的命令则连续创建了 2 级目录：

```
chunxiao@ubuntu:~$ mkdir -p test/test1/test2
```

由于 test1 目录不存在，所以需要使用-p 选项。

5.9.4　移动目录

移动目录的操作与移动文件使用同一个 mv 命令，直接将要移动的目录名作为参数即可，如下所示。

```
chunxiao@ubuntu:~$ mv src test
```

上面的命令将 src 目录移动到 test 目录中。

5.9.5　复制目录

复制目录使用 cp 命令，但是前面已经讲过，默认情况下 cp 命令不可以复制目录。如果要复制目录，需要使用-r 选项。例如，下面的命令将 mysql 目录复制到 test 目录中：

```
chunxiao@ubuntu:~$ cp -r mysql test
```

复制目录不同于移动目录，复制完成之后，原始目录还存在，只不过多了一个副本。

5.9.6　删除目录

当目录不再需要时，为了节省磁盘空间，通常会将其从磁盘中删除。删除目录使用 rm 命令。默认情况下，rm 命令无法删除目录，需要使用-r 选项。

例如，下面的命令删除名称为 dir1 的目录：

```
chunxiao@ubuntu:~$ rm -r dir1/
```

第 6 章

用户和权限管理

用户是 Linux 系统中非常重要的部分。Linux 系统中的每个功能模块都与用户和权限有着密不可分的关系。了解和掌握 Linux 系统的用户和权限管理，可以提高 Linux 系统的安全性。本章将详细讨论 Linux 系统中的用户管理方法以及权限的设置。

本章主要涉及的知识点有：

- 用户和用户组基础：掌握 Linux 系统中的用户和用户标识号、用户组和组标识号的基本概念以及相关配置文件的用途。
- 用户管理：学会如何添加用户、修改用户、删除用户以及修改用户密码等操作。
- 用户组管理：学会用户组的添加、删除以及修改等操作。
- 权限管理：了解和掌握 Linux 的权限的表示方法以及相关命令的使用方法。

6.1　用户和用户组基础

用户和用户组的管理在 Linux 系统维护中占有非常重要的地位。严格而规范的用户管理是保证 Linux 系统安全和稳定运行的基石。要掌握好用户和用户组的管理，首先应该深入了解 Linux 的用户和用户组的管理机制。本节将对用户管理相关的基础知识进行介绍。

6.1.1　用户和用户标识号

要登录到 Linux 系统，首先必须有登录名和密码才行。而这里的登录名和密码实际上说的就是用户。

在 Linux 系统中，每个用户拥有许多属性，包括账号，即登录名、真实姓名、密码、主目录以及默认 Shell 等。从本质上讲，每个用户实际上是代表了一组权限，而这些权限分别表示可以执行不同的操作，是能够获取系统资源的权限的集合。

尽管用户登录的时候输入的是账号和密码，但是 Linux 实际上并不直接认识用户的账号。在 Linux 系统中唯一标识用户的是一个整数值，成为用户标识号。

Linux 对于用户标识号的取值有着一定的约定，其中取值为 0 的为超级用户 root。在所有的 Linux 发行版中，root 用户的用户标识号都为 0。1~499 为系统用户，这些用户的作用是保证系统服务正常运行，一般不会用来登录 Linux 系统。500~60000 为普通用户，这些用户可以登录系统，并且拥有一定的权限。当管理员添加用户时，通常 Linux 系统会为其分配这个范围之内的用户标识号。

用户的账号和 UID 的对应关系保存在/etc/passwd 文件中：

```
chunxiao@ubuntu:~$ cat /etc/passwd
root:x:0:0:root:/root:/bin/bash
daemon:x:1:1:daemon:/usr/sbin:/usr/sbin/nologin
bin:x:2:2:bin:/bin:/usr/sbin/nologin
sys:x:3:3:sys:/dev:/usr/sbin/nologin
…
```

在上面的代码中，每 1 行描述了一个用户，每行分为 7 个字段，用冒号隔开。其中第 1 个字段为用户的登录名，第 3 字段为用户的用户标识号。

关于/etc/passwd 的详细说明，将在随后介绍。

 登录名和用户标识号并不一定一一对应。实际上，Linux 允许几个登录名对应同一个用户标识号。

6.1.2　用户组和组标识号

为了便于管理，Linux 系统中引入了用户组的概念，对用户进行分类组织管理。所谓用户组，是指一组权限和功能相类似的用户的集合。

Linux 系统本身预定义了许多与系统功能有关的用户组，例如 root、daemon、bin 以及 sys 等。用户也可以根据自己的需求添加用户组。

用户组拥有组名、组标识号以及组成员等属性。在 Linux 系统内部，是通过组标识号来标识用户组的。与用户标识号类似，组标识号也是一个整数值。

用户组的信息保存在/etc/group 文件中，下面为某个系统的/etc/group 文件的部分内容：

```
chunxiao@ubuntu:~$ cat /etc/group
root:x:0:
daemon:x:1:
bin:x:2:
sys:x:3:
adm:x:4:syslog,chunxiao
tty:x:5:
disk:x:6:
lp:x:7:
mail:x:8:
news:x:9:
…
```

从上面的代码可以得知，/etc/group 文件和/etc/passwd 文件的格式非常类似。每 1 行描述了一个用户组，每 1 行由 4 个字段组成，用冒号隔开。其中第 1 个字段为组名，第 3 字段为组标识号。

6.1.3　/etc/passwd 文件

/etc/passwd 是一个非常重要的文件。该文件存储了当前系统的用户账户信息。从访问权限上讲，该文件的所有者为 root，所属组为 root。对于该文件，只有 root 用户才有写入的权限，其他的用户和组只有读取的权限。如下所示：

```
chunxiao@ubuntu:~$ ls -l /etc/passwd
-rw-r--r--  1  root        root        2575    8月  5 10:05
 /etc/passwd
```

下面详细介绍一下该文件的内容。前面已经提到过，/etc/passwd 的每 1 行都描述了一个用户信息。而每 1 行由 7 个字段构成，字段之间用冒号隔开，如下所示：

```
www-data:x:33:33:www-data:/var/www:/usr/sbin/nologin
```

以上 7 个字段的名称分别如下：

登录名:口令:用户标识号:组标识号:注释:用户主目录:Shell 程序

下面分别对这 7 个字段进行介绍。

1. 登录名

用于区分不同的用户。在同一系统中登录名是唯一的。在很多系统中，该字段被限制在 8 个字符的长度之内；并且要注意，通常在 Linux 系统中对字母大小写是敏感的。

2. 口令

系统用口令来验证用户的合法性。超级用户 root 或某些高级用户可以使用 passwd 命令来更改系统中所有用户的口令，普通用户也可以在登录系统后使用 passwd 命令来更改自己的口令。该字段为可选字段，如果该字段为空，则表示该用户无密码；如果该字段为小写的字母 x，则表示该用户的密码存储在/etc/shadow 文件中；如果该字段的值为其他的字符串，则视为加密过的密码。

3. 用户标识号

用户标识号是一个数值，是 Linux 系统中唯一的用户标识，用于区别不同的用户。在系统内部管理进程和文件访问权限时使用用户标识号。在 Linux 系统中登录名和用户标识号都可以标识用户。但是对于系统来说，用户标识号更为重要；而对于用户来说，登录名使用起来更为方便。在某些特定的目的下，系统中可以存在多个拥有不同登录名，但是用户标识号相同的用户，事实上，这些用户对于 Linux 系统而言都是一个用户。

4. 组标识号

用户的主用户组标识。具有相似属性的多个用户可以被分配到同一个组内，每个组都有自己的组名，且以自己的组标识号相区分。像用户标识号一样，用户的主组标识号也存放在 passwd 文件中。在当前的 UNIX/Linux 中，每个用户可以同时属于多个组。除了在 passwd 文件中指定其归属的基本组之外，还在/etc/group 文件中指明一个组所包含的用户。

5. 注释

包含有关用户的一些信息，如用户的真实姓名、办公室地址、联系电话等。在 Linux 系统中，mail 和 finger 等程序会利用到这些信息。

6. 用户主目录

该目录为用户登录之后的默认工作目录。在 UNIX/Linux 系统中，超级用户 root 的工作目录为/root；而其他个人用户在/home 目录下均有自己独立的工作目录，个人用户的文件都放置在各自的主目录下。

7. Shell 程序

指定用户登录后默认启动的 Shell 程序，需要指定绝对路径。

> 尽管 root 用户可以直接修改/etc/passwd 文件，以改变用户的某些属性，但是建议还是采用 Linux 提供的相关命令来修改。

6.1.4 /etc/shadow 文件

该文件又称为影子文件。该文件包含了当前系统中的用户的密码以及密码的过期时间等信息。

在早期的 UNIX 中，用户加密后的密码存储在/etc/passwd 文件中，但是由于/etc/passwd 文件对于所有的用户都是可读的，所以会引起一定的安全隐患。

当前的 UNIX 和 Linux 都将加密后的密码相关信息转移到/etc/shadow 文件中，并且该文件只对 root 以及同组成员可读，只有 root 用户才可以写入。

下面的代码为/etc/shadow 文件的部分内容：

```
chunxiao@ubuntu:~$ sudo cat /etc/shadow
root:!:17443:0:99999:7:::
daemon:*:17268:0:99999:7:::
bin:*:17268:0:99999:7:::
sys:*:17268:0:99999:7:::
…
chunxiao:$6$UVA46l4a$uvtCrxG8xXQBxkCHncpRNMZrTDzmH7.u3XUOZBHumhRx034S6qhVWQ
```

```
bZPlhnO5DepIpcYUgP9S47nN8cmd3ls0:17444:0:99999:7:::
...
```

从上面的代码可以得知，/etc/shadow 文件的格式与/etc/passwd 文件非常相似。每 1 行描述了一个密码信息，并且每 1 行都是用冒号隔开的多个字段组成。下面对该文件的格式进行介绍。

完整的密码信息由 9 个字段组成，其格式如下：

登录名:加密口令:最后一次修改时间:最小时间间隔:最大时间间隔:警告时间:密码禁用期:账户失效时间:保留字段

下面分别介绍其含义：

- 登录名：用户的登录名，与/etc/passwd 文件中登录名一致。
- 加密口令：如果该字段为空，则表示用户登录时不需要密码；如果含有*或者!等特殊字符，则表示该用户无法通过密码认证登录，但是可以通过其他的方式认证登录。其中*表示账户被锁定。!表示密码被锁定，感叹号之后的字符串为原有密码。以6开头的，表明是用 SHA-512 加密；以1开头的加密密码，表明是用 MD5 加密；以2开头的密码，表明使用 Blowfish 加密；以5开头的加密密码，表明使用 SHA-256 加密。
- 最后一次修改时间：表示最近一次修改密码的时间，时间以天为单位，从 1970 年 1 月 1 日算起。0 表示用户下次登录需要修改密码，空串表示禁用该功能。
- 最小时间间隔：表示用户修改了密码之后，至少要等多长时间才允许再次修改密码。空串或者 0 表示没有限制。
- 最大时间间隔：表示保持当前密码有效的最长时间。到期之后，用户在登录时会被要求更改密码，但是用户仍然可以通过当前密码登录。空字段表示没有限制。如果最大时间间隔小于最小时间间隔，用户将无法更改密码。
- 警告时间：密码过期之前，发出警告的天数。0 或者空串表示无警告时间。
- 密码禁用期：表示密码过期之后，仍然接受该密码的最长天数。超过该天数，用户将无法通过密码登录。空串表示无限制。
- 账户失效时间：表示账户的有效期，从 1970 年 1 月 1 日开始算起。空串表示永不过期。
- 保留字段：保留将来使用。

6.1.5 /etc/group 文件

该文件保存了当前系统中的用户组信息。下面的代码为某个系统中的/etc/group 文件的部分内容：

```
chunxiao@ubuntu:~$ cat /etc/group
root:x:0:
daemon:x:1:
bin:x:2:
sys:x:3:
```

```
adm:x:4:syslog,chunxiao
tty:x:5:
disk:x:6:
lp:x:7:
mail:x:8:
news:x:9:
uucp:x:10:
…
```

从上面的内容可以得知，/etc/group 文件和/etc/passwd 文件的格式非常相似。每 1 行描述了一个用户组。而每 1 行是由冒号隔开的 4 个字段组成，其格式为：

组名:口令:组标识号:成员列表

组名表示用户组的名称。口令为加密后的用户组口令。一般情况下，Linux 系统中的用户组没有口令，所以该字段一般为空或者为小写字母 x。组标识号为整数值，用来在系统内部唯一地标识一个用户组，也称为 GID。成员列表为用逗号隔开的一系列用户的登录名。当前用户组可能是列表成员的主组，也可能是附加组。

与/etc/passwd 文件一样，该文件的所有者也是 root 用户。对于所有用户而言，该文件是可读的，但是只有 root 用户才可以写入。

> 如果/etc/passwd 文件中指定的用户组在/etc/group 文件中不存在，则该用户无法登录。

6.2　用户管理

用户的管理包括添加用户、删除用户、修改用户以及修改用户密码等多种操作。Linux 系统提供了许多功能强大的命令来完成这些操作。对于部分操作，还提供了图形界面。本节将对其中常用的命令进行介绍，便于读者能够熟练地完成这些维护任务。

Linux 提供了 2 个命令来添加用户，分为 useradd 和 adduser。这 2 个命令的使用方法有所区别，下面分别介绍这 2 个命令。

6.2.1　添加用户：useradd 命令

useradd 是一个传统的 UNIX 和 Linux 系统管理命令，其功能是在系统中创建一个新的用户。该命令的基本语法如下：

```
useradd [options] login
```

该命令常用的选项有：

- -b: 指定基目录。如果没有使用-d 选项指定主目录，则采用基目录加上用户登录名作为主目录。如果没有使用-m 选项，则指定的基目录必须已经存在。如果没有指定基目录，则使用/etc/default/useradd 文件中的 HOME 变量的值或者取默认的/home。
- -c: 指定用户的注释信息，为任意字符串。
- -d: 指定用户的主目录。目录不一定必须存在，但是会在必要的时候创建。
- -e: 指定用户的失效日期，格式为 YYYY-MM-DD。如果没有指定，则使用/etc/default/useradd 文件中的 EXPIRE 变量的值；如果为空字符串，则表示永远不过期。
- -f: 指定密码过期后，账户将被彻底禁用之前的天数。0 表示立即禁用，-1 表示不禁用用户。如果没有指定，则取/etc/default/useradd 文件中的 INACTIVE 变量的值，或者为-1。
- -g: 指定新用户的主用户组，可以使用组名或者组标识号。必须是已经存在的用户组。如果没有指定该选项，则 useradd 命令的行为将依赖于/etc/login.defs 文件中的 USERGROUPS_ENAB 变量的值：如果其值为 yes，则 useradd 命令会为新用户自动创建一个用户组，组名与登录名相同；如果为 no，则 useradd 命令会把新用户的主组设置为/etc/default/useradd 文件中的 GROUP 变量的值，或者取默认值 100。
- -G: 指定新用户的附加用户组，多个组名之间用逗号隔开，中间没有空格。
- -m: 如果用户主目录不存在，则自动创建。
- -M: 不创建用户主目录。
- -r: 创建一个系统用户。新用户的用户标识号为 100~999，并且不会自动为新用户创建主目录。
- -s: 指定默认的 Shell 程序，需要使用绝对路径。
- -u: 手动指定新用户的用户标识号，必须在当前系统是唯一的。

login 参数为新用户的登录名，登录名在当前系统中也必须是唯一的。

例如，下面的命令创建一个名称为 jack 的用户，并且指定其主组为 sales，附件组为 company 和 employees：

```
chunxiao@ubuntu:~$ sudo useradd -g sales -G company,employees jack
```

下面的命令创建名称为 ron 的用户，并且自动创建其主目录，默认 Shell 为 bash：

```
chunxiao@ubuntu:~$ sudo useradd -m -g employees -s /bin/bash ron
```

 如果没有指定-m 选项，则 useradd 命令通常不会自动创建用户主目录。

6.2.2 添加用户：adduser 命令

adduser 命令实际上是一个 Perl 脚本文件。其基本语法如下：

```
adduser [options] user
```

该命令的常用选项有:

- --disabled-login: 不为新用户设置密码。这意味着用户不能登录系统,除非为它设置了密码。
- --disabled-password: 用户不能使用密码认证,但是可以通过其他的方式认证,例如 RSA 密钥。
- --gid: 如果创建一个用户组,则用来指定新用户组的组标识号。
- --group: 创建一个用户组。
- --home: 指定用户的主目录。如果该目录不存在,则会创建该目录。
- --shell: 指定用户默认的 Shell 程序。
- --ingroup: 指定用户所属的主组。
- --system: 创建一个系统用户。
- --no-create-home: 不创建用户主目录。
- --uid: 指定用户的用户标识号。
- --add_extra_groups: 指定用户的附加用户组。

通过 adduser 命令,用户可以添加普通用户、系统用户以及用户组。下面分别进行介绍。

1. 创建普通用户

如果没有指定--system 和--group 选项,adduser 命令会创建一个普通的用户。例如,下面的命令创建一个名称为 joe 的用户:

```
chunxiao@ubuntu:~$ sudo adduser --ingroup employees --shell /bin/bash joe
正在添加用户"joe"...
正在添加新用户"joe" (1003) 到组"employees"...
创建主目录"/home/joe"...
正在从"/etc/skel"复制文件...
输入新的 UNIX 密码:
重新输入新的 UNIX 密码:
passwd: 已成功更新密码
正在改变 joe 的用户信息
请输入新值,或直接敲回车键以使用默认值
全名 [Joe]:
房间号码 []: 1001
工作电话 []: 124566
家庭电话 []: 543217
其他 []:
这些信息是否正确? [Y/n] y
```

从上面的命令可以得知,adduser 命令在添加用户的时候会采用交互式的方式,要求用户输入用户的注释信息,这些信息会存储在/etc/passwd 文件中的用户记录的注释字段中。

2. 创建系统用户

如果 adduser 命令使用了--system 选项，那么将会增添一个系统用户。adduser 命令将从 /etc/adduser.conf 文件中的 FIRST_SYSTEM_UID 和 LAST_SYSTEM_UID 变量指定的范围之内选择第 1 个可用的用户标识号作为新的系统用户的 UID。

默认情况下，系统用户被放在 nogroup 组中。用--gid 或--ingroup 选项可以将新的系统用户添加到一个已经存在的组。用--group 选项可以将新的系统用户添加到与新用户的登录名相同的新的用户组中。

跟标准用户一样，主目录会依据相同的规则创建。如果没有用--shell 选项执行新的系统用户的默认 Shell，那么新系统用户的默认 Shell 为/bin/false，这意味着该用户不能登录系统。

例如，下面的命令创建一个名称为 andy 的系统用户：

```
chunxiao@ubuntu:~$ sudo adduser --system andy
正在添加系统用户"andy" (UID 125)...
正在将新用户"andy" (UID 125)添加到组"nogroup"...
创建主目录"/home/andy"...
```

从上面的输出可以得知，用户 andy 的用户标识号为 125，主组为 nogroup。

在同时指定--system 和--group 选项的情况下，新创建的系统用户的主组将被设置为与其登录名相同的用户组。如果单独使用--group 选项，则会创建一个普通的用户组。

3. 创建用户组

如果单独使用--group 选项，不使用--system 选项，则会创建一个普通的用户组。例如，下面的命令创建一个名称为 accounts 的用户组：

```
chunxiao@ubuntu:~$ sudo adduser --group accounts
正在添加组"accounts" (GID 1005)...
完成。
```

adduser 命令的默认配置文件为/etc/adduser.conf。

6.2.3 修改用户：usermod 命令

usermod 命令用来修改用户账户信息。该命令的基本语法如下：

```
usermod [options] login
```

在上面的命令中，options 为命令选项，usermod 命令常用的选项有：

- -a: 将用户添加到指定的附加组。该选项只能和-G 选项一起使用。
- -c: 修改用户注释字段的值。

- -d: 指定用户主目录。如果指定了-m 选项，则当前用户主目录中的内容会被移动到新的主目录中。
- -e: 指定用户失效日期。
- -f: 指定密码过期之后，账户被彻底禁用之前的天数。0 表示密码过期时，立即禁用账户。-1 则表示不禁用账户。
- -g: 修改用户的主组。指定的用户组必须存在。用户主目录中，属于原来的主组的文件将转交新组所有。主目录之外的文件所属的组必须手动修改。
- -G: 指定用户的附加用户组，多个用户组之间用逗号隔开。
- -l: 修改用户的登录名。
- -L: 锁定用户账户密码认证。该操作会在用户加密的密码之前增加一个感叹号(!)。
- -m: 将用户主目录中的文件移动到新的位置。该选项需要与-d 选项配合使用。
- -s: 修改用户的默认 Shell。
- -u: 指定用户新的用户标识号。
- -U: 解除用户密码认证锁定。该选项将移除用户加密密码之前的感叹号。

> 如果希望锁定账户，不仅仅是禁止通过密码访问，可以将用户的 EXPIRE_DATE 设置为 1。

login 参数为要修改的用户的登录名。

例如，下面的命令将用户 ron 添加到用户组 employees 中：

```
chunxiao@ubuntu:~$ sudo usermod -G employees ron
```

下面的命令锁定用户 joe，不允许他通过密码认证登录：

```
chunxiao@ubuntu:~$ sudo usermod -L joe
```

6.2.4　删除用户：userdel 命令

userdel 命令用来将一个用户从 Linux 系统中删除。其基本语法如下：

```
userdel [options] login
```

userdel 命令的选项只有 2 个比较常用，如下所示：

- -f: 强制删除指定的用户，即使该用户处于登录状态。
- -r: 用户主目录中的文件将随用户主目录和用户邮箱一起删除。在其他文件系统中的文件必须手动搜索并删除。

login 为要删除的用户的登录名。

例如，下面的命令将用户 ron 从当前系统中删除，但是保留其主目录：

```
chunxiao@ubuntu:~$ sudo userdel ron
```

下面的命令将用户 joe 连同其主目录从系统中删除：

```
chunxiao@ubuntu:~$ sudo userdel -r joe
```

在使用-r选项时务必小心谨慎。因为用户主目录中通常会保存重要的文档资料，在删除前注意备份。

6.2.5 修改用户密码：passwd 命令

为了安全起见，Linux 的所有用户都应该定期修改自己的密码。passwd 命令用于设置用户的认证信息，包括用户密码、密码过期时间等。系统管理员可以使用该命令修改指定用户的密码，而普通的用户只能修改自己的密码。

passwd 命令的基本语法如下：

```
passwd [options] login
```

passwd 命令常用的选项有：

- -a: 显示所有用户的状态，需要和-S 选项一起使用。
- -d: 删除用户密码。这意味着用户不要密码即可登录。
- -e: 设置用户密码立即过期。这可以强制用户下次登录必须修改密码。
- -i: 设置用户密码过期之后指定的天数禁用该账户。
- -l: 锁定用户密码。在用户加密码之前插入一个感叹号。
- -S: 显示账户状态信息。状态信息包含 7 个字段。第 1 个字段是用户的登录名，第 2 个字段表示用户账户是否已经锁定密码（L）、没有密码（NP）或者密码可用（P），第 3 个字段给出最后一次更改密码的日期。接下来的 4 个字段分别是密码的最小年龄、最大年龄、警告期和禁用期。这些年龄以天为单位计算。
- -u: 解锁用户密码。

-l选项并没有禁用账户。只是禁止用户通过密码认证登录。用户仍然可以使用其他的方式，例如密钥认证登录系统。完全禁用账户需要使用 usermod 命令的--expiredate 选项。

login 参数为要修改的用户的登录名。只有超级用户才可以指定该参数，其他的用户不可以指定。如果没有指定 login 参数，则表示修改自己的密码。

passwd 命令的使用方法比较简单，如果想要修改自己的密码，直接在命令行中输入 passwd 命令即可，如下所示：

```
chunxiao@ubuntu:~$ passwd
更改 chunxiao 的密码。
（当前）UNIX 密码：
输入新的 UNIX 密码：
重新输入新的 UNIX 密码：
passwd：已成功更新密码
```

在更改密码的时候，passwd 命令会要求用户输入当前的密码，以验证操作的合法性，然后再输入两次新的密码。

如果想要修改其他的用户的密码，则需要超级用户的权限，如下所示：

```
chunxiao@ubuntu:~$ sudo passwd joe
输入新的 UNIX 密码：
重新输入新的 UNIX 密码：
passwd：已成功更新密码
```

在这种情况下，passwd 命令不再要求用户输入当前密码。

想要禁止用户 joe 通过密码认证或者修改密码，则可以使用-l 选项，将其锁定：

```
chunxiao@ubuntu:~$ sudo passwd -l joe
passwd：密码过期信息已更改。
```

用户密码锁定之后，在/etc/shadow 文件的加密密码字段的前面会被插入一个感叹号(!)。

-S 选项可以查看用户的密码状态，如下所示：

```
chunxiao@ubuntu:~$ sudo passwd -S chunxiao
chunxiao    P   10/05/2017  0   99999   7   -1
```

上面的输出分为 7 个字段：第 1 个字段为用户的登录名；第 2 个字段为密码状态，其中 P 表示密码可用、L 表示密码锁定、NP 表示没有密码；第 3 个字段为最后一次更改密码的日期；第 4 个字段为最小时间间隔；第 5 个字段为最大时间间隔；第 6 个字段为警告期；第 7 个字段为禁用期。

6.2.6　显示用户信息：id 命令

id 命令可以显示真实有效的用户标识号和组标识号。该命令的语法如下：

```
id [option] [user]
```

其中常用的选项有：

- -g: 仅显示有效的组标识号。
- -G: 显示所有的组标识号。
- -n: 显示名称而不是数字。
- -u: 显示有效用户标识号。

如果没有任何选项和参数，则 id 命令会显示当前已登录用户的身份信息：

```
chunxiao@ubuntu:~$ id
uid=1000(chunxiao) gid=1000(chunxiao) 组
=1000(chunxiao),4(adm),24(cdrom),27(sudo),30(dip),46(plugdev),121(lpadmin),131
(sambashare)
```

如果想要显示某个用户的身份信息，则需要指定登录名，如下所示：

```
chunxiao@ubuntu:~$ id root
uid=0(root) gid=0(root) 组=0(root)
```

下面的命令显示了用户 chunxiao 的所属组的名称：

```
chunxiao@ubuntu:~$ id -Gn chunxiao
chunxiao adm cdrom sudo dip plugdev lpadmin sambashare
```

6.2.7　用户间切换：su 命令

su 命令非常神奇，可以使得用户在登录期间变成另外一个用户的身份。该命令的基本语法如下：

```
su [options] login
```

该命令常用的选项有：

- -c：指定切换后执行的 Shell 命令。
- -或者-l：提供一个类似于用户直接登录的环境。
- -s：指定切换后使用的 Shell 程序。

login 参数为要切换到的用户的登录名。如果没有提供 login 参数，则表示切换到 root 用户。例如，下面的命令切换到 root 用户：

```
chunxiao@ubuntu:~$ sudo su -
[sudo] chunxiao 的密码：
root@ubuntu:~# id
uid=0(root) gid=0(root) 组=0(root)
```

 由 root 用户切换到其他的用户不需要输入密码验证。

6.2.8　受限的特权：sudo 命令

在早期的 UNIX 和 Linux 系统中，普通用户在执行系统管理操作的时候一般是通过 su 命令切换到 root 用户。这种做法存在着一个安全隐患，就是该普通用户需要知道 root 用户的密码。

sudo 命令的应用则使得普通用户不需要知道 root 用户的密码即可执行系统管理的操作。为了能够使普通用户获得这种特权，root 用户需要预先将要授权的普通用户的登录名、可以执行的特定命令以及按照哪种用户或者用户组的身份执行等信息保存在/etc/sudoers 文件中，即可完成对该用户的授权。

在普通用户执行需要特权的命令时，在命令前面加上 sudo，此时，sudo 命令将会询问该用户自己的密码，以确认当前执行操作的是该用户本人，输入正确之后，系统即会将该命令以超级用户的权限运行。

由于 sudo 命令不需要指定 root 用户的密码，所以部分 UNIX 和 Linux 系统甚至利用 sudo 命令，通过普通用户取代超级用户作为管理账户执行日常的维护，其中就包括 Ubuntu。

 sudo 命令的有效期默认为 5 分钟，即执行一次 sudo 命令之后，5 分钟之内不需要再次验证密码。

sudo 命令基本语法如下：

```
sudo [options] command
```

sudo 命令的常用选项有：

- -b: 在后台执行指定的命令。
- -g: 以指定的用户组作为主组运行指定的命令。
- -l: 列出指定用户可以执行的命令。
- -U: 与-l选项配合使用，列出指定用户可以执行的命令。
- -u: 以指定用户的身份执行命令。

command 参数为要执行的命令。

sudo 命令最重要的一个配置文件就是/etc/sudoers。该文件保存了哪些用户可以执行 sudo 命令，以及该用户可以执行哪些特权命令等。下面对该文件的配置语法进行介绍。

首先看一个简单的例子，下面的代码定义了一个普通用户所能执行的特权命令：

```
jorge ALL=(root) /usr/bin/find, /bin/rm
```

首先，最前面的 jorge 为要授予特权的用户的登录名。此处也可以是一个用户组名，为了与用户登录名区分开来，组名前面需要添加一个百分号%。

空格后面的 ALL 表示运行命令的主机，ALL 表示所有的主机。此处可以是逗号分隔的主机名、IP 地址列表，甚至是网络。

等号后面的圆括号规定了用户能够以哪些身份执行命令，在上面的例子中，jorge 用户可以以 root 用户的身份执行命令。如果可以以任何用户身份执行，可以用 ALL 表示。在用户名称后面可以加上用户组，语法为 username:groupname。其中 ALL:ALL 表示所有用户组的所有用户。

最后的列表为可以执行的特权命令。如果可以执行所有的命令，则用 ALL 表示。为了便于使用，sudo 命令运行执行命令时不需要验证密码，这需要在命令前面加上 NOPASSWORD:前缀。

下面再看一些具体的例子。

下面的例子允许 root 用户在所有的主机上面执行任何命令：

```
root ALL = (ALL) ALL
```

下面的例子表示 wheel 用户组的成员拥有任何权限：

```
%wheel ALL = (ALL) ALL
```

sudoers 配置文件还支持更多的语法规则，如下所示：

```
01  User_Alias FULLTIMERS = millert, mikef, dowdy
02  User_Alias PARTTIMERS = bostley, jwfox, crawl
03  User_Alias WEBMASTERS = will, wendy, wim
04  FULLTIMERS ALL = NOPASSWD: ALL
05  #PARTTIMERS 可以运行任何命令在任何主机，但是必须先验证自己的密码。
06  PARTTIMERS ALL = ALL
07  Host_Alias CUNETS = 128.138.0.0/255.255.0.0
08  Host_Alias CSNETS = 128.138.243.0, 128.138.204.0/24, 128.138.242.0
09  Host_Alias SERVERS = master, mail, www, ns
10  Host_Alias CDROM = orion, perseus, hercules
11  jack CSNETS = ALL
12  #lisa 可以运行任何命令在定义为 CUNETS (128.138.0.0) 的子网中主机上。
13  lisa CUNETS = ALL
14  #steve 可以作为普通用户运行在 CSNETS 主机上的/usr/local/op_commands/内的任何命令。
15  steve CSNETS = (operator) /usr/local/op_commands/
16  #WEBMASTERS 用户组中的用户可以以 www 的用户名运行任何命令或者可以 su www。
17  WEBMASTERS www = (www) ALL, (root) /usr/bin/su www
```

第 1 行通过 User_Alias 语句定义了一个用户别名，其值为 3 个用户名。第 7~10 行通过 Host_Alias 定义了 4 个主机别名。第 11~17 行分别引用这些用户别名和主机别名来定义权限。

尽管/etc/sudoers 文件是一个普通的文本文件，但是 Linux 并不建议用户直接修改该文件，因为直接编辑可能会出现语法错误。为了修改该文件，Linux 提供了一个名称为 visudo 的命令。尽管该命令实际上仍然是调用 nano 编辑器，但是它会进行一定的语法检查。visudo 命令的主界面如图 6-1 所示。

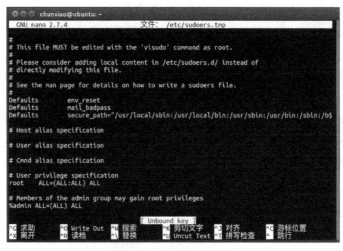

图 6-1　visudo 主界面

所以，为了能够使得用户 joe 通过 sudo 命令执行特权操作，只需要在图 6-1 所示的窗口中添加以下代码即可：

```
joe    ALL=(ALL) ALL
```

 如果想要切换到 root 用户，可以执行以下命令：

```
chunxiao@ubuntu:~$ sudo su -
root@ubuntu:~#
```

6.3 用户组管理

用户组是一组拥有相似属性的用户的集合。通过用户分组，可以方便用户的组织管理。用户组的管理包括添加、删除以及修改等操作。本节将对这些操作进行详细介绍。

6.3.1 添加用户组：groupadd 命令

groupadd 命令可以在 Linux 系统中创建一个新的用户组。该命令的基本语法如下：

```
groupadd [options] group
```

groupadd 命令常用的选项有：

- -g: 指定新的用户组的组标识号。
- -r: 创建系统用户组。

group 参数为用户组的组名。

下面的命令创建一个名称为 staff 的用户组：

```
chunxiao@ubuntu:~$ sudo groupadd staff
```

6.3.2 添加用户组：addgroup 命令

在 Ubuntu 中，addgroup 命令实际上是 adduser 命令的符号链接。前面已经介绍过，adduser 命令不仅可以新建用户，还可以新建用户组。

在使用 addgroup 命令添加用户组的时候，直接指定用户组的组名即可：

```
chunxiao@ubuntu:~$ sudo addgroup manager
正在添加组"manager" (GID 1007)...
完成。
```

6.3.3 修改用户组：groupmod 命令

groupmod 命令用来修改用户组的定义，包括用户组组名和用户组的组标识号等。该命令的语法非常简单，下面以具体的例子说明。

下面的命令将用户组 manager 的组名修改为 managers：

```
chunxiao@ubuntu:~$ sudo groupmod -n managers manager
```

其中 -n 选项用来指定用户组新的组名。新的组名不能与 /etc/group 文件中已有的组名重复。下面的命令将 managers 用户组的组标识号修改为 1008：

```
chunxiao@ubuntu:~$ sudo groupmod -g 1008 managers
```

6.3.4 删除用户组：groupdel 命令

groupdel 命令的主要功能为删除系统中的某个用户组。在删除用户组的时候，如果系统中存在着以被删的用户组作为主组的用户，则该用户组不可以被删除。如果确实要删除该用户组，则需要首先将作为主组的用户从该用户组中的移除。如果系统中存在着以被删用户组为附加组的用户，则不影响该用户组的删除。

例如，下面的命令删除名称为 managers 的用户组：

```
chunxiao@ubuntu:~$ sudo groupdel managers
```

6.4 权限管理

Linux 系统的权限管理拥有一套成熟和严谨的规范。正确的权限管理，对于维护 Linux 系统的安全非常重要。本节将对 Linux 系统中的权限管理进行详细的介绍。

6.4.1 权限概述

Linux 系统的权限比较复杂，可以分为权限组、基本权限类型、特殊权限以及访问控制列表。

1. 权限组

文件的权限组可以分为所有者、所属组以及其他组 3 种。

在 Linux 系统中，每个用户都属于一个或者多个用户组，不能独立于用户组之外。同时，Linux 系统中的每个文件也有所有者和所属组的概念。文件的所有者一般为文件的创建者，哪个用户创建了文件，该用户就天然地成为该文件的所有者。通常情况下，文件的所有者拥有该文件的所有访问权限。

在文件被创建的时候，创建者所属的主组就自然成为该文件的所属用户组。文件所属组的权限与系统中其他用户组的权限可以分别进行设置。通常情况下，文件所属组成员对于文件的访问权限会比其他的组成员的权限要大。

除了文件所有者和所属组之外，系统中的所有的其他的用户都统一称为其他的用户组。

Linux 系统使用字母 u 表示文件的所有者，g 表示文件的所属组，o 表示其他用户，a 表示所有的用户。

2. 基本权限类型

在 Linux 系统中，每个文件都有 3 种基本的权限类型，分别为读、写和执行。读权限表示

用户能够读取文件的内容。写权限表示用户能够修改文件或者目录的内容。执行权限表示用户
能够执行该文件。对于目录而言，执行权限表示用户能够列出目录中的文件列表。

　　Linux 使用小写字母 r 表示读取权限，w 表示写入权限，x 表示执行权限。因此，如果用
户对于某个文件拥有读写权限，则可以表示为：

```
rw-
```

　　而读、写和执行权限则可以表示为：

```
rwx
```

　　除了使用 r、w 和 x 表示权限类型之外，Linux 还支持一种八进制的权限表示方法。在这
种形式中，4 表示读权限，2 表示写权限，1 表示执行权限。因此，对于读写权限，可以使用
数字 6 表示，其中 6 来自于 4+2。读、写和执行权限可以用数字 7 表示，即 4+2+1。

3. 特殊权限

　　除了 3 种基本权限类型之外，Linux 系统还支持 3 种特殊权限，分别为 setuid、setgid 和黏
滞位。

　　setuid 和 setgid 权限使得某个命令能够以文件所有者或者所属组的身份运行。这在某些特
殊情况下非常有用。

　　一个非常典型的例子就是 Linux 的密码修改。前面已经讲过，Linux 系统的用户密码以加
密的形式存储在/etc/shadow 文件中，而/etc/shadow 文件的所有者为 root 用户，并且只有 root
用户才有更改该文件的权限。但是，Linux 系统的每个用户都可以修改自己的密码。这个操作
的完成依赖于 setuid 权限。正因为对 passwd 命令设置了 setuid 权限，使得所有的用户在执行
该命令的时候，会暂时以 root 用户的身份执行，此时，该命令会拥有针对/etc/shadow 文件的
写入权限，使得用户能够修改自己的密码。

　　　　setuid 和 setgid 仅仅意味着被设置权限的命令的进程的所有者是文件的所有者或者所属
　　　　组，而非执行者拥有文件所有者的权限。

　　黏滞位的设置使得只有文件的所有者才可以重命名和删除文件，其他任何用户都不可以。
这在文件共享环境中非常有用，避免用户自己的文件被其他的用户删除。

　　在 Linux 系统中，setuid 和 setgid 权限都用小写字母 s 表示，黏滞位用小写字母 t 表示。

4. 访问控制列表

　　传统的 Linux 权限的控制粒度比较大，只能控制到文件所有者、所属组以及其他用户。很
难控制到某些具体的用户。为了弥补这个缺陷，后来又增加了访问控制列表，即 ACL。ACL
可以针对某个用户或者用户组单独设置访问权限。

　　ACL 需要文件系统的支持，目前绝大部分的文件系统都支持 ACL。用户可以使用以下命

令检查文件系统是否支持 ACL：

```
chunxiao@ubuntu:~$ sudo dumpe2fs -h /dev/sda1 | grep acl
dumpe2fs 1.43.4 (31-Jan-2017)
Default mount options:    user_xattr acl
```

如果命令的输出结果如上所示，则表示当前文件系统支持 ACL。某些文件系统默认情况下并不加载 ACL 功能，此时需要在使用 mount 命令挂载文件系统时添加 ACL 选项。

ACL 的语法规则如下：

```
[d[efault]:] u[ser]:]uid [:perms]
[d[efault]:] g[roup]:gid [:perms]
[d[efault]:] m[ask][:] [:perms]
[d[efault]:] o[ther] [:perms]
```

在上面的规则中，最前面的 default 表示设置默认 ACL 规则。默认 ACL 规则主要是针对目录而言的。当某个目录被设置了默认 ACL 规则之后，在该目录中创建的文件都会继承该 ACL 规则。

其中第 1 条针对特定的用户，其中 u 或者 user 表示用户；uid 则为用户的登录名或者用户标识号；perm 为权限列表，采用前面介绍的基本权限类型，可以使用字母或者数值表示。例如，用户 joe 拥有读、写和执行权限，则可以表示如下：

```
u:joe:rwx
```

或者

```
user:joe:rwx
```

第 2 条规则针对用户组，g 或者 group 表示用户组，gid 为用户组名或者组标识号。perms 为权限列表。例如，用户组 staff 拥有读写权限，可以使用以下形式表示：

```
g:staff:rw-
```

第 3 条规则设置了有效权限掩码。有效权限掩码指定了用户和组对于该文件的最大访问权限，除所有者之外。

第 4 条规则针对其他的用户，例如其他的用户对于某个文件拥有写入权限，则可以表示如下：

```
o:w--
```

如果第 1 条规则中的 uid 没有指定，则默认为文件所有者；如果第 2 条中的 gid 没有指定，则默认为文件所属组。

6.4.2　改变文件所有者：chown 命令

chown 命令可以改变文件或者目录的所有者和所属的用户组。该命令的基本语法如下：

```
chown [option]... [owner][:[group]] file...
```

chown 命令的常用选项有：

- --from: 只更改当前的所有者匹配指定的用户的文件。
- -R: 递归处理，将指定目录下的所有文件及子目录一并处理。
- Owner: 新的文件所有者，可以是所有者的登录名，也可以是用户数字标识号。
- Group: 文件所属的新用户组，可以是组名或者组数字标识号。所有者和所属组之间用冒号隔开。如果用户只提供了所有者，则文件所属组不会被改变；如果同时提供了所有者和所属组，则目标文件的所有者和所属组同时被改变；如果只提供了新的所有者，后面紧跟一个冒号，而没有组名，则目标文件的所有者被改变，目标文件的所属组也会被更改为新的所有者的主组；如果提供了一个冒号和组名，则目标文件的所属组会被更改，但是文件的所有者不会被改变；如果只提供了一个冒号，则文件的所有者和所属组都不会被改变。
- File: 要更改的文件列表，多个文件之间用空格隔开。chown 命令支持在文件名中包含通配符。

下面的命令将文件的所有者更改为 joe：

```
chunxiao@ubuntu:~/doc$ sudo chown joe users.txt
chunxiao@ubuntu:~/doc$ ll users.txt
-rw-r--r--      1      joe      chunxiao      0   10月  6 21:50
users.txt
```

从上面的结果可以得知，文件的所有者已经被更改，但是文件所属组并没有发生改变。之所以会出现以上结果，是因为没有提供所属组。

下面的命令将 users.txt 文件的所有者更改为 joe，并且将所属组更改为 joe 的主组：

```
chunxiao@ubuntu:~/doc$ sudo chown joe: users.txt
chunxiao@ubuntu:~/doc$ ll users.txt
-rw-r--r--      1      joe      joe      0   10月  6 21:50   users.txt
```

对于一个目录而言，如果想要改变该目录下面的所有的文件及其子目录的所有者，则需要使用-R 选项：

```
chunxiao@ubuntu:~$ sudo chown -R joe:joe doc
```

如果只提供冒号和所属组，则 chown 命令的功能与 chgrp 命令相同。

6.4.3　改变文件所属组：chgrp 命令

chgrp 命令用来更改文件或者目录所属的用户组。该命令的语法与 chown 命令基本相同。

例如，下面的命令将目录 doc 所属组更改为 joe：

```
chunxiao@ubuntu:~$ sudo chgrp joe doc
```

如果用户不是该文件的文件主或超级用户(root)，则不能改变该文件的组。

6.4.4 设置权限掩码：umask 命令

在 Linux 系统中，当用户创建一个新的文件或者目录时，新文件的访问通常被设置为 rw-r--r--，而目录的访问权限通常被设置为 rwxr-xr-x。分别转换成八进制表示法之后，文件的默认访问权限为 644，而目录的默认访问权限为 755。

这个默认的访问权限是由 umask 命令设置的权限掩码决定的。系统管理员必须要为系统中的用户设置一个合理的权限掩码，以确保用户创建的文件具有所希望的默认权限，同时也防止其他非同组用户对该文件具有写权限。

与前面介绍的文件访问权限不同，权限掩码规定了要在原有权限的基础上删除的权限，而不是授予的权限。

通常情况下，权限掩码使用前面介绍的八进制形式表示。对于文件来说，每个数字的最大值都为 6。之所以如此，是因为 Linux 系统不允许一个文件被创建之后就赋予它执行权限，必须在创建后用 chmod 命令增加执行权限。对于目录而言，则允许在创建时便为其设置执行权限，所以，权限掩码中的各个数字的最大值为 7。

例如，某个用户的权限掩码为 022，则当该用户创建新文件时，其默认的访问权限为 644，即用 666 依次减去掩码中相对应的权限上面的数字。但是当该用户创建目录时，其默认的访问权限为 755，即用 777 依次减去掩码中相对应的数字。

umask 命令可以设置默认的权限掩码。实际上，在用户登录之后，会自动调用 umask 来设置权限掩码。

如果没有提供任何选项和参数，则 umask 命令会显示当前用户的权限掩码，如下所示：

```
chunxiao@ubuntu:~$ umask
0022
```

如果想以字符形式显示，则使用-S 选项：

```
chunxiao@ubuntu:~$ umask -S
u=rwx,g=rx,o=rx
```

如果想要设置或者更改权限掩码，直接将其作为参数传递给 umask 命令即可，如下所示：

```
chunxiao@ubuntu:~$ umask 244
```

上面的命令将当前用户的权限掩码设置为 244。

那么根据前面的介绍，当该用户创建新文件时，其默认的访问权限为 422，即 r---w--w-，这样其他用户会拥有修改该文件的权限。而该用户创建新目录时，其默认的访问权限为 533，即 r-x-wx-wx。

 在设置权限掩码时，一定要弄清楚到底希望文件具有什么样的默认访问权限；否则，可能会导致意想不到的结果。

6.4.5　修改文件访问权限：chmod 命令

前面已经介绍很多管理 Linux 文件访问权限的知识。那么，针对一个文件，用户应该如何修改其访问权限呢？如何把一个文件或者目录的写入权限授予其他的用户呢？

要完成这个任务，需要使用下面将要介绍的 chmod 命令。chmod 命令的主要功能就是修改文件或者目录的访问权限。

首先介绍一下 chmod 命令的基本语法，如下所示：

```
chmod [option]... mode[,mode]... file...
```

在上面的语法中，option 为 chmod 命令的选项；mode 为文件的访问权限，可以使用字符表示，也可以使用八进制数值表示；file 参数为要设置权限的文件或者目录。

与前面介绍的 chown 和 chgrp 命令一样，chmod 命令的常用选项也只有一个-R，表示递归更改目标目录及其子目录的所有文件的权限。同样，多个目标文件或者目录之间用空格隔开。此外，chmod 命令也支持通配符。

在设置权限的时候，chmod 命令支持多种表达方法。

首先，chmod 支持在现有的权限基础上增加或者减少权限。其中，增加权限使用加号(+)表示，减少权限使用减号(-)表示。例如，为文件所有者增加执行权限，可以使用以下语法表示：

```
u+x
```

字母 u 表示文件所有者，x 表示执行权限。

下面的语法为所有的用户都增加读、写和执行权限：

```
a+rwx
```

下面的语法收回其他用户的执行权限：

```
o-x
```

其次，还可以使用等号(=)表示授予的权限。在这种情况下，等号后面的权限为完整的权限。例如，授予文件所属组的成员读和写的权限，如下所示：

```
g=rw
```

最后，用户还可以使用八进制表示权限，3 位数字从左到右分别表示所有者、所属组以及其他用户的权限。例如 764 实际上就表示 rwxrwr--。

接下来介绍如何使用 chmod 命令修改文件的访问权限。例如，下面的命令授予 hello.sh 文件的所有者读、写和执行的权限，所属组读和写的权限，其他用户只读的权限。

```
chunxiao@ubuntu:~$ chmod u=rwx,g=rw,o=r hello.sh
```

下面的命令为所有者增加执行权限，为所属组增加写入权限：

```
chunxiao@ubuntu:~$ chmod u+x,g+w hello.sh
```

下面的命令将 hello.sh 文件的访问权限设置为 764：

```
chunxiao@ubuntu:~$ chmod 764 hello.sh
```

在上面的内容中，提到除了 3 种基本权限类型之外，还有 3 种特殊权限，分别为 setuid、setgid 和黏滞位。前两者都使用字母 s 表示，后者使用字母 t 表示。通过 chmod 命令，用户也可以对这 3 种特殊权限进行管理。

下面的命令对 hello.sh 文件设置 setuid 权限：

```
chunxiao@ubuntu:~$ chmod u+s hello.sh
chunxiao@ubuntu:~$ ll hello.sh
-rwsrw-r--  1   chunxiao        chunxiao       32  10月  7 00:23
hello.sh*
```

从上面的命令可以得知，setuid 权限实际上设置在文件所有者的权限位上。设置了 setuid 权限之后，所有者的权限变成了 rws，其中的执行权限被小写字母 s 代替。

实际上，当所有者的执行权限位不为空时，setuid 权限使用小写字母 s 代替其中的 x；而当所有者的执行权限位为空时，setuid 权限是使用大写的字母 S 表示的。这样的话，可以区分所有者是否拥有执行权限。

同理，setgid 权限需要设置在所属组的权限位上，如下所示：

```
chunxiao@ubuntu:~$ chmod g+s hello.sh
chunxiao@ubuntu:~$ ll hello.sh
-rwsrwSr--  1   chunxiao        chunxiao       32  10月  7 00:23
hello.sh*
```

设置之后，所属组的权限变成了 rwS，其中执行权限位被大写字母 S 代替。如果所属组拥有执行权限，则使用小写字母 s 表示。

黏滞位权限被设置在其他用户的权限位上面，设置黏滞位时不需要指定授予哪些用户，直接使用+t 即可：

```
chunxiao@ubuntu:~$ chmod +t hello.sh
chunxiao@ubuntu:~$ ll hello.sh
-rwsrwSr-T 1   chunxiao       chunxiao       32  10月  7 00:23
hello.sh*
```

以上文件的其他用户的执行权限位被大写字母 T 代替。如果其他的用户拥有执行权限，则使用小写字母 t 代替。

在前面的内容中，我们介绍了文件访问权限可以使用 3 位八进制数字表示，但是实际上，更为准确的说法是 4 位八进制数字。这是因为除了最常见的读、写和执行权限之外，还有 3 种特殊权限。这 3 种特殊权限也可以使用八进制数字表示，其中 setuid 用八进制 4000 表示，setgid 使用八进制 2000 表示，黏滞位使用八进制 1000 表示。

因此，下面的命令将 hello.sh 的访问权限设置为 4755：

```
chunxiao@ubuntu:~$ chmod 4755 hello.sh
chunxiao@ubuntu:~$ ll hello.sh
```

```
-rwsr-xr-x   1   chunxiao      chunxiao      32      10月  7 00:23
hello.sh*
```

其中 4 表示 setuid 权限，755 表示所有者、所属组和其他用户的读、写和执行权限。

6.4.6　修改文件 ACL：setfacl 命令

Linux 系统中的普通权限的控制对象主要是所有者、所属组和其他的用户这 3 种类型。尽管这种机制已经满足了绝大部分的要求，但是对于当前的使用者来说，这个控制粒度并不是非常合适。因为管理员可能经常会需要控制某个具体用户对于某个文件的访问权限，这种需求对于前面介绍的基本权限类型就无能为力了。为此，许多现代的 Linux 和 UNIX 都增加了 ACL 的功能。

关于文件 ACL 的表示方法已经在前面介绍过了。下面介绍修改和查询 ACL 的命令 setfacl 和 getfacl。

setfacl 命令用来设置文件的 ACL。

```
setfacl [option] file ...
```

setfacl 命令常用的选项有：

- -b: 删除所有的扩展 ACL 规则，所有者、所属组以及其他的用户等基本 ACL 规则将会被保留。
- -k: 删除默认的 ACL 规则。
- -m: 修改文件的 ACL 规则。
- -n: 不重新计算有效权限掩码。默认情况下，setfacl 命令会重新计算有效权限掩码。
- --mask: 重新计算有效权限掩码。
- -d: 指定默认的 ACL 规则。
- -R: 对指定的目录和文件递归处理。
- -L: 跟踪符号链接，包括符号链接目录。默认情况下，setfacl 命令会跳过符号链接目录，只跟踪符号链接文件。
- -P: 跳过符号链接，包括符号链接文件。
- -x: 删除文件的 ACL 规则。
- -M: 从磁盘文件读取访问控制列表条目，并依据该条目对指定文件的 ACL 规则进行更改。
- -X: 从磁盘文件读取访问控制列表条目，并将这些条目从指定文件的 ACL 规则中删除。

选项-m 用来修改文件或者目录的 ACL 规则，用户可以将制定好的 ACL 规则跟在-m 选项后面，多条 ACL 规则之间用逗号隔开。选项-x 用来删除指定的 ACL 规则，同样，多条 ACL 规则之间用逗号隔开。选项-M 和-X 用来从文件或标准输入读取 ACL 规则，并对指定文件的访问控制列表进行修改或者删除。

下面的命令让用户 joe 对文件 hello.sh 拥有读写权限：

```
chunxiao@ubuntu:~$ setfacl -m u:joe:rw- hello.sh
chunxiao@ubuntu:~$ ll hello.sh
---srw----+ 1   chunxiao        chunxiao        32  10月  7 00:23
hello.sh*
```

通过后面的 ll 命令，可以得知在 hello.sh 文件的访问权限的最后多了一个加号+。当任何一个文件拥有了 ACL 规则之后，我们就可以称之为 ACL 文件，最后的这个加号就是标识 ACL 文件的。

下面的命令收回用户 joe 的写入权限：

```
chunxiao@ubuntu:~$ setfacl -m u:joe:r-- hello.sh
```

可以同时指定多个 ACL 规则，如下所示：

```
chunxiao@ubuntu:~$ setfacl -m u:joe:rw-,g::rwx hello.sh
```

删除 ACL 规则使用-x 选项，例如下面的命令删除用户 joe 的访问授权：

```
chunxiao@ubuntu:~$ setfacl -x u:joe hello.sh
```

6.4.7   查询文件 ACL：getfacl 命令

getfacl 命令用来查询文件的 ACL 规则，例如：

```
chunxiao@ubuntu:/tmp$ getfacl hello.sh
01  # file: hello.sh
02  # owner: chunxiao
03  # group: chunxiao
04  user::rwx
05  user:joe:rwx            #effective:r-x
06  group::r-x
07  mask::r-x
08  other::r-x
```

在上面的输出结果中，前 3 行都是注释，描述了文件的基本信息。第 4 行表示文件所有者的权限，第 5 行表示用户 joe 的访问权限，第 6 行为所属组的访问权限，第 7 行为权限掩码，第 8 行为其他用户的访问权限。

接下来重点介绍一下 ACL 规则中的权限掩码，因为这是掌握 ACL 的另一个关键。ACL 规则中的权限掩码规定了特定用户、所属组以及其他用户的最大权限。

例如，在上面的命令中，用户 joe 虽然拥有对于文件 hello.sh 的 rwx 权限，但是由于权限掩码被设置为 r-x，所以用户 joe 的有效权限也只能是 r-x。

> 在 ls -l 命令显示文件权限中，如果文件被设置了 ACL 规则，并且已经设置了权限掩码，则中间的那组权限代表的就不再是所属组的访问权限，而是权限掩码。

第二篇

进 阶 篇

第 7 章
系统启动和关闭

大多数时候，Linux 系统的启动和关闭看起来都是非常简单的事情。似乎并不需要系统管理员过多地参与，只需要打开电源或者执行几个简单的命令即可。如果这样，那么当系统发生故障无法启动时，则系统管理员就会束手无策。因此，系统管理员需要深刻理解系统启动和关闭的相关概念，以便能够识别系统出现故障时的问题所在。本章将详细介绍 Linux 系统引导、启动、关闭过程以及相关的概念。

本章主要涉及的知识点有：

- Ubuntu 启动过程：了解 Ubuntu 从打开电源到进入系统的整个过程。
- 引导相关组件：介绍与系统引导有关的几个基本概念。
- 启动模式：介绍多用户模式、单用户模式、手动启动以及从其他的介质启动等。
- 初始化文件和启动脚本：主要介绍运行级别以及相关初始化脚本。
- 登录：主要介绍如何登录系统以及用户相关的初始化文件。
- 关闭系统：主要介绍 Linux 系统的关闭方法。

7.1　Ubuntu 启动过程

尽管通常情况下 Ubuntu 的启动并不需要用户过多地参与，但是，Ubuntu 系统的启动本身是一个非常复杂的过程。在这个过程中，有硬件的检测、系统内核的准备以及各种系统服务的启动等。作为系统管理员，需要深入了解其中所经历的阶段，才能在系统无法启动时准确判断问题所在。本节将按照 Linux 系统从打开电源到进入系统的顺序，介绍整个启动过程。

7.1.1　BIOS 阶段

BIOS 又称为基本输入输出系统，是计算机中非常重要的一个软件系统。BIOS 有着悠久的历史，BIOS 诞生于 1975 年。在 PC 引导的过程中，BIOS 担负着初始化硬件、检测硬件功能，以及引导操作系统的责任。

即使计算机断电之后，BIOS 也不会丢失。早期的 BIOS 存储在主板上面的只读存储器中，用户不可以修改其内容。随着 BIOS 功能越来越多以及硬件更新的速度越来越快，BIOS 也需要不断地更新以及支持新的硬件。所以，BIOS 的存储设备改为 EEPROM 或者闪存，这样，用户就可以方便地更新 BIOS。

BIOS 是用户打开计算机后运行的第一个程序。当用户按下计算机的电源按钮，打开电源，存储在闪存等介质上面的 BIOS 就开始执行。首先完成芯片组和内存的初始化。然后把自身加载在计算机的主存中，继续完成下面三个部分的任务：

1. 加电自检

加电自检是指电脑刚接通电源时对硬件部分的检测，主要目的是检查计算机的硬件是否良好。检查的硬件主要包括 CPU、内存、主板、CMOS 存储器、串并口、显卡、磁盘以及键盘等，一旦发现问题，系统将给出相应的提示信息或者声音报警。对于严重故障，则停止启动；对于非严重故障，则给出提示等待用户处理。

2. 初始化

包括创建中断向量、设置寄存器、对一些外部设备进行初始化和检测等，其中很重要的一部分是读取 CMOS 中保存的配置信息，并和实际硬件设置进行比较，如果不符合，会影响系统的启动。

3. 加载引导程序

当 BIOS 检查到硬件正常并且与 CMOS 中的设置相符后，按照 CMOS 中对启动设备的设置顺序检测可用的启动设备，例如硬盘或者 U 盘等。BIOS 将相应启动设备的第一个扇区，也就是主引导记录扇区读入内存，根据主引导记录中的引导代码启动引导程序。

7.1.2　引导程序阶段

在介绍引导程序之前，首先简单地了解一下硬盘的构造。硬盘的构造比较复杂，但是存储数据的部分是由多个类似于 CD 的盘片堆叠而成，盘片正反两面都可以记录数据。每个盘片被分成许多扇形的区域，称为扇区。通常情况下，一个扇区的大小为 512 字节。盘片以中心为圆心，不同半径的同心圆称为磁道。不同盘片相同半径的磁道所组成的圆柱称为柱面。

启动设备的 0 磁道 0 柱面 1 扇区中称为引导扇区。引导扇区中包含两个部分，其中第 1 部分为主引导记录，即我们通常所说的 MBR，大小为 446 字节；第 2 部分为磁盘分区表，即我们通常所说的 DPT，大小为 64 字节。DPT 中每个磁盘分区项需要占用 16 字节来描述，所以最多可以描述 4 个分区，这也就是一个磁盘最多包含 4 个基本分区的原因。最后 2 个字节为十六进制的 55AA，这 2 个字节是结束标志。如果某个磁盘的该位置的值不为 55AA，则表示该磁盘不含有 MBR，即不可以从该磁盘启动计算机。

引导程序是指用来加载操作系统的程序。引导程序通常分为两部分，第一部分就是前面所讲的主引导记录。主引导记录不是直接跟操作系统打交道，而是用来加载第二部分的引导程序。

第二部分的引导程序可以位于磁盘上面的其他分区，常见的有 NTLDR、BOOTMGR 以及 GNU GRUB 等。

> BIOS 位于主板上面的 EEPROM 或者闪存内，而引导程序，包括 MBR 以及 NTLDR、GRUB 则位于磁盘上面。

GNU GRUB 是目前绝大部分的 Linux 发行版的引导程序。在启动的时候，GRUB 会显示一个菜单列表以供用户选项，如图 7-1 所示。

图 7-1　GRUB 菜单

用户可以通过上下箭头键来选择需要的菜单项，按回车键即可引导操作系统。

此外，用户可以在图 7-1 所示的界面中按 C 键，进入 GRUB 的命令行界面，如图 7-2 所示。

图 7-2　GRUB 命令行界面

GRUB 提供了非常多的命令，用户可以通过 help 命令查看。在此只介绍以下几个命令：

● search：通过文件或者卷标搜索设备。通过--set 选项可以把搜索到的第一个设备赋给指定的环境变量；--file 选项可以指定搜索条件为文件，--label 选项可以指定搜索条件为文件系统卷标，--fs-uuid 选项指定搜索条件为文件系统的 UUID。

● linux：加载指定的 Linux 内核。该命令只接受一个文件名参数，其他的参数将作为内核参数。

● initrd：加载 initrd 镜像文件。initrd 镜像文件一般被用来临时引导系统到实际内核 vmlinuz 能够接管并继续引导的状态。

● boot：引导通过 linux 命令加载的系统内核。

为了能够使读者深入理解 Linux 引导过程，下面介绍通过命令行手动引导 Ubuntu。

（1）设置 root 环境变量，指定根设备，命令如下：

```
grub> search --set root --file /vmlinuz
```

在上面的命令中，vmlinuz 为压缩后的 Linux 系统内核。在引导过程中，该内核会自动解压并引导。root 为 GRUB 的环境变量，用来指定根设备。

（2）加载 Linux 系统内核，命令如下：

```
grub> linux /vmlinuz root=/dev/sda1
```

在上面的命令中，/vmlinuz 为内核的绝对路径，root=/dev/sda1 为传递给内核的参数，用来指定根分区。

实际上 Linux 内核位于/boot 目录中，而且同时存在多个内核文件，如下所示：

```
chunxiao@ubuntu:~$ ls -l /boot/vm*
-rw-r--r-- 1  root    root      7567136    6月  17 08:41
/boot/vmlinuz-4.10.0-19-generic
-rw------- 1  root    root      7575312    6月   8 18:12
/boot/vmlinuz-4.10.0-24-generic
-rw------- 1  root    root      7575312    6月  27 00:09
/boot/vmlinuz-4.10.0-26-generic
…
```

在上面的输出结果中，存在着 3 个不同版本的内核。而/vmlinuz 则是一个符号链接，指向了 /boot 目录中的其中一个内核文件，例如下面的 /vmlinuz 指向了 /boot/vmlinuz-4.10.0-26-generic：

```
chunxiao@ubuntu:~$ ls -l /vmlinuz
lrwxrwxrwx 1   root    root     30  7月 1 09:05     /vmlinuz ->
boot/vmlinuz-4.10.0-26-generic
```

用户可以通过 linux 命令直接加载/boot 目录中的某个特定的内核，而不是通过/vmlinuz 这个符号链接。

（3）加载 initrd 镜像文件，命令如下：

```
grub> initrd /initrd
```

其中，/initrd 为 initrd 镜像文件的绝对路径，其文件的扩展名为.img。该步骤是可选的，如果当前操作系统不使用 initrd 镜像文件，则省略该步骤。在某些情况下，不使用 initrd 镜像文件会无法找到根分区。

同样，initrd 镜像文件也位于/boot 目录中，一个系统中也可以存在多个不同版本的 initrd

镜像文件，如下所示：

```
chunxiao@ubuntu:~$ ls -l /boot/ini*
-rw-r--r--  1  root root  42978621   7月  12 22:36
 /boot/initrd.img-4.10.0-19-generic
-rw-r--r--  1  root root  42977623   7月  12 22:36
 /boot/initrd.img-4.10.0-24-generic
-rw-r--r--  1  root root  42998349   7月  12 22:36
 /boot/initrd.img-4.10.0-26-generic
```

initrd 镜像文件的版本必须与 vmlinuz 内核文件的版本相匹配，否则会引导失败。/initrd 也是一个指向/boot 目录中的某个镜像文件的符号链接，如下所示：

```
chunxiao@ubuntu:~$ ls -l /initrd.img
lrwxrwxrwx 1   root    root   33  7月  1 09:05   /initrd.img ->
boot/initrd.img-4.10.0-26-generic
```

（4）引导内核。命令如下：

```
grub> boot
```

 initrd 镜像文件必须在内核加载完成之后加载，即上面的步骤（2）和（3）不可以颠倒。

7.1.3 内核阶段

通过 GRUB 加载 Linux 内核，并且将控制权传递给内核之后，根分区就可以访问了。此时，内核将进行下一步的初始化操作，创建内存中的数据结构，完成硬件诊断，并为系统中的各种硬件设备加载驱动程序。

完成这些准备活动之后，内核将创建 init 进程，其进程 ID 为 1。由 init 进程根据用户指定的运行级别继续进行初始化。

初始化完成之后，便出现我们熟悉的登录界面，如图 7-3 所示。

图 7-3　Ubuntu 登录界面

7.1.4　进入系统

进入系统的操作比较简单，用户只要在用户列表中选择需要登录的用户账号，在密码文本框中输入密码即可登录。登录之后就会出现默认的桌面环境，如图 7-4 所示。当然，用户登录之后，还需要继续进行用户相关的初始化，这些操作将在稍后介绍。

图 7-4　桌面环境

7.2　引导相关组件

在 Linux 的启动过程中，有几个组件发挥了重要的作用。这些组件在上面的一节中已经提到过了，本节将对这些组件详细地介绍，以加深对 Linux 引导过程的理解。

7.2.1　主引导记录

主引导记录，又称为 MBR，是位于可引导磁盘上面的一段可执行代码。主引导记录位于磁盘上面的 0 柱面 0 磁道 1 扇区。一般情况下，一个扇区的大小为 512 字节，而 MBR 有 446 个字节，占据了第 1 扇区的大部分空间，所以第 1 扇区又称为引导扇区。第 1 扇区不属于任何磁盘分区，也不可以通过 fdisk 等分区工具管理，即使将磁盘格式化也不能清除引导扇区的内容。

主引导记录的功能前面已经介绍过了，主要是接管 BIOS 传递过来的控制权，并且加载第二阶段的引导程序，例如 Windows 中的 NTLDR、Linux 和 Unix 系统中的 GRUB 等。

主引导记录包括以下三个部分：

- 启动代码：位于 MBR 的最前面，其功能是检查分区表是否正确并且在系统硬件完成自检以后将控制权交给硬盘上的第 2 阶段的引导程序。

- 磁盘分区表：占 64 个字节，可以对四个分区的信息进行描述。

● 结束标志: 结束标志固定为 55AA, 为主引导扇区的最后两个字节, 是检验主引导记录是否有效的标志。

7.2.2 GRUB 启动程序

GRUB 是一个来自 GNU 项目的多操作系统启动程序, 用来引导不同系统, 如 Windows 或者 Linux。MBR 由于仅仅为 400 多个字节, 所以其功能比较简单, 仅仅是加载第 2 阶段的引导程序, 即 GRUB。而 GRUB 则提供了许多更加高级的功能, 它允许用户加载一个操作系统内核。

Ubuntu 17.04 采用的 GRUB 为 2.02。与前面的版本相比, GRUB 2.02 有了许多重要的改变, 主要有以下几点:

● 配置文件名称为 grub.cfg, 而不是原来的 menu.lst。GRUB 2.02 拥有了新的语法和命令, 其功能远远超过了原来的版本。用户不可以直接编辑 grub.cfg 文件, 该文件是由 grub-mkconfig 命令自动生成。
● 设备名称中的分区编号从 1 开始, 而不是 0。
● 配置文件语法得到了极大增强, 可以采用类似于脚本语言的语法来编写, 可以使用变量、条件表达式以及循环。
● 支持更多的文件系统, 包括 ext4、HFS+以及 NTFS 等。
● 可以直接从 LVM 或者 RAID 设备中读取文件。
● 提供了一个图形的终端和菜单。
● 提供了许多可以动态加载的模块。

下面的代码显示了一个 grub.cfg 文件的内容:

```
001 #
002 # DO NOT EDIT THIS FILE
003 #
004 # It is automatically generated by grub-mkconfig using templates
005 # from /etc/grub.d and settings from /etc/default/grub
006 #
007
008 ### BEGIN /etc/grub.d/00_header ###
009 if [ -s $prefix/grubenv ]; then
010   set have_grubenv=true
011   load_env
012 fi
013 if [ "${next_entry}" ] ; then
014   set default="${next_entry}"
015   set next_entry=
016   save_env next_entry
017   set boot_once=true
```

```
018  else
019    set default="0"
020  fi
021
```

……#此处省略部分配置

```
107  ### BEGIN /etc/grub.d/10_linux ###
108  function gfxmode {
109      set gfxpayload="${1}"
110      if [ "${1}" = "keep" ]; then
111          set vt_handoff=vt.handoff=7
112      else
113          set vt_handoff=
114      fi
115  }
116  if [ "${recordfail}" != 1 ]; then
117    if [ -e ${prefix}/gfxblacklist.txt ]; then
118      if hwmatch ${prefix}/gfxblacklist.txt 3; then
119        if [ ${match} = 0 ]; then
120          set linux_gfx_mode=keep
121        else
122          set linux_gfx_mode=text
123        fi
124      else
125        set linux_gfx_mode=text
126      fi
127    else
128      set linux_gfx_mode=keep
129    fi
130  else
131    set linux_gfx_mode=text
132  fi
133  export linux_gfx_mode
134  menuentry 'Ubuntu' --class ubuntu --class gnu-linux --class gnu --class
os $menuentry_id_option 'gnulinux-simple-ec635309-c414-4764-b462-d15b4c6bd80d' {
135      recordfail
136      load_video
137      gfxmode $linux_gfx_mode
138      insmod gzio
139      if [ x$grub_platform = xxen ]; then insmod xzio; insmod lzopio; fi
140      insmod part_msdos
141      insmod ext2
142      set root='hd0,msdos1'
143      if [ x$feature_platform_search_hint = xy ]; then
144        search --no-floppy --fs-uuid --set=root --hint-bios=hd0,msdos1
--hint-efi=hd0,msdos1 --hint-baremetal=ahci0,msdos1
```

```
ec635309-c414-4764-b462-d15b4c6bd80d
   145       else
   146          search --no-floppy --fs-uuid --set=root
ec635309-c414-4764-b462-d15b4c6bd80d
   147       fi
   148          linux    /boot/vmlinuz-4.10.0-26-generic
root=UUID=ec635309-c414-4764-b462-d15b4c6bd80d ro quiet splash $vt_handoff
   149       initrd  /boot/initrd.img-4.10.0-26-generic
   150  }
   151  submenu 'Ubuntu 高级选项' $menuentry_id_option
'gnulinux-advanced-ec635309-c414-4764-b462-d15b4c6bd80d' {
   152       menuentry 'Ubuntu, Linux 4.10.0-26-generic' --class ubuntu --class
gnu-linux --class gnu --class os $menuentry_id_option
'gnulinux-4.10.0-26-generic-advanced-ec635309-c414-4764-b462-d15b4c6bd80d' {
   153          recordfail
   154          load_video
   155          gfxmode $linux_gfx_mode
   156          insmod gzio
   157          if [ x$grub_platform = xxen ]; then insmod xzio; insmod lzopio; fi
   158          insmod part_msdos
   159          insmod ext2
   160          set root='hd0,msdos1'
……#此处省略部分配置
   302       menuentry 'Ubuntu, with Linux 4.10.0-19-generic (recovery mode)' --class
ubuntu --class gnu-linux --class gnu --class os $menuentry_id_option
'gnulinux-4.10.0-19-generic-recovery-ec635309-c414-4764-b462-d15b4c6bd80d' {
   303          recordfail
   304          load_video
   305          insmod gzio
   306          if [ x$grub_platform = xxen ]; then insmod xzio; insmod lzopio; fi
   307          insmod part_msdos
   308          insmod ext2
   309          set root='hd0,msdos1'
   310          if [ x$feature_platform_search_hint = xy ]; then
   311            search --no-floppy --fs-uuid --set=root --hint-bios=hd0,msdos1
--hint-efi=hd0,msdos1 --hint-baremetal=ahci0,msdos1
ec635309-c414-4764-b462-d15b4c6bd80d
   312          else
   313            search --no-floppy --fs-uuid --set=root
ec635309-c414-4764-b462-d15b4c6bd80d
   314          fi
   315          echo    '载入 Linux 4.10.0-19-generic ...'
   316            linux/boot/vmlinuz-4.10.0-19-generic
root=UUID=ec635309-c414-4764-b462-d15b4c6bd80d ro recovery nomodeset
   317          echo    '载入初始化内存盘...'
```

177

```
318          initrd  /boot/initrd.img-4.10.0-19-generic
319      }
320  }
321
322  ### END /etc/grub.d/10_linux ###
323
324  ### BEGIN /etc/grub.d/20_linux_xen ###
325
326  ### END /etc/grub.d/20_linux_xen ###
327
328  ### BEGIN /etc/grub.d/20_memtest86+ ###
329  menuentry 'Memory test (memtest86+)' {
330      insmod part_msdos
331      insmod ext2
332      set root='hd0,msdos1'
333      if [ x$feature_platform_search_hint = xy ]; then
334        search --no-floppy --fs-uuid --set=root --hint-bios=hd0,msdos1
--hint-efi=hd0,msdos1 --hint-baremetal=ahci0,msdos1
ec635309-c414-4764-b462-d15b4c6bd80d
335      else
336        search --no-floppy --fs-uuid --set=root
ec635309-c414-4764-b462-d15b4c6bd80d
337      fi
338      knetbsd /boot/memtest86+.elf
339  }
340  menuentry 'Memory test (memtest86+, serial console 115200)' {
341      insmod part_msdos
342      insmod ext2
343      set root='hd0,msdos1'
344      if [ x$feature_platform_search_hint = xy ]; then
345        search --no-floppy --fs-uuid --set=root --hint-bios=hd0,msdos1
--hint-efi=hd0,msdos1 --hint-baremetal=ahci0,msdos1
ec635309-c414-4764-b462-d15b4c6bd80d
346      else
347        search --no-floppy --fs-uuid --set=root
ec635309-c414-4764-b462-d15b4c6bd80d
348      fi
349      linux16 /boot/memtest86+.bin console=ttyS0,115200n8
350  }
351  ### END /etc/grub.d/20_memtest86+ ###
352
353  ### BEGIN /etc/grub.d/30_os-prober ###
354  ### END /etc/grub.d/30_os-prober ###
355
356  ### BEGIN /etc/grub.d/30_uefi-firmware ###
```

```
357  ### END /etc/grub.d/30_uefi-firmware ###
358
359  ### BEGIN /etc/grub.d/40_custom ###
360  # This file provides an easy way to add custom menu entries.  Simply type the
361  # menu entries you want to add after this comment.  Be careful not to change
362  # the 'exec tail' line above.
363  ### END /etc/grub.d/40_custom ###
364
365  ### BEGIN /etc/grub.d/41_custom ###
366  if [ -f ${config_directory}/custom.cfg ]; then
367    source ${config_directory}/custom.cfg
368  elif [ -z "${config_directory}" -a -f $prefix/custom.cfg ]; then
369    source $prefix/custom.cfg;
370  fi
371  ### END /etc/grub.d/41_custom ###372
```

在上面的代码中，第 1~133 行设置了基本的参数，并定义了部分函数。第 134~150 行定义了一个菜单。在 GRUB 2 中，定义菜单使用 menuentry 命令，该命令的基本语法如下：

```
menuentry "title" [--class=class …] [--users=users] [--unrestricted]
[--hotkey=key] [--id=id] [arg …] { command; … }
```

在上面的语法中，title 为菜单项的标题，即显示在菜单列表中的文字。--class 选项用来指定菜单项的样式类，从而可以使用指定主题显示菜单项。--users 选项指定只允许特定的用户访问此菜单项。如果没有使用此选项，则表示允许所有用户访问。--unrestricted 选项表明允许所有用户访问此菜单项。--hotkey 用来为此菜单项指定一个快捷键。--id 选项为此菜单项指定一个全局唯一的标识符。arg 为参数列表。花括号中为菜单项需要执行的命令的列表，类似于编程语言中的函数体，GRUB 2 会逐条执行花括号中的每条命令。用户可以从中发现前面介绍过的几个 GRUB 命令，例如 search、linux 以及 initrd 等。关于 GRUB 2 的详细命令列表，请参考相关的技术文档。

GRUB 2 还支持二级菜单，定义二级菜单需要使用 submenu 命令，上面代码中的 151~320 行就定义了一个二级菜单。submenu 命令的语法如下：

```
submenu 'title' --id=id {
menuentry 'title' --class=class --id=id {
 …
    }
menuentry 'title' --class=class --id=id {
 …
    }

menuentry 'title' --class=class --id=id {
 …
```

```
    }
…
    }
```

其中，submenu 命令后面的 title 为一级菜单的标题，id 为一级菜单的全局标识。花括号中包含多个 menuentry 命令定义的二级菜单项。

下面列出了一些常用的菜单项的定义方法：

```
01  #重启系统
02  menuentry "重启"{
03      reboot
04  }
05  #关闭计算机
06  menuentry "关机"{
07      halt
08  }
09  #从第1块磁盘的第1分区启动
10  #最后一句可改为 chainloader (hd0,1)+1
11  menuentry "启动分区引导记录 1" {
12      set root=(hd0,1)
13      chainloader +1
14  }
15  #从存在 bootmgr 文件的那个分区启动
16  menuentry "启动分区引导记录 2" {
17      search --file /bootmgr --set=root
18      chainloader +1
19  }
20  #启动某个引导文件，例如 ntldr
21  #最后一句或者 chainloader (hd0,1)+1
22  menuentry "启动 G4D"{
23      search --file /grldr --set=root
24      insmod ntldr
25      ntldr /grldr
26  }
27  #引导 EFI
28  menuentry "启动 EFI SHELL" {
29      echo "正在启动 EFI SHELL，请等待...."
30      search --file /rdtobot/efi_file/boot/bootx64.efi --set=root
31      chainloader ($root)/rdtobot/efi_file/boot/bootx64.efi
32  }
33  #从 img 文件引导
34  menuentry "从 demo.img 文件引导" {
35      search --file /neyan/grub/memdisk --set=root
36      linux16  /demo/grub/memdisk
37      initrd16 /rdtobot/demo.img
38  }
```

```
39  #从 ISO 文件引导
40  menuentry "从 demo.iso 文件引导" {
41      search --file /neyan/grub/memdisk --set=root
42      linux16  /demo/grub/memdisk  iso
43      initrd16 /demo/demo.iso
44  }
```

7.3　登录

当 Linux 系统初始化完成，系统准备完毕之后，用户便可以登录 Ubuntu 系统进行操作。在登录的过程中，用户被要求输入用户名和密码。此外，还需要进行用户相关的初始化操作。本节将对这些内容进行详细介绍。

7.3.1　login 进程

login 进程处理用户的登录操作。在已安装桌面环境的情况下，会弹出一个图形界面让用户选择用户名，并输入密码，如图 7-5 所示。

图 7-5　用户登录

如果没有安装桌面环境，则会给出一个登录提示符，要求用户输入用户名以及密码，如图 7-6 所示。

图 7-6　字符界面登录

 在字符界面下，用户输入密码时键入的字符不会显示。

181

当用户输入用户名和密码之后，login 进程会根据/etc/passwd 以及/etc/shadow 文件比较用户输入的用户名和密码，以确定用户输入的信息是否正确。如果用户输入的用户名或者密码错误，login 进程会给出错误提示，并要求用户重新输入信息。如果用户输入正确的用户名和密码，则 login 进程会根据/etc/passwd 文件中的相应配置信息选择某个特定的 Shell 程序，并且进入到用户的主目录。

/etc/passwd 是一个非常特殊的文件，该文件存储了 Linux 系统中所有的账户信息。/etc/passwd 文件的所有者为 root 用户。对于 root 用户来说，该文件是可读写的，而对于其他的用户，该文件为只读的。/etc/passwd 的文件内容如下：

```
chunxiao@ubuntu:~$ cat /etc/passwd
root:x:0:0:root:/root:/bin/bash
daemon:x:1:1:daemon:/usr/sbin:/usr/sbin/nologin
bin:x:2:2:bin:/bin:/usr/sbin/nologin
sys:x:3:3:sys:/dev:/usr/sbin/nologin
sync:x:4:65534:sync:/bin:/bin/sync
games:x:5:60:games:/usr/games:/usr/sbin/nologin
man:x:6:12:man:/var/cache/man:/usr/sbin/nologin
lp:x:7:7:lp:/var/spool/lpd:/usr/sbin/nologin
…
```

从上面的代码可以看出，/etc/passwd 文件的每一行描述了一个用户。而每一行都被冒号分割为 7 个字段，其格式如下：

用户名:口令:用户标识号:组标识号:注释性描述:主目录:登录 Shell

其中，用户名是代表用户账号的字符串，即用户的登录名。在当前的 Linux 系统中，用户的口令已经不保存在/etc/passwd 文件中，因此该字段只是一个 x 字符。第 3 列的用户标识号是一个整数，Linux 系统内部通过该整数来区分用户。通常情况下，用户标识号和用户名是一一对应的。第 4 列的组标识号同样是一个整数，用来标识用户所属的组。它对应着/etc/group 文件中的一条记录。注释性描述用来对用户进行注释，例如用户的真实姓名以及电话等。用户主目录是用户登录到系统之后所处的目录。登录 Shell 是一个系统进程，负责将用户的操作传给内核。Linux 的 Shell 有很多种，常见的有 sh、csh 以及 bash 等。如果一个用户的 Shell 被指定为/usr/sbin/nologin，则该用户不能登录系统。

Linux 系统允许几个用户名对应一个用户标识号，但是系统内部将它们视为同一个用户，但是它们可以拥有不同的口令、主目录以及 Shell。

/etc/shadow 文件保存了用户的口令。由于存储了非常重要的信息，所以该文件只有 root 用户才可用写入，root 组的成员才可以读取，其他的用户都不可以读写。同样，/etc/shadow 文件也是一个文本文件，每行描述一个用户账号，各个字段通过分号隔开，如下所示：

```
chunxiao@ubuntu:~$ sudo cat /etc/shadow
```

```
[sudo] chunxiao 的密码：
root:!:17334:0:99999:7:::
daemon:*:17268:0:99999:7:::
bin:*:17268:0:99999:7:::
sys:*:17268:0:99999:7:::
sync:*:17268:0:99999:7:::
games:*:17268:0:99999:7:::
…
```

在上面的代码中，第 1 列为用户名，第 2 列为加密后的密码，如果该字段为一个感叹号，则表示该密码已过期；如果为星号，则表示该用户已被锁定。

7.3.2　选择 Shell

所谓 Shell，实际上是用户与 Linux 系统内核之间的沟通桥梁。用户为了执行某个操作，需要发出某个指令给 Shell。而 Shell 会解释用户输入的命令，并且将用户请求传递给 Linux 系统内核。所以，在某些情况下，Shell 又被称为命令解释器。当然，Shell 的功能远远不止解释用户的命令，还有许多更加复杂的功能。

目前 Shell 有多种类型，大致上可以分为图形化的 Shell 和命令行的 Shell。所谓图形化的 Shell，实际上是桌面环境的一部分，例如 KDE、GNOME 以及 XFCE 等都提供了 Shell 的功能。

而通常我们所说的 Shell 是指命令行的 Shell，主要包括 Bourne shell（/bin/sh）、Korn shell（/bin/ksh）、Bourne-again Shell（/bin/bash）、C shell（/bin/csh）以及 TENEX shell（/bin/tcsh）等。

如果想要某个用户登录系统后自动启动某个 Shell，则可以在添加用户时指定，也可以直接修改/etc/passwd 文件。例如，下面的命令在 Linux 系统中添加一个名称为 test 的用户，并且指定其 Shell 为 Bourne-again shell：

```
chunxiao@ubuntu:~$ sudo useradd test -g users -G users -s /bin/bash
```

useradd 命令的功能是添加用户，关于该命令的详细使用方法，将在后面的内容介绍。在上面的命令中，test 为要添加的用户的登录名，-g 选项指定用户的主用户组，-G 选项指定用户的附加用户组，-s 选项指定用户使用的 Shell 为 Bourne-again shell。

添加完成之后，可以通过以下命令查看/etc/passwd 文件的变化，如下所示：

```
chunxiao@ubuntu:~$ grep test /etc/passwd
test:x:1001:100::/home/test:/bin/bash
```

可以发现，在/etc/passwd 文件的最后追加了一行关于 test 的记录。

如果想要更改某个已经存在的用户的默认的 Shell，可以使用 usermod 命令。例如，下面的命令将 test 用户的默认 Shell 更改为 Bourne shell：

```
chunxiao@ubuntu:~$ sudo usermod test -s /bin/sh
chunxiao@ubuntu:~$ grep test /etc/passwd
```

```
test:x:1001:100::/home/test:/bin/sh
```

> 由于/etc/passwd 为一个普通的文本文件，所以如果想要修改某个已经存在的用户的默认的
> Shell，可以通过 root 用户直接修改该文件。当然，为了避免由于格式问题导致用户不能
> 登录，不建议用户直接修改该文件。

刚才已经介绍了如何选择默认的 Shell。实际上，由于各种 Shell 本身是一个程序，所以用户可以在操作过程中手动切换 Shell。例如，假设用户在 bash 下工作，如果想要切换到 C Shell，可以使用以下命令：

```
chunxiao@ubuntu:~$ csh
%
```

在上面的命令中，csh 为 C Shell 的执行文件。如果想要返回到 bash，则直接输入 exit 命令即可。

> 各种 Shell 的可执行文件一般都位于/bin 目录中。

既然 Shell 可以随时切换，那么就会带来一个问题，即如何判断用户当前使用的 Shell。用户可以通过 ps 命令来查看，如下所示：

```
chunxiao@ubuntu:~$ ps -p $$
 PID      TTY        TIME        CMD
 3151     pts/0         00:00:00         bash
```

ps 命令的功能是列出当前系统中的进程信息。在上面的命令中，-p 选项表示通过进程 ID 对进程进行筛选，其中$$是一个特殊的变量，用户表示当前 Shell 的进程 ID。如果切换到 C Shell，再执行上面的命令，就会发现其输出结果发生了变化，如下所示：

```
chunxiao@ubuntu:~$ csh
% ps -p $$
 PID      TTY        TIME        CMD
 4092     pts/0         00:00:00         csh
```

> 在 Linux 系统中，还有一个系统变量用来标识当前用户的 Shell，即$SHELL。该变量在用
> 户登录时赋值，所以如果用户在登录后切换了其他的 Shell，该变量的值不会发生变化。
> 例如：

```
chunxiao@ubuntu:~$ echo $SHELL
/bin/bash
chunxiao@ubuntu:~$ csh
% echo $SHELL
/bin/bash
```

可以发现，上面的两次输出都是/bin/bash。

7.3.3 用户初始化文件

正如前面介绍的，用户登录之后究竟调用哪个 Shell，取决于/etc/passwd 文件的定义。当 Shell 被调用的时候，会运行相关的启动文件，初始化各种必要的变量，设置运行环境。当然，每种 Shell 都有特定的启动文件，因此，用户登录后需要执行哪些启动文件，取决于被调用的 Shell 程序。

这里以 bash 为例来说明 Shell 被调用时的用户初始化过程。实际上，bash 拥有多个启动文件，包括/etc/profile、/etc/bash.bashrc、~/.bashrc 以及~/.profile 等。Shell 在读取或者执行这些启动文件的时候，是按照一定的顺序进行的。

首先，/etc/profile 文件被读取并执行，该文件将进行系统范围内的环境初始化操作。该文件的代码如下：

```
chunxiao@ubuntu:~$ cat /etc/profile
01  # /etc/profile: system-wide .profile file for the Bourne shell (sh(1))
02  # and Bourne compatible shells (bash(1), ksh(1), ash(1), ...).
03
04  if [ "${PS1-}" ]; then
05    if [ "${BASH-}" ] && [ "$BASH" != "/bin/sh" ]; then
06      # The file bash.bashrc already sets the default PS1.
07      # PS1='\h:\w\$ '
08      if [ -f /etc/bash.bashrc ]; then
09        . /etc/bash.bashrc
10      fi
11    else
12      if [ "`id -u`" -eq 0 ]; then
13        PS1='# '
14      else
15        PS1='$ '
16      fi
17    fi
18  fi
19
20  if [ -d /etc/profile.d ]; then
21    for i in /etc/profile.d/*.sh; do
22      if [ -r $i ]; then
23        . $i
24      fi
25    done
26    unset i
```

```
27  fi
```

在上面的代码中,1~2 行为注释。一般情况下,Linux 的配置或者脚本文件中的注释都以#符号开头,该符号的作用为行注释,即其作用范围为行首至行尾。第 4~18 行设置 PS1 变量,该变量代表命令提示符。第 12~16 行根据用户身份来显示命令提示符为$或者#。此外,第 8~10行会判断/etc/bash.bashrc 文件是否存在,如果存在的话会调用该文件,该文件的内容较多,在此不再详细列出。第 21~27 行会判断/etc/profile.d 目录是否存在,如果存在的话会依次调用里面的以.sh 为后缀的文件。因此,读者如果有自定义的初始化脚本文件,例如设置 JAVA_HOME变量等,可以放在/etc/profile.d 目录中,并且以.sh 为后缀命名即可。

/etc/profile 和/etc/bash.bashrc 这 2 个文件都是系统级别的启动文件,更改这些文件会影响到所有的用户。除此之外,在每个用户的主目录中,还有一些启动文件,例如.bashrc 和.profile等。这些启动文件仅仅影响到某个具体的用户。接下来用户主目录中的.profile 将被调用,该文件主要用来设置每个用户的 PATH 环境变量。下面的代码显示了某个 Ubuntu 系统的.profile文件的内容:

```
chunxiao@ubuntu:~$ cat .profile
01  # ~/.profile: executed by the command interpreter for login shells.
02  # This file is not read by bash(1), if ~/.bash_profile or ~/.bash_login
03  # exists.
04  # see /usr/share/doc/bash/examples/startup-files for examples.
05  # the files are located in the bash-doc package.
06
07  # the default umask is set in /etc/profile; for setting the umask
08  # for ssh logins, install and configure the libpam-umask package.
09  #umask 022
10
11  # if running bash
12  if [ -n "$BASH_VERSION" ]; then
13      # include .bashrc if it exists
14      if [ -f "$HOME/.bashrc" ]; then
15  . "$HOME/.bashrc"
16      fi
17  fi
18
19  # set PATH so it includes user's private bin if it exists
20  if [ -d "$HOME/bin" ] ; then
21      PATH="$HOME/bin:$PATH"
22  fi
```

在上面的代码中,第 12~17 行会判断当前的 Shell 是否为 bash,如果是的话会调用用户主目录中的.bashrc 文件。.bashrc 会继续进行用户环境的初始化操作,例如设置命令别名等。该文件的内容也比较多,不再详细列出。

对于用户自定义的某些初始化操作，可以将代码加入到上面介绍的启动文件中。

经过上面的一系列初始化操作之后，一个完整的 Ubuntu 系统就已经准备好了，用户可以进行各种操作了。

7.4 关闭系统

Ubuntu 系统的启动已经介绍完了。通常情况下，作为服务器的 Ubuntu 会一直运行。但是，在某些特殊的情况下，系统管理员也需要关闭系统或者重新启动系统。Ubuntu 系统提供了多种命令来实现系统关闭的操作，本节将详细介绍这些命令及其功能特点。

7.4.1 shutdown 命令

shutdown 是一个使用比较频繁的命令，该命令的功能包括关闭操作系统、关闭电源以及重新启动系统。shutdown 该命令的基本语法如下：

```
shutdown [option] [time] [warning-message]
```

shutdown 命令的常用选项有：

- -H 或者--halt：在具有高级电源管理接口（ACPI）的电脑上面，-H 选项只会关闭操作系统，但是电源仍然在工作。用户需要手工关闭电源。
- -P 或者--poweroff：在具有高级电源管理接口（ACPI）的电脑上面，-P 选项不仅会关闭操作系统，还会发送一个信号给 ACPI，以关闭电源。该选项为默认选项。
- -r 或者--reboot：重新启动操作系统。
- -c：取消即将进行的关闭操作。

 -c 选项不可以取消指定了关闭时间为 now 或者+0 的系统关闭操作。

time 参数用来指定执行关闭操作的时间。该参数可以使用多种格式来表达。可以采用 24 小时制的 hh:mm 格式表示执行关机操作的绝对时间，其中 hh 表示小时，mm 表示分钟。也可以采用相对时间，其格式为+m，其中加号表示以当前时间为基准，延迟指定的时间，m 为分钟。才外，Linux 还专门使用 now 表示当前的时刻，即立即执行关机操作。warning-message 参数为发送给用户的关机消息。

例如，下面的命令表示 1 分钟后关闭系统：

```
chunxiao@ubuntu:~$ sudo shutdown +1
[sudo] chunxiao 的密码：
```

```
Shutdown scheduled for Sat 2017-08-05 23:46:58 CST, use 'shutdown -c' to cancel.
```

而下面的命令表示立即关闭系统：

```
chunxiao@ubuntu:~$ sudo shutdown now
```

在生产环境中，经常会有多个用户同时登录到系统中进行操作。在关闭系统中，为了避免数据丢失，需要发送一个消息给其他用户。下面的命令将在 5 分钟后关闭系统，并且发送给其他在线用户相关信息：

```
chunxiao@ubuntu:~$ sudo shutdown +5 system will be shutdown
Shutdown scheduled for Sun 2017-08-06 00:11:05 CST, use 'shutdown -c' to cancel.
```

对于这种延迟关闭操作，用户可以通过-c 选项来取消，如下所示：

```
chunxiao@ubuntu:~$ sudo shutdown -c
```

下面的命令立即重新启动操作系统：

```
chunxiao@ubuntu:~$ sudo shutdown -r +0
```

7.4.2　init 命令

如果想要快速关闭操作系统，可以直接使用 init 0 命令。使用该命令时，系统会依次停止各项服务，最后关闭系统。如下所示：

```
chunxiao@ubuntu:~$ sudo init 0
```

7.4.3　其他命令

除了 shutdown 和 init 命令之外，实际上还有许多其他的命令，例如 halt、poweroff 以及 reboot。前两者用来关闭系统，而后者用来重新启动系统。

 对于 systemd 而言，shutdown、halt、poweroff 以及 reboot 都是指向/bin/systemctl 的符号链接，如下所示：

```
chunxiao@ubuntu:~$ ls -l /sbin/shutdown
lrwxrwxrwx 1 root root 14 6月  21 23:33 /sbin/shutdown -> /bin/systemctl
```

而 init 命令则是指向/lib/systemd/systemd 的符号链接：

```
chunxiao@ubuntu:~$ ls -l /sbin/init
lrwxrwxrwx 1 root root 20 6月  21 23:33 /sbin/init -> /lib/systemd/systemd
```

第 8 章

服务和进程管理

在 Linux 系统中，运行着许多服务。这些服务包括多种类型，有提供网络服务的，例如 Web 服务、FTP 服务以及邮件服务；有提供安全服务的，例如 SSH 和 Kerberos；有提供网络管理服务的，例如 DHCP 和 BIND 等。同时，这些服务都是以进程存在的。在系统维护过程中，用户需要经常管理这些服务，包括查看服务状态、启动或者停止，还需要查看服务进程是否正常等。掌握这些操作，对于系统管理员是非常有必要的。本章将详细介绍 Linux 系统的服务和进程管理方法。

本章主要涉及的知识点有：

● 初始化系统概述：了解 systemd 的基本概念、init 与 systemd 的关系以及 systemd 的配置方法。

● systemd 单元：介绍 systemd 单元的基本概念和管理方法。

● systemd 单元配置：介绍 systemd 单元配置文件、查看配置文件状态以及配置文件的语法格式等。

● systemd 单元管理：主要介绍 systemd 单元的管理方法，包括启动、停止、重启以及禁用等。

● 常用 systemd 命令：主要介绍其他的 systemd 命令，例如 systemd-analyze、hostnamectl 以及 localectl 等。

● 目标：主要介绍 systemd 目标（Target）的管理以及如何切换不同的目标。

● 日志：主要介绍 systemd 的日志管理方法。

● 进程管理：主要介绍 Linux 系统的进程管理方法。

8.1 初始化程序概述

Linux 的内核由 GRUB 加载。而内核会接下来加载 Linux 的初始化程序（init），由初始化程序完成后面的启动过程。初始化程序是 Linux 启动时的第一个进程，该进程的进程 ID 为 1，是所有其他的进程的祖先。在早期的版本中，Ubuntu 的进程初始化采用 System V 的初始化系统 SysVinit。后来 Ubuntu 又采用了 Upstart 和 systemd 作为进程初始化系统。这些初始化系统各有特点，本节将对 Linux 的初始化程序以及 systemd 的配置方法进行介绍。

8.1.1 初始化程序

初始化程序（init）是 UNIX 和类 UNIX 系统中用来产生其他所有进程的程序。在 Linux 启动的过程中，初始化程序由内核加载。由初始化程序完成后面的启动过程，例如加载运行级别、系统服务、引导 Shell 以及图形化界面等。当 Linux 启动完成之后，初始化程序便以守护进程的方式存在，一直到系统关闭。

在初始化程序的发展过程中出现了不同的分支，其中主要有 System V 和 BSD 这两种类型。

System V 利用/sbin/init 程序进行初始化操作。我们可以通过 pstree 命令形象地看出 init 在所有进程中所处的地位，如下所示：

```
[chunxiao@localhost init.d]$ pstree -Ap
init(1)-+-NetworkManager(1696)
        |-VBoxClient(2560)---VBoxClient(2562)---{VBoxClient}(2582)
        |-VBoxClient(2569)---VBoxClient(2571)
        |-VBoxClient(2574)---VBoxClient(2575)---{VBoxClient}(2579)
        |-VBoxClient(2580)---VBoxClient(2581)-+-{VBoxClient}(2584)
        |                                      `-{VBoxClient}(2586)
        |-VBoxService(1941)-+-{VBoxService}(1943)
        |                   |-{VBoxService}(1945)
        |                   |-{VBoxService}(1946)
        |                   |-{VBoxService}(1948)
        |                   |-{VBoxService}(1949)
        |                   |-{VBoxService}(1950)
        |                   `-{VBoxService}(1952)
        |-abrtd(2253)
        |-acpid(1792)
        |-atd(2295)
        |-auditd(1577)---{auditd}(1578)
        |-automount(1878)-+-{automount}(1879)
        |                 |-{automount}(1880)
        |                 |-{automount}(1895)
        |                 `-{automount}(1898)
    …
```

System V 初始化程序所有的服务脚本都位于/etc/rc.d/init.d 目录中，System V 的服务脚本会接受多个参数，例如 start、stop 以及 status 等，分别执行不同的操作。下面的代码为 CentOS 6.0 中的 Apache Web 服务器的服务脚本：

```
[chunxiao@localhost init.d]$ cat /etc/init.d/httpd
001  #!/bin/bash
002  #
```

```
003 # httpd        Startup script for the Apache HTTP Server
004 #
005 # chkconfig: - 85 15
006 # description: The Apache HTTP Server is an efficient and extensible \
007 #         server implementing the current HTTP standards.
008 # processname: httpd
009 # config: /etc/httpd/conf/httpd.conf
010 # config: /etc/sysconfig/httpd
011 # pidfile: /var/run/httpd/httpd.pid
012 #
013 ### BEGIN INIT INFO
014 # Provides: httpd
015 # Required-Start: $local_fs $remote_fs $network $named
016 # Required-Stop: $local_fs $remote_fs $network
017 # Should-Start: distcache
018 # Short-Description: start and stop Apache HTTP Server
019 # Description: The Apache HTTP Server is an extensible server
020 #  implementing the current HTTP standards.
021 ### END INIT INFO
022
```

……#此处省略部分配置

```
050 # The semantics of these two functions differ from the way apachectl does
051 # things -- attempting to start while running is a failure, and shutdown
052 # when not running is also a failure.  So we just do it the way init scripts
053 # are expected to behave here.
054 start() {
055         echo -n $"Starting $prog: "
056         LANG=$HTTPD_LANG daemon --pidfile=${pidfile} $httpd $OPTIONS
057         RETVAL=$?
058         echo
059         [ $RETVAL = 0 ] && touch ${lockfile}
060         return $RETVAL
061 }
062
063 # When stopping httpd, a delay (of default 10 second) is required
064 # before SIGKILLing the httpd parent; this gives enough time for the
065 # httpd parent to SIGKILL any errant children.
066 stop() {
067     status -p ${pidfile} $httpd > /dev/null
068     if [[ $? = 0 ]]; then
069         echo -n $"Stopping $prog: "
070         killproc -p ${pidfile} -d ${STOP_TIMEOUT} $httpd
071     else
072         echo -n $"Stopping $prog: "
073         success
```

```
074         fi
075         RETVAL=$?
076         echo
077         [ $RETVAL = 0 ] && rm -f ${lockfile} ${pidfile}
078 }
079
080 reload() {
081     echo -n $"Reloading $prog: "
082     if ! LANG=$HTTPD_LANG $httpd $OPTIONS -t >&/dev/null; then
083         RETVAL=6
084         echo $"not reloading due to configuration syntax error"
085         failure $"not reloading $httpd due to configuration syntax error"
086     else
087         # Force LSB behaviour from killproc
088         LSB=1 killproc -p ${pidfile} $httpd -HUP
089         RETVAL=$?
090         if [ $RETVAL -eq 7 ]; then
091             failure $"httpd shutdown"
092         fi
093     fi
094     echo
095 }
096
097 # See how we were called.
098 case "$1" in
099   start)
100     start
101     ;;
102   stop)
103     stop
104     ;;
105   status)
106         status -p ${pidfile} $httpd
107     RETVAL=$?
108     ;;
109   restart)
110     stop
111     start
112     ;;
......#此处省略部分配置
128     RETVAL=2
129 esac
130
131 exit $RETVAL
```

从 054~095 行，分别定义了 start()、stop()和 reload()这 3 个函数，098~129 行是一个大的

case 条件分支语句，根据用户传递过来的参数来调用不同的函数。例如第 099 行表示如果用户传递过来的参数为 start，则执行 start 函数。

System V 通过运行级别来描述系统各种可能的状态。不同系统的运行级别的种类会有所不同。例如，在 CentOS 中，一共有 7 种运行级别。而在 Solaris 中，有 8 种运行级别。运行级别通过数字或者字母来表示，例如 CentOS 的运行级别分别用 0~6 这 7 个数字表示，如表 8-1 所示。

表 8-1　CentOS 的运行级别

运行级别	描述
0	关闭电源
1	单用户模式
2	没有网络的多用户模式
3	无图形界面的多用户模式
4	保留
5	图形界面的多用户模式
6	重新启动系统

在/etc/rc.d 目录下面，有 rc0.d~rc6.d 共 7 个目录分别对应着 0~6 这 7 个运行级别。目录中包含着指向/etc/rc.d/init.d 目录中的服务脚本的符号链接，这些符号链接的命令有着既定的规则，其中以大写字母 K 开头的表示停止该服务，以大写字母 S 开头的表示启动该服务，后面的数字表示顺序。例如，下面列出了/etc/rc.d/rc0.d 目录中的部分内容：

```
[root@localhost rc0.d]# ls -l
total 0
lrwxrwxrwx. 1  root   root   20 Jul 18 13:07   K01certmonger
-> ../init.d/certmonger
lrwxrwxrwx. 1  root   root   16 Jul 18 13:08   K01smartd
-> ../init.d/smartd
lrwxrwxrwx. 1  root   root   17 Jul 18 13:07   K02oddjobd
-> ../init.d/oddjobd
lrwxrwxrwx. 1  root   root   13 Jul 18 13:06   K05atd -> ../init.d/atd
lrwxrwxrwx. 1  root   root   17 Jul 18 13:10   K05wdaemon
-> ../init.d/wdaemon
lrwxrwxrwx. 1  root   root   14 Jul 18 13:06   K10cups -> ../init.d/cups
lrwxrwxrwx. 1  root   root   16 Jul 18 13:09   K10psacct
-> ../init.d/psacct
lrwxrwxrwx. 1  root   root   19 Jul 18 13:07   K10saslauthd
-> ../init.d/saslauthd
    …
lrwxrwxrwx. 1  root   root   17 Jul 18 13:05   S00killall
-> ../init.d/killall
lrwxrwxrwx. 1  root   root   14 Jul 18 13:05   S01halt -> ../init.d/halt
```

从上面的输出可以看出，由于运行级别 0 为关闭计算机，所以 rc0.d 目录中的绝大部分的符号链接都是以 K 开头，只有 S00killall 和 S01halt 这两个以 S 开头。这是因为在关闭计算机的时候，所有的服务都要停止，而最后两个则是分别调用 killall 服务杀死所有的进程和调用 halt 服务关闭系统。

另外，System V 的初始化程序在/etc/inittab 文件中指定了默认的运行级别，如下所示：

```
[root@localhost rc0.d]# more /etc/inittab
01 # inittab is only used by upstart for the default runlevel.
02 #
03 # ADDING OTHER CONFIGURATION HERE WILL HAVE NO EFFECT ON YOUR SYSTEM.
04 #
05 # System initialization is started by /etc/init/rcS.conf
06 #
07 # Individual runlevels are started by /etc/init/rc.conf
08 #
09 # Ctrl-Alt-Delete is handled by /etc/init/control-alt-delete.conf
10 #
11 # Terminal gettys are handled by /etc/init/tty.conf and
/etc/init/serial.conf,
12 # with configuration in /etc/sysconfig/init.
13 #
14 # For information on how to write upstart event handlers, or how
15 # upstart works, see init(5), init(8), and initctl(8).
16 #
17 # Default runlevel. The runlevels used are:
18 #   0 - halt (Do NOT set initdefault to this)
19 #   1 - Single user mode
20 #   2 - Multiuser, without NFS (The same as 3, if you do not have networking)
21 #   3 - Full multiuser mode
22 #   4 - unused
23 #   5 - X11
24 #   6 - reboot (Do NOT set initdefault to this)
25 #
26 id:5:initdefault:
```

在上面代码的第 26 行指定了默认的运行级别为 5。

BSD 类型的初始化程序/sbin/init 会调用/etc/rc 脚本文件来执行初始化操作，由/etc/rc 文件来决定执行哪个脚本。BSD 类型的初始化程序没有运行级别的概念，所有的服务脚本都位于/etc/rc.d 目录中。例如，下面的代码是 FreeBSD 11 中的 OpenSSH 的服务脚本：

```
root@:/etc/rc.d # cat sshd
01 #!/bin/sh
02 #
03 # $FreeBSD: releng/11.0/etc/rc.d/sshd 303770 2016-08-05 15:32:35Z des $
```

```
04  #
05
06  # PROVIDE: sshd
07  # REQUIRE: LOGIN FILESYSTEMS
08  # KEYWORD: shutdown
09
10  . /etc/rc.subr
11
12  name="sshd"
13  desc="Secure Shell Daemon"
14  rcvar="sshd_enable"
15  command="/usr/sbin/${name}"
16  keygen_cmd="sshd_keygen"
17  start_precmd="sshd_precmd"
……#此处省略部分配置
75  sshd_configtest()
76  {
77   echo "Performing sanity check on ${name} configuration."
78   eval ${command} ${sshd_flags} -t
79  }
80
81  sshd_precmd()
82  {
83   run_rc_command keygen
84   run_rc_command configtest
85  }
86
87  load_rc_config $name
88  run_rc_command "$1"89
```

同样，BSD 的服务脚本也支持各种参数，包括 start、stop、status 以及 restart 等。BSD 类型的初始化程序有个非常重要的配置文件为/etc/rc.conf，该文件决定了哪些服务被启用，哪些服务被禁用。例如下面的代码列出了某个 FreeBSD 系统的 rc.conf 文件的部分内容：

```
root@:~ # cat /etc/rc.conf
#hostname=""
ifconfig_em0="DHCP"
sshd_enable="YES"
# Set dumpdev to "AUTO" to enable crash dumps, "NO" to disable
dumpdev="AUTO"
moused_enable="YES"
dbus_enable="YES"
hald_enable="YES"
slim_enable="YES"
vboxguest_enable="YES"
vboxservice_enable="YES"
```

```
apache22_enable="YES"
linux_enable="YES"
```

如果某些服务被启用，则将其值设为 YES，否则设置为 NO。

 默认情况下，BSD 初始化程序会从/etc/defaults/rc.conf 文件中取值，但是如果在/etc/rc.conf 设置了某个值，则会覆盖/etc/defaults/rc.conf 文件中的该项的值。/etc/defaults/rc.conf 文件中定义的是缺省值。用户不需要直接修改该/etc/defaults/rc.conf 文件，只要在/etc/rc.conf 文件中设置即可。

早期的 Ubuntu 采用了 System V 的初始化程序；后来，又出现了 Upstart 和 systemd。目前，绝大部分的 Linux 的发行版都采用 systemd 作为初始化程序，代替了原来的 Sytem V，包括 Ubuntu 和 CentOS 等。

8.1.2 systemd

在本节一开始，我们简单介绍了 System V 和 BSD 的初始化程序。尽管这两种类型的初始化程序曾经在 UNIX 和 Linux 的发展中发挥了重要的作用，但是它们都存在以下缺点：

（1）启动时间长。由于 init 进程是串行启动，只有前面一个进程启动完成，才会启动下一个进程。而在启动的过程中，如果某个服务启动非常慢或者出现故障，会导致整个系统停滞很长时间。

（2）启动脚本复杂。正如前面介绍的一样，init 进程仅仅是传递参数并且调用服务脚本，并不管其他的事情。整个服务启动或者停止过程中遇到的各种情况，都需要脚本自身来处理。因此，脚本会变得异常复杂。

systemd 就是为了解决这些问题而诞生的。它的设计目标是，为系统的启动和管理提供一套完整的解决方案。

2012 年，Red Hat 公司的软件工程师 Lennart Poettering 和 Kay Sievers 开始开发 systemd，他们希望 systemd 能够在性能上超越 init。为此，他们想了许多办法，例如使各项服务在系统引导过程中能够并行启动，而不是依次启动。此外，他们还考虑减轻启动服务时 Shell 的计算开销。

总的来说，systemd 在当前的 Linux 系统中充当了很重要的角色，它不仅是 Linux 系统和服务的管理工具，而且还可以作为开发其他软件的基础平台。最后，systemd 还充当了应用程序和系统内核之间的桥梁，为开发者提供了许多内核接口。

可以看出，systemd 已经不仅仅是初始化程序了，它还包含着许多其他的功能模块。实际上，除了作为初始化程序之外，systemd 还包括 journald、logind、networkd 以及其他的组件。其中，journald 是系统日志守护进程，logind 是用户登录守护进程，而 networkd 是网络管理组件。所以，我们可以把 systemd 看作是一套软件包，它包含了大约 69 个独立的工具。systemd

的架构如图 8-1 所示。

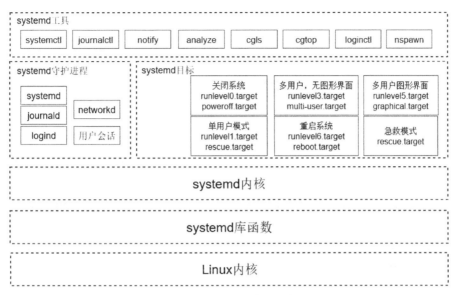

图 8-1　systemd 系统架构

由于 Linux 系统中，systemd 管理着其他所有的守护进程，包括 systemd 本身，在系统引导过程中，systemd 是第一个启动的进程，其进程 ID 为 1；而在系统关闭的过程中，systemd 是最后停止的进程。尽管，许多 Linux 发行版已经使用 systemd 替代传统的初始化程序，但是为了保持兼容，许多发行版中的进程 ID 为 1 的仍然命名为 init。

例如，在 Ubuntu 17.04 中，进程列表如下所示：

```
chunxiao@ubuntu:~$ ps -ef
UID        PID       PPID     C STIME        TTY        TIME       CMD
root        1         0        0 19:09        ?          00:00:01
 /sbin/init splash
root        2         0        0 19:09        ?          00:00:00
 [kthreadd]
root        4         2        0 19:09        ?          00:00:00
 [kworker/0:0H]
root        5         2        0 19:09        ?          00:00:00
 [kworker/u2:0]
...
```

8.1.3　systemd 基本配置文件

systemd 的配置文件都位于/etc/systemd 目录及其子目录中。用户可以通过相应的配置文件来配置系统、登录管理器、用户以及日志服务。如果用户配置系统级别的服务，可以修改 system.conf 文件；如果配置用户级别的服务，则可以修改 user.conf 文件。

在 Linux 初始化过程中，对于系统级别的服务，systemd 会读取 system.conf 配置文件，解释并执行/etc/systemd/system 目录中的文件；而对于用户级别的服务，则会读取 user.conf 配置文件，解释并执行/etc/system/user 目录中的文件。

8.2 systemd 单元

systemd 可以管理所有的系统资源，不同的资源统称为单元。systemd 通过单元来组织和管理任务。每个单元都有相应的配置文件和类型。本节将对 systemd 的单元配置进行介绍。

8.2.1 单元类型

由于 Linux 系统中存在着多种类型的服务，所以 systemd 的单元也有许多种类型。为了便于区分单元类型，systemd 在命名单元文件的时候特意为每种单元指定了特殊的扩展名。表 8-2 列出了常见的单元类型及其帮助手册。

表 8-2　常见单元类型和帮助手册

单元类型	帮助手册	描述
service	systemd.service	服务类单元，例如服务器应用系统，这些服务可以被启动和停止
socket	systemd.socket	服务的套接字，例如 AF-INET
devices	systemd.device	设备类单元
mount	systemd.mount	文件系统挂载点
automount	systemd.automount	文件系统自动挂载点，与 mount 一起使用
target	systemd.target	用来组织单元
path	systemd.path	管理目录
snapshot	systemd.snapshot	systemd 运行状态快照
swap	systemd.swap	systemd 为交换分区文件系统创建的交换单元文件
timer	systemd.timer	systemd 提供的定时器
scope	systemd.scope	不是由 systemd 启动的外部进程
slice	systemd.slice	进程组
	systemd.unit	systemd 所有单元的配置选项手册
	systemd.exec	systemd 的 service、socket、mount 以及 swap 等单元执行环境选项帮助手册
	systemd.special	systemd 的 multi-user.target 以及 printer.target 等特殊目标的帮助手册
	systemd.time	systemd 的时间、日期格式帮助手册
	systemd.directives	列出所有的 systemd 选项及其帮助手册

在表 8-1 中，target 单元通常用来组织其他的 systemd 单元，使其成为一个功能组合，一起完成某项任务。systemd 没有运行级别的概念，但是可以通过目标来模拟 System V 中的运行

级别。例如可以使用 multi-user 目标来模拟 System V 中的运行级别 3,而某些图形化的目标可以模拟运行级别 5。用户可以指定默认的目标以代替默认的运行级别。

　　systemd 的单元并不是孤立的,它们之间可以存在着相互依赖。systemd 的依赖通过以.wants 为扩展名的目录来表示。例如 poweroff.target 目标依赖于 plymouth-poweroff 服务,那么 poweroff.target.wants 目录中就会包含一个指向 plymouth-poweroff 服务的符号链接。

　　这些以 .wants 为扩展名的目录位于两个地方,分别为 /etc/systemd/system 和 /lib/systemd/system。这两个目录的功能是有区别的,用户需要严格区分这两个目录。首先 /lib/systemd/system 目录中的 .wants 目录由系统维护,用户不可以修改其内容;而 /etc/systemd/system 目录中的.wants 目录则可以由用户来管理,用户可以把自己的依赖配置放在该目录中。下面的命令列出了 Ubuntu 17.04 中的/etc/systemd/system 目录中的.wants 目录:

```
chunxiao@ubuntu:~$ ls -ld /etc/systemd/system/*.wants
drwxr-xr-x  2 root root 4096 4月  12 11:14
/etc/systemd/system/bluetooth.target.wants
drwxr-xr-x  2 root root 4096 4月  12 11:14
/etc/systemd/system/default.target.wants
drwxr-xr-x 2 root root 4096 4月  12 11:15
/etc/systemd/system/display-manager.service.wants
drwxr-xr-x 2 root root 4096 6月  17 08:45 /etc/systemd/system/final.target.wants
drwxr-xr-x 2 root root 4096 4月  12 11:07 /etc/systemd/system/getty.target.wants
drwxr-xr-x 2 root root 4096 6月  17 08:45
/etc/systemd/system/graphical.target.wants
drwxr-xr-x 2 root root 4096 4月  12 11:14
/etc/systemd/system/hibernate.target.wants
drwxr-xr-x 2 root root 4096 4月  12 11:14
/etc/systemd/system/hybrid-sleep.target.wants
drwxr-xr-x 2 root root 4096 8月   4 12:22
/etc/systemd/system/multi-user.target.wants
drwxr-xr-x 2 root root 4096 4月  12 11:16
/etc/systemd/system/network-online.target.wants
drwxr-xr-x 2 root root 4096 4月  12 11:13 /etc/systemd/system/paths.target.wants
drwxr-xr-x 2 root root 4096 4月  12 11:16
/etc/systemd/system/printer.target.wants
drwxr-xr-x 2 root root 4096 4月  12 11:14
/etc/systemd/system/shutdown.target.wants
drwxr-xr-x 2 root root 4096 6月  17 08:45
/etc/systemd/system/sockets.target.wants
drwxr-xr-x 2 root root 4096 4月  12 11:14
/etc/systemd/system/suspend.target.wants
drwxr-xr-x 2 root root 4096 6月  17 08:45
/etc/systemd/system/sysinit.target.wants
drwxr-xr-x 2 root root 4096 4月  12 11:15 /etc/systemd/system/timers.target.wants
...
```

在上面的列表中，multi-user.target.wants 对应着多用户运行级别 3 的依赖，而 graphical.target.wants 则对应着图形界面的运行级别 5。

图 8-2 列出了/etc/systemd/system/multi-user.target.wants 目录的内容。

```
chunxiao@ubuntu:~$ ls -l /etc/systemd/system/multi-user.target.wants/
总用量 0
lrwxrwxrwx 1 root root 35 6月  17 08:38 anacron.service -> /lib/systemd/system/anacron.service
lrwxrwxrwx 1 root root 40 6月  17 08:38 avahi-daemon.service -> /lib/systemd/system/avahi-daemon.service
lrwxrwxrwx 1 root root 42 8月   4 12:22 binfmt-support.service -> /lib/systemd/system/binfmt-support.service
lrwxrwxrwx 1 root root 32 6月  17 08:38 cron.service -> /lib/systemd/system/cron.service
lrwxrwxrwx 1 root root 40 6月  17 08:38 cups-browsed.service -> /lib/systemd/system/cups-browsed.service
lrwxrwxrwx 1 root root 29 6月  17 08:38 cups.path -> /lib/systemd/system/cups.path
lrwxrwxrwx 1 root root 37 6月  17 08:38 dns-clean.service -> /lib/systemd/system/dns-clean.service
lrwxrwxrwx 1 root root 40 6月  17 08:38 ModemManager.service -> /lib/systemd/system/ModemManager.service
lrwxrwxrwx 1 root root 33 6月  17 08:53 mysql.service -> /lib/systemd/system/mysql.service
lrwxrwxrwx 1 root root 38 6月  17 08:38 networking.service -> /lib/systemd/system/networking.service
lrwxrwxrwx 1 root root 42 6月  17 08:38 NetworkManager.service -> /lib/systemd/system/NetworkManager.service
lrwxrwxrwx 1 root root 36 6月  17 08:38 ondemand.service -> /lib/systemd/system/ondemand.service
lrwxrwxrwx 1 root root 35 6月  17 08:38 openvpn.service -> /lib/systemd/system/openvpn.service
lrwxrwxrwx 1 root root 36 6月  17 08:38 pppd-dns.service -> /lib/systemd/system/pppd-dns.service
lrwxrwxrwx 1 root root 36 6月  17 08:38 remote-fs.target -> /lib/systemd/system/remote-fs.target
lrwxrwxrwx 1 root root 36 6月  17 08:38 repowerd.service -> /lib/systemd/system/repowerd.service
lrwxrwxrwx 1 root root 33 6月  17 08:38 rsync.service -> /lib/systemd/system/rsync.service
lrwxrwxrwx 1 root root 35 6月  17 08:38 rsyslog.service -> /lib/systemd/system/rsyslog.service
lrwxrwxrwx 1 root root 44 6月  17 08:38 snapd.autoimport.service -> /lib/systemd/system/snapd.autoimport.service
lrwxrwxrwx 1 root root 33 6月  17 08:38 snapd.service -> /lib/systemd/system/snapd.service
lrwxrwxrwx 1 root root 44 6月  17 08:38 systemd-resolved.service -> /lib/systemd/system/systemd-resolved.service
lrwxrwxrwx 1 root root 36 6月  17 08:38 thermald.service -> /lib/systemd/system/thermald.service
lrwxrwxrwx 1 root root 31 6月  17 08:38 ufw.service -> /lib/systemd/system/ufw.service
lrwxrwxrwx 1 root root 35 6月  17 08:50 vboxadd.service -> /lib/systemd/system/vboxadd.service
lrwxrwxrwx 1 root root 43 6月  17 08:51 vboxadd-service.service -> /lib/systemd/system/vboxadd-service.service
lrwxrwxrwx 1 root root 39 6月  17 08:51 vboxadd-x11.service -> /lib/systemd/system/vboxadd-x11.service
lrwxrwxrwx 1 root root 36 6月  17 08:38 whoopsie.service -> /lib/systemd/system/whoopsie.service
```

图 8-2   multi-user.target 的依赖

从图 8-2 可以得知，.wants 目录中的文件都代表着各种服务，这些服务会在多用户级别下自动启动。文件都以.service 为扩展名，都是指向/lib/systemd/system 目录中的某个服务的符号链接。例如 ufw.service 指向了/lib/systemd/system/ufw.service，这意味着在多用户级别下会自动启动防火墙服务。

/etc/systemd 目录的优先级比/lib/systemd 目录高，因此用户可以把需要在某个级别自动启动的服务放在指定的目录中。

通常情况下，/etc/systemd/system 目录中符号链接并不需要用户自己创建。在启用某项服务的时候，systemd 会自动在特定的.wants 目录中创建符号链接；当禁用某项服务时，systemd 会把符号链接从特定的.wants 目录中删除。这些操作需要使用 systemctl 命令，将在后面详细介绍。

8.2.2   列出单元

在正式介绍本小节内容之前，首先介绍一个非常重要的命令，该命令的名称为 systemctl。systemctl 可以称作是 systemd 的大管家，通过该命令，用户可以检查和控制 systemd 的状态，管理各种 systemd 服务。由于在后面的内容中，会逐步介绍该命令的各种使用方法，所以在此先介绍其基本功能。systemctl 命令的基本语法如下：

```
systemctl [options] command [name...]
```

systemctl 的常用选项有以下几种：

- -t 或者--type：指定要列出单元的类型，多个类型之间用逗号隔开。
- --state：指定要列出单元的 LOAD、SUB 以及 ACTIVE 状态，多个状态之间用逗号隔开。
- -a 或者--all：列出所有的单元。

command 为 systemctl 提供的命令，用来实现某些操作，由于 systemctl 的功能非常多，所以其提供的子命令也非常多，可以分为单元命令、单元文件命令、机器命令、任务/作业命令、环境变量命令、systemd 生命周期命令以及系统命令。

name 参数为单元名称，多个单元用逗号分隔。

用户可以使用 list-units 子命令来列出当前系统中的单元。配合其他的选项，list-units 可以根据用户的需要对单元进行筛选。例如，用户可以使用以下命令列出当前系统中正在运行的单元：

```
chunxiao@ubuntu:~$ systemctl list-units
UNIT                              LOAD    ACTIVE  SUB      DESCRIPTION
…
dev-hugepages.mount               loaded  active  mounted  Huge Pages File System
dev-mqueue.mount                  loaded  active  mounted  POSIX Message Queue File
proc-sys-fs-binfmt_misc.mount     loaded  active  mounted  Arbitrary Executable File
run-user-1000-gvfs.mount          loaded  active  mounted  /run/user/1000/gvfs
run-user-1000.mount               loaded  active  mounted  /run/user/1000
sys-fs-fuse-connections.mount     loaded  active  mounted  FUSE Control File System
sys-kernel-debug.mount            loaded  active  mounted  Debug File System
acpid.path                        loaded  active  running  ACPI Events Check
cups.path                         loaded  active  running  CUPS Scheduler
…
```

在上面的输出列表中，UNIT 列为单元名称，LOAD 列表示该单元的配置文件是否正确处理。ACTIVE 和 SUB 这 2 列都为当前单元的状态，前者为状态概况，仅仅表示该单元是否处于激活状态，即单元是否启动成功或者失败；而后者则是更加具体的状态描述，该描述通常与单元类型密切相关。最后一列 DESCRIPTION 为单元的描述信息。

如果用户想要显示当前系统中所有的单元，包括直接引用的单元、出于依赖关系而被引用的单元、活动的单元以及失败的单元，则可以使用-a 或者--all 选项，如下所示：

```
chunxiao@ubuntu:~$ systemctl list-units --all
  UNIT                          LOAD       ACTIVE    SUB      DESCRIPTION
…
  proc-sys-fs-binfmt_misc.automount loaded     active    running  Arbitrary
Executable F
  org.freedesktop.network1.busname  not-found  inactive  dead
org.freedesktop.networ
  org.freedesktop.resolve1.busname  not-found  inactive  dead
org.freedesktop.resolv
…
```

在上面的输出结果中，可以看到 org.freedesktop.network1.busname 和 org.freedesktop.resolve1.busname 这 2 个单元的 LOAD 状态为 not-found，表示没有找到该单元的配置文件。同时，这 2 个单元的 ACTIVE 状态为 inactive，即处于未激活状态；而 SUB 状态为 dead，即启动失败。

同样，用户也可以通过--state 选项来对 list-units 子命令的输出结果进行筛选。例如，下面的命令仅仅列出状态为 inactive 的单元：

```
chunxiao@ubuntu:~$ systemctl list-units --state=inactive
UNIT                        LOAD     ACTIVE  SUB  DESCRIPTION
org.freedesktop.network1.busname    not-found   inactive dead
org.freedesktop.network1.busname
org.freedesktop.resolve1.busname    not-found   inactive dead
org.freedesktop.resolve1.busname
sys-kernel-config.mount      loaded   inactive dead Configuration File
System
tmp.mount                   not-found  inactive dead tmp.mount
anacron.service             loaded   inactive dead Run anacron jobs
apt-daily.service           loaded   inactive dead Daily apt activities
auditd.service              not-found   inactive dead auditd.service
console-screen.service      not-found   inactive dead
console-screen.service
dns-clean.service           loaded   inactive dead Clean up any mess left
by 0dns-up
emergency.service           loaded   inactive dead Emergency Shell
failsafe-x.service              loaded   inactive dead X.org diagnosis
failsafe
festival.service                not-found   inactive dead
festival.service
friendly-recovery.service       loaded      inactive dead Recovery mode
menu
gdm.service                 not-found inactive dead gdm.service
…
```

用户还可以根据类型来筛选单元，如下所示：

```
chunxiao@ubuntu:~$ systemctl list-units --type=service
UNIT                        LOAD     ACTIVE  SUB      DESCRIPTION
accounts-daemon.service     loaded   active  running    Accounts Service
acpid.service               loaded   active  running    ACPI event daemon
lightdm.service             loaded   active  running    Light Display
Manager
ModemManager.service        loaded   active  running    Modem Manager
mysql.service               loaded   active  running    MySQL Community
Server
networking.service          loaded   active  exited   Raise network
```

```
interfaces
    NetworkManager-wait-online.service  loaded  active  exited  Network Manager
Wait Online
    NetworkManager.service              loaded  active  running     Network Manager
    openvpn.service                     loaded  active  exited  OpenVPN service
    polkit.service                      loaded  active  running     Authorization
Manager
    …
```

 list-units 为默认的子命令，即如果不提供任何子命令，则 systemctl 会列出当前系统中的单元。

8.2.3　查看单元状态

除了在 list-units 子命令中可以了解到单元的状态之外，systemd 还专门提供了一些命令来查看 systemd 系统以及单元的状态。其中，status 就是一个非常重要的子命令。该子命令可以接受单元名称或者进程 ID 作为参数。如果没有提供参数，则该子命令会显示当前 systemd 的运行状态。

例如，下面的代码为通过 status 子命令查看 systemd 的运行状态：

```
chunxiao@ubuntu:~$ systemctl status
 ubuntu
     State: running
      Jobs: 0 queued
    Failed: 0 units
     Since: Mon 2017-08-07 09:25:06 CST; 17min ago
    CGroup: /
            ├─user.slice
            │ └─user-1000.slice
            │   ├─user@1000.service
            │   │ ├─indicator-messages.service
            │   │ │ └─2146
/usr/lib/x86_64-linux-gnu/indicator-messages/indicator-messages-service
            │   │ ├─indicator-printers.service
            │   │ │ └─2132
/usr/lib/x86_64-linux-gnu/indicator-printers/indicator-printers-service
            │   │ ├─zeitgeist.service
            │   │ │ └─2787 /usr/bin/zeitgeist-daemon
            │   │ ├─gnome-terminal-server.service
            │   │ │ ├─3275 /usr/lib/gnome-terminal/gnome-terminal-server
            │   │ │ ├─3280 bash
            │   │ │ ├─3347 systemctl status
            │   │ │ └─3348 systemctl status
```

```
|  |   ├──window-stack-bridge.service
|  |   |  └──2135 /usr/lib/x86_64-linux-gnu/hud/window-stack-bridge
|  |   ├──unity-panel-service.service
|  |   |  └──2316
/usr/lib/x86_64-linux-gnu/unity/unity-panel-service
|  |   ├──indicator-session.service
…
```

如果想要查看某个具体的单元的状态，则可以将单元名称作为参数传递给 status 子命令。例如，下面的命令显示了当前系统中的 MySQL 的运行状态：

```
chunxiao@ubuntu:~$ systemctl status mysql.service
 mysql.service - MySQL Community Server
   Loaded: loaded (/lib/systemd/system/mysql.service; enabled; vendor preset:
enabled)
   Active: active (running) since Mon 2017-08-07 09:25:34 CST; 19min ago
 Main PID: 1040 (mysqld)
   Tasks: 28 (limit: 4915)
   CGroup: /system.slice/mysql.service
           └──1040 /usr/sbin/mysqld

 8月 07 09:25:22 ubuntu systemd[1]: Starting MySQL Community Server...
 8月 07 09:25:34 ubuntu systemd[1]: Started MySQL Community Server.
```

通过上面的输出结果，可以得知 MySQL 服务已经被加载，其服务配置文件为 /lib/systemd/system/mysql.service。当前状态为启动，详细运行状态为运行中。此外，还显示了 MySQL 服务的进程 ID 为 1040。

如果用户已经知道了服务进程的 ID，可以直接将进程 ID 传递给 status 子命令，如下所示：

```
chunxiao@ubuntu:~$ systemctl status 1040
 mysql.service - MySQL Community Server
   Loaded: loaded (/lib/systemd/system/mysql.service; enabled; vendor preset:
enabled)
   Active: active (running) since Mon 2017-08-07 09:25:34 CST; 23min ago
 Main PID: 1040 (mysqld)
   Tasks: 28 (limit: 4915)
   CGroup: /system.slice/mysql.service
           └──1040 /usr/sbin/mysqld

 8月 07 09:25:22 ubuntu systemd[1]: Starting MySQL Community Server...
 8月 07 09:25:34 ubuntu systemd[1]: Started MySQL Community Server.
```

对比上面 2 个例子的输出，可以看到其输出结果是完全相同的。

除了 status 子命令之外，systemd 还提供了其他的几个更加便捷的命令，包括 is-active、is-failed 和 is-enabled。这 3 个命令分别用来判断某个单元是否正在运行、是否启动失败以及是否被启用。例如，下面的命令判断 mysql.service 是否正在运行：

```
chunxiao@ubuntu:~$ systemctl is-active mysql.service
active
```

下面的命令判断 mysql.service 是否启动失败：

```
chunxiao@ubuntu:~$ systemctl is-failed mysql.service
active
```

下面的命令则用来判断 mysql.service 是否被启用：

```
chunxiao@ubuntu:~$ systemctl is-enabled mysql.service
enabled
```

 在 systemd 中，某个单元是否被启用，通常是指在对应的.wants 目录中是否建立符号链接。

8.2.4　单元依赖

在 systemd 中，各个单元之间可能会存在着依赖关系，即如果单元 A 依赖于单元 B，那么在启动单元 A 的同时，需要启动单元 B。当某个单元启动失败的时候，很大可能就是依赖单元出现了问题。为了明确了解单元之间的依赖关系，systemd 提供了一个名称为 list-dependencies 的子命令。该子命令可以接受单元名称作为参数，以显示其依赖关系。

例如，下面的命令显示了 mysql.service 的依赖关系：

```
chunxiao@ubuntu:~$ systemctl list-dependencies mysql.service
mysql.service
● ├─system.slice
● └─sysinit.target
●   ├─apparmor.service
●   ├─console-setup.service
●   ├─dev-hugepages.mount
●   ├─dev-mqueue.mount
●   ├─friendly-recovery.service
●   ├─keyboard-setup.service
●   ├─kmod-static-nodes.service
●   ├─plymouth-read-write.service
●   ├─plymouth-start.service
●   ├─proc-sys-fs-binfmt_misc.automount
●   ├─resolvconf.service
●   ├─setvtrgb.service
●   ├─sys-fs-fuse-connections.mount
●   ├─sys-kernel-config.mount
●   ├─sys-kernel-debug.mount
●   ├─systemd-ask-password-console.path
```

```
●     ├─systemd-binfmt.service
●     ├─systemd-hwdb-update.service
●     ├─systemd-journal-flush.service
●     ├─systemd-journald.service
●     ├─systemd-machine-id-commit.service
●     ├─systemd-modules-load.service
●     ├─systemd-random-seed.service
●     ├─systemd-sysctl.service
●     ├─systemd-timesyncd.service
●     ├─systemd-tmpfiles-setup-dev.service
●     ├─systemd-tmpfiles-setup.service
●     ├─systemd-udev-trigger.service
●     ├─systemd-udevd.service
●     ├─systemd-update-utmp.service
●     ├─cryptsetup.target
●     ├─local-fs.target
●     │ ├─-.mount
●     │ ├─systemd-fsck-root.service
●     │ └─systemd-remount-fs.service
●     └─swap.target
●       └─swapfile.swap
```

在实际界面上执行这个命令时就能看到，在上面的输出结果中，左侧的圆点代表了该单元的运行状态，有两种颜色，绿色表示正在运行，而黑色则表示不再运行。

默认情况下，list-dependencies 子命令不会展开所有的分支。如果用户需要查看更加详细的依赖情况，可以使用--all 选项，如下所示：

```
chunxiao@ubuntu:~$ systemctl list-dependencies mysql.service --all
mysql.service
● ├─system.slice
● │ └─-.slice
● └─sysinit.target
●   ├─apparmor.service
●   │ └─system.slice
●   │   └─-.slice
●   ├─console-setup.service
●   │ └─system.slice
●   │   └─-.slice
●   ├─dev-hugepages.mount
●   │ ├─-.mount
●   │ │ └─system.slice
●   │ │   └─-.slice
●   │ └─system.slice
●   │   └─-.slice
●   ├─dev-mqueue.mount
```

```
●    |  ├──.mount
●    |  |  └──system.slice
●    |  |     └──.slice
●    |  └──system.slice
●    |     └──.slice
...
```

8.2.5　单元配置文件

在 systemd 中，每个单元都有一个配置文件，告诉 systemd 怎么启动这个单元。默认情况下，systemd 会从/etc/systemd/system 和/lib/systemd/system 目录中读取单元配置文件，而前者的优先级高于后者。用户自定义的单元配置文件需要在/etc/systemd/system 目录中建立符号链接，而不能直接添加到/lib/systemd/system 目录中。实际上，/etc/systemd/system 目录中绝大部分是指向/lib/systemd/system 目录中对应文件的符号链接，而真实的单元配置文件位于/lib/systemd/system 目录中。

后面会介绍到 2 个子命令，分别为 enable 和 disable，这 2 个子命令的功能是启用和禁用某个单元，而实际上这 2 个子命令就是在/etc/systemd/system 和/lib/systemd/system 这 2 个目录之间建立或者删除符号链接。

systemd 单元配置文件的名称以单元类型为扩展名，service 类型的单元配置文件的扩展名为.service，例如 mysql.service；socket 类型的单元配置文件的扩展名为.socket，例如 acpid.socket 等。默认情况下，systemd 会把单元理解为 service 类型。所以在使用配置文件的时候，如果没有提供扩展名，则会在单元名称后自动加上.service。

systemctl 命令提供了 list-unit-files 子命令来查看系统中的单元文件。例如，下面的命令显示了当前系统中所有的 systemd 单元文件：

```
chunxiao@ubuntu:~$ systemctl list-unit-files
UNIT FILE                                STATE
proc-sys-fs-binfmt_misc.automount        static
-.mount                                  generated
dev-hugepages.mount                      static
dev-mqueue.mount                         static
proc-sys-fs-binfmt_misc.mount            static
sys-fs-fuse-connections.mount            static
sys-kernel-config.mount                  static
sys-kernel-debug.mount                   static
acpid.path                               enabled
cups.path                                enabled
systemd-ask-password-console.path        static
systemd-ask-password-plymouth.path       static
systemd-ask-password-wall.path           static
session-c2.scope                         transient
accounts-daemon.service                  enabled
```

```
acpid.service                            disabled
alsa-restore.service                     static
alsa-state.service                       static
alsa-utils.service                       masked
…
```

上面的输出结果有 2 列，分别为 UNIT FILE 和 STATE，前者为单元配置文件名称，后者为其状态。常见的 systemd 单元配置文件状态有以下几种：

- enabled：已经建立启动符号链接，即已启用。
- disabled：没有建立符号链接，即未启用。
- static：该配置文件没有[Install]部分，即无法自己执行，只能作为其他配置文件的依赖。
- masked：该配置文件被禁止建立启动符号链接，即完全被禁用。
- generated：该单元文件由其他的 API 动态创建。
- bad：无效的单元文件。
- indirect：该单元文件本身没有被启用，但是它的[Install]部分配置了 Also 选项。

 从配置文件的状态无法看出该单元是否正在运行，必须通过前面介绍的 systemctl status 命令查看。

与前面介绍的大多数命令一样，用户也可以对 systemctl list-unit-files 命令的输出结果进行筛选。例如，可以使用 type 选项来通过单元类型筛选，如下所示：

```
chunxiao@ubuntu:~$ systemctl list-unit-files --type=service
UNIT FILE                            STATE
accounts-daemon.service              enabled
acpid.service                        disabled
alsa-restore.service                 static
alsa-state.service                   static
…
```

systemctl 的大多数查询命令也支持通配符，例如，下面的命令列出以 m 开头、以.service 结尾的单元文件：

```
chunxiao@ubuntu:~$ systemctl list-unit-files m*.service
UNIT FILE                            STATE
module-init-tools.service            static
motd-news.service                    static
motd.service                         masked
mountall-bootclean.service           masked
mountall.service                     masked
mountdevsubfs.service                masked
mountkernfs.service                  masked
```

```
mountnfs-bootclean.service                    masked
mountnfs.service                              masked
mysql.service                                 enabled
```

```
10 unit files listed.
```

单元文件是一个普通的文本文件，用户可以通过文本命令来查看和修改。systemctl 提供了一个 cat 子命令来查看单元文件的内容，如下所示：

```
chunxiao@ubuntu:~$ systemctl cat mysql.service
01  # /lib/systemd/system/mysql.service
02  # MySQL systemd service file
03
04  [Unit]
05  Description=MySQL Community Server
06  After=network.target
07
08  [Install]
09  WantedBy=multi-user.target
10
11  [Service]
12  User=mysql
13  Group=mysql
14  PermissionsStartOnly=true
15  ExecStartPre=/usr/share/mysql/mysql-systemd-start pre
16  ExecStart=/usr/sbin/mysqld
17  ExecStartPost=/usr/share/mysql/mysql-systemd-start post
18  TimeoutSec=600
19  Restart=on-failure
20  RuntimeDirectory=mysqld
21  RuntimeDirectoryMode=755
```

在上面的代码中，前 2 行都是注释，以#开头，其中第 1 行标注了单元文件的位置。接下来的内容是分区段，包括 Unit、Install 以及 Service 等 3 个区段，每个区段又包含多个选项。

通常情况下，单元文件包括 Unit、Install 这 2 个公共的区段，除此之外，还会包括与单元类型相关的区段，例如 service 类型的单元文件会包含 Service 区段，socket 类型的单元文件包含 Socket 区段等。

8.3　systemd 单元管理

前面 2 节已经详细介绍了 systemd 的基础知识。实际上，作为管理员其大部分工作还是在对 systemd 的单元进行管理，包括启动、重新启动、停止以及禁用等。在 systemd 的各种单元中，用户最常见的管理就是服务类型的单元。本节将详细介绍 systemd 服务类单元的日常维护操作。

8.3.1　启动服务

systemctl 命令提供了 start 子命令来实现服务的启动。该命令可以接受一个或者多个单元名称作为参数。如果没有指定单元名称的扩展名，则默认为.service，即服务类型的单元。

例如，下面的命令启动 mysql 服务：

```
chunxiao@ubuntu:~$ sudo systemctl start mysql
[sudo] chunxiao 的密码：
```

上面的命令等同于下面的命令：

```
chunxiao@ubuntu:~$ sudo systemctl start mysql.service
```

除了服务之外，start 子命令还可以启动其他类型的单元。例如，下面的命令启动一个名称为 apt-daily.timer 的定时器单元：

```
chunxiao@ubuntu:~$ sudo systemctl start apt-daily.timer
```

 在启动非服务类型的单元时，其扩展名不可以省略。

start 命令支持多个单元名称作为参数，之间用空格隔开。例如下面的命令同时启动 mysql 服务和 apt-daily.timer 定时器：

```
chunxiao@ubuntu:~$ sudo systemctl start mysql apt-daily.timer
```

当然，用户也可以在参数中使用通配符，以同时启动一批服务。关于这一点，读者可以自行操作练习，在此不再举例说明。

8.3.2　停止服务

与启动服务相对应，停止服务需要使用 stop 子命令。同样，该命令也可以接受一个或者多个单元名作为参数。如果是服务类型的单元，则可以省略其扩展名。多个单元名称之间用空格隔开。例如，下面的命令停止 mysql 服务：

```
chunxiao@ubuntu:~$ sudo systemctl stop mysql
```

8.3.3　重启服务

重启服务可以使用 restart 子命令，该命令同样支持一个或者多个单元名作为参数，非服务类型的单元其扩展名不可省略。例如，下面的命令重新启动 mysql 服务：

```
chunxiao@ubuntu:~$ sudo systemctl restart mysql
```

如果指定的单元当前并没有处于运行状态，则执行 restart 命令之后，该单元会被启动。

8.3.4　重新加载服务配置文件

绝大多数服务都有自己的配置文件，例如 MySQL 拥有 my.cnf，Apache2 则拥有 httpd.conf 等。当配置文件被修改之后，系统管理员需要使得服务重新加载这些配置文件，以使其生效。systemctl 命令提供了 reload 子命令实现服务配置文件的重载。reload 命令同样可以接受多个单元名称作为参数。例如，下面的命令重新加载 Apache2 服务的配置文件：

```
chunxiao@ubuntu:~$ sudo systemctl reload apache2
```

作为系统管理员，必须要搞清楚 reload 重新加载的文件是服务的配置文件，而非单元配置文件。重新加载单元配置文件需要使用 daemon-reload 命令，关于这个命令的用法，将随后介绍。

如果指定的单元当前并没有处于运行状态，则执行 restart 命令之后，该单元会被启动。

8.3.5　查看服务状态

在发生故障时，系统管理员需要了解服务的运行状态，以判断问题所在。status 子命令能够非常详细地输出单元的当前状态。该命令也可以接受多个单元名称或者通配符作为参数。例如，下面的命令查看 apache2 服务的状态：

```
chunxiao@ubuntu:~$ sudo systemctl status apache2
● apache2.service - The Apache HTTP Server
   Loaded: loaded (/lib/systemd/system/apache2.service; enabled; vendor preset:
enabled)
   Drop-In: /lib/systemd/system/apache2.service.d
            └─apache2-systemd.conf
   Active: active (running) since Mon 2017-08-07 23:18:25 CST; 9min ago
   Process: 6555 ExecReload=/usr/sbin/apachectl graceful (code=exited,
status=0/SUCCESS)
   Main PID: 6209 (apache2)
     Tasks: 55 (limit: 4915)
   CGroup: /system.slice/apache2.service
           ├─6209 /usr/sbin/apache2 -k start
           ├─6560 /usr/sbin/apache2 -k start
           └─6561 /usr/sbin/apache2 -k start

   8月 07 23:18:25 ubuntu systemd[1]: Started The Apache HTTP Server.
   8月 07 23:19:12 ubuntu systemd[1]: Reloading The Apache HTTP Server.
   8月 07 23:19:12 ubuntu apachectl[6390]: AH00558: apache2: Could not reliably
determine the server's fully qual
   8月 07 23:19:12 ubuntu systemd[1]: Reloaded The Apache HTTP Server.
   8月 07 23:24:58 ubuntu systemd[1]: Reloading The Apache HTTP Server.
```

```
    8月 07 23:24:58 ubuntu apachectl[6487]: AH00558: apache2: Could not reliably
determine the server's fully qual
    8月 07 23:24:58 ubuntu systemd[1]: Reloaded The Apache HTTP Server.
    8月 07 23:25:05 ubuntu systemd[1]: Reloading The Apache HTTP Server.
    8月 07 23:25:05 ubuntu apachectl[6555]: AH00558: apache2: Could not reliably
determine the server's fully qual
    8月 07 23:25:05 ubuntu systemd[1]: Reloaded The Apache HTTP Server.
```

在上面的输出中，第 1 行左侧的圆点代表了当前服务的状态，黑色圆点表示当前服务已停止，绿色圆点表示当前服务正在运行。

如果先停止 apache2 服务，然后再查看其状态，则可以发现 status 命令输出结果发生了变化，如下所示：

```
chunxiao@ubuntu:~$ sudo systemctl stop apache2
chunxiao@ubuntu:~$ sudo systemctl status apache2
● apache2.service - The Apache HTTP Server
    Loaded: loaded (/lib/systemd/system/apache2.service; enabled; vendor preset:
enabled)
    Drop-In: /lib/systemd/system/apache2.service.d
            └─apache2-systemd.conf
    Active: inactive (dead) since Mon 2017-08-07 23:28:23 CST; 5min ago
 Main PID: 6209 (code=exited, status=0/SUCCESS)

    8月 07 23:19:12 ubuntu systemd[1]: Reloaded The Apache HTTP Server.
    8月 07 23:24:58 ubuntu systemd[1]: Reloading The Apache HTTP Server.
    8月 07 23:24:58 ubuntu apachectl[6487]: AH00558: apache2: Could not reliably
determine the server's fully qual
    8月 07 23:24:58 ubuntu systemd[1]: Reloaded The Apache HTTP Server.
    8月 07 23:25:05 ubuntu systemd[1]: Reloading The Apache HTTP Server.
    8月 07 23:25:05 ubuntu apachectl[6555]: AH00558: apache2: Could not reliably
determine the server's fully qual
    8月 07 23:25:05 ubuntu systemd[1]: Reloaded The Apache HTTP Server.
    8月 07 23:28:23 ubuntu systemd[1]: Stopping The Apache HTTP Server...
    8月 07 23:28:23 ubuntu apachectl[6639]: AH00558: apache2: Could not reliably
determine the server's fully qual
    8月 07 23:28:23 ubuntu systemd[1]: Stopped The Apache HTTP Server.
```

在上面的输出中，apache2 的状态已经变为 inactive(dead)。

8.3.6　配置服务自动启动

当充当服务器的时候，系统管理员通常希望各种服务能够在系统启动后自动启动。在 systemd 中，实现这个功能需要使用 enable 命令。在前面许多地方已经提到过，enable 命令的功能是启用某个单元，而实际上 enable 命令会根据单元文件的配置，在/etc/systemd/system 相应的以.wants 为扩展名的目录中建立符号链接。

例如我们需要把 apache2 服务配置为自动启动，可以使用以下命令：

```
chunxiao@ubuntu:~$ sudo systemctl enable apache2
Synchronizing state of apache2.service with SysV service script with
/lib/systemd/systemd-sysv-install.
Executing: /lib/systemd/systemd-sysv-install enable apache2
```

在上面的输出中，systemd 是为了与 System V 的服务管理相兼容而做的额外的配置。apache2 的单元文件内容如下：

```
chunxiao@ubuntu:~$ sudo systemctl cat apache2
# /lib/systemd/system/apache2.service
[Unit]
Description=The Apache HTTP Server
After=network.target remote-fs.target nss-lookup.target

[Service]
Type=forking
Environment=APACHE_STARTED_BY_SYSTEMD=true
ExecStart=/usr/sbin/apachectl start
ExecStop=/usr/sbin/apachectl stop
ExecReload=/usr/sbin/apachectl graceful
PrivateTmp=true
Restart=on-abort

[Install]
WantedBy=multi-user.target

# /lib/systemd/system/apache2.service.d/apache2-systemd.conf
[Service]
Type=forking
RemainAfterExit=no
```

在 Install 区段的 WantedBy 选项中，设置了 multi-user.target。所以，启用该服务时会在 /etc/systemd/system/multi-user.target.wants 目录中建立符号链接，如下所示：

```
chunxiao@ubuntu:~$ ls -l
/etc/systemd/system/multi-user.target.wants/apache2.service
lrwxrwxrwx 1 root root 35 8月8 00:07
/etc/systemd/system/multi-user.target.wants/apache2.service ->
/lib/systemd/system/apache2.service
```

完成以上设置之后，如果 Ubuntu 系统启动到多用户模式，则 apache2 服务会自动启动。

8.3.7　禁止服务自动启动

如果不想某个服务在系统启动的时候自动启动，则可以禁止其自动启动。禁止服务自动启

213

动使用 disable 命令。

例如，下面的命令禁止 apache2 服务自动启动：

```
chunxiao@ubuntu:~$ sudo systemctl disable apache2
Synchronizing state of apache2.service with SysV service script with
/lib/systemd/systemd-sysv-install.
Executing: /lib/systemd/systemd-sysv-install disable apache2
```

与 enable 命令相反，disable 命令会把符号链接从/etc/systemd/system 目录中删除。执行完以上命令之后，再次查看/etc/systemd/system 对应目录下面是否还存在 apache2.service 符号链接：

```
chunxiao@ubuntu:~$ ls -l
/etc/systemd/system/multi-user.target.wants/apache2.service
ls: 无法访问'/etc/systemd/system/multi-user.target.wants/apache2.service': 没
有那个文件或目录
```

从上面的输出结果可以得知，相应的符号链接文件已经被删除。

8.3.8 重新加载单元配置文件

前面已经介绍过，通过 reload 命令可以重新加载服务的配置文件，那么如果单元文件被修改了，如何重新加载呢？systemd 提供了一个名称为 daemon-reload 的命令来完成这个任务。daemon-reload 命令可以重新运行所有的生成器程序，重新加载所有的单元文件以及重新创建整个依赖树。

 用户应该深入理解 reload 命令和 daemon-reload 命令的区别。另外，在通过 daemon-reload 命令重新加载配置文件的过程中，所有的套接字单元都是可以访问的。

例如，下面的命令重新加载所有的单元文件：

```
chunxiao@ubuntu:~$ sudo systemctl daemon-reload
```

8.3.9 显示服务属性

在 systemd 中，每个服务都有许多个性化的属性。这些属性包括该服务可否启动、可否停止、内存以及 CPU 的使用情况等。systemctl 提供了 show 子命令来显示某个单元的详细属性情况。

例如，下面的命令显示了 apache2 服务的详细属性列表：

```
chunxiao@ubuntu:~$ systemctl show apache2
Type=forking
Restart=on-abort
NotifyAccess=none
```

```
RestartUSec=100ms
TimeoutStartUSec=1min 30s
TimeoutStopUSec=1min 30s
RuntimeMaxUSec=infinity
WatchdogUSec=0
…
```

当然，上面的属性非常多，很难从中找到想要的属性。此时可以使用--property 选项来进行筛选，如下所示：

```
chunxiao@ubuntu:~$ systemctl show apache2 --property=MemoryLimit
MemoryLimit=18446744073709551615
```

上面的命令查看 apache2 服务的内存限制，其值为 18446744073709551615，意味着没有任何限制。可以通过 cat 命令来查看其单元文件中的配置信息，如下所示：

```
chunxiao@ubuntu:~$ systemctl cat apache2
# /lib/systemd/system/apache2.service
[Unit]
Description=The Apache HTTP Server
After=network.target remote-fs.target nss-lookup.target

[Service]
Type=forking
Environment=APACHE_STARTED_BY_SYSTEMD=true
ExecStart=/usr/sbin/apachectl start
ExecStop=/usr/sbin/apachectl stop
ExecReload=/usr/sbin/apachectl graceful
PrivateTmp=true
Restart=on-abort

[Install]
WantedBy=multi-user.target

# /etc/systemd/system.control/apache2.service.d/50-MemoryLimit.conf
# This is a drop-in unit file extension, created via "systemctl set-property"
# or an equivalent operation. Do not edit.
[Service]
MemoryLimit=infinity
# /lib/systemd/system/apache2.service.d/apache2-systemd.conf
[Service]
Type=forking
RemainAfterExit=no
```

可以发现，在 Service 区段中的 MemoryLimit 选项的值为 infinity，即无穷大。

如果没有指定任何的单元名称，则 show 命令显示 systemd 本身的属性。

8.3.10　设置服务属性

在上面的例子中，我们查看到 apache2 的 MemoryLimit 属性的值为无穷大。然而在生产环境中，这种情况一般是不会存在的，为了保证系统的稳定运行，系统管理员通常会对各项服务的内存使用情况进行限制。用户可以使用 set-property 命令来修改某个属性值。例如，下面的命令将 apache2 的 MemoryLimit 属性的值设置为 500MB：

```
chunxiao@ubuntu:~$ sudo systemctl set-property apache2.service MemoryLimit=500M
```

执行完以上命令之后，再次通过 show 命令查看该属性的值，如下所示：

```
chunxiao@ubuntu:~$ systemctl show apache2 --property=MemoryLimit
MemoryLimit=524288000
```

可以发现，该属性的值已经发生了变化。同时，该单元配置文件的内容也发生了变化，用户可以通过 cat 命令查看。

8.4　常用 systemd 命令

除了 systemctl 命令之外，systemd 还提供其他的一些命令，例如 systemd-analyze、hostnamectl 以及 localectl 等。了解和掌握这些常用命令，对于系统管理员来说是非常必要的。本节将对 systemd 的其他常用命令进行介绍。

8.4.1　systemd-analyze 命令分析系统启动时的性能

systemd-analyze 命令用来分析系统启动时的性能。该命令的基本语法如下：

```
systemd-analyze [options] [command]
```

其中，常用的选项有：

● --user：在用户级别上查询 systemd 实例。
● --system：在系统级别上查询 systemd 实例。

与 systemctl 命令一样，systemd-analyze 命令也提供了一些子命令，常用的如下：

● time：输出系统启动时间。该命令为默认命令。
● blame：按照占用时间长短的顺序输出所有正在运行的单元。该命令通常用来优化系统，缩短启动时间。

- critical-chain：以树状形式输出单元的启动链，并以红色标注延时较长的单元。
- plot：以 SVG 图像的格式输出服务在什么时间启动以及用了多少时间。
- dot：输出单元依赖图。
- dump：输出详细的、可读的服务状态。

例如，下面的命令输出系统启动时间：

```
chunxiao@ubuntu:~$ systemd-analyze time
Startup finished in 5.366s (kernel) + 2min 17.052s (userspace) = 2min 22.419s
```

下面的命令按花费时间从长到短的顺序列出当前系统中正在运行的单元：

```
chunxiao@ubuntu:~$ systemd-analyze blame
    2min 6.203s apt-daily.service
        42.804s vboxadd.service
        17.777s mysql.service
         7.713s tomcat8.service
         6.986s NetworkManager-wait-online.service
         6.233s dev-sdb1.device
         5.889s ModemManager.service
         5.824s apparmor.service
         5.215s vboxadd-x11.service
         4.872s grub-common.service
         4.470s accounts-daemon.service
         4.154s networking.service
         3.802s NetworkManager.service
         3.598s fwupd.service
         2.862s irqbalance.service
         2.310s rsyslog.service
         2.269s gpu-manager.service
         2.182s polkit.service
         2.134s packagekit.service
...
```

在上面的输出结果中，前面的数字为对应的单元启动所花费的时间。从上面的结果可以得知，花费时间最长的为 apt-daily.service，用了 2 分 6.203 秒。

plot 子命令则可以输出一个可缩放的 SVG 矢量图，以更加直观的方式显示单元启动情况。命令如下所示：

```
chunxiao@ubuntu:~$ systemd-analyze plot > system.svg
```

通过以上命令，生成了一个名称为 system.svg 的文件，该文件可以通过 SVG 浏览工具来查看，如图 8-3 所示。

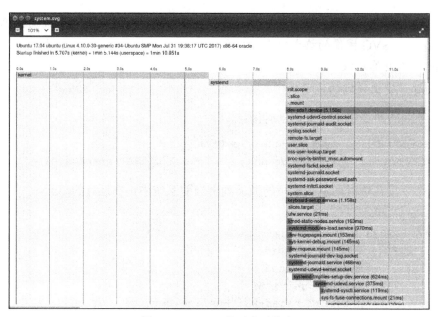

图 8-3　systemd 单元启动状态

在图 8-3 中，可以发现 systemd-analyze 用不同的颜色标注了单元。实际上每种颜色都有不同的含义，如图 8-4 所示。

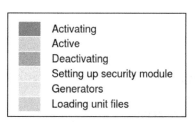

图 8-4　systemd-analyze 输出图例

如果用户需要以更加直观的形式输出各个 systemd 的单元依赖关系，可以使用以下命令：

```
chunxiao@ubuntu:~$ systemd-analyze dot | dot -Tsvg > systemd.svg
   Color legend: black    = Requires
            dark blue = Requisite
            dark grey = Wants
            red       = Conflicts
            green     = After
```

上面的命令会生成一个名称为 systemd.svg 的矢量图形文件。在生成完成之后，systemd-analyze dot 命令还会输出各种颜色的含义。该命令的执行结果如图 8-5 所示。

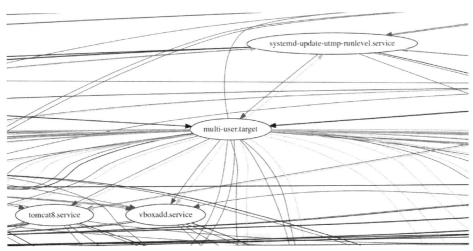

图 8-5　systemd 单元依赖图

8.4.2　hostnamectl 命令

该命令的功能相对比较简单，用户可以使用它来查看或者修改主机名。当然，每台主机的软硬件环境不同，该命令的输出结果也会不同。例如，下面的命令输出了当前系统的信息：

```
chunxiao@ubuntu:~$ hostnamectl
   Static hostname: ubuntu
         Icon name: computer-vm
           Chassis: vm
        Machine ID: f0d6c75de2c64fa187bb479df6ea709f
           Boot ID: 47d49c36537b4782a9b97c85595d7544
    Virtualization: oracle
  Operating System: Ubuntu 17.04
            Kernel: Linux 4.10.0-30-generic
      Architecture: x86-64
```

在上面的输出结果中，包含多种信息。其中本主机的主机名为 ubuntu，操作系统为 Ubuntu 17.04，操作系统内核为 Linux 4.10.0-30-generic 等。如果想要修改当前主机名，则可以使用 set-hostname 子命令，如下所示：

```
chunxiao@ubuntu:~$ sudo hostnamectl set-hostname ubuntu-server
chunxiao@ubuntu:~$ hostnamectl
   Static hostname: ubuntu-server
         Icon name: computer-vm
           Chassis: vm
        Machine ID: f0d6c75de2c64fa187bb479df6ea709f
           Boot ID: 47d49c36537b4782a9b97c85595d7544
    Virtualization: oracle
  Operating System: Ubuntu 17.04
            Kernel: Linux 4.10.0-30-generic
```

```
Architecture: x86-64
```

上面的命令把当前主机的主机名修改为 ubuntu-server，修改操作会立即生效。

8.4.3 localectl 命令

该命令可以查看或者修改当前系统的区域和键盘布局。在计算机中，区域一般至少包括语言和地区两部分。此外，数据格式、货币金额格式、小数点符号、千分位符号、度量衡单位、通货符号、日期写法、日历类型、文字排序、姓名格式、地址等也属于区域的范畴。

不含任何参数和选项的 localectl 命令会输出当前系统的区域信息，如下所示：

```
chunxiao@ubuntu:~$ localectl
   System Locale: LANG=zh_CN.UTF-8
              LANGUAGE=zh_CN:zh
      VC Keymap: n/a
    X11 Layout: cn
     X11 Model: pc105
```

在上面的输出中，LANG 为当前系统所采用的默认的区域，当前系统的语言为 zh_CN，即中文，所采用的字符集为 UTF-8。而 LANGUAGE 则是当前用户对于语言环境的主次偏好，在本系统中为简体中文。

下面的命令把当前系统的区域设置为 en_GB.UTF-8：

```
chunxiao@ubuntu:~$ sudo localectl set-locale LANG=en_GB.UTF-8
chunxiao@ubuntu:~$ localectl
   System Locale: LANG=en_GB.UTF-8
      VC Keymap: n/a
    X11 Layout: cn
     X11 Model: pc105
```

8.4.4 timedatectl 命令

该命令用来查看或者修改当前系统的时区设置，如下所示：

```
chunxiao@ubuntu:~$ timedatectl
      Local time: 三 2017-08-09 10:34:26 CST
  Universal time: 三 2017-08-09 02:34:26 UTC
        RTC time: 三 2017-08-09 02:34:24
       Time zone: Asia/Chongqing (CST, +0800)
 Network time on: yes
NTP synchronized: no
 RTC in local TZ: no
```

下面的命令把当前系统的时区设置为美国的纽约：

```
chunxiao@ubuntu:~$ sudo timedatectl set-timezone America/New_York
```

8.4.5　loginctl 命令

该命令用于查看当前登录的用户。systemd 为该命令提供了许多子命令，包括用户会话命令以及用户命令等。这些命令的使用方法比较简单，读者可以自行查看相关手册。

如果没有提供任何参数或者选项，loginctl 命令直接列出当前系统中的会话信息，如下所示：

```
chunxiao@ubuntu:~$ loginctl
   SESSION        UID     USER         SEAT          TTY
       c2        1000    chunxiao     seat0

1 sessions listed.
```

上面的输出结果包括会话 ID、用户 ID、登录名等信息。

list-users 子命令可以简单地列出当前系统中的用户及其 ID，如下所示：

```
chunxiao@ubuntu:~$ loginctl list-users
    UID      USER
    1000     chunxiao

1 users listed.
```

如果想要进一步了解某个用户的详细信息，则可以使用 show-user 子命令，如下所示：

```
chunxiao@ubuntu:~$ loginctl show-user chunxiao
UID=1000
GID=1000
Name=chunxiao
Timestamp=Wed 2017-08-09 08:47:28 CST
TimestampMonotonic=300190667
RuntimePath=/run/user/1000
Service=user@1000.service
Slice=user-1000.slice
Display=c2
State=active
Sessions=c2
IdleHint=no
IdleSinceHint=0
IdleSinceHintMonotonic=0
Linger=no
```

loginctl 命令列出的仅仅是当前已登录用户，而非所有的系统用户。

8.5 目标

前面几节中，介绍了 systemd 的基本功能单位，即单元。启动计算机的时候，需要启动大量的单元。如果每一次启动，都要一一写明本次启动需要哪些单元，显然是非常麻烦的。目标就是 systemd 为了解决这个问题而提供的方案。本节将详细介绍 systemd 中的目标及其管理方法。

8.5.1 理解目标

简单地讲，目标（Target）就是一个单元组。目标中包含着许多功能相关的单元。启动目标时，systemd 就会启动目标中的所有的单元。因此，从这个意义上讲，目标的概念非常接近于"状态点"，启动某个目标就好比使得系统启动到某种状态。

在前面的内容中，我们介绍了传统的初始化程序，其中提到了运行级别的概念。目标与运行级别的作用很相似。但是，目标比运行级别更加先进。在传统的初始化程序中，运行级别是互斥的，用户不可能同时启动到多个运行级别。但是，多个目标却可以同时启动。表 8-3 列出了目标与传统的运行级别的对应关系。

 实际上，目标也是一种类型的 systemd 单元。

表 8-3　目标与运行级别的对应关系

运行级别	目标	符号链接目标	说明
0	runlevel0.target	/lib/systemd/system/poweroff.target	关闭系统
1	runlevel1.target	/lib/systemd/system/rescue.target	单用户模式
2	runlevel2.target	/lib/systemd/system/multi-user.target	用户自定义运行级别，通常识别为级别 3
3	runlevel3.target	/lib/systemd/system/multi-user.target	多用户，无图形界面。用户可以通过终端或网络登录
4	runlevel4.target	/lib/systemd/system/multi-user.target	多用户，无图形界面。用户可以通过终端或网络登录
5	runlevel5.target	/lib/systemd/system/graphical.target	多用户，图形界面。继承级别 3 的服务，并启动图形界面服务
6	runlevel6.target	/lib/systemd/system/reboot.target	重新启动

systemd 与传统的 init 初始化程序的具体区别如下：

（1）默认的运行级别被默认的目标取代。默认的运行级别在/etc/inittab 文件中设置，而默认的目标在/lib/systemd/system/default.target 中设置，通常符号链接到 graphical.target（图形界面）或者 multi-user.target（多用户命令行）。

（2）启动脚本的位置。以前是/etc/init.d 目录，符号链接到不同的运行级别目录，例如 /etc/rc3.d、/etc/rc5.d 等，现在则存放在/lib/systemd/system 和/etc/systemd/system 目录中。

（3）配置文件的位置。以前 init 进程的配置文件是/etc/inittab，各种服务的配置文件存放在/etc/sysconfig 目录。现在的配置文件主要存放在/lib/systemd 目录，在/etc/systemd 目录里面的修改可以覆盖原始设置。

由于目标也是一类特殊的单元，所以用户可以使用 list-units 命令来查看当前系统中的目标，如下所示：

```
root@ubuntu-server:~# systemctl list-units --type=target
UNIT                    LOAD    ACTIVE  SUB     DESCRIPTION
basic.target            loaded  active  active  Basic System
cryptsetup.target       loaded  active  active  Encrypted Volumes
getty.target            loaded  active  active  Login Prompts
graphical.target        loaded  active  active  Graphical Interface
local-fs-pre.target     loaded  active  active  Local File Systems (Pre)
local-fs.target         loaded  active  active  Local File Systems
multi-user.target       loaded  active  active  Multi-User System
network-online.target   loaded  active  active  Network is Online
network-pre.target      loaded  active  active  Network (Pre)
network.target          loaded  active  active  Network
nss-user-lookup.target  loaded  active  active  User and Group Name Lookups
paths.target            loaded  active  active  Paths
remote-fs.target        loaded  active  active  Remote File Systems
slices.target           loaded  active  active  Slices
sockets.target          loaded  active  active  Sockets
sound.target            loaded  active  active  Sound Card
swap.target             loaded  active  active  Swap
sysinit.target          loaded  active  active  System Initialization
time-sync.target        loaded  active  active  System Time Synchronized
timers.target           loaded  active  active  Timers
```

对于目标来说，其所包含的单元就是其对于其他单元的依赖。所以可以通过 list-dependencies 命令来查看某个目标包含的单元，如下所示：

```
root@ubuntu-server:~# systemctl list-dependencies multi-user.target
multi-user.target
● ├─anacron.service
● ├─apport.service
● ├─avahi-daemon.service
● ├─binfmt-support.service
● ├─cron.service
● ├─cups-browsed.service
● ├─cups.path
● ├─dbus.service
```

```
●  ├──dns-clean.service
●  ├──grub-common.service
●  ├──irqbalance.service
●  ├──ModemManager.service
●  ├──mysql.service
●  ├──networking.service
●  ├──NetworkManager.service
●  ├──ondemand.service
●  ├──openvpn.service
●  ├──plymouth-quit-wait.service
●  ├──plymouth-quit.service
●  ├──pppd-dns.service
...
```

上面的命令列出了 multi-user.target 目标所包含的单元。每个单元名称左侧的圆点代表了当前单元的状态，黑色为未启动单元，绿色为已启动单元。

此外，目标也有自己的单元文件。例如 multi-user.target 目标的单元文件的内容如下：

```
root@ubuntu-server:~# systemctl cat multi-user.target
# /lib/systemd/system/multi-user.target
# This file is part of systemd.
#
# systemd is free software; you can redistribute it and/or modify it
# under the terms of the GNU Lesser General Public License as published by
# the Free Software Foundation; either version 2.1 of the License, or
# (at your option) any later version.

[Unit]
Description=Multi-User System
Documentation=man:systemd.special(7)
Requires=basic.target
Conflicts=rescue.service rescue.target
After=basic.target rescue.service rescue.target
AllowIsolate=yes
```

从上面的内容可以得知，multi-user.target 依赖于 basic.target 目标，与 rescue.service 和 rescue.target 这 2 个单元冲突。

systemd 的目标是可以并行的，所以用户可以使用以下命令来查看当前系统中已经启动的目标：

```
root@ubuntu-server:~# systemctl list-units --state=active --type=target
UNIT                LOAD    ACTIVE  SUB     DESCRIPTION
basic.target        loaded  active  active  Basic System
cryptsetup.target   loaded  active  active  Encrypted Volumes
getty.target        loaded  active  active  Login Prompts
graphical.target    loaded  active  active  Graphical Interface
```

```
local-fs-pre.target      loaded  active  active  Local File Systems (Pre)
local-fs.target          loaded  active  active  Local File Systems
multi-user.target        loaded  active  active  Multi-User System
network-online.target    loaded  active  active  Network is Online
network-pre.target       loaded  active  active  Network (Pre)
network.target           loaded  active  active  Network
nss-user-lookup.target   loaded  active  active  User and Group Name Lookups
paths.target             loaded  active  active  Paths
remote-fs.target         loaded  active  active  Remote File Systems
slices.target            loaded  active  active  Slices
sockets.target           loaded  active  active  Sockets
sound.target             loaded  active  active  Sound Card
swap.target              loaded  active  active  Swap
sysinit.target           loaded  active  active  System Initialization
time-sync.target         loaded  active  active  System Time Synchronized
timers.target            loaded  active  active  Timers

LOAD   = Reflects whether the unit definition was properly loaded.
ACTIVE = The high-level unit activation state, i.e. generalization of SUB.
SUB    = The low-level unit activation state, values depend on unit type.

20 loaded units listed. Pass --all to see loaded but inactive units, too.
To show all installed unit files use 'systemctl list-unit-files'.
```

8.5.2　切换目标

　　目标与传统的运行级别不同，它们可以同时并存，所以实际上并不存在着切换到某个目标的情况。用户需要启动某个目标，只要使用 systemctl start 命令启动该目标即可。想要停止某个目标，则只需要使用 systemctl stop 命令停止该目标即可。一般情况下，启动或者停止某个目标不会影响到其他的目标或者无关的单元。

　　但是情况并不一定总是这样，例如用户需要启动单用户模式以进行系统维护。如果单独使用 systemctl start 命令，则尽管 rescue.target 被启动，但是其他的单元仍然在继续运行，无法进行系统维护。

　　systemctl 的 isolate 子命令的功能与传统的运行级别的切换非常相似。执行该命令之后，指定的单元及其依赖单元将会被启动；而其他的单元将会被立即停止。

　　例如，下面的命令将使当前的系统进入单纯的单用户状态：

```
chunxiao@ubuntu-server:~$ sudo systemctl isolate rescue.target
```

 使用 systemctl isolate 命令启动单元时，单元文件中必须有 AllowIsolate 选项。

225

8.5.3 默认目标

传统的初始化程序有默认级别的选项，即系统启动时会自动进入的运行级别。systemd 也提供了默认目标与之对应。用户可以通过 get-default 命令获取当前默认的目标，如下所示：

```
chunxiao@ubuntu-server:~$ systemctl get-default
graphical.target
```

而 /lib/systemd/system/default.target 符号链接也指向了默认的目标，如下所示：

```
chunxiao@ubuntu-server:~$ ls -l /lib/systemd/system/default.target
lrwxrwxrwx 1 root root 16 6月  21 23:33 /lib/systemd/system/default.target ->
graphical.target
```

下面的命令把当前系统默认的目标更改为 multi-user.target：

```
chunxiao@ubuntu-server:~$ sudo systemctl set-default multi-user.target
Created symlink /etc/systemd/system/default.target →
/lib/systemd/system/multi-user.target.
```

如果此时重启 Linux 系统，则会自动进入多用户的命令行模式，不再出现图形化的桌面环境。

8.6 日志管理

systemd 提供了自己的日志系统，称为 journal。使用 systemd 日志，无须额外安装日志服务。通过 systemd 日志，可以了解系统和各种单元的状态，对出现的问题进行诊断。本节将介绍 systemd 的日志管理方法。

8.6.1 读取日志

systemd 提供了 journalctl 命令来管理自身日志。该命令的功能非常多，其基本语法如下：

```
journalctl [option] [matches...]
```

常用的选项有：

- -a: 以完整格式显示日志。
- -f: 实时动态显示最新日志。
- -n: 显示指定行数的日志。
- -r: 按时间逆序显示日志。
- -o: 指定输出格式，可以是 short、short-full、export、json 以及 json-pretty 等值。
- -b: 查看系统本次启动的日志。
- -k: 仅仅查看内核日志。
- -u: 限制显示某个单元的日志。

- -S 和-U：通过时间限制日志范围。

如果没有为 journalctl 命令提供任何选项，则 journalctl 命令会显示所有的日志，如下所示：

```
chunxiao@ubuntu-server:~$ journalctl
-- Logs begin at Wed 2017-08-09 12:30:46 CST, end at Wed 2017-08-09 13:51:11
CST. --
    8月 09 12:30:46 ubuntu-server kernel: Linux version 4.10.0-30-generic
(buildd@lgw01-27) (gcc version 6.3.0 20170406 (Ubu
    8月 09 12:30:46 ubuntu-server kernel: Command line:
BOOT_IMAGE=/boot/vmlinuz-4.10.0-30-generic root=UUID=ec635309-c414-4
    8月 09 12:30:46 ubuntu-server kernel: KERNEL supported cpus:
    8月 09 12:30:46 ubuntu-server kernel:   Intel GenuineIntel
    8月 09 12:30:46 ubuntu-server kernel:   AMD AuthenticAMD
    8月 09 12:30:46 ubuntu-server kernel:   Centaur CentaurHauls
    8月 09 12:30:46 ubuntu-server kernel: x86/fpu: Supporting XSAVE feature 0x001:
'x87 floating point registers'
    8月 09 12:30:46 ubuntu-server kernel: x86/fpu: Supporting XSAVE feature 0x002:
'SSE registers'
    8月 09 12:30:46 ubuntu-server kernel: x86/fpu: Supporting XSAVE feature 0x004:
'AVX registers'
    ...
```

8.6.2　过滤输出

当日志条数非常多的时候，就需要对日志进行筛选，从中找到有用的日志。用户可以通过多种方式和条件来过滤 journalctl 的输出结果。

例如，下面的命令只显示系统内核的日志，不显示应用系统的日志：

```
chunxiao@ubuntu-server:~$ journalctl -k
-- Logs begin at Wed 2017-08-09 12:30:46 CST, end at Wed 2017-08-09 13:55:01
CST. --
    8月 09 12:30:46 ubuntu-server kernel: Linux version 4.10.0-30-generic
(buildd@lgw01-27) (gcc version 6.3.0 20170406 (Ubu
    8月 09 12:30:46 ubuntu-server kernel: Command line:
BOOT_IMAGE=/boot/vmlinuz-4.10.0-30-generic root=UUID=ec635309-c414-4
    8月 09 12:30:46 ubuntu-server kernel: KERNEL supported cpus:
    8月 09 12:30:46 ubuntu-server kernel:   Intel GenuineIntel
    8月 09 12:30:46 ubuntu-server kernel:   AMD AuthenticAMD
    8月 09 12:30:46 ubuntu-server kernel:   Centaur CentaurHauls
    8月 09 12:30:46 ubuntu-server kernel: x86/fpu: Supporting XSAVE feature 0x001:
'x87 floating point registers'
    8月 09 12:30:46 ubuntu-server kernel: x86/fpu: Supporting XSAVE feature 0x002:
'SSE registers'
    8月 09 12:30:46 ubuntu-server kernel: x86/fpu: Supporting XSAVE feature 0x004:
```

```
'AVX registers'
```

下面的命令从时间方面对日志输出进行限制，只显示 2017 年 8 月 9 日 14 点以后的日志：

```
chunxiao@ubuntu-server:~$ journalctl --since="2017-08-09 14:00:00"
-- Logs begin at Wed 2017-08-09 12:30:46 CST, end at Wed 2017-08-09 14:05:01
CST. --
   8月 09 14:05:01 ubuntu-server CRON[3407]: pam_unix(cron:session): session opened
for user root by (uid=0)
   8月 09 14:05:01 ubuntu-server CRON[3408]: (root) CMD (command -v debian-sa1 >
/dev/null && debian-sa1 1 1)
   8月 09 14:05:01 ubuntu-server CRON[3407]: pam_unix(cron:session): session closed
for user root
```

对于时间条件，journalctl 提供了许多灵活的规则，例如用户可以用 "20 minutes ago" 这个规则来限制输出的日志是从 20 分钟前开始的：

```
chunxiao@ubuntu-server:~$ journalctl --since="20 minutes ago"
-- Logs begin at Wed 2017-08-09 12:30:46 CST, end at Wed 2017-08-09 14:05:01
CST. --
   8月 09 13:49:58 ubuntu-server gnome-session[1806]: gnome-session-binary[1806]:
GLib-GIO-CRITICAL: g_dbus_connection_call
   8月 09 13:49:58 ubuntu-server gnome-session-binary[1806]: GLib-GIO-CRITICAL:
g_dbus_connection_call_internal: assertion
   8月 09 13:51:10 ubuntu-server gnome-session[1806]: gnome-session-binary[1806]:
GLib-GIO-CRITICAL: g_dbus_connection_call
   8月 09 13:51:10 ubuntu-server gnome-session-binary[1806]: GLib-GIO-CRITICAL:
g_dbus_connection_call_internal: assertion
   8月 09 13:51:11 ubuntu-server unity-panel-ser[2469]: menus_destroyed: assertion
'IS_WINDOW_MENU(wm)' failed
   8月 09 13:55:01 ubuntu-server CRON[3393]: pam_unix(cron:session): session opened
for user root by (uid=0)
   8月 09 13:55:01 ubuntu-server CRON[3394]: (root) CMD (command -v debian-sa1 >
/dev/null && debian-sa1 1 1)
   8月 09 13:55:01 ubuntu-server CRON[3393]: pam_unix(cron:session): session closed
for user root
   8月 09 14:05:01 ubuntu-server CRON[3407]: pam_unix(cron:session): session opened
for user root by (uid=0)
   8月 09 14:05:01 ubuntu-server CRON[3408]: (root) CMD (command -v debian-sa1 >
/dev/null && debian-sa1 1 1)
   8月 09 14:05:01 ubuntu-server CRON[3407]: pam_unix(cron:session): session closed
for user root
   …
```

甚至 journalctl 还提供了 yesterday 和 today 等关键词，分别表示昨天和今天。至于更加多样化的条件，读者可以参考其帮助手册。

从上面的例子可以看出，journalctl 的日志筛选功能非常强大。此处只介绍了部分选项，还有很多选项可以使用，请参考 journalctl 的帮助手册。

8.6.3　日志大小限制

systemd 的日志以文件的形式存储在文件系统中。随着使用时间的延长，日志也会越积越多，甚至会占满整个文件系统。作为系统管理员，必须经常查看日志文件占用磁盘空间的情况。通过含有--disk-usage 选项的 journalctl 命令可以了解日志文件的大小，如下所示：

```
chunxiao@ubuntu-server:~$ journalctl --disk-usage
Archived and active journals take up 4.9M in the file system.
```

通过上面的命令，可以得知目前 systemd 的归档日志和活动日志一共占用了 4.9MB 的磁盘空间。

systemd 的日志配置文件位于/etc/systemd/journald.conf，实际上是 systemd 的日志单元的服务配置文件。通过该配置文件，用户可以限制 systemd 的日志占用磁盘空间的最大值。

例如，下面的代码为某个 Ubuntu 系统中的/etc/systemd/journald.conf 的内容：

```
chunxiao@ubuntu:~$ more /etc/systemd/journald.conf
#  This file is part of systemd.
#
#  systemd is free software; you can redistribute it and/or modify it
#  under the terms of the GNU Lesser General Public License as published by
#  the Free Software Foundation; either version 2.1 of the License, or
#  (at your option) any later version.
#
# Entries in this file show the compile time defaults.
# You can change settings by editing this file.
# Defaults can be restored by simply deleting this file.
#
# See journald.conf(5) for details.

[Journal]
#Storage=auto
#Compress=yes
#Seal=yes
#SplitMode=uid
#SyncIntervalSec=5m
#RateLimitIntervalSec=30s
#RateLimitBurst=1000
#SystemMaxUse=
#SystemKeepFree=
#SystemMaxFileSize=
#SystemMaxFiles=100
#RuntimeMaxUse=
#RuntimeKeepFree=
#RuntimeMaxFileSize=
#RuntimeMaxFiles=100
#MaxRetentionSec=
```

```
#MaxFileSec=1month
#ForwardToSyslog=yes
#ForwardToKMsg=no
#ForwardToConsole=no
#ForwardToWall=yes
#TTYPath=/dev/console
#MaxLevelStore=debug
#MaxLevelSyslog=debug
#MaxLevelKMsg=notice
#MaxLevelConsole=info
#MaxLevelWall=emerg
```

可以发现，systemd 的日志服务包含了许多选项，其中 Storage 选项决定了 systemd 日志的存储方式。systemd 的日志可以位于/run/log/journal 和/var/log/journal 这 2 个目录中。如果 Storage 选项的值设置为 auto，则/var/log/journal 目录不会自动创建；如果 Storage 的值设置为 persistent，则表示优先保存在磁盘上，也就优先保存在/var/log/journal 目录中，/var/log/journal 目录将会被自动按需创建。用户可以使用 journalctl --flush 命令将/run/log/journal 目录中的日志同步到/var/log/journal 目录中。

SystemMaxUse、SystemMaxFileSize 等选项用来限制日志文件所占磁盘空间的大小，前者是指所有的日志文件所占的最大空间，而后者是指单个日志文件的最大值。这些选项值的单位可以是 KB、MB 以及 GB 等。

例如，下面的代码将日志文件所占磁盘空间限制为 2GB：

```
SystemMaxUse=2G
```

8.6.4　手动清理日志

由于 systemd 的日志存储在/var/log/journal 目录中，所以用户可以手动将该目录中的日志文件归档和清除。journalctl 也提供了 3 个与日志清理有关的选项，分别为--vacuum-size、--vacuum-time 和--vacuum-files。这 3 个选项分别从磁盘占用大小、日志时间以及日志文件数进行日志清理。

例如，下面的命令将日志占用磁盘的大小收缩为 500MB 以内：

```
chunxiao@ubuntu:/var/log/journal$ sudo journalctl --vacuum-size=500M
  Vacuuming done, freed 0B of archived journals from
/var/log/journal/f0d6c75de2c64fa187bb479df6ea709f.
```

下面的命令将清除 2 周前的日志：

```
chunxiao@ubuntu:/var/log/journal$ sudo journalctl --vacuum-time=2weeks
  Vacuuming done, freed 0B of archived journals from
/var/log/journal/f0d6c75de2c64fa187bb479df6ea709f.
```

8.7　进程管理

进程是 Linux 系统中重要的概念。各种服务都是以进程的形式存在于系统中的。有效的进程管理可以发现系统中耗时较多的进程,把重要的业务进程的优先级调高以及终止无效的进程等。本节将详细介绍 Linux 系统中的进程管理方法。

8.7.1　查询进程及其状态

所谓进程,是指 Linux 系统中处于运行状态的程序。进程管理是 Linux 系统的一个重要组成部分,负责管理和控制所有的动态过程和资源。

通常情况下,Linux 的进程分为系统进程和用户进程两大类。系统进程主要负责 Linux 系统的生成、管理、维护和控制,包括 init 进程。用户进程是指用户通过 Shell 命令行执行的进程。Linux 系统中的进程都是由初始化程序(例如 init 等)直接或者间接启动的。所以,初始化程序是所有进程的直接或者间接父进程。

每个进程都有一个系统赋予的进程标识,即进程 ID。此外,进程还与启动进程的用户相关联,每个进程还会拥有自己的父进程。

在 Linux 系统中,查询进程及其状态使用 ps 命令。该命令可以查询当前系统中所有活动进程的状态,例如进程的运行时间和资源占用情况等。

ps 命令的基本语法如下:

```
ps [options]
```

表 8-4 列出了 ps 命令的常用选项。

表 8-4　ps 命令常用选项

选项	说明
-a	显示系统中所有活动进程的当前状态,与终端无关联的进程除外
-A	显示系统中当前所有进程的状态,等同于-e
-e	显示系统中当前所有进程的状态
-f	显示每个进程的完整的信息
-l	显示每个进程的详细信息,起始时间除外
-g	显示与指定的用户组 ID 或者组名关联的进程
-p	显示指定进程 ID 的进程的信息
-u	显示与指定的用户 ID 或者用户名关联的进程

默认情况下,ps 命令显示当前用户自己的进程信息,如下所示:

```
chunxiao@ubuntu:~$ ps
    PID    TTY        TIME        CMD
    2335   pts/0      00:00:00    bash
    2535   pts/0      00:00:00    ps
```

如果想要了解更多的进程信息，可以使用其他的选项。-e 选项可以显示当前系统中的所有的进程，而-f选项则可以把每个进程的详细信息显示出来，如下所示：

```
chunxiao@ubuntu:~$ ps -ef
UID        PID       PPID      C    STIME      TTY         TIME          CMD
root       1         0         0    16:22      ?           00:00:01      /sbin/init splash
root       2         0         0    16:22      ?           00:00:00      [kthreadd]
root       4         2         0    16:22      ?           00:00:00      [kworker/0:0H]
root       6         2         0    16:22      ?           00:00:00      [ksoftirqd/0]
root       7         2         0    16:22      ?           00:00:00      [rcu_sched]
root       8         2         0    16:22      ?           00:00:00      [rcu_bh]
root       9         2         0    16:22      ?           00:00:00      [migration/0]
root       10        2         0    16:22      ?           00:00:00      [lru-add-drain]
…
```

从上面的输出结果可以得知，ps 命令同样也是分列显示其结果的。表 8-5 列出了 ps 输出结果中每个字段的含义。

表 8-5　ps命令输出字段

字段	说明
UID	进程所有者的有效用户 ID
PID	进程的进程 ID
PPID	父进程的进程 ID
C	进程生命周期的 CPU 的利用率（百分比），即进程实际利用 CPU 的时间除以进程整个生命周期的时长
STIME	进程的起始运行的时间。如果起始时间位于 24 小时以内，则以 HH:MM 的形式表示；如果超过了 24 小时，则以 MmmDD 的形式表示，其中 Mmm 表示月份，DD 表示天
TTY	控制终端。表示进程从哪个终端上运行。如果该字段的值为问号？，则表示该进程与任何的终端无关
TIME	进程迄今累计占用的 CPU 时间的总和，以 DD-]HH:MM:SS 的形式表示
CMD	进程对应的程序或者命令的名称
PRI	进程优先级，数值越大，表示进程的优先级越低
NI	进程优先级的 nice 调整值，其范围为-20~19，用于调整进程的优先级
ADDR	进程的内存地址
%CPU	进程迄今占用的 CPU 的时间相对于全部 CPU 时间的百分比
%MEM	进程当前占用的实际物理内存数量相对于系统全部物理内存数量的百分比
RSS	进程当前占用的物理内存的数量，单位为 KB
WCHAN	进程所等待事件的内存地址
SZ	虚拟内存用量
F	标识。1 为已经创建，但是尚未执行的进程，4 为用到超级用户特权的进程
S	进程状态码。S 表示因等待某一时间而处于休眠状态，进程可以中断；D 表示进程处于休眠状态，但是不能中断；R 表示进程正在运行；X 表示进程已经终止；Z 表示僵尸进程

除了 ps 命令之外，还有一个 pstree 命令可以以树状的形式显示进程之间的调用关系。该命令的基本语法如下：

```
pstree [options]
```

如果没指定作为根节点的进程 ID，则 pstree 命令从 systemd 进程开始显示，如下所示：

```
chunxiao@ubuntu-server:~$ pstree
systemd─┬─ModemManager─┬─{gdbus}
        │              └─{gmain}
        ├─NetworkManager─┬─dhclient
        │                ├─{gdbus}
        │                └─{gmain}
        ├─VBoxClient───VBoxClient───{SHCLIP}
        ├─VBoxClient───VBoxClient
        ├─VBoxClient───VBoxClient───{X11 events}
        ├─VBoxClient───VBoxClient─┬─{dndHGCM}
        │                         └─{dndX11}
        ├─VBoxService─┬─{automount}
        │             ├─{control}
        │             ├─{cpuhotplug}
        │             ├─{memballoon}
        │             ├─{timesync}
        │             ├─{vminfo}
        │             └─{vmstats}
...
```

如果指定了作为根节点的进程 ID，则从指定的进程开始显示，如下所示：

```
chunxiao@ubuntu-server:~$ pstree 2663
gvfs-mtp-volume─┬─{gdbus}
                └─{gmain}
```

通过-p 选项可以把进程 ID 显示出来，如下所示：

```
chunxiao@ubuntu-server:~$ pstree -p
systemd(1)─┬─ModemManager(789)─┬─{gdbus}(894)
           │                   └─{gmain}(892)
           ├─NetworkManager(775)─┬─dhclient(2883)
           │                     ├─{gdbus}(927)
           │                     └─{gmain}(925)
```

在上面的输出结果中，括号里面的数字为对应进程的进程 ID。

8.7.2　监控进程及系统资源

前面介绍的 ps 命令用来查询当前系统中的进程信息。实际上，ps 命令的执行结果是当前系统中的进程的一个快照，代表进程在某个时刻的状态，是一个静止的概念。然后，作为系统管理员，除了了解某个时刻的情况之外，还需要了解某段时间内的动态情况。这些动态情况，通过 ps 命令是无法获取的。

Linux 的 top 命令可以动态地监控进程以及其他的系统资源。该命令的语法比较简单，直接在命令行输入 top 即可：

```
chunxiao@ubuntu-server:~$ top
```

top 的主界面如图 8-6 所示。默认情况下，top 命令会根据 CPU 的占用情况列出前面的几个进程，然后每 3 秒刷新一次界面。用户可以通过-d 选项来更改这个刷新的间隔，时间单位为秒。

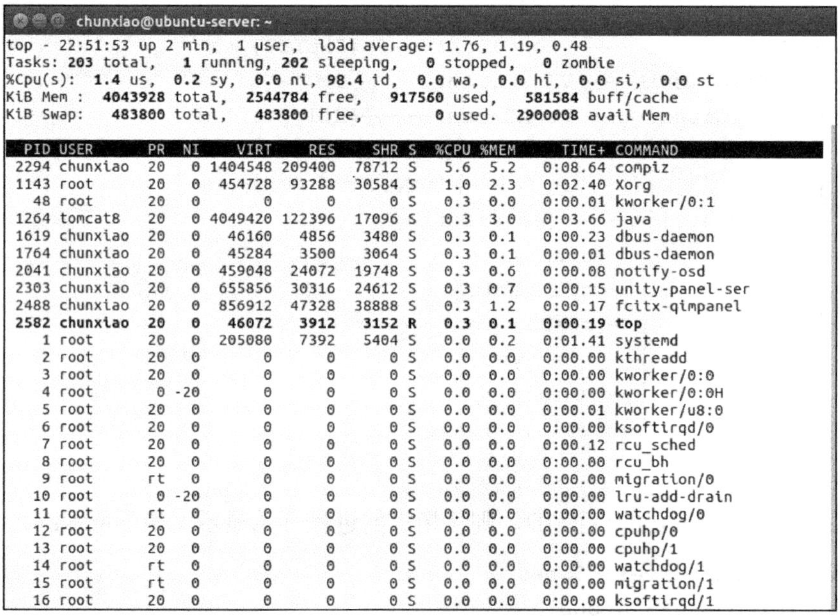

```
chunxiao@ubuntu-server: ~
top - 22:51:53 up 2 min,  1 user,  load average: 1.76, 1.19, 0.48
Tasks: 203 total,   1 running, 202 sleeping,   0 stopped,   0 zombie
%Cpu(s):  1.4 us,  0.2 sy,  0.0 ni, 98.4 id,  0.0 wa,  0.0 hi,  0.0 si,  0.0 st
KiB Mem :  4043928 total,  2544784 free,   917560 used,   581584 buff/cache
KiB Swap:   483800 total,   483800 free,        0 used.  2900008 avail Mem

  PID USER      PR  NI    VIRT    RES    SHR S  %CPU %MEM     TIME+ COMMAND
 2294 chunxiao  20   0 1404548 209400  78712 S   5.6  5.2   0:08.64 compiz
 1143 root      20   0  454728  93288  30584 S   1.0  2.3   0:02.40 Xorg
   48 root      20   0       0      0      0 S   0.3  0.0   0:00.01 kworker/0:1
 1264 tomcat8   20   0 4049420 122396  17096 S   0.3  3.0   0:03.66 java
 1619 chunxiao  20   0   46160   4856   3480 S   0.3  0.1   0:00.23 dbus-daemon
 1764 chunxiao  20   0   45284   3500   3064 S   0.3  0.1   0:00.01 dbus-daemon
 2041 chunxiao  20   0  459048  24072  19748 S   0.3  0.6   0:00.08 notify-osd
 2303 chunxiao  20   0  655856  30316  24612 S   0.3  0.7   0:00.15 unity-panel-ser
 2488 chunxiao  20   0  856912  47328  38888 S   0.3  1.2   0:00.17 fcitx-qimpanel
 2582 chunxiao  20   0   46072   3912   3152 R   0.3  0.1   0:00.19 top
    1 root      20   0  205080   7392   5404 S   0.0  0.2   0:01.41 systemd
    2 root      20   0       0      0      0 S   0.0  0.0   0:00.00 kthreadd
    3 root      20   0       0      0      0 S   0.0  0.0   0:00.00 kworker/0:0
    4 root       0 -20       0      0      0 S   0.0  0.0   0:00.00 kworker/0:0H
    5 root      20   0       0      0      0 S   0.0  0.0   0:00.01 kworker/u8:0
    6 root      20   0       0      0      0 S   0.0  0.0   0:00.00 ksoftirqd/0
    7 root      20   0       0      0      0 S   0.0  0.0   0:00.12 rcu_sched
    8 root      20   0       0      0      0 S   0.0  0.0   0:00.00 rcu_bh
    9 root      rt   0       0      0      0 S   0.0  0.0   0:00.00 migration/0
   10 root       0 -20       0      0      0 S   0.0  0.0   0:00.00 lru-add-drain
   11 root      rt   0       0      0      0 S   0.0  0.0   0:00.00 watchdog/0
   12 root      20   0       0      0      0 S   0.0  0.0   0:00.00 cpuhp/0
   13 root      20   0       0      0      0 S   0.0  0.0   0:00.00 cpuhp/1
   14 root      rt   0       0      0      0 S   0.0  0.0   0:00.00 watchdog/1
   15 root      rt   0       0      0      0 S   0.0  0.0   0:00.00 migration/1
   16 root      20   0       0      0      0 S   0.0  0.0   0:00.00 ksoftirqd/1
```

图 8-6　top 主界面

top 命令主界面的上半部分为系统运行状态的概况。第 1 行的内容从左到右依次为当前的系统时间、系统自启动以来的累计运行时间、登录到系统中的当前用户数以及系统的 3 个平均负载值，分别为 1 分钟、5 分钟以及 15 分钟的负载情况。

第 2 行是进程的概况，从左到右依次为系统现有的进程的总数、处于运行状态的进程数量、处于休眠状态的进程的数量、暂停运行的进程的数量以及僵尸进程的数量。

第 3 行是对 CPU 工作状态的分析统计，从左到右依次为 CPU 处于用户模式、系统模式、空闲状态、等待 I/O 状态、处理硬件中断以及处理软件中断所占的百分比。

第 4 行是内存使用情况的分类统计，从左到右依次为系统配置的物理内存的数量、空闲内存的数量、已用内存的数量以及用作缓冲区的内存的数量。

第 5 行是交换分区使用情况的统计，从左到右依次为系统总的交换分区的大小、空闲交换分区的大小、已有交换分区的大小以及用作缓冲区的交换分区的大小等。

top 命令主界面的下半部分为各个进程的详细信息。表 8-6 列出了 top 命令中各个字段的含义。

表 8-6 top 命令输出结果的字段含义

字段	含义
PID	进程 ID
USER	进程所有者
PR	进程优先级
NI	进程优先级的 nice 调整值，其范围为-20~19，用于调整进程的优先级
VIRT	进程使用的虚拟内存的数量
RES	进程占用的基本物理内存的数量
SHR	进程占用的共享内存的数量
S	进程当前的状态，可以取 D、R、S、T 或者 Z 等值
%CPU	进程占用 CPU 的百分比。默认情况下，top 命令据此降序排列进程
%MEM	进程占用物理内存的百分比
TIME+	进程累计占用的 CPU 时间
COMMAND	进程所执行的命令

在 top 命令中，字段 S 表示进程的状态。S 字段可以是以下值：

● D：进程处于不可中断的休眠状态。

● R：进程已经运行，或者已经处于运行队列，一旦调度即可运行。

● S：进程因等待外部事件的完成而处于休眠状态。

● T：进程因跟踪调试或者因收到某个信号而暂时停止运行。

● Z：进程已经终止，但是其父进程未完成善后工作。

按 b 键，可以把当前状态为 R 的进程反相显示，如图 8-7 所示。

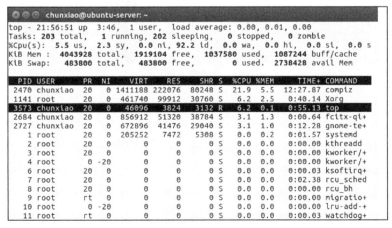

图 8-7 反相显示处于运行状态的进程

默认情况下，top 命令以%CPU（进程占用 CPU 的百分比）为标准对进程列表进行排序。

并且，每 3 秒钟刷新一次所有的数据。按 x 键，可以反相显示排序字段，如图 8-8 所示。

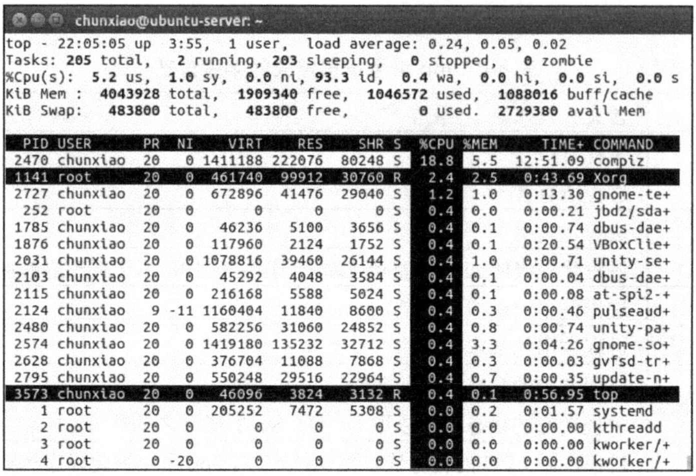

```
chunxiao@ubuntu-server: ~
top - 22:05:05 up  3:55,  1 user,  load average: 0.24, 0.05, 0.02
Tasks: 205 total,   2 running, 203 sleeping,   0 stopped,   0 zombie
%Cpu(s):  5.2 us,  1.0 sy,  0.0 ni, 93.3 id,  0.4 wa,  0.0 hi,  0.0 si,  0.0 s
KiB Mem :  4043928 total,  1909340 free,  1046572 used,  1088016 buff/cache
KiB Swap:   483800 total,   483800 free,        0 used.  2729380 avail Mem

  PID USER      PR  NI    VIRT    RES    SHR S %CPU %MEM     TIME+ COMMAND
 2470 chunxiao  20   0 1411188 222076  80248 S 18.8  5.5  12:51.09 compiz
 1141 root      20   0  461740  99912  30760 R  2.4  2.5   0:43.69 Xorg
 2727 chunxiao  20   0  672896  41476  29040 S  1.2  1.0   0:13.30 gnome-te+
  252 root      20   0       0      0      0 S  0.4  0.0   0:00.21 jbd2/sda+
 1785 chunxiao  20   0   46236   5100   3656 S  0.4  0.1   0:00.74 dbus-dae+
 1876 chunxiao  20   0  117960   2124   1752 S  0.4  0.1   0:20.54 VBoxClie+
 2031 chunxiao  20   0 1078816  39460  26144 S  0.4  1.0   0:00.71 unity-se+
 2103 chunxiao  20   0   45292   4048   3584 S  0.4  0.1   0:00.04 dbus-dae+
 2115 chunxiao  20   0  216168   5588   5024 S  0.4  0.1   0:00.08 at-spi2-+
 2124 chunxiao   9 -11 1160404  11840   8600 S  0.4  0.3   0:00.46 pulseaud+
 2480 chunxiao  20   0  582256  31060  24852 S  0.4  0.8   0:00.74 unity-pa+
 2574 chunxiao  20   0 1419180 135232  32712 S  0.4  3.3   0:04.26 gnome-so+
 2628 chunxiao  20   0  376704  11088   7868 S  0.4  0.3   0:00.03 gvfsd-tr+
 2795 chunxiao  20   0  550248  29516  22964 S  0.4  0.7   0:00.35 update-n+
 3573 chunxiao  20   0   46096   3824   3132 R  0.4  0.1   0:56.95 top
    1 root      20   0  205252   7472   5308 S  0.0  0.2   0:01.57 systemd
    2 root      20   0       0      0      0 S  0.0  0.0   0:00.00 kthreadd
    3 root      20   0       0      0      0 S  0.0  0.0   0:00.00 kworker/+
    4 root       0 -20       0      0      0 S  0.0  0.0   0:00.00 kworker/+
```

图 8-8　反相显示排序字段

按 Shift+>或者 Shift+<组合键，可以换向右或者向左改变当前的排序字段，如图 8-9 所示。

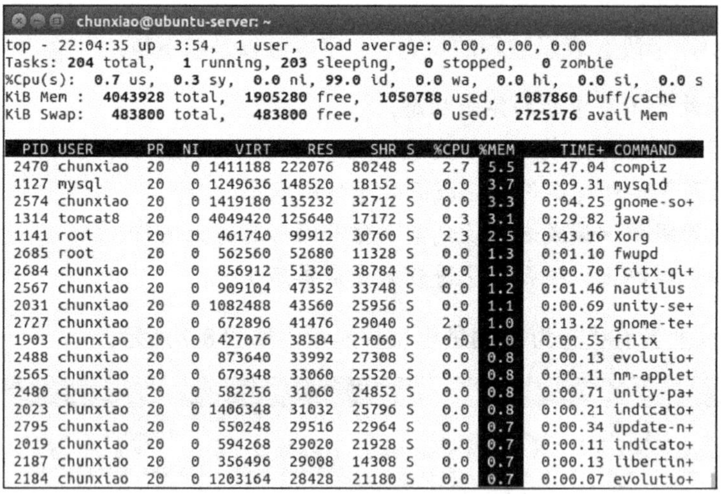

```
chunxiao@ubuntu-server: ~
top - 22:04:35 up  3:54,  1 user,  load average: 0.00, 0.00, 0.00
Tasks: 204 total,   1 running, 203 sleeping,   0 stopped,   0 zombie
%Cpu(s):  0.7 us,  0.3 sy,  0.0 ni, 99.0 id,  0.0 wa,  0.0 hi,  0.0 si,  0.0 s
KiB Mem :  4043928 total,  1905280 free,  1050788 used,  1087860 buff/cache
KiB Swap:   483800 total,   483800 free,        0 used.  2725176 avail Mem

  PID USER      PR  NI    VIRT    RES    SHR S  %CPU %MEM     TIME+ COMMAND
 2470 chunxiao  20   0 1411188 222076  80248 S   2.7  5.5  12:47.04 compiz
 1127 mysql     20   0 1249636 148520  18152 S   0.0  3.7   0:09.31 mysqld
 2574 chunxiao  20   0 1419180 135232  32712 S   0.0  3.3   0:04.25 gnome-so+
 1314 tomcat8   20   0 4049420 125640  17172 S   0.3  3.1   0:29.82 java
 1141 root      20   0  461740  99912  30760 S   2.3  2.5   0:43.16 Xorg
 2685 root      20   0  562560  52680  11328 S   0.0  1.3   0:01.10 fwupd
 2684 chunxiao  20   0  856912  51320  38784 S   0.0  1.3   0:00.70 fcitx-qi+
 2567 chunxiao  20   0  909104  47352  33748 S   0.0  1.2   0:01.46 nautilus
 2031 chunxiao  20   0 1082488  43560  25956 S   0.0  1.1   0:00.69 unity-se+
 2727 chunxiao  20   0  672896  41476  29040 S   2.0  1.0   0:13.22 gnome-te+
 1903 chunxiao  20   0  427076  38584  21060 S   0.0  1.0   0:00.55 fcitx
 2488 chunxiao  20   0  873640  33992  27308 S   0.0  0.8   0:00.13 evolutio+
 2565 chunxiao  20   0  679348  33060  25520 S   0.0  0.8   0:00.11 nm-applet
 2480 chunxiao  20   0  582256  31060  24852 S   0.0  0.8   0:00.71 unity-pa+
 2023 chunxiao  20   0 1406348  31032  25796 S   0.0  0.8   0:00.21 indicato+
 2795 chunxiao  20   0  550248  29516  22964 S   0.0  0.7   0:00.34 update-n+
 2019 chunxiao  20   0  594268  29020  21928 S   0.0  0.7   0:00.11 indicato+
 2187 chunxiao  20   0  356496  29008  14308 S   0.0  0.7   0:00.13 libertin+
 2184 chunxiao  20   0 1203164  28428  21180 S   0.0  0.7   0:00.07 evolutio+
```

图 8-9　改变排序字段

实际上 top 命令还可以显示更多的字段，在 top 主界面按 f 键会切换到字段管理视图，如图 8-10 所示。

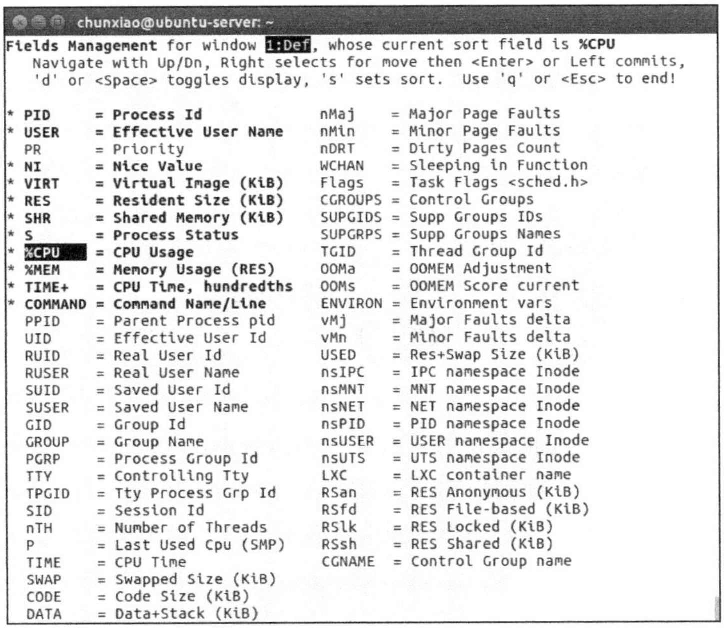

```
chunxiao@ubuntu-server: ~
Fields Management for window 1:Def, whose current sort field is %CPU
   Navigate with Up/Dn, Right selects for move then <Enter> or Left commits,
   'd' or <Space> toggles display, 's' sets sort.  Use 'q' or <Esc> to end!
* PID     = Process Id          nMaj    = Major Page Faults
* USER    = Effective User Name  nMin    = Minor Page Faults
  PR      = Priority             nDRT    = Dirty Pages Count
* NI      = Nice Value           WCHAN   = Sleeping in Function
* VIRT    = Virtual Image (KiB)  Flags   = Task Flags <sched.h>
* RES     = Resident Size (KiB)  CGROUPS = Control Groups
* SHR     = Shared Memory (KiB)  SUPGIDS = Supp Groups IDs
* S       = Process Status       SUPGRPS = Supp Groups Names
* %CPU    = CPU Usage            TGID    = Thread Group Id
* %MEM    = Memory Usage (RES)   OOMa    = OOMEM Adjustment
* TIME+   = CPU Time, hundredths OOMs    = OOMEM Score current
* COMMAND = Command Name/Line    ENVIRON = Environment vars
  PPID    = Parent Process pid   vMj     = Major Faults delta
  UID     = Effective User Id    vMn     = Minor Faults delta
  RUID    = Real User Id         USED    = Res+Swap Size (KiB)
  RUSER   = Real User Name       nsIPC   = IPC namespace Inode
  SUID    = Saved User Id        nsMNT   = MNT namespace Inode
  SUSER   = Saved User Name      nsNET   = NET namespace Inode
  GID     = Group Id             nsPID   = PID namespace Inode
  GROUP   = Group Name           nsUSER  = USER namespace Inode
  PGRP    = Process Group Id     nsUTS   = UTS namespace Inode
  TTY     = Controlling Tty      LXC     = LXC container name
  TPGID   = Tty Process Grp Id   RSan    = RES Anonymous (KiB)
  SID     = Session Id           RSfd    = RES File-based (KiB)
  nTH     = Number of Threads    RSlk    = RES Locked (KiB)
  P       = Last Used Cpu (SMP)  RSsh    = RES Shared (KiB)
  TIME    = CPU Time             CGNAME  = Control Group name
  SWAP    = Swapped Size (KiB)
  CODE    = Code Size (KiB)
  DATA    = Data+Stack (KiB)
```

图 8-10　top 字段管理视图

图 8-9 中列出了 top 的所有字段。在上面的字段列表中，字段名称左侧有星号的表示该字段显示在 top 命令的主界面中。用户可以通过上下箭头键移动到某个字段上面，然后按空格键，以显示或者取消显示该字段。也可以按 s 键使得 top 主界面中的进程列表以该字段为标准排序。设置完成之后，按 Esc 键返回到的主界面。

进入 top 命令之后，主界面便以 3 秒的时间间隔刷新数据，用户可以改变这个时间间隔。方法是在主界面中按 d 键，在运行概况区的底部便出现一行命令提示符，如图 8-11 所示。

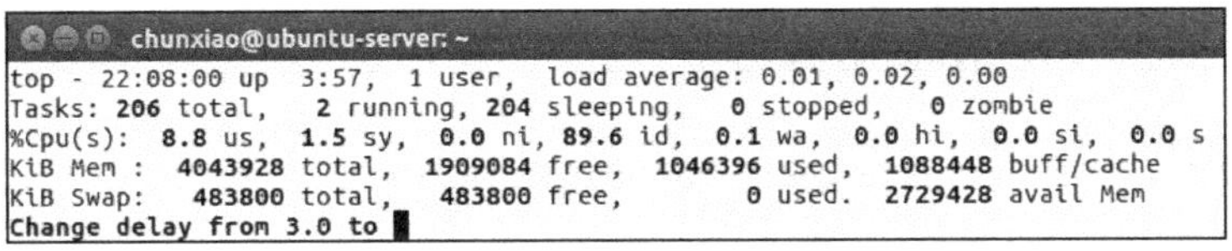

```
chunxiao@ubuntu-server: ~
top - 22:08:00 up  3:57,  1 user,  load average: 0.01, 0.02, 0.00
Tasks: 206 total,   2 running, 204 sleeping,   0 stopped,   0 zombie
%Cpu(s):  8.8 us,  1.5 sy,  0.0 ni, 89.6 id,  0.1 wa,  0.0 hi,  0.0 si,  0.0 s
KiB Mem : 4043928 total, 1909084 free, 1046396 used, 1088448 buff/cache
KiB Swap:  483800 total,  483800 free,        0 used. 2729428 avail Mem
Change delay from 3.0 to
```

图 8-11　top 命令提示符

用户可以在光标处输入一个数字作为新的时间间隔，然后按回车键即可生效。

如果用户的电脑有多个 CPU，则按数字 1 键，可以把多个 CPU 的统计数据显示出来，如图 8-12 所示。

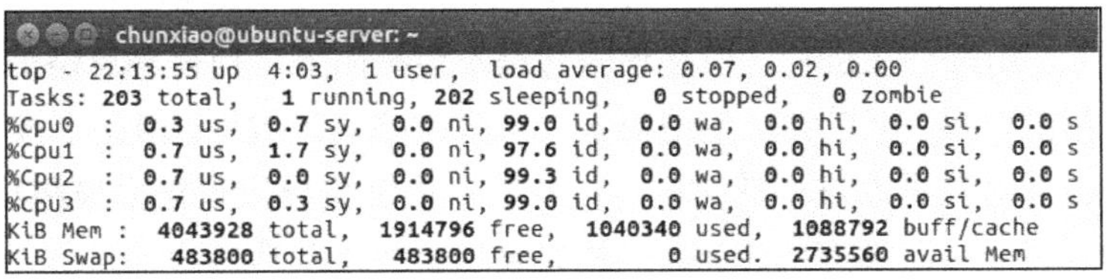

```
chunxiao@ubuntu-server: ~
top - 22:13:55 up  4:03,  1 user,  load average: 0.07, 0.02, 0.00
Tasks: 203 total,   1 running, 202 sleeping,   0 stopped,   0 zombie
%Cpu0 :  0.3 us,  0.7 sy,  0.0 ni, 99.0 id,  0.0 wa,  0.0 hi,  0.0 si,  0.0 s
%Cpu1 :  0.7 us,  1.7 sy,  0.0 ni, 97.6 id,  0.0 wa,  0.0 hi,  0.0 si,  0.0 s
%Cpu2 :  0.7 us,  0.0 sy,  0.0 ni, 99.3 id,  0.0 wa,  0.0 hi,  0.0 si,  0.0 s
%Cpu3 :  0.7 us,  0.3 sy,  0.0 ni, 99.0 id,  0.0 wa,  0.0 hi,  0.0 si,  0.0 s
KiB Mem : 4043928 total, 1914796 free, 1040340 used, 1088792 buff/cache
KiB Swap:  483800 total,  483800 free,        0 used. 2735560 avail Mem
```

图 8-12　多个 CPU 统计信息

如果用户想要退出 top 命令主界面，可以按 q 键。

8.7.3 终止进程

在许多情况下，用户需要手工终止某个进程。其中的原因比较多，例如某个进程运行时间过长，某个进程无法自己停止或者某个进程陷入死循环无法退出等。

在 Linux 系统中，终止某个进程需要使用 kill 命令，该命令的基本语法如下：

```
kill [options] <pid>
```

实际上，kill 命令的功能是向某个进程发送一个信号。其中 options 表示选项，这个选项通常是一个信号。pid 参数为目标进程的进程 ID。

Linux 系统支持很多信号，用户可以通过 kill 显示出来，如下所示：

```
chunxiao@ubuntu-server:~$ kill -l
 1) SIGHUP     2) SIGINT   3) SIGQUIT 4) SIGILL   5) SIGTRAP
 6) SIGABRT    7) SIGBUS   8) SIGFPE   9) SIGKILL 10) SIGUSR1
11) SIGSEGV 12) SIGUSR2 13) SIGPIPE 14) SIGALRM 15) SIGTERM
16) SIGSTKFLT   17) SIGCHLD 18) SIGCONT 19) SIGSTOP 20) SIGTSTP
21) SIGTTIN 22) SIGTTOU 23) SIGURG  24) SIGXCPU 25) SIGXFSZ
26) SIGVTALRM 27) SIGPROF 28) SIGWINCH   29) SIGIO   30) SIGPWR
31) SIGSYS  34) SIGRTMIN    35) SIGRTMIN+1 36) SIGRTMIN+2  37) SIGRTMIN+3
38) SIGRTMIN+4 39) SIGRTMIN+5 40) SIGRTMIN+6 41) SIGRTMIN+7 42)
SIGRTMIN+8
43) SIGRTMIN+9 44) SIGRTMIN+10 45) SIGRTMIN+11 46) SIGRTMIN+12 47)
SIGRTMIN+13
48) SIGRTMIN+14 49) SIGRTMIN+15 50) SIGRTMAX-14 51) SIGRTMAX-13 52)
SIGRTMAX-12
53) SIGRTMAX-11 54) SIGRTMAX-10 55) SIGRTMAX-9  56) SIGRTMAX-8  57)
SIGRTMAX-7
58) SIGRTMAX-6  59) SIGRTMAX-5 60) SIGRTMAX-4 61) SIGRTMAX-3 62)
SIGRTMAX-2
63) SIGRTMAX-1  64) SIGRTMAX
```

在上面的命令中，-l 选项表示罗列所有的信号。在使用 kill 命令发送信号时，如果没有指定要发送的信号，则默认为 15，即 SIGTERM。该信号可以用来终止某个进程。信号 9，即 SIGKILL，同样也是用来终止进程，但是该信号是不能被阻塞、捕获和忽略的。因此，用户在遇到无法终止进程的时候，可以尝试使用信号 9 来强制终止该进程；但是不推荐用户经常使用该信号，尤其是在针对数据库进程的时候，强制终止通常会导致数据丢失和数据库故障。

普通用户可以终止自己拥有的进程，但是如果想要终止其他用户的进程，则需要超级用户权限。

kill 命令接受一个信号值和一个进程 ID 作为参数。因此，在终止进程之前，需要首先得知相应的进程 ID。前面已经介绍过，获取进程 ID 可以使用 ps 命令，如下所示：

```
chunxiao@ubuntu-server:~$ ps -ef|grep apache2
root      21988    1     0 18:04    ?          00:00:00 /usr/sbin/apache2 -k
start
www-data  21993  21988   0 18:04    ?          00:00:00 /usr/sbin/apache2 -k
start
www-data  21994  21988   0 18:04    ?          00:00:00 /usr/sbin/apache2 -k
start
chunxiao       22052  21858   0 18:04    pts/0         00:00:00 grep
--color=auto apache2
```

通过上面的命令，可以得知当前一共有 3 个 **apache2** 进程。第 2 列为 **apache2** 的进程 ID，分别为 21988、21993 和 21994。

> 上述结果的最后一行是我们刚才输入的 grep 命令，而非原有进程。

8.7.4　调整进程优先级

通常情况下，进程的优先级是由系统的进程调度程序决定的；但是，用户可以根据自己的实际需求来调整进程的优先级。

在 Linux 系统中，用户可以通过 2 个命令来调整进程的优先级，分别为 nice 和 renice。前者用于以指定的优先级启动某个程序，而后者则是调整已经存在的进程的优先级。

nice 命令的基本语法如下：

```
nice [option] [command]
```

nice 命令常用的选项只有一个，即-n。该选项用来指定进程的优先级，为一整数值。command 参数为要启动的程序。

通过增加 nice 值，可以降低一个进程的优先级；而减少 nice 值，可以提高进程的优先级。普通用户只能降低进程的优先级，而超级用户则可以提高进程的优先级。这个限制主要是为了防止某些用户擅自增加自己的进程的优先级，因此可以无限制地占用共享 CPU 的时间。对于超级用户来说，nice 值的范围为-20~19；而对于普通用户来说，nice 值的范围为 0~19。如果没有指定 nice 值，则默认值为 10。

降低进程优先级通常用在归档文件的场合。通常来说，归档文件需要花费大量的时间。所以为了避免归档程序占用了太多的 CPU 时间，可以增加 nice 值以降低进程的优先级。

例如，下面的 tar 命令归档当前目录中的所有的文件和子目录，并且以较低的优先级运行：

```
chunxiao@ubuntu-server:~$ nice -12 tar -cvf  doc.tar .
```

提高优先级则通常用在某些关键业务上面。为了避免其他的进程抢占 CPU 时间而影响业务，则可以通过减少 nice 值来提高进程的优先级。

如果想修改正在运行的进程的优先级，则需要使用 renice 命令。该命令的基本语法如下：

```
renice [-n] priority [-g|-p|-u] identifier...
```

在上面的命令中-n 选项用来指定新的优先级，priority 为新的 nice 值，其中-n 可以省略。-g 选项指定进程的组 ID，-p 选项则指定进程 ID，-u 选项指定进程的拥有者，identifier 参数为组 ID、进程 ID 或者用户名。

例如，下面的命令将进程 ID 为 22856 的进程的 nice 值设置为 1，降低进程的优先级：

```
chunxiao@ubuntu-server:~$ sudo renice +1 -p 22856
```

第 9 章

软件包管理

为了帮助用户管理软件包，Ubuntu 系统中提供多个软件包管理工具。本章主要介绍 Ubuntu 中的软件包管理工具的使用方法，讨论如何利用这些工具来安装、更新、删除、升级以及查询软件包。

本章主要涉及的知识点有：

- 软件包管理概述：主要介绍 Ubuntu 中的软件管理的基本概念以及常见的软件包管理工具。
- apt-get 命令：介绍如何利用 apt-get 命令来管理软件包，包括查询、安装、重新安装以及删除等。
- apt 命令：介绍如何利用 apt 命令来管理软件包。
- dpkg 命令：主要介绍 dpkg 命令的使用方法。
- aptitude 命令：主要介绍 aptitude 命令的使用方法以及如何利用图形化的 aptitude 来管理软件包。
- synaptic：主要介绍 APT 的图形化工具 synaptic 的使用方法。

9.1 软件包管理概述

整个 Linux 系统就是由大大小小的各种软件包构成的。因此，在 Linux 系统中，软件包的管理非常重要。与其他的操作系统不同，Linux 系统的软件包管理比较复杂，有时还需要处理软件包之间的冲突。所以，初学者首先应该全面了解 Linux 的软件管理的基本情况，才能进一步地学习后面的内容。

本节首先介绍 Ubuntu 中的软件包管理的几个基本概念，然后对一些优秀的软件包管理工具进行简要介绍。

9.1.1 软件包管理基本概念

下面首先介绍 Linux 系统的软件管理中的几个非常重要的概念，分别是软件包、软件仓储以及软件包之间的相互依赖。

1. 软件包

在 Linux 系统中，所有的软件和文档都是以软件包的形式提供的。软件包主要有两种形式，分别是二进制软件包和源代码软件包。前者主要用于封装可执行程序、相关的文档以及配置文件等，后者则包含软件包的源代码以及生成二进制软件包的方法等。

通常情况下，二进制软件包是用户最常使用的软件包形式。实际上，二进制软件包是一种压缩形式的文件，里面包含可执行文件、配置文件、文档资料、产品说明以及版本等信息。通过这些信息，用户可以非常方便地安装、更新、升级以及删除软件。用户可以通过 dpkg 等命令来查看软件包所包含的文件列表，将在后面详细介绍。

不同的 Linux 发行版有不同的软件包管理工具，同时也会有不同格式的软件包。在 Ubuntu 系统中，常见的软件包格式有以下 3 种：

- DEB 格式：该格式是 Debian 及其派生出来的 Linux 发行版主要支持的标准软件包格式，包括 Ubuntu，其扩展名为.deb。Ubuntu 软件仓储中的软件包均以该格式提供。apt、apt-get、aptitude 以及 synaptic 等软件包管理工具均支持该格式。
- RPM：该格式是 RedHat 及其派生的 Linux 发行版支持的标准软件包格式。用户可以通过 rpmd 等命令来管理该类型软件包。
- Tarball：该格式实际上是由 tar 和其他的压缩命令生成的一类压缩包。大部分的源代码形式的软件包都是以 Tarball 格式提供。用户需要首先将包中的文件释放出来，然后再根据其中提供的说明文件进行安装。

为了保证软件包来源的合法性，软件包中包含数字签名。

2. 软件仓储

通常情况下，软件仓储是一组网站，其中提供了按照一定组织形式存储的软件包以及索引文件。软件包管理工具可以根据用户的需求连接到软件仓储服务器，搜索或者下载某个软件包。

Ubuntu 的软件仓储大体上可以分为 4 种类型：

- Main：Ubuntu 官方提供的软件包，也是 Ubuntu 系统基本的软件包。
- Restricted：Ubuntu 支持的，但是没有自由软件版权的软件包。
- Universe：由 Ubuntu 社区维护，Ubuntu 不提供官方支持的软件包。
- Multiverse：非自由软件。

3. 软件包之间的相互依赖

尽管一个软件包是一个相对独立的功能组合，但是软件包中的软件却不可避免地依赖于其他软件包的支持，这其中主要是对底层库文件的依赖。

有了软件包管理工具，用户就不需要人工处理这些依赖关系。在安装软件包时，apt-get、

apt 以及 aptitude 等软件包管理工具会自动判断要安装的软件包与其他的软件包的依赖关系，并且会自动安装或者更新所要的软件包。

9.1.2　软件包管理工具

正如前面介绍过的，在 Linux 系统中存在着多种格式的软件包，同时也存在着各种各样的 Linux 发行版，因此也产生出多种软件包管理工具。但是，从大体上讲，这些软件包管理工具的功能是类似的，都包括软件包的安装、更新、升级以及删除等基本的功能。

在 Ubuntu 系统中，用户经常利用的软件包管理工具主要有 4 种，分别为 APT、aptitude 以及 synaptic。

1. APT

APT 是一个通用的综合软件包管理工具。**apt-get** 和 **apt** 是 APT 提供的前端软件包管理命令。

在 Ubuntu 系统中，APT 的配置文件位于/etc/apt 目录中，如下所示：

```
chunxiao@ubuntu:~$ ls -l /etc/apt
总用量 20
drwxr-xr-x   2   root   root       4096    8月   4 09:54   apt.conf.d
drwxr-xr-x   2   root   root       4096    4月   2 03:39   preferences.d
-rw-rw-r--   1   root   root       2873    6月  17 08:46   sources.list
drwxr-xr-x   2   root   root       4096    4月   2 03:39   sources.list.d
drwxr-xr-x   2   root   root       4096    4月  12 11:08   trusted.gpg.d
```

在上面的输出中，/etc/apt/apt.conf.d 目录中存储了主要的配置文件，sources.list 文件保存了当前 Ubuntu 系统的软件仓储的信息，如下所示：

```
chunxiao@ubuntu:~$ more /etc/apt/sources.list
#deb cdrom:[Ubuntu 17.04 _Zesty Zapus_ - Release amd64 (20170412)]/ zesty main
restricted

# See http://help.ubuntu.com/community/UpgradeNotes for how to upgrade to
# newer versions of the distribution.
deb http://cn.archive.ubuntu.com/ubuntu/ zesty main restricted
# deb-src http://cn.archive.ubuntu.com/ubuntu/ zesty main restricted

## Major bug fix updates produced after the final release of the
## distribution.
deb http://cn.archive.ubuntu.com/ubuntu/ zesty-updates main restricted
# deb-src http://cn.archive.ubuntu.com/ubuntu/ zesty-updates main restricted

## N.B. software from this repository is ENTIRELY UNSUPPORTED by the Ubuntu
## team. Also, please note that software in universe WILL NOT receive any
## review or updates from the Ubuntu security team.
deb http://cn.archive.ubuntu.com/ubuntu/ zesty universe
```

```
# deb-src http://cn.archive.ubuntu.com/ubuntu/ zesty universe
deb http://cn.archive.ubuntu.com/ubuntu/ zesty-updates universe
# deb-src http://cn.archive.ubuntu.com/ubuntu/ zesty-updates universe
...
```

每个软件仓储都包含说明、地址以及类型等信息。

/var/lib/apt 目录存储 APT 本地软件包索引，如下所示：

```
chunxiao@ubuntu:~$ ls -l /var/lib/apt/
总用量 136
-rw-rw-r--  1  root    root    199     6月  17 08:41  cdroms.list
-rw-r--r--  1  root    root    109402  8月   9 15:51  extended_states
drwxr-xr-x  3  root    root    16384   8月  13 11:06  lists
drwxr-xr-x  3  root    root    4096    4月  12 11:08  mirrors
drwxr-xr-x  2  root    root    4096    6月  18 23:08  periodic
```

对于/etc/apt/sources.list 中描述的每个软件仓储，/var/lib/apt/lists 目录中都会有一个索引文件与之对应，其中包含了软件仓储中每个软件包的最新信息。

/var/cache/apt/archives 目录是 APT 的本地缓存目录，包含了 APT 最近下载的软件包。

2. aptitude

该工具完全可以替代 APT 本身提供的 apt 以及 apt-get 命令。aptitude 的大部分选项与 apt 和 apt-get 命令是兼容的。该命令不仅提供了命令行的使用方式，还提供了一个非常友好的图形界面，如图 9-1 所示。

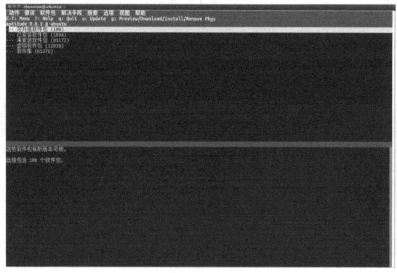

图 9-1　aptitude 的图形界面

3. synaptic

该软件包管理工具是在 APT 的基础上开发出来的一种图形化的软件包管理工具。利用该工具，用户可以非常方便地通过鼠标和键盘对软件包进行管理，而不必记忆复杂的命令。图 9-2 显示了 synaptic 的主界面。

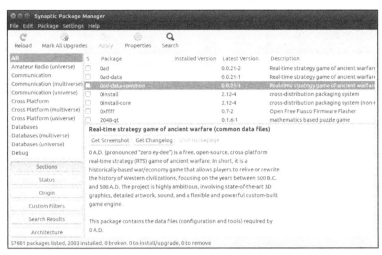

图 9-2　synaptic 软件包管理器主界面

9.2　apt-get 命令

apt-get 命令是 APT 早期提供的前端软件包管理命令，该命令提供了 APT 软件包的基本管理。作为初学者，需要熟练掌握该命令的使用方法。本节将介绍如何使用 apt-get 命令来管理软件包。

9.2.1　搜索软件包

在正式安装某个软件包之前，用户可以先搜索一下软件仓储，确认软件仓储中是否包含该软件包。

APT 提供了 apt-cache 命令用来管理其缓存中的软件包。该命令的基本语法如下：

```
apt-cache [command]
```

其中 command 为 apt-cache 提供的子命令，常用的子命令有：

- showpkg：查看软件包的信息。
- search：搜索某个软件包。
- depends：显示软件包的依赖关系。

例如，下面的命令搜索当前缓存中是否有 gcc 软件包：

```
chunxiao@ubuntu:~$ apt-cache search gcc|more
```

```
clang-3.9 - C, C++ and Objective-C compiler (LLVM based)
clang-4.0 - C, C++ and Objective-C compiler (LLVM based)
cpp - GNU C preprocessor (cpp)
cpp-5 - GNU C preprocessor
cpp-6 - GNU C preprocessor
cpp-6-aarch64-linux-gnu - GNU C preprocessor
cpp-6-arm-linux-gnueabihf - GNU C preprocessor
cpp-6-powerpc-linux-gnu - GNU C preprocessor
cpp-6-powerpc64le-linux-gnu - GNU C preprocessor
cpp-aarch64-linux-gnu - GNU C preprocessor (cpp) for the arm64 architecture
cpp-arm-linux-gnueabihf - GNU C preprocessor (cpp) for the armhf architecture
cpp-powerpc-linux-gnu - GNU C preprocessor (cpp) for the powerpc architecture
cpp-powerpc64le-linux-gnu - GNU C preprocessor (cpp) for the ppc64el architecture
dpkg-dev - Debian package development tools
gcc - GNU C compiler
gcc-5 - GNU C compiler
…
```

可以发现，名称中包含 gcc 的软件包都会被搜索出来。其中 gcc，即 GNU 的 C 编译器。下面的命令显示软件包 gcc 的基本信息：

```
chunxiao@ubuntu:~$ apt-cache showpkg gcc
Package: gcc
Versions:
4:6.3.0-2ubuntu1
(/var/lib/apt/lists/cn.archive.ubuntu.com_ubuntu_dists_zesty_main_binary-amd64
_Packages) (/var/lib/dpkg/status)
    Description Language:
                File:
/var/lib/apt/lists/cn.archive.ubuntu.com_ubuntu_dists_zesty_main_binary-amd64_
Packages
                 MD5: c7efd71c7c651a9ac8b2adf36b137790
    Description Language:
                File:
/var/lib/apt/lists/cn.archive.ubuntu.com_ubuntu_dists_zesty_main_binary-i386_P
ackages
                 MD5: c7efd71c7c651a9ac8b2adf36b137790
    Description Language: en
                File:
/var/lib/apt/lists/cn.archive.ubuntu.com_ubuntu_dists_zesty_main_i18n_Translat
ion-en
                 MD5: c7efd71c7c651a9ac8b2adf36b137790


    Reverse Depends:
      nodeenv,gcc 4:4.9.1
```

```
linux-source-4.10.0,gcc
linux-source-4.10.0,gcc
linux-source-4.10.0,gcc
linux-source-4.10.0,gcc
linux-source-4.10.0,gcc
linux-source-4.10.0,gcc
linux-source-4.10.0,gcc
linux-source-4.10.0,gcc
...
```

可以得知，**apt-cache showpkg** 命令能够显示软件包的名称、版本、类型、反向依赖以及依赖等信息。

如果用户想要查看更加详细的依赖关系，可以使用 **apt-cache depends** 命令，如下所示：

```
chunxiao@ubuntu:~$ apt-cache depends gcc
gcc
  依赖: cpp
  依赖: gcc-6
  冲突: gcc-doc
 |推荐: libc6-dev
  推荐: <libc-dev>
    libc6-dev
  建议: gcc-multilib
  建议: make
    make-guile
  建议: manpages-dev
  建议: autoconf
  建议: automake
  建议: libtool
  建议: flex
    flex:i386
  建议: bison
    bison:i386
  建议: gdb
  建议: gcc-doc
...
```

9.2.2　apt-get 命令基本语法

apt-get 命令为 APT 早期提供的命令行工具，其基本语法如下：

```
apt-get [options] [command]
```

在上面的语法中，options 为 apt-get 命令的选项，常用的选项有：

● -c：指定 apt-get 命令使用的，除默认的配置文件之外的配置文件。

- -y: 对于需要用户确认的请求，总是用 yes 作为回答。
- --no-download: 禁止下载软件包。
- --download-only: 仅仅下载软件包，不解压和安装。
- --purge: 清除软件包，与 remove 子命令配合使用，功能等同于 purge 子命令。
- --reinstall: 重新安装已经安装过的软件包。
- --allow-unauthenticated: 允许安装未认证的软件包。
- --no-remove: 禁止删除软件包。
- --no-upgrade: 禁止升级软件包。

为了管理软件包，apt-get 命令也提供了许多功能选项，例如 install、update、remove 以及 upgrade 等。这些功能选项分别用来完成不同的功能，故也成为子命令。表 9-1 列出了 apt-get 的常用子命令。

表 9-1　apt-get 常用子命令

子命令	说明
install	安装一个或者多个软件包
update	同步软件仓储的软件包索引
upgrade	升级软件包
remove	删除一个或者多个软件包
autoremove	删除一个或者多个软件包，并且自动处理依赖关系
purge	彻底清除某个软件包，包含其配置文件
check	检查 APT 缓冲区，确定依赖包是否存在
clean	清除 APT 本地缓存

9.2.3　安装软件包

install 子命令用来安装指定的软件包，该子命令接受一个或者多个软件包名称作为参数。在指定软件包时，用户不需要指定完整的名称，只要提供简单的名称即可。

例如，下面的命令安装 quota 软件包：

```
chunxiao@ubuntu:~$ sudo apt-get install quota
正在读取软件包列表... 完成
正在分析软件包的依赖关系树
正在读取状态信息... 完成
将会同时安装下列软件：
  libtirpc1
建议安装：
  libnet-ldap-perl rpcbind default-mta | mail-transport-agent
下列【新】软件包将被安装：
  libtirpc1 quota
升级了 0 个软件包，新安装了 2 个软件包，要卸载 0 个软件包，有 100 个软件包未被升级。
需要下载 325 KB 的归档。
```

解压缩后会消耗 1,665 KB 的额外空间。

您希望继续执行吗？ [Y/n]

　获取:1 http://cn.archive.ubuntu.com/ubuntu zesty/main amd64 libtirpc1 amd64
0.2.5-1.1 [75.4 kB]

　获取:2 http://cn.archive.ubuntu.com/ubuntu zesty/main amd64 quota amd64 4.03-2
[250 kB]

　已下载 325 kB, 耗时 0秒 (615 kB/s)

　正在预设定软件包 ...

　正在选中未选择的软件包 libtirpc1:amd64。

　（正在读取数据库 ... 系统当前共安装有 207070 个文件和目录。）

　正准备解包 .../libtirpc1_0.2.5-1.1_amd64.deb ...

　正在解包 libtirpc1:amd64 (0.2.5-1.1) ...

　正在选中未选择的软件包 quota。

　正准备解包 .../quota_4.03-2_amd64.deb ...

　正在解包 quota (4.03-2) ...

　正在处理用于 ureadahead (0.100.0-19) 的触发器 ...

　正在处理用于 libc-bin (2.24-9ubuntu2.2) 的触发器 ...

　正在设置 libtirpc1:amd64 (0.2.5-1.1) ...

　正在处理用于 systemd (232-21ubuntu5) 的触发器 ...

　正在处理用于 man-db (2.7.6.1-2) 的触发器 ...

　正在设置 quota (4.03-2) ...

　Created symlink /etc/systemd/system/sysinit.target.wants/quota.service →
/lib/systemd/system/quota.service.

　Created symlink /etc/systemd/system/multi-user.target.wants/quotarpc.service
→ /lib/systemd/system/quotarpc.service.

　正在处理用于 libc-bin (2.24-9ubuntu2.2) 的触发器 ...

　正在处理用于 systemd (232-21ubuntu5) 的触发器 ...

　正在处理用于 ureadahead (0.100.0-19) 的触发器 ...

从上面的输出结果可以得知，在正式下载软件包之前，apt-get 命令会要求用户确认是否
继续执行。如果用户想要继续安装，则可以输入 y 再按回车键给予确认。由于 y 为默认的选项，
所以也可以直接按回车键。接下来，apt-get 命令会逐个下载软件包及其依赖，直至最后安装
完成。

9.2.4　重新安装软件包

在某些情况下，软件包发生损坏而无法正常使用，用户可以选择重新安装该软件包。重新
安装软件包不需要手工将其删除再安装一次。apt-get 提供了一个--resinstall 选项，该选项配合
install 子命令可以实现某个软件包的重新安装。例如，下面的命令重新安装 quota 软件包：

```
chunxiao@ubuntu:~$ sudo apt-get --reinstall install quota
正在读取软件包列表... 完成
正在分析软件包的依赖关系树
正在读取状态信息... 完成
升级了 0 个软件包，新安装了 0 个软件包，重新安装了 1 个软件包，要卸载 0 个软件包，有 100 个
```

软件包未被升级。

> 需要下载 0 B/250 kB 的归档。
> 解压缩后会消耗 0 B 的额外空间。
> 正在预设定软件包 ...
> (正在读取数据库 ... 系统当前共安装有 207145 个文件和目录。)
> 正准备解包 .../quota_4.03-2_amd64.deb ...
> 正在将 quota (4.03-2) 解包到 (4.03-2) 上 ...
> 正在处理用于 ureadahead (0.100.0-19) 的触发器 ...
> 正在设置 quota (4.03-2) ...
> 正在处理用于 systemd (232-21ubuntu5) 的触发器 ...
> 正在处理用于 man-db (2.7.6.1-2) 的触发器 ...

9.2.5 删除软件包

为了节省磁盘空间，用户可以将系统中不再需要的软件包删除。apt-get 命令提供了几个与软件包删除有关的选项和子命令，例如--purge、remove、autoremove 以及 purge 等。其中，--purge 选项配合 remove 选项基本等同于 purge 子命令。remove 子命令会将软件包从系统中删除，但是某些配置文件仍然会保留。autoremove 子命令会自动删除为了满足本软件包的依赖而自动安装的，并且已经不再需要的软件包。与 remove 命令相比，purge 命令不仅删除软件包本身，还清除所有的配置文件。

 用户一定要注意 remove 和 purge 这 2 个命令的区别。

例如，下面的命令将 quota 软件包从系统中删除：

```
chunxiao@ubuntu:~$ sudo apt-get remove quota
正在读取软件包列表... 完成
正在分析软件包的依赖关系树
正在读取状态信息... 完成
下列软件包是自动安装的并且现在不需要了：
  libtirpc1
使用'sudo apt autoremove'来卸载它(它们)。
下列软件包将被【卸载】：
  quota
升级了 0 个软件包，新安装了 0 个软件包，要卸载 1 个软件包，有 100 个软件包未被升级。
解压缩后将会空出 1,454 kB 的空间。
您希望继续执行吗？ [Y/n]
(正在读取数据库 ... 系统当前共安装有 207144 个文件和目录。)
正在卸载 quota (4.03-2) ...
正在处理用于 man-db (2.7.6.1-2) 的触发器 ...
```

同样，在删除软件包的时候，apt-get 命令也会要求用户确认是否继续。如果确定继续删除软件包，则输入 y，然后按回车键即可。

如果想要彻底删除 quota 软件包，则可以使用以下命令：

```
chunxiao@ubuntu:~$ sudo apt-get purge quota
正在读取软件包列表... 完成
正在分析软件包的依赖关系树
正在读取状态信息... 完成
下列软件包是自动安装的并且现在不需要了：
  libtirpc1
使用'sudo apt autoremove'来卸载它(它们)。
下列软件包将被【卸载】：
  quota*
升级了 0 个软件包，新安装了 0 个软件包，要卸载 1 个软件包，有 100 个软件包未被升级。
解压缩后将会空出 1,454 kB 的空间。
您希望继续执行吗？ [Y/n]
(正在读取数据库 ... 系统当前共安装有 207144 个文件和目录。)
正在卸载 quota (4.03-2) ...
正在处理用于 man-db (2.7.6.1-2) 的触发器 ...
(正在读取数据库 ... 系统当前共安装有 207083 个文件和目录。)
正在卸载 quota (4.03-2) ...
正在清除 quota (4.03-2) 的配置文件 ...
正在处理用于 ureadahead (0.100.0-19) 的触发器 ...
正在处理用于 systemd (232-21ubuntu5) 的触发器 ...
```

以上命令等同于下面的命令：

```
chunxiao@ubuntu:~$ sudo apt-get --purge remove quota
```

9.2.6　更新和升级软件包

在升级软件包之前，用户需要使用 update 子命令更新软件仓储的软件包索引，以获得最新的软件包信息，如下所示：

```
chunxiao@ubuntu:~$ sudo apt-get update
命中:1 http://cn.archive.ubuntu.com/ubuntu zesty InRelease
获取:2 http://cn.archive.ubuntu.com/ubuntu zesty-updates InRelease [89.2 kB]
获取:3 http://cn.archive.ubuntu.com/ubuntu zesty-backports InRelease [89.2 kB]
获取:4 http://cn.archive.ubuntu.com/ubuntu zesty-updates/main i386 Packages
[189 kB]
获取:5 http://cn.archive.ubuntu.com/ubuntu zesty-updates/main amd64 Packages
[193 kB]
获取:6 http://security.ubuntu.com/ubuntu zesty-security InRelease [89.2 kB]
获取:7 http://cn.archive.ubuntu.com/ubuntu zesty-updates/main amd64 DEP-11
Metadata [52.7 kB]
获取:8 http://cn.archive.ubuntu.com/ubuntu zesty-updates/main DEP-11 64x64
Icons [21.5 kB]
获取:9 http://cn.archive.ubuntu.com/ubuntu zesty-updates/universe amd64
Packages [95.8 kB]
获取:10 http://cn.archive.ubuntu.com/ubuntu zesty-updates/universe i386
```

```
Packages [95.9 kB]
    获取:11 http://cn.archive.ubuntu.com/ubuntu zesty-updates/universe amd64 DEP-11
Metadata [82.9 kB]
    获取:12 http://cn.archive.ubuntu.com/ubuntu zesty-updates/universe DEP-11 64x64
Icons [88.0 kB]
    获取:13 http://cn.archive.ubuntu.com/ubuntu zesty-updates/multiverse amd64
DEP-11 Metadata [5,840 B]
    获取:14 http://cn.archive.ubuntu.com/ubuntu zesty-backports/universe amd64
DEP-11 Metadata [5,140 B]
    获取:15 http://security.ubuntu.com/ubuntu zesty-security/main amd64 DEP-11
Metadata [12.4 kB]
    获取:16 http://security.ubuntu.com/ubuntu zesty-security/main DEP-11 64x64
Icons [11.6 kB]
    获取:17 http://security.ubuntu.com/ubuntu zesty-security/universe amd64 DEP-11
Metadata [20.7 kB]
    获取:18 http://security.ubuntu.com/ubuntu zesty-security/universe DEP-11 64x64
Icons [36.5 kB]
    已下载 1,179 kB, 耗时 4秒 (248 kB/s)
    正在读取软件包列表... 完成
```

然后使用 upgrade 子命令更新软件包, 如下所示:

```
chunxiao@ubuntu:~$ sudo apt-get upgrade
正在读取软件包列表... 完成
正在分析软件包的依赖关系树
正在读取状态信息... 完成
正在计算更新... 完成
下列软件包是自动安装的并且现在不需要了:
  libtirpc1
使用'sudo apt autoremove'来卸载它(它们)。
下列软件包的版本将保持不变:
  linux-generic linux-headers-generic linux-image-generic
下列软件包将被升级:
  bsdutils gir1.2-soup-2.4 gnome-calendar gnome-desktop3-data
gnome-settings-daemon-schemas gnome-software gnome-software-common
gnome-software-plugin-snap grub-common grub-pc grub-pc-bin grub2-common
krb5-locales libblkid1 libclick-0.4-0…
升级了 97 个软件包, 新安装了 0 个软件包, 要卸载 0 个软件包, 有 3 个软件包未被升级。
需要下载 40.1 MB 的归档。
解压缩后会消耗 3,640 kB 的额外空间。
您希望继续执行吗?  [Y/n]
…
```

同样, 软件包的升级过程也要求用户确认。软件包的升级操作实际上是一个删除与重新安装的操作。apt-get 命令会自动将旧的软件包删除, 然后安装新的软件包。

9.3　apt 命令

apt 命令和 apt-get 命令都是 APT 提供的前端用户工具。与 apt-get 相比，apt 对其进行了改进，增加有用的选项和子命令。本节将详细介绍如何通过 apt 命令来管理软件包。

9.3.1　apt 命令基本语法

apt 命令的基本语法与 apt-get 命令基本相同，不再详细介绍。表 9-2 列出了常用的子命令。

表 9-2　apt 命令提供的子命令

子命令	说明
update	从软件仓储更新软件包索引
upgrade	升级软件包，但是不会删除软件包
full-upgrade	升级软件包，同时会安装或者删除其他的软件包以解决依赖关系
install	安装软件包
remove	删除软件包
purge	彻底删除软件包
autoremove	自动删除软件包及其依赖
search	搜索软件包
show	显示软件包的信息
list	根据指定的标准列出软件包，通过--installe 选项指定列出已安装的软件包，--upgradeable 选项指定可升级的软件包等

9.3.2　搜索软件包

apt 命令的 search 子命令用来实现软件包的搜索。软件包的搜索依赖于 update 子命令更新软件包索引。所以，在执行搜索之前，用户最好首先调用一下 update 命令。

下面的命令搜索 quota 软件包：

```
chunxiao@ubuntu:~$ apt search quota
正在排序... 完成
全文搜索... 完成
argonaut-quota/zesty,zesty 1.0-1 all
  Argonaut (tool to apply disk quota from ldap)

boxbackup-server/zesty 0.11.1~r2837-4 amd64
  server for the BoxBackup remote backup system

camlp5/zesty 6.16-1 amd64
  Pre Processor Pretty Printer for OCaml - classical version

cyrus-common/zesty 2.5.10-3 amd64
```

```
      Cyrus mail system - common files
...
```

上面的输出结果中，每个软件包都包含了完整的软件包名称和简介。

9.3.3 安装软件包

利用 install 子命令，可以安装一个或者多个软件包。install 子命令的使用方法与 apt-get 的 install 子命令基本相同。只不过 apt 的 install 命令更加友好一些，它提供了一个字符界面的进度条，用户可以通过进度条了解软件的安装进度，如下所示：

```
chunxiao@ubuntu:~$ sudo apt install quota
正在读取软件包列表... 完成
正在分析软件包的依赖关系树
正在读取状态信息... 完成
建议安装:
  libnet-ldap-perl rpcbind default-mta | mail-transport-agent
下列【新】软件包将被安装:
  quota
升级了 0 个软件包，新安装了 1 个软件包，要卸载 0 个软件包，有 3 个软件包未被升级。
需要下载 0 B/250 kB 的归档。
解压缩后会消耗 1,454 kB 的额外空间。
正在预设定软件包 ...
正在选中未选择的软件包 quota。
(正在读取数据库 ... 系统当前共安装有 207083 个文件和目录。)
正准备解包 .../quota_4.03-2_amd64.deb ...
正在解包 quota (4.03-2) ...
正在处理用于 ureadahead (0.100.0-19) 的触发器 ...
正在设置 quota (4.03-2) ...
正在处理用于 systemd (232-21ubuntu5) 的触发器 ...
正在处理用于 man-db (2.7.6.1-2) 的触发器 ...
```

9.3.4 删除软件包

apt 命令也提供了 remove、purge 以及 autoremove 等子命令来删除软件包，其语法也大致相同。例如，下面的命令删除 quotra 软件包：

```
chunxiao@ubuntu:~$ sudo apt remove quota
正在读取软件包列表... 完成
正在分析软件包的依赖关系树
正在读取状态信息... 完成
下列软件包是自动安装的并且现在不需要了：
  libtirpc1
使用'sudo apt autoremove'来卸载它(它们)。
下列软件包将被【卸载】：
  quota
```

升级了 0 个软件包，新安装了 0 个软件包，要卸载 1 个软件包，有 3 个软件包未被升级。

解压缩后将会空出 1,454 kB 的空间。

您希望继续执行吗？ [Y/n]

（正在读取数据库 ... 系统当前共安装有 207143 个文件和目录。）

正在卸载 quota (4.03-2) ...

正在处理用于 man-db (2.7.6.1-2) 的触发器 ...

如果用户想彻底清除 quota 软件包，可以使用以下命令：

```
chunxiao@ubuntu:~$ sudo apt purge quota
```

9.3.5 更新和升级软件包

在升级软件包之前，用户需要更新一下软件包的索引。同样也使用 update 子命令，如下所示：

```
chunxiao@ubuntu:~$ sudo apt update
```

然后使用 upgrade 或者 full-upgrade 子命令升级软件包：

```
chunxiao@ubuntu:~$ sudo apt upgrade
正在读取软件包列表... 完成
正在分析软件包的依赖关系树
正在读取状态信息... 完成
正在计算更新... 完成
下列软件包是自动安装的并且现在不需要了：
  libtirpc1
…
```

9.4 aptitude 命令

从功能上说，aptitude 完全可以替代 apt-get 和 apt 命令，并且 aptitude 命令拥有更为友好的使用界面。本节将详细介绍通过 aptitude 命令来管理软件包。

9.4.1 aptitude 命令基本语法

aptitude 命令的大部分选项和子命令与 apt 命令是兼容的，其基本语法如下：

```
aptitude [<options>...] [command]
```

aptitude 提供的选项非常多，表 9-3 列出了常用的一些选项。

表 9-3　aptitude 命令常用选项

选项	说明
--allow-untrusted	运行安装来自未认证软件仓储的软件包
-d 或者--download-only	把软件包下载到 APT 的缓存区中，不安装，也不删除软件包
-f	尽量解决包依赖遇到的问题
--purge-unused	清除不再需要的软件包
-D 或者--show-deps	在安装或者删除软件包时，显示自动安装和删除的概要信息
-P	每一步操作都要求用户确认
-y	所有问题都回答 y
-u	启动时下载新的软件列表

command 参数为 aptitude 命令提供的子命令。aptitude 命令提供的子命令非常多，常用的有以下几个：

- install: 安装指定的软件包。
- upgrade: 升级可用的软件包。
- full-upgrade: 将已安装的软件包升级到最新版本，根据依赖需要安装或者删除其他的依赖包。
- update: 更新软件仓储软件包列表。
- safe-upgrade: 将已安装的软件包升级到最新版本，根据依赖需要安装或者删除其他的软件包。
- search: 搜索软件包。
- show: 显示软件包的详细信息。
- source: 下载源代码包。
- why: 给出指定软件包应该被安装的原因。
- why-not: 给出指定软件包不能被安装的原因。
- clean: 清空 APT 缓存目录中下载的安装包。
- download: 下载指定的软件包到当前目录。
- remove: 删除指定的软件包。
- purge: 彻底删除指定的软件包，包括配置文件。
- reinstall: 重新安装指定的软件包。

尽管 full-grade 和 safe-grade 的功能基本相同，但是仍然存在着细微的差别。safe-grade 命令只有在某个被依赖软件包不再需要的时候才删除，而 full-grade 则会根据实际情况来决定是否删除。因此，在某些 safe-grade 无法升级的情况下，full-grade 命令仍然可以正常升级。

9.4.2 搜索软件包

在 aptitude 命令中，search 子命令可以用来搜索软件包，如下所示：

```
chunxiao@ubuntu-server:~$ aptitude search quota
p    argonaut-quota                    - Argonaut (tool to apply disk quota
from ldap)
p    fusiondirectory-plugin-quota      - quota plugin for FusionDirectory
p    fusiondirectory-plugin-quota-schema  - LDAP schema for FusionDirectory
quota plugin
p    libquota-perl                     - Perl interface to file system quotas
p    libquota-perl:i386                - Perl interface to file system quotas
i    quota                             - disk quota management tools
p    quota:i386                        - disk quota management tools
p    quotatool                         - tool to edit disk quotas from the
command line
p    quotatool:i386                    - tool to edit disk quotas from the
command line
p    vzquota                           - server virtualization solution -
quota tools
p    vzquota:i386                      - server virtualization solution -
quota tools
...
```

在上面的输出结果中，每一行描述一个软件包。最左侧的字母表示软件包的状态：最常见的字母为 p，表示该软件包没有在当前系统中安装；如果最左侧的字母为 c，则表示该软件包曾经在当前系统安装过，但是又被删除了，只保留了配置文件在系统中；如果为 i，则表示该软件包已经在当前系统中安装了；如果为 v，则表示当前的软件包为虚拟软件包。

> 软件包的状态有很多种，并且可以是几个字母的组合，读者可以参考 aptitude 命令的技术手册。

第 2 列为软件包的名称，第 3 列为备注信息。

在上面的命令中，直接将软件包名称作为参数传递给 aptitude search 命令。实际上，aptitude search 命令还支持某些特殊的匹配模式，例如~T 表示列出所有的软件包，不管是否已经安装：

```
chunxiao@ubuntu-server:~$ aptitude search ~T
p    0ad                  - Real-time strategy game of ancient warfare
p    0ad:i386             - Real-time strategy game of ancient warfare
p    0ad-data             - Real-time strategy game of ancient warfare (data
files)
p    0ad-data-common      - Real-time strategy game of ancient warfare (common
data files)
p    0install             - cross-distribution packaging system
...
```

~U 模式可以列出当前系统可以更新的软件包，如下所示：

```
chunxiao@ubuntu-server:~$ aptitude search ~U
i    bsdutils              - basic utilities from 4.4BSD-Lite
i  A gnome-calendar        - Calendar application for GNOME
I  A gnome-desktop3-data   - Common files for GNOME desktop apps
…
```

~i 模式可以列出当前系统已经安装的软件包，如下所示：

```
chunxiao@ubuntu-server:~$ aptitude search ~i
 i A a11y-profile-manager-indicator - Accessibility Profile Manager - Unity
desktop indicator
 i A account-plugin-facebook          - Online account plugin for Unity -
Facebook
 i A account-plugin-flickr            - Online account plugin for Unity -
Flickr
 i A account-plugin-google            - Online account plugin for Unity - Google
…
```

在上面的列表中，第 2 列的字母 A 表示该软件包是自动安装的。

如果用户想要显示了解某个软件包，可以使用 aptitude show 命令，如下所示：

```
chunxiao@ubuntu-server:~$ aptitude show apache2
Package: apache2
Version: 2.4.25-3ubuntu2.2
State: installed
Automatically installed: no
Priority: optional
Section: web
Maintainer: Ubuntu Developers <ubuntu-devel-discuss@lists.ubuntu.com>
Architecture: amd64
Uncompressed Size: 529 k
Depends: init-system-helpers (>= 1.18~), lsb-base, procps, perl, mime-support,
apache2-bin (= 2.4.25-3ubuntu2.2), apache2-utils (=
        2.4.25-3ubuntu2.2), apache2-data (= 2.4.25-3ubuntu2.2), perl:any
PreDepends: dpkg (>= 1.17.14)
Recommends: ssl-cert
Suggests: www-browser, apache2-doc, apache2-suexec-pristine |
apache2-suexec-custom, ufw
Conflicts: apache2.2-bin, apache2.2-common, apache2:i386
Replaces: apache2.2-bin, apache2.2-common
Provides: httpd, httpd-cgi
Description: Apache HTTP Server
 The Apache HTTP Server Project's goal is to build a secure, efficient and extensible
HTTP server as standards-compliant open source software.
 The result has long been the number one web server on the Internet.
```

```
Installing this package results in a full installation, including the
configuration files, init scripts and support scripts.
   Homepage: http://httpd.apache.org/
```

9.4.3　安装软件包

安装软件包需要用 install 子命令，该命令后面紧跟着软件包的名称作为参数。例如，下面的命令安装 quota 软件包：

```
chunxiao@ubuntu-server:~$ sudo aptitude install quota
```

同样，aptitude 命令也支持 reinstall 子命令。通过该子命令，用户可以重新安装某个软件包，如下所示：

```
chunxiao@ubuntu-server:~$ sudo aptitude reinstall quota
```

9.4.4　删除软件包

与前面介绍的 apt 和 apt-get 命令一样，aptitude 中删除软件包也是使用 remove 或者 purge 子命令。例如，下面的命令将 quota 软件包删除：

```
chunxiao@ubuntu-server:~$ sudo aptitude remove quota
The following packages will be REMOVED:
  libtirpc1{u} quota
0 packages upgraded, 0 newly installed, 2 to remove and 0 not upgraded.
Need to get 0 B of archives. After unpacking 1,665 kB will be freed.
Do you want to continue? [Y/n/?]
(Reading database ... 344180 files and directories currently installed.)
Removing quota (4.03-2) ...
Removing libtirpc1:amd64 (0.2.5-1.1) ...
Processing triggers for libc-bin (2.24-9ubuntu2.2) ...
Processing triggers for man-db (2.7.6.1-2) ...
```

下面的命令将 quota 软件包从系统中彻底删除，包括配置文件等：

```
chunxiao@ubuntu-server:~$ sudo aptitude purge quota
The following packages will be REMOVED:
  libtirpc1{u} quota{p}
0 packages upgraded, 0 newly installed, 2 to remove and 0 not upgraded.
Need to get 0 B of archives. After unpacking 1,665 kB will be freed.
Do you want to continue? [Y/n/?]
(Reading database ... 344180 files and directories currently installed.)
Removing quota (4.03-2) ...
Removing libtirpc1:amd64 (0.2.5-1.1) ...
Processing triggers for libc-bin (2.24-9ubuntu2.2) ...
Processing triggers for man-db (2.7.6.1-2) ...
```

```
(Reading database ... 344113 files and directories currently installed.)
Removing quota (4.03-2) ...
Purging configuration files for quota (4.03-2) ...
Processing triggers for ureadahead (0.100.0-19) ...
Processing triggers for systemd (232-21ubuntu5) ...
```

9.4.5　更新和升级软件包

在每次升级软件包之前，用户应该使用 update 命令更新一下软件包索引，如下所示：

```
chunxiao@ubuntu-server:~$ sudo aptitude update
```

更新完之后，就可以使用 upgrade 命令升级软件包了，如下所示：

```
chunxiao@ubuntu-server:~$ sudo aptitude upgrade
```

下面 2 个命令也可以进行软件包更新：

```
chunxiao@ubuntu-server:~$ sudo aptitude safe-upgrade
```

和

```
chunxiao@ubuntu-server:~$ sudo aptitude full-upgrade
```

9.4.6　图形化界面

aptitude 命令不仅可以通过字符界面运行，它还提供了相对比较友好的一个图形化界面。如果用户没有为 aptitude 命令提供任何选项和参数，则表示启动图形化界面，如图 9-3 所示。

图 9-3　aptitude 命令的图形界面

实际上，这是一个相对比较简陋的图形化界面。窗口的顶部为菜单，包括 Actions、Undo、Package、Resolver、Search 以及 Options 等菜单。

如果想要搜索软件包，则可以单击顶部的 Search 菜单，然后选择 Find 命令，打开搜索对话框，如图 9-4 所示。

图 9-4　aptitude 搜索对话框

在文本框中输入要搜索的关键词，例如 quota，然后单击 Ok 按钮即可开始搜索，接着出现搜索结果界面，如图 9-5 所示。

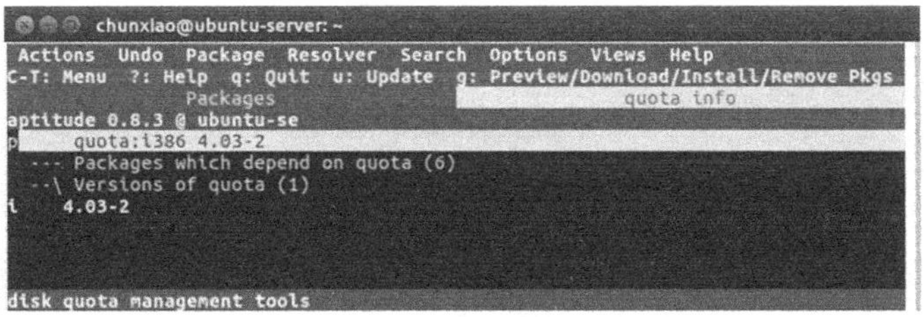

图 9-5　搜索结果

如果用户想要安装该软件包，则可以按 Shift++组合键，把该软件包添加到安装列表中。最后按 g 键即可开始安装。如果想要删除某个软件包，则可以在软件包列表中选中该软件包，然后按 Shift+-组合键即可。

尽管 aptitude 提供了图形界面，但是仍然比较简陋，操作起来比较麻烦。而后面介绍的 synaptic 则提供了非常友好的图形界面。

9.5　synaptic 软件管理工具

前面几节介绍了几个命令行的软件包管理功能，实际上这些命令行工具完全可以实现所有的软件管理功能，尤其是在远程管理的时候，只能使用这些命令行工具。但是如果用户在桌面环境上工作，图形化的管理工具可以提高效率。本节将介绍一个功能非常完善的图形化的软件包管理工具 synaptic。

9.5.1　安装软件包

synaptic 的启动方法如下：

```
chunxiao@ubuntu-server:~$ sudo synaptic
```

由于软件包的管理需要超级用户权限，所以在上面的命令中使用 sudo 切换用户身份。如果当前系统中没有安装 synaptic，则可以使用以下命令安装：

```
chunxiao@ubuntu-server:~$ sudo apt install synaptic
```

启动完成之后，synaptic 的主界面如图 9-6 所示。

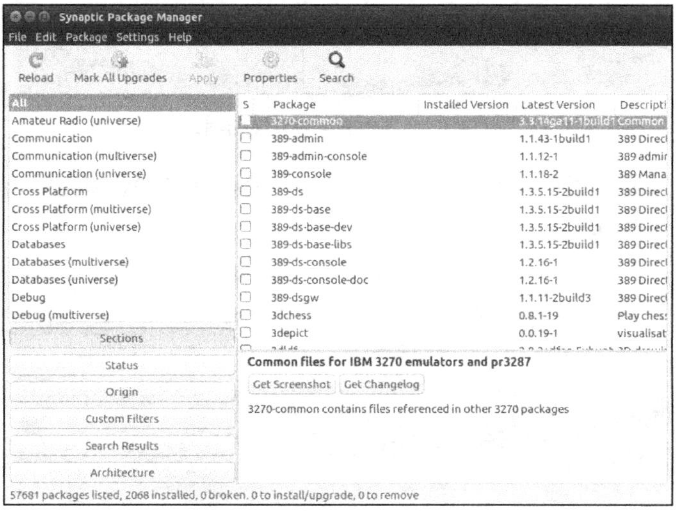

图 9-6　synaptic 主界面

最顶层为菜单栏，接下来是工具栏。左侧为软件包的分组筛选按钮，包括 Sections、Status、Origin、Custom Filters、Search Results 以及 Architecture 共 6 个分组筛选按钮。其中 Sections 表示软件分类，一共有六十几个分类；status 表示软件包的状态，一共有 4 种状态，分别为 Installed、Installed（auto removable）、Installed（manual）以及 Not installed 等；Origin 为软件包来源；Search Results 为搜索结果列表；Architecture 为软件包的架构。关于这些筛选条件，不再详细介绍。

右上侧为软件包列表，右下侧为当前选中的软件包的详细信息面板。

想要搜索软件包，可以按照以下步骤操作。

（1）单击工具栏上面的 Search 按钮，打开 Find 对话框，如图 9-7 所示。

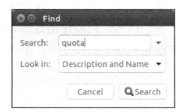

图 9-7　Find 对话框

在 Search 文本框中输入要搜索的软件包的名称，然后单击 Search 按钮即可开始搜索。

（2）搜索完成之后，在右上侧的列表中找到想要安装的软件包。单击左侧的复选框，在弹出的菜单中选择 Mark for installation 命令，如图 9-8 所示。

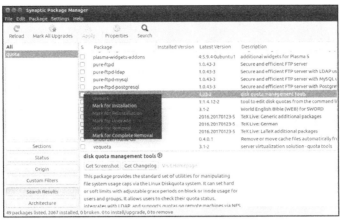

图 9-8　选择软件包

（3）单击工具栏上面的 Apply 按钮，打开 Summary 对话框，如图 9-9 所示。

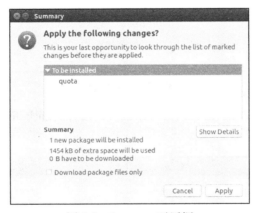

图 9-9　Summary 对话框

Summary 对话框列出了需要安装的软件包列表。单击 Apply 按钮开始正式安装。

（4）安装完成之后，弹出 Changes applied 对话框，表示安装已经完成，如图 9-10 所示。

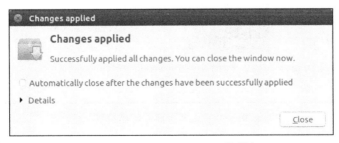

图 9-10　Changes applied 对话框

9.5.2 删除软件包

删除软件包的操作也非常简单，下面详细说明。

（1）单击工具栏上面的 Search 按钮，打开 Find 对话框。在 Search 文本框中输入要删除的软件包的名称，例如 quota。单击 Search 按钮开始搜索。

（2）在搜索结果列表中找到要删除的软件包，例如 quota，如图 9-11 所示。

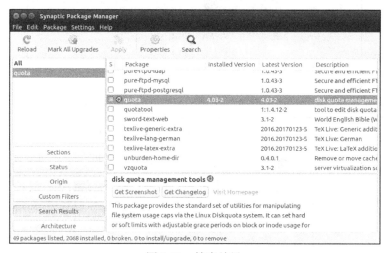

图 9-11　搜索结果

（3）单击 quota 左侧的复选框，在弹出的菜单中选择 Mark for removal 命令，如图 9-12 所示。

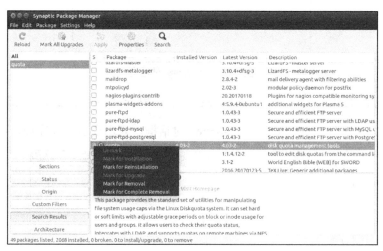

图 9-12　选择要删除的软件包

（4）单击工具栏上面的 Apply 按钮，弹出 Summary 对话框，如图 9-13 所示。

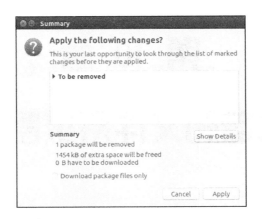

图 9-13　Summary 对话框

单击 Apply 按钮执行删除操作。如果想要彻底删除某个软件包，可以在第（3）步中选择
Mark for complete removal 命令。

9.5.3　更新和升级软件包

使用 synaptic 更新和升级软件包的操作也非常简单，单击 synaptic 主界面的工具栏上面的
Reload 按钮即可更新软件包索引。

然后搜索要升级的软件包，单击软件包左侧的复选框，选择 Mark for upgrade 命令即可。
其余的操作与安装或者删除软件包相同。

第 10 章

磁盘和文件系统管理

磁盘是计算机的重要组成部分。在计算机中，几乎所有的数据都存储在磁盘上面，包括操作系统本身。文件系统与操作系统密切相关，是数据在磁盘上面的存储方式。磁盘是数据存储的物理载体，而文件系统则是数据存储的逻辑方式。因此，磁盘和文件系统密不可分。管理好磁盘和文件系统是系统管理员的重要职责。本章将详细介绍 Linux 系统中如何管理磁盘和文件系统。

本章主要涉及的知识点有：

- 磁盘管理基础：主要介绍磁盘的构成，包括磁头、磁道、柱面、扇区以及磁盘分区等。
- 文件系统基础知识：主要介绍常见的文件系统类型、引导块、超级块以及索引节点等。
- 创建文件系统：学会 mkfs 命令的使用方法，以及如何创建常见的文件系统。
- 挂载与卸载文件系统：学习 mount 和 umount 命令的使用方法，掌握如何挂载常见的文件系统以及如何卸载文件系统。
- 检查与修复文件系统：主要学习如何处理文件系统中的常见故障。
- 磁盘阵列：学习和掌握磁盘阵列的基础知识。
- 逻辑卷管理：学习和掌握 Linux 系统中的逻辑卷的管理方法。

10.1　磁盘管理基础

与内存相比，磁盘是计算机的外部存储。磁盘作为最重要的数据载体，是计算机核心组成部分之一。作为系统管理员，必须时刻了解磁盘的状态，避免发生数据丢失。本节将介绍磁盘管理的基础知识，使得读者能够更加容易地学习后面的内容。

10.1.1　磁头

磁盘实际上是一个机械装置，主要包括盘片、磁头、盘片主轴、控制电机、磁头控制器、等几个部分，如图 10-1 所示。通常情况下，一个磁盘会包含多个盘片，这些盘片都被固定在一个中心轴上面。每个盘片的两面都各有一个读写数据的磁头，磁头连接在机械臂上面。读写数据的时候，盘片在快速旋转的同时，磁头在机械臂的带动下也在不停地移动。

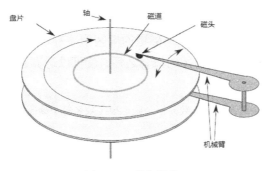

图 10-1　磁盘结构

平时我们讲的硬盘的转速就是指盘片每分钟转的圈数。例如，笔记本和个人电脑的硬盘的转速为 5400RPM，服务器的硬盘一般为 7200RPM 或者 10000RPM，其中 5400RPM 就是指硬盘的盘片每分钟旋转 5400 圈。

从中可以看出，硬盘盘片的旋转速度是非常快的，此外磁头与盘片的距离也非常短，所以如果发生碰撞，磁头就很容易碰到盘片，从而损坏盘片表面，导致数据无法读取。

10.1.2　磁道

从图 10-1 可以得知，磁盘的盘片是由许多同心圆组成。在这一点上，盘片与唱片很类似。而数据就存储在这些同心圆上面，这些同心圆称为磁道。实际上，磁头在盘片上面的读写轨迹就是磁道。

根据磁盘容量的不同，盘片所拥有的磁道数量也会不同。但是总的来说，盘片的磁道数量是一个非常大的数字。

每个磁道都用一个数字来代表，按照从内向外的顺序编号，依次为 0 磁道、1 磁道、2 磁道等。数字越大，离圆心就越远。

10.1.3　柱面

由于一个磁盘由多个盘片组成，所以从垂直方向看，所有盘片的编号相同的磁道会形成一个垂直的圆柱面，这个圆柱面称为柱面。柱面是磁盘寻址的重要依据之一，每个盘片有多少个磁道，就有多少个柱面。

10.1.4　扇区

如果将每个磁道划分成若干个弧段，那么这些弧段就称为扇区。每个磁道的扇区数量是在磁盘格式化的时候确定的，扇区是硬盘读写的最小单位。通常来说，扇区的容量是固定的，传统的磁盘每个扇区可以存储 512 字节的数据，而 CD-ROM 或者 DVD-ROM 的每个扇区则可以存储 2048 字节的数据。

跟磁道一样，扇区也是用数字来代表。从 0 磁道的第 1 个扇区开始编号，其序号为 1，紧跟着为 2 扇区、3 扇区以及 4 扇区等。在一个盘片上面，扇区编号是累计的。即第一个磁道编完之后，第二个磁道的序号会延续第一个磁道的扇区的序号。

了解了磁头、磁道、柱面以及扇区的概念之后，就可以计算磁盘的容量了。一个磁盘的容量的计算公式如下：

磁盘存储容量=磁头数×磁道（柱面）数×每个磁道扇区数×每个扇区字节数

磁头数与盘片的面数是相同的，磁道数与柱面数是相同的。

10.1.5　磁盘分区

当一个新的磁盘被安装到计算机中后，必须首先经过分区才可以使用。所谓分区，实际上是将一个磁盘划分为一个或者多个逻辑区域的过程。经过分区后形成的这些逻辑区域就称为磁盘分区。

每个磁盘把逻辑分区的位置和大小存储在一个称为分区表的区域中。在第 8 章介绍 Linux 系统启动的时候，讲到了主引导记录。传统的分区表就位于主引导记录中，称为 MBR 分区表。

在主引导记录中，使用 64 个字节描述磁盘的分区方案。由于每个分区需要 16 个字节描述，所以一个磁盘最多只能有 4 个主分区。为了解决这个问题，后来又引入了扩展分区和逻辑分区的概念。

然而，更为关键的是主引导记录分区表通过 4 个字节来存储磁盘的总扇区数，这意味着最多能够表示 2^{32} 个扇区。按照每个扇区 512 字节计算，磁盘的最大容量为 2TB，超过 2TB 之后，就无法表示后面的扇区了。

随着存储技术的发展，这种情况显然不能满足实际需求。后来又出现了 GPT 分区表，该分区技术可以支持 128 个分区。此外，GPT 使用 8 个字节来表示扇区数，所以可以支持 2^{64} 个扇区。

对于操作系统而言，每个分区都相当于一个相对独立的磁盘。各个分区可以分别创建不同的文件系统，安装不同的操作系统。

10.2 文件系统基础知识

文件系统是数据在磁盘上面的逻辑组织形式，也就是说，文件系统是管理数据如何在磁盘上面的存储和访问的。所以说，文件系统是整个操作系统的基础。本节将详细介绍 Linux 系统中关于文件系统的相关基础知识。

10.2.1 常见文件系统

在操作系统发展的几十年中，产生了许多类型的文件系统，例如 FAT（FAT12、FAT16 和 FAT32）、exFAT、NTFS、HFS、UFS、Ext2、Ext3、Ext4、XFS、ISO 9660、ZFS、Btrfs、ReiserFS 以及 UDF 等。这些操作系统都各具特色，并且有不同的应用场合。下面把其中最常见的几种文件系统进行简单介绍。

1. FAT

该文件系统是一个相对比较古老的文件系统，产生于 1977 年。最初的 FAT 是专门为了软盘而设计的，但是随着微软的操作系统 DOS 以及 Windows 的流行，FAT 也被移植到了硬盘上面，被 DOS 和 Windows 采用成为自己的文件系统。并且，在后面的 20 年中，一度成为主流文件系统。

随着存储技术的发展，磁盘容量也在飞速增长。FAT 已经满足不了需求，后来又出现了 FAT12、FAT16 以及 FAT32 等。尽管 FAT 已经不是 Windows 的默认文件系统了，但是 FAT 仍然在 U 盘、嵌入式设备上面比较流行。

FAT 文件系统目前最为先进的是 FAT32。FAT32 文件系统有以下特点：

（1）单个文件不超过 4GB。

（2）单卷最大文件数为 4194304 个。

（3）分区最大容量为 8TB。

（4）可为多种操作系统读写。

2. exFAT

该文件系统是对 FAT 的扩展。exFAT 是专门为 U 盘和 SD 卡等闪存设备设计的文件系统。exFAT 诞生于 2006 年，由微软公司开发。

该文件系统弥补了 FAT 文件系统的大部分缺陷，例如单个文件的大小超过了 4GB，分区的最大容量可达 64ZB 等。

目前，大部分的操作系统都支持 exFAT 文件系统的读写，包括 Windows、Linux 以及 UNIX 等。

3. NTFS

NTFS 是由微软开发的专用文件系统，用在微软的 Windows 操作系统中。相对于 FAT，NTFS 增加了许多高级的功能：

（1）大文件支持，单文件最大可达 16EB。

（2）增强的安全控制。

（3）单卷最大文件数为 $2^{32}-1$ 个。

（4）日志功能。系统中对文件的操作都可以被记录下来，当系统崩溃之后，利用日志功能可以修复数据。

4. Ext2/Ext3/Ext4

Ext 是 GNU/Linux 标准的文件系统，也是专门为 Linux 内核设计的第一个文件系统。第 1 版的 Ext 文件系统产生于 1992 年。后来，又不断地更新，到 2008 年发布的 Linux 内核 2.6.28 已经支持 Ext4。Ext4 拥有非常多的先进功能：

（1）更大的文件系统和更大的文件。Ext4 已经支持 1EB 的文件系统，以及 16TB 的单个文件。

（2）支持无限数量的子目录。

（3）性能得到极大地提升，包括操作大文件的优化、写入数据时的多块和延迟分配，以及快速检查扫描等。

（4）改进的日志校验。

（5）索引节点改为 256 字节，支持更多的扩展属性。

5. Btrfs

该文件系统是由 Oracle 公司于 2007 年推出的一种文件系统，运行在 Linux 系统中。其最初的设计目标是取代 Ext3 文件系统，所以它针对 Ext3 的缺陷进行了改进，包括单个文件的大小、文件系统的大小、快照以及内置磁盘阵列支持等。

6. ZFS

ZFS 最初是美国 SUN 公司为其 Solaris 操作系统开发的文件系统。它是世界上第一个 128 位的文件系统。在 2005 年发布的时候，引起了极大的轰动。ZFS 完全抛弃了卷管理的概念，不再创建虚拟的卷，而是用存储池来管理物理存储空间。

ZFS 支持的单个存储卷容量可达 16EB，一个存储池可以拥有 2^{64} 个卷，总容量最大为 256ZB，而整个文件系统可以拥有 2^{64} 个存储池。

目前，ZFS 已经被移植到许多 Linux 发行版上面，包括 Ubuntu。

7. UFS

UFS 是传统的 UNIX 操作系统标准的文件系统。无论是 System V 还是 BSD，都采用 UFS 作为默认的文件系统，例如 Solaris、Free BSD、Open BSD、Net BSD 以及 HP-UX 等。

在 UFS 中，存储的基本单位称为块。块又分为引导块、超级块、索引节点以及数据块等。其中引导块包含引导系统时使用的信息，超级块包含记录文件系统的详细信息，索引节点存储文件的各种信息，数据块则存储文件的实际内容。

8. ReiserFS

该文件系统是一种新型的文件系统。Linux 内核从 2.4.1 开始支持 ReiserFS。ReiserFS 是一种日志型文件系统，其特色为能高效地处理大型文件以及大量的小文件。ReiserFS 支持在线调整卷的大小。

10.2.2 块

在 Linux 的文件系统中，最小的读写单位称为块。在 Ext 的文件系统中，块是由一组扇区组成的，并且扇区的数量必须是 2^n 个，n 为整数。在创建文件系统时，需要指定块的大小。对于 Ext4 而言，块的大小在 1KB 和 64KB 之间，默认为 4KB。如果用户指定了较大的块，尽管可以创建文件系统，但是在使用时会出现意想不到的问题。

多个块被组织成为块组。块组的结构如图 10-2 所示。

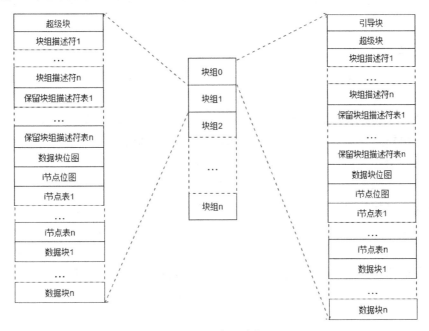

图 10-2　块组结构

从图 10-2 可以看出，块组 0 比较特殊，其前面 1024 字节称为引导块，实际上前面介绍的主引导记录就位于该引导块中。因此，对于块组 0 而言，其超级块是从 1024 字节处开始的。除了引导块之外，从前往后依次为超级块、块组描述符、保留块组描述符表、数据块位图、索引节点位图、索引节点表以及数据块，其中数据块位图为用户数据的存储区域。除了引导块、超级块、数据块位图以及索引节点位图之外，其他的块都是可以重复的。

块组描述符记录了当前块组的基本信息，例如数据块位图、索引节点位图以及索引节点等重要结构的块号。

数据块位图则记录了当前块组中数据块的使用情况，索引节点位图记录了当前块组的索引节点的使用情况。

关于引导块、超级块以及索引节点，将在随后介绍。

如果某个磁盘并没有主引导记录，则块组 0 仍然包含引导块，只是前 1024 字节为空。

10.2.3　引导块

某个 Ext 的文件系统，在其块组 0 的开头，都有一块大小为 1024 字节的区域，用来存储引导程序等，称为引导块。即使该分区并不能引导系统，引导块仍然存在，只是没有任何数据。

10.2.4　超级块

超级块记录了与整个文件系统有关的信息，是整个文件系统的核心，包括总的 i 节点的数量、总的块数、空闲块数、空闲索引节点数、第一个数据块的位置、块的大小、每个块组包含块的个数、每个块组包含的索引节点的数量、文件系统的挂载时间以及写入时间等。

在 Linux 引导的过程中，会将磁盘上面的超级块读取到内存中。Linux 系统运行的时候，内存中的超级块会不断地发生变化。在适当的时候，内存中的超级块会被写入到磁盘中。但是如果出现意外，Linux 来不及将内存中的超级块数据写入磁盘，会导致两者不一致。此时，Linux 会自动调用文件系统检查程序对文件系统进行检查。如果损坏严重，则无法启动 Linux。

通常情况下，为了保证超级块的数据安全，Ext4 会对超级块进行冗余备份，即将其写入到多个其他的块组中。Ext4 提供了一个关于超级块冗余的选项，名称为 sparse_super。如果在创建文件系统时启用该选项，则表示只有在组号为 0 或者为 3、5、7 的整数次幂的块组中冗余。如果没有启用该选项，则表示在所有的块组中冗余超级块。

10.2.5　索引节点

前面已经介绍过，在 Linux 的文件系统中，每个块组都包含一个由一个或者多个数据块组成的索引节点表。索引节点表存储了当前块组的索引节点数据。

索引节点是一个非常重要的概念，是理解 UNIX 和 Linux 文件系统的基础。它描述了 Linux 文件系统中的每个文件的元数据信息，例如文件的大小、文件拥有者的 ID、文件的组 ID、文件的权限以及存储文件内容的数据块的位置等。索引节点与文件是一一对应的。也就是说，用户每创建一个文件或者目录，就会在某个块组的索引节点表中创建一个索引节点。

在 Ext 的文件系统中，每个索引节点通常占 128 字节。表 10-1 列出了这 128 字节的功能。

表 10-1　索引节点

字节	说明
0~1	文件类型和访问权限
2~3	文件所有者的 ID 的低 16 位
4~7	文件大小
8~11	文件最后访问时间
12~15	文件状态最后改变的时间

（续表）

字节	说明
16~19	文件内容最后修改的时间
20~23	文件删除时间
24~25	文件所属的组 ID 的低 16 位
26~27	链接数
28~31	文件占用的扇区数
32~35	标识符
36~39	未使用
40~87	12 个直接数据块指针
88~91	1 个二级数据块指针
92~95	1 个三级数据块指针
96~99	1 个四级数据块指针
100~103	32 位数值表示文件的版本号
104~107	文件扩展属性
108~111	目录 ACL 的高 32 位
112~115	文件碎片的地址
116	文件碎片在块中的位置
117	文件碎片的大小
118~119	未使用
120~121	文件所有者 ID 的高 16 位
122~123	文件所属组的 ID 的高 16 位
124~127	未使用

 索引节点中不包括文件名。

10.3　创建文件系统

在了解了文件系统基础知识之后，接下来就要学习如何创建各种文件系统。本节首先介绍如何对磁盘进行分区，然后依次介绍各种常见的文件系统的创建方法。

10.3.1　创建分区

创建磁盘分区是将一个大的磁盘划分为多个逻辑区域的过程。各个磁盘分区可以相对独立地管理，可以创建不同的文件系统。

管理磁盘分区可以使用 fdisk 命令。该命令的基本语法如下：

```
fdisk [options] device
```

该命令常用的选项有：

- -b：指定磁盘扇区的大小，可以取 512、1024、2048 以及 4096。由于当前的 Linux 内核会自动获取磁盘扇区的大小，所以该选项是为了与低版本的内核兼容而保留的。
- -l：列出指定设备的分区表。
- -t：指定分区方案类型。可以是 GPT 或者 MBR 等。

device 参数为要划分分区的设备，通常是/dev/sda、/dev/sdb 等。

例如，下面的命令列出磁盘/dev/sda 的分区信息：

```
chunxiao@ubuntu-server:~$ sudo fdisk -l /dev/sda
01 Disk /dev/sda: 10 GiB, 10737418240 bytes, 20971520 sectors
02 Units: sectors of 1 * 512 = 512 bytes
03 Sector size (logical/physical): 512 bytes / 512 bytes
04 I/O size (minimum/optimal): 512 bytes / 512 bytes
05 Disklabel type: dos
06 Disk identifier: 0x9be33bcb
07
08 Device     Boot    Start      End         Sectors      Size   Id
   Type
09 /dev/sda1   *       2048     20969471     20967424    10G 83   Linux
```

在上面的命令输出中，第 1 行表示当前的设备为磁盘/dev/sda，其大小为 10GB，10,737,418,240 字节，20,971,520 个扇区。第 2 行表示扇区大小单位为 512 字节。第 3 行表示逻辑扇区和物理扇区大小都为 512 字节。第 4 行表示磁盘读写单位为 512 字节。第 5 行表示当前磁盘的分区方案类型为 dos，即 MBR。第 6 行表示磁盘的标识为 0x9be33bcb。

第 8~9 行输出当前磁盘的分区信息。其中 Device 字段表示分区名称，Linux 按照磁盘逻辑名称加上数字序号的方式命名磁盘分区，/dev/sda1 表示/dev/sda 上面的第 1 个分区；Boot 字段表示当前分区是否是可引导分区，星号表示可引导；Start 和 End 字段分别表示当前分区的起始和结束扇区；Sectors 字段表示当前分区总的扇区数；Size 字段为当前分区的字节数；Id 和 Type 字段分别为当前分区的类型 ID 和类型名称。

如果没有指定目标设备，则 fdisk -l 命令会输出/etc/fstab 文件中配置的以及系统检测到的每个存储设备的分区信息。

```
chunxiao@ubuntu-server:~$ sudo fdisk -l
Disk /dev/sda: 10 GiB, 10737418240 bytes, 20971520 sectors
Units: sectors of 1 * 512 = 512 bytes
Sector size (logical/physical): 512 bytes / 512 bytes
I/O size (minimum/optimal): 512 bytes / 512 bytes
Disklabel type: dos
Disk identifier: 0x9be33bcb

Device     Boot    Start      End       Sectors      Size    Id Type
```

```
/dev/sda1    *        2048          20969471    20967424     10G 83  Linux


Disk /dev/sdb: 185.2 MiB, 194187264 bytes, 379272 sectors
Units: sectors of 1 * 512 = 512 bytes
Sector size (logical/physical): 512 bytes / 512 bytes
I/O size (minimum/optimal): 512 bytes / 512 bytes
Disklabel type: dos
Disk identifier: 0x6a740143


Device      Boot    Start   End       Sectors    Size    Id  Type
/dev/sdb1           2048    379271    377224     184.2M  83  Linux
```

上面的命令输出了两个磁盘的分区信息，分别为/dev/sda 和/dev/sdb。

下面介绍如何使用 fdisk 命令对一个新的磁盘进行分区。首先使用 fdisk 命令查看新的磁盘是否已经被系统正确检测到，如下所示：

```
chunxiao@ubuntu-server:~$ sudo fdisk -l
Disk /dev/sda: 10 GiB, 10737418240 bytes, 20971520 sectors
Units: sectors of 1 * 512 = 512 bytes
Sector size (logical/physical): 512 bytes / 512 bytes
I/O size (minimum/optimal): 512 bytes / 512 bytes
Disklabel type: dos
Disk identifier: 0x9be33bcb


Device      Boot    Start   End         Sectors     Size    Id  Type
/dev/sda1   *       2048    20969471    20967424    10G     83  Linux


Disk /dev/sdb: 185.2 MiB, 194187264 bytes, 379272 sectors
Units: sectors of 1 * 512 = 512 bytes
Sector size (logical/physical): 512 bytes / 512 bytes
I/O size (minimum/optimal): 512 bytes / 512 bytes
Disklabel type: dos
Disk identifier: 0x6a740143


Device      Boot    Start   End         Sectors     Size    Id  Type
/dev/sdb1           2048    379271      377224 1    84.2M   83  Linux


Disk /dev/sdc: 10 GiB, 10737418240 bytes, 20971520 sectors
Units: sectors of 1 * 512 = 512 bytes
Sector size (logical/physical): 512 bytes / 512 bytes
I/O size (minimum/optimal): 512 bytes / 512 bytes
```

通过上面的输出，可以得知当前系统中有 3 块硬盘，其中第 3 块硬盘没有分区信息。这块硬盘就是我们要分区的对象，其逻辑名称为/dev/sdc。

（1）进入 fdisk。输入以下命令，进入到 fdisk 主界面：

```
chunxiao@ubuntu-server:~$ sudo fdisk /dev/sdc

Welcome to fdisk (util-linux 2.29).
Changes will remain in memory only, until you decide to write them.
Be careful before using the write command.

Device does not contain a recognized partition table.
Created a new DOS disklabel with disk identifier 0xebdee579.

Command (m for help):
```

（2）显示帮助。如果用户不太熟悉 fdisk 的命令，可以输入 m，然后按回车键，即可把 fdisk 的命令及其功能显示出来，如下所示：

```
Command (m for help): m

Help:

  DOS (MBR)
   a   toggle a bootable flag
   b   edit nested BSD disklabel
   c   toggle the dos compatibility flag
……#省略部分帮助信息
  Create a new label
   g   create a new empty GPT partition table
   G   create a new empty SGI (IRIX) partition table
   o   create a new empty DOS partition table
   s   create a new empty Sun partition table
```

（3）输出当前磁盘分区表。由于磁盘分区会导致磁盘上面的数据全部丢失，所以在进行分区前，可以输入 p 命令，输出当前磁盘的分区信息，以确认是否指定了正确的磁盘，如下所示：

```
Command (m for help): p
Disk /dev/sdc: 10 GiB, 10737418240 bytes, 20971520 sectors
Units: sectors of 1 * 512 = 512 bytes
Sector size (logical/physical): 512 bytes / 512 bytes
I/O size (minimum/optimal): 512 bytes / 512 bytes
Disklabel type: dos
Disk identifier: 0xebdee579
```

 在进行分区前，一定要确认指定的磁盘是否正确，否则会导致数据丢失。

（4）创建分区，指定分区类型。输入 n 命令，如下所示：

```
Command (m for help): n
Partition type
   p   primary (0 primary, 0 extended, 4 free)
   e   extended (container for logical partitions)
```

输入 n 命令之后，fdisk 会要求用户指定分区的类型，即主分区还是扩展分区。此外，fdisk 命令还显示出了主分区和扩展分区的数量，其中主分区和扩展分区一共可以有 4 个。 输入 p，然后按回车键。

（5）指定分区序号。用户可以选择 1~4 中的数字，如下所示。如果没有指定，则默认为当前可用的最小值。输入 1 或者直接按回车键，进入下一步。

```
Partition number (1-4, default 1):1
```

（6）指定起始扇区。fdisk 命令会给出当前可用的扇区的范围，如下所示。

```
First sector (2048-20971519, default 2048):
```

如果没有指定起始扇区，则 fdisk 命令会自动选择当前可用的最小值。

（7）指定结束扇区。用户可以使用两种方式来指定结束扇区。其一为"+扇区数"，其二为"+字节数"。其中，指定字节数的时候需要指定单位，可以为 K、M、G、T 以及 P 等值。如果没有指定，则默认为当前可用的最大扇区，如下所示：

```
Last sector, +sectors or +size{K,M,G,T,P} (2048-20971519, default 20971519):
+5G
```

如果用户只想把当前磁盘划分为一个分区，则可以直接按回车键。如果想创建多个分区，则可以输入指定的数值。在本例中，想要创建一个 5GB 的分区，所以输入"+5G"，然后按回车键。

创建完成之后，可以通过 p 命令查看当前磁盘的分区情况，如下所示：

```
Command (m for help): p
Disk /dev/sdc: 10 GiB, 10737418240 bytes, 20971520 sectors
Units: sectors of 1 * 512 = 512 bytes
Sector size (logical/physical): 512 bytes / 512 bytes
I/O size (minimum/optimal): 512 bytes / 512 bytes
Disklabel type: dos
Disk identifier: 0xebdee579


Device     Boot    Start    End        Sectors      Size   Id  Type
/dev/sdc1          2048     10487807   10485760     5G     83  Linux
```

从上面的输出可以得知，当前磁盘已经有一个大小为 5GB 的分区了。

（8）创建其他的分区。用户可以按照（4）～（7）的步骤，为当前磁盘剩下的空间创建一个分区。创建完成之后，当前磁盘的分区情况如下所示：

```
Command (m for help): p
Disk /dev/sdc: 10 GiB, 10737418240 bytes, 20971520 sectors
Units: sectors of 1 * 512 = 512 bytes
Sector size (logical/physical): 512 bytes / 512 bytes
I/O size (minimum/optimal): 512 bytes / 512 bytes
Disklabel type: dos
Disk identifier: 0xebdee579

Device     Boot    Start       End        Sectors    Size   Id  Type
/dev/sdc1          2048        10487807   10485760   5G     83  Linux
/dev/sdc2          10487808    20971519   10483712   5G     83  Linux
```

（9）写入磁盘。以上的操作实际上都是在内存中进行的，并没有真正写入到磁盘上面。如果此时退出 fdisk 命令，则磁盘的数据不会发生任何变化。为了将用户的分区信息写入到磁盘，需要输入 w 命令，然后按回车键。

```
Command (m for help): w
The partition table has been altered.
Calling ioctl() to re-read partition table.
Syncing disks.

chunxiao@ubuntu-server:~$
```

可以发现，当执行完 w 命令之后，fdisk 会写入磁盘分区表，并且退出 fdisk 命令。

10.3.2 mkfs 命令

创建磁盘分区之后，用户就可以在分区中创建文件系统了。Linux 提供了 mkfs 命令来创建一个 Linux 文件系统。该命令的基本语法如下：

```
mkfs [options] device [size]
```

其中 mkfs 命令的选项主要有-t，用来指定文件系统的类型。device 参数为要创建文件系统的目标分区。size 参数则可以为当前文件系统指定块的数量。

除了最基本的 mkfs 命令之外，Linux 还提供了其他的一些相关命令。主要有 mke2fs、mkfs.ext2、mkfs.fat、mkfs.ntfs 以及 mkfs.bfs 等。下面对这些命令进行简单介绍。

1. mke2fs

该命令用来创建一个 ext2、ext3 或者 ext4 文件系统。其基本语法如下：

```
mke2fs [options] device [ fs-size ]
```

在上面的语法中，options 表示 mke2fs 命令的选项。device 表示要创建文件系统的设备，通常是一个磁盘分区。fs-size 参数为要创建的文件系统的大小，如果省略该参数，则表示文件系统的大小为磁盘分区的大小。

mke2fs 命令主要有以下选项:

- -b: 指定块的大小,可以取 1024、2048 或者 4096,单位为字节。
- -c: 在创建文件系统之前,检查坏的块。
- -E: 指定文件系统的扩展选项。
- -f: 指定磁盘碎片的大小。
- -g: 指定每个块组包含的块的数量,通常无须指定该选项。
- -i: 指定字节和索引节点的比例。
- -I: 指定索引节点的大小。
- -L: 指定新的文件系统的卷标,最长 16 字节。
- -m: 该值为百分比,指定保留给超级用户的磁盘块的比例,默认为 5%。
- -M: 记录最后一次挂载的目录。
- -N: 指定要创建的索引节点的数量。
- -t: 指定要创建的文件系统的类型,例如 ext2、ext3 或者 ext4 等。

除了上面的选项和参数之外,mke2fs 命令还有一个配置文件,其名称为 mke2fs.conf,位于/etc 目录中。该文件的内容如下:

```
chunxiao@ubuntu-server:/sbin$ more /etc/mke2fs.conf
[defaults]
base_features =
sparse_super,large_file,filetype,resize_inode,dir_index,ext_attr
default_mntopts = acl,user_xattr
enable_periodic_fsck = 0
blocksize = 4096
inode_size = 256
inode_ratio = 16384

[fs_types]
ext3 = {
    features = has_journal
}
ext4 = {
    features =
has_journal,extent,huge_file,flex_bg,metadata_csum,64bit,dir_nlink,extra_isize
    inode_size = 256
}
ext4dev = {
    features =
has_journal,extent,huge_file,flex_bg,metadata_csum,inline_data,64bit,dir_nlink
,extra_isize
    inode_size = 256
```

```
    options = test_fs=1
}
small = {
    blocksize = 1024
    inode_size = 128
    inode_ratio = 4096
}
floppy = {
    blocksize = 1024
    inode_size = 128
    inode_ratio = 8192
}
big = {
    inode_ratio = 32768
}
huge = {
    inode_ratio = 65536
}
news = {
    inode_ratio = 4096
}
largefile = {
    inode_ratio = 1048576
    blocksize = -1
}
largefile4 = {
    inode_ratio = 4194304
    blocksize = -1
}
hurd = {
    blocksize = 4096
    inode_size = 128
}
```

从上面的内容可以得知，该文件主要配置了 mke2fs 命令的默认选项。在执行 mke2fs 命令的时候，如果没有指定某个选项，则会从该文件中获取。

2. mkfs.fat

该命令用来创建一个 MS-DOS 类型的文件系统，即 FAT 类型文件系统。mkfs.fat 命令的基本语法如下：

```
mkfs.fat [options] device [block-count]
```

mkfs.fat 命令的选项与 mke2fs 基本相同。device 参数为要创建文件系统的目标分区，block-count 参数为要创建的文件系统的块数。如果没有指定 block-count 参数，则 mkfs.fat 命令会自己判断块数。

 mkfs.fat 命令不能创建一个可引导的文件系统。

3. mkfs.reiser4

该命令用来创建一个 reiser4 文件系统。其基本语法如下：

```
mkfs.reiser4 [ options ] device [ size[k|m|g] ]
```

mkfs.reiser4 的选项与前面介绍的 mke2fs 大致相同，不再详细介绍。device 参数为要创建文件系统的目标分区。最后的 size 参数为文件系统的大小。

4. mkntfs

该命令用来创建一个 NFTS 文件系统。其基本语法如下：

```
mkntfs [options] device [number-of-sectors]
```

其中的命令选项请参照前面介绍的命令。device 为目标分区。number-of-sectors 为文件系统的扇区数。

除了上面介绍的几个命令之外，Linux 还专门创建了几个符号链接，以便于用户使用。其中 mkfs.ext2、mkfs.ext3 和 mkfs.ext4 都指向 mke2fs，mkfs.ntfs 指向了 mkntfs，mkfs.msdos 和 mkfs.vfat 都指向 mkfs.fat。当然，用户在使用这些符号链接的时候，都意味着用户会创建特定类型的文件系统。例如调用 mkfs.ext4 意味着用户会创建 ext4 文件系统。

10.3.3　创建 ext2/ext3/ext4 文件系统

上面已经详细介绍了与创建文件系统有关的部分命令。下面就介绍如何使用这些命令来创建 ext 类型的文件系统。

首先，对于 ext2 类型的文件系统，可以使用以下命令来创建：

```
chunxiao@ubuntu-server:/sbin$ sudo mke2fs -t ext2 /dev/sdc1
mke2fs 1.43.4 (31-Jan-2017)
Creating filesystem with 1310720 4k blocks and 327680 inodes
Filesystem UUID: cdf19723-4a3f-4b36-abdf-8b8ec007dfa3
Superblock backups stored on blocks:
 32768, 98304, 163840, 229376, 294912, 819200, 884736

Allocating group tables: done
Writing inode tables: done
Writing superblocks and filesystem accounting information: done
```

在上面的命令中，使用-t 选项指定要创建的文件系统类型为 ext2，目前分区为/dev/sdc1。创建完成之后，mke2fs 命令会给出新的文件系统的概要信息，包括总的块数、总索引节点数、文件系统的 UUID 以及超级块所在的块组等。

下面的命令创建一个 ext4 类型的文件系统：

```
chunxiao@ubuntu-server:/sbin$ sudo mke2fs -t ext4 /dev/sdc1
```

ext3 类型的文件系统的创建方法基本相同，只是-t 选项的值不同，不再举例说明。

前面已经介绍过，为了便于用户使用，Linux 还专门创建了几个符号链接，其中就有 mkfs.ext2、mkfs.ext3 和 mkfs.ext4，分别用来创建对应的文件系统。因此，下面的命令同样可以创建一个 ext2 类型的文件系统：

```
chunxiao@ubuntu-server:/sbin$ sudo mkfs.ext2 /dev/sdc1
```

如果目标分区已经存在文件系统，则无论是 mke2fs 还是 mkfs.ext2、mkfs.ext3、mkfs.ext4，都会给出相应的提示信息，如下所示：

```
chunxiao@ubuntu-server:~$ sudo mkfs.ext2 /dev/sdc1
mke2fs 1.43.4 (31-Jan-2017)
/dev/sdc1 contains a ext2 file system
 last mounted on Sun Aug 20 23:36:32 2017
Proceed anyway? (y,N)
```

在上面的命令中，mkfs.ext2 命令提示当前分区已经存在一个 ext2 类型的文件系统。如果用户想要重新创建文件系统，则输入 y，然后按回车键确认。

 创建文件系统类似于 Windows 系统中的格式化磁盘。创建文件系统会清除指定分区中的数据。

10.3.4　创建 NTFS 文件系统

NTFS 是微软的 Windows 操作系统的标准文件系统。Linux 已经支持该类文件系统的读写操作。在 Linux 系统中，创建 NTFS 文件系统需要使用 mkfs.ntfs 或者 mkntfs。例如，下面的命令在/dev/sdc2 分区上面创建了一个 NTFS 文件系统：

```
chunxiao@ubuntu-server:~$ sudo mkfs.ntfs /dev/sdc2
Cluster size has been automatically set to 4096 bytes.
Initializing device with zeroes: 100% - Done.
Creating NTFS volume structures.
mkntfs completed successfully. Have a nice day.
```

10.3.5　创建 FAT 文件系统

接下来介绍如何在一个 U 盘上面创建 FAT 文件系统。当用户将 U 盘接入到电脑后，Linux 系统通常会识别到该设备，并且自动挂载。为了能够在上面重新创建文件系统，首先必须把它卸载掉，否则会出现设备忙而无法更新分区表的情况。

在 Ubuntu 系统中，U 盘一般挂载在/media/{userid}目录下面，其中 userid 为当前用户的用户名。可以使用 mount 命令来查看，如下所示：

```
chunxiao@ubuntu-server:~$ mount
…
/dev/sdd1 on /media/chunxiao/5156-62B7 type vfat
(rw,nosuid,nodev,relatime,uid=1000,gid=1000,fmask=0022,dmask=0022,codepage=437
,iocharset=iso8859-1,shortname=mixed,showexec,utf8,flush,errors=remount-ro,uhe
lper=udisks2)
```

没有参数的 mount 命令会把当前系统挂载的文件系统都显示出来。在上面的输出中，新插入的 U 盘挂载到/media/chunxiao/5156-62B7 目录下面。

如果不能判断该设备是否为 U 盘，则可以通过查看 Linux 系统内核日志来确认，如下所示：

```
chunxiao@ubuntu-server:~$ dmesg
…
[  899.560451] usb 1-1: new high-speed USB device number 3 using ehci-pci
[  899.913813] usb 1-1: New USB device found, idVendor=abcd, idProduct=1234
[  899.913818] usb 1-1: New USB device strings: Mfr=1, Product=2, SerialNumber=3
[  899.913822] usb 1-1: Product: UDisk
[  899.913826] usb 1-1: Manufacturer: General
[  899.913828] usb 1-1: SerialNumber: Jb
[  899.918100] usb-storage 1-1:1.0: USB Mass Storage device detected
[  899.920169] scsi host5: usb-storage 1-1:1.0
[  900.958924] scsi 5:0:0:0: Direct-Access     General  UDisk            5.00 PQ:
0 ANSI: 2
[  900.960495] sd 5:0:0:0: Attached scsi generic sg4 type 0
[  900.977193] sd 5:0:0:0: [sdd] 15730688 512-byte logical blocks: (8.05 GB/7.50
GiB)
[  900.989241] sd 5:0:0:0: [sdd] Write Protect is off
[  900.989248] sd 5:0:0:0: [sdd] Mode Sense: 0b 00 00 08
[  901.000917] sd 5:0:0:0: [sdd] No Caching mode page found
[  901.000930] sd 5:0:0:0: [sdd] Assuming drive cache: write through
[  901.059559]  sdd: sdd1
[  901.125440] sd 5:0:0:0: [sdd] Attached SCSI removable disk
…
```

dmesg 命令会把 Linux 内核的日志信息显示出来。通过上面的输出，可以明确了解 U 盘挂载的过程，并且得知其设备名为 sdd，该磁盘有一个分区，名称为 sdd1。

如果 U 盘没有分区，可以按照前面介绍的方法利用 fdisk 命令创建分区。如果已经有了分区，可以直接在上面创建新的文件系统。无论是创建分区还是创建文件系统，U 盘必须没有挂载到系统中。

如果 U 盘已经自动挂载，可以使用 umount 命令卸载，如下所示：

```
chunxiao@ubuntu-server:~$ sudo umount /media/chunxiao/5156-62B7
```

在上面的命令中，/media/chunxiao/5156-62B7 是 U 盘的挂载点。

用户可以通过 fdisk 命令查看 U 盘的分区信息，如下所示：

```
chunxiao@ubuntu-server:~$ sudo fdisk /dev/sdd -l
Disk /dev/sdd: 7.5 GiB, 8054112256 bytes, 15730688 sectors
Units: sectors of 1 * 512 = 512 bytes
Sector size (logical/physical): 512 bytes / 512 bytes
I/O size (minimum/optimal): 512 bytes / 512 bytes
Disklabel type: dos
Disk identifier: 0x00000000


Device     Boot Start      End Sectors  Size Id Type
/dev/sdd1       2048 15730687 15728640  7.5G 83 Linux
```

下面的命令在/dev/sdd1 上面创建一个 FAT 文件系统：

```
chunxiao@ubuntu-server:~$ sudo mkfs.fat /dev/sdd1
mkfs.fat 4.0 (2016-05-06)
```

10.3.6　调整文件系统

当一个文件系统被创建之后，大部分的参数就已经固定不变了，但是这也并不是绝对的。ext 文件系统就保留了部分可调参数，并且提供了 tune2fs 命令来进行相关的调整。tune2fs 命令的基本语法如下：

```
tune2fs [options] device
```

tune2fs 命令的常用选项有：

- -c: 指定文件系统被强制检查前可以挂载的次数。如果指定为 0 或者-1，则该文件系统不会被强制检查。
- -C: 设置文件系统已经被挂载的次数。如果该选项指定了一个大于-c 选项指定的值，则该文件系统会在下次重启时被 e2fsck 命令检查。
- -E: 设置文件系统的扩展选项。
- -g: 指定可以使用文件系统保留块的用户组。
- -i: 指定执行文件系统检查的时间间隔。
- -I: 修改文件系统的索引节点的大小。
- -j: 为当前文件系统增加日志功能。
- -J: 覆盖现有的 ext3 日志参数。
- -l: 显示文件系统超级块的内容。
- -L: 设置文件系统的卷标。
- -m: 设置文件系统保留块所占的比例。

- -o: 设置文件系统默认的挂载选项。
- -u: 指定可以使用文件系统保留块的用户。

device 参数为要调整的文件系统。

例如，下面的命令设置/dev/sdc1 被挂载 10 次之后强制使用 e2fsck 命令进行文件系统的检查：

```
chunxiao@ubuntu-server:~$ sudo tune2fs -c 10 /dev/sdc1
tune2fs 1.43.4 (31-Jan-2017)
Setting maximal mount count to 10
```

下面的命令为文件系统/dev/sdc1 增加目录索引，以提高大目录的搜索速度：

```
chunxiao@ubuntu-server:~$ sudo tune2fs -O dir_index /dev/sdc1
tune2fs 1.43.4 (31-Jan-2017)
```

下面的命令为/dev/sdc1 文件系统增加日志功能：

```
chunxiao@ubuntu-server:~$ sudo tune2fs -j /dev/sdc1
tune2fs 1.43.4 (31-Jan-2017)
Creating journal inode: done
This filesystem will be automatically checked every 10 mounts or
0 days, whichever comes first.  Use tune2fs -c or -i to override.
```

10.4　挂载与卸载文件系统

前面已经详细介绍了创建磁盘分区以及文件系统的方法。新的文件系统必须被挂载到 Linux 的目录树中，才可以被其他的应用系统使用。本节将介绍如何将新创建的文件系统挂载到 Linux 的整个目录树中以及如何将某个文件系统从目录树中移除。

10.4.1　挂载点

所谓挂载点，实际上是一个普通的目录。然而当一个目录充当了挂载点的功能角色之后，它就不再是一个普通的目录了，而是成为访问被挂载的文件系统的入口。

传统的 UNIX 以及 Linux 都有一个默认的 mnt 目录，该目录通常被作为临时挂载点使用。也就是说，如果用户需要临时挂载一个文件系统，存取其中的文件，就可以手工将其挂载到/mnt 目录上面。现代的 Linux 通常使用/media 作为临时挂载点，尤其是当用户使用 USB 设备的时候，一般都会将其挂载到/media 下面的某个子目录上面。

当然，除了这些系统提供的挂载点之外，用户也可以自己创建一个目录，充当挂载点的角色。

当一个目录充当挂载点的时候，该目录中的内容就是被挂载的文件系统的内容，而非该目录自身的内容。

Linux 系统中还有一些特殊的挂载点，一般都是系统使用。例如/是用来挂载根目录，/proc 用来挂载 proc 文件系统，/run 用来挂载临时文件系统等。

10.4.2　mount 和 findmnt 命令

mount 命令用来将某个文件系统挂载到 Linux 系统的某个挂载点上面。其基本语法如下：

```
mount [options] device dir
```

mount 命令常用的命令行选项有：

- -a：挂载/etc/fstab 文件中配置的所有的文件系统。
- -l：在列出挂载的文件系统时显示卷标。
- -L：挂载指定卷标的文件系统。
- -n：挂载文件系统，但是不写入/etc/mtab 文件。
- -o：指定挂载选项。
- -r：将文件系统以只读的方式挂载。
- -T：指定用户自定义的 fstab 文件。
- -t：指定要挂载的文件系统的类型。
- -U：挂载 UUID 为指定值的分区。
- -w：以读写的方式挂载文件系统。

device 参数为要挂载的文件系统，dir 参数为挂载点。

除了上面的命令行选项之外，mount 命令还支持许多挂载选项，这些选项有一部分是与文件系统无关的，有一部分则是与文件系统密切相关的。表 10-2 列出了与文件系统无关的挂载选项。对于与文件系统相关的挂载选项，可以参考 mount 命令的帮助手册，不再详细列出。

表 10-2　与文件系统无关的挂载选项

选项	说明
async	对于该文件系统的所有读写操作都是异步进行的
atime	与 noatime 选项相反，访问文件时更新索引节点中的文件的最后访问时间属性访问时间
noatime	不更新索引节点中的文件的最后访问时间属性，即使该文件被访问过，启用该选项可以加快磁盘的访问速度
auto	该文件系统可以被含有-a 选项的 mount 命令挂载
noauto	该文件系统必须单独挂载，不可以使用含有-a 选项的 mount 命令挂载
defaults	挂载文件系统时使用默认的选项，即 rw、suid、dev、exec、auto、nouser、and async
dev	允许解析文件系统上面的字符或者块等特殊设备

（续表）

选项	说明
nodev	不解析文件系统上面的字符或者块等特殊设备
diratime	更新文件系统上面的目录的索引节点的访问记录，通常是指目录的最后访问时间
nodiratime	不更新文件系统上面的目录的索引节点的访问记录，通常是指目录的最后访问时间
dirsync	对于文件系统中的目录的更新应该以同步的方式进行
exec	允许执行该文件系统中的二进制文件
noexec	不允许执行该文件系统中的二进制文件
group	允许指定用户组中的普通用户挂载该文件系统
suid	允许 suid 或者 sgid 标志位生效
nosuid	禁止 suid 或者 sgid 标志位生效
owner	允许设备的所有者（即使是普通用户）挂载该文件系统
remount	允许重新挂载该文件系统，即使该文件系统已经被挂载
ro	以只读的方式挂载该文件系统
rw	以可读写的方式挂载该文件系统
sync	对文件系统的读写必须以同步方式进行
user	允许指定的普通用户挂载该问题
nouser	禁止普通用户挂载该文件系统
users	允许任何用户挂载或者卸载该文件系统

-a 选项表示自动挂载/etc/fstab 文件中配置的文件系统，除非该文件系统的挂载选项中指定了 noauto。实际上，在 Linux 启动的过程中，会执行 mount -a 命令。因此，对于在挂载选项中指定 noauto 的文件系统，必须手工挂载。-r 选项等同于-o ro，而-w 选项则等同于-o rw。-t 选项用来明确指定要挂载的文件系统的类型，例如 ext2、ext3、ext4、vfat、nfs 以及 ntfs 等。如果没有指定该选项，则 mount 命令会自动从超级块中获取。因此，在挂载一个未知的文件系统的时候，可以尝试省略该选项。

如果没有提供任何参数，则 mount 命令会读取/etc/mtab 文件，列出当前挂载的文件系统，如下所示：

```
chunxiao@ubuntu-server:~$ mount
sysfs on /sys type sysfs (rw,nosuid,nodev,noexec,relatime)
proc on /proc type proc (rw,nosuid,nodev,noexec,relatime)
udev on /dev type devtmpfs
(rw,nosuid,relatime,size=1999084k,nr_inodes=499771,mode=755)
devpts on /dev/pts type devpts
(rw,nosuid,noexec,relatime,gid=5,mode=620,ptmxmode=000)
tmpfs on /run type tmpfs (rw,nosuid,noexec,relatime,size=404396k,mode=755)
/dev/sda1 on / type ext4 (rw,relatime,errors=remount-ro,data=ordered)
securityfs on /sys/kernel/security type securityfs
(rw,nosuid,nodev,noexec,relatime)
tmpfs on /dev/shm type tmpfs (rw,nosuid,nodev)
tmpfs on /run/lock type tmpfs (rw,nosuid,nodev,noexec,relatime,size=5120k)
```

```
tmpfs on /sys/fs/cgroup type tmpfs (ro,nosuid,nodev,noexec,mode=755)
…
```

使用-l 选项可以把卷标也显示出来，如果该文件系统已经设置了卷标的话。

但是现在的 Linux 内核基本上已经抛弃了/etc/mtab 文件，把它变成了一个指向/proc/mounts 文件的符号链接。因此，通过 mount 命令列出当前挂载的文件系统只是为了向后兼容。用户应该使用 findmnt 命令来查看系统挂载的文件系统。

findmnt 命令会读取/etc/fstab 以及/proc/self/mountinfo 等文件，列出当前系统挂载的文件系统以及类型。该命令的基本语法如下：

```
findmnt [options] device|mountpoint
```

findmnt 命令常用的选项有：

- -J: 以 JSON 格式输出结果。
- -l: 以列的形式输出结果。
- -p: 以轮询模式输出结果。
- -r: 以原始格式输出。
- -t: 只显示指定类型的文件系统。

device 参数为要查找的设备名，mountpoint 参数为挂载点。也就是说，findmnt 命令可以搜索某个指定的分区或者挂载点。如果没有指定设备名或者挂载点，则 findmnt 命令会以树形列出所有的文件系统，如下所示：

```
chunxiao@ubuntu-server:~$ findmnt
TARGET                          SOURCE       FSTYPE   OPTIONS
/                               /dev/sda1    ext4
rw,relatime,errors…
├─/sys                                       sysfs    sysfs
rw,nosuid,nodev…
| ├─/sys/kernel/security                     securityfs securityfs
rw,nosuid,nodev…
| ├─/sys/fs/cgroup                           tmpfs    tmpfs
ro,nosuid,nodev,…
| | ├─/sys/fs/cgroup/systemd    cgroup       cgroup
rw,nosuid,nodev,…
| | ├─/sys/fs/cgroup/pids       cgroup       cgroup
rw,nosuid,nodev…
| | ├─/sys/fs/cgroup/blkio      cgroup       cgroup
rw,nosuid,nodev,…
| | ├─/sys/fs/cgroup/cpu,cpuacct cgroup      cgroup
rw,nosuid,nodev,…
| | ├─/sys/fs/cgroup/freezer    cgroup       cgroup              rw,nosuid,nodev…
| | ├─/sys/fs/cgroup/hugetlb    cgroup       cgroup
rw,nosuid,nodev,…
```

...

下面的命令列出/dev/sdc1 的文件系统信息：

```
chunxiao@ubuntu-server:~$ findmnt /dev/sdc1
TARGET    SOURCE          FSTYPE    OPTIONS
/data     /dev/sdc1       ext4      rw,relatime,data=ordered
```

 /proc/mounts 文件是指向/proc/self/mounts 文件的符号链接，该文件保存了当前系统挂载的文件系统的信息。而/proc/self/mountinfo 文件则存储了更为详细的挂载信息。用户应该尽量使用 findmnt 命令来了解挂载的文件系统的情况。

10.4.3　/etc/fstab 文件

该文件为当前 Linux 的文件系统静态配置文件。该文件里定义了存储设备和分区整合到整个系统的方式。mount 命令会读取这个文件，确定设备和分区的挂载选项。下面的代码为一个简单的 fstab 文件的内容：

```
chunxiao@ubuntu-server:~$ cat /etc/fstab
# /etc/fstab: static file system information.
#
# Use 'blkid' to print the universally unique identifier for a
# device; this may be used with UUID= as a more robust way to name devices
# that works even if disks are added and removed. See fstab(5).
#
# <file system> <mount point>  <type>  <options>       <dump> <pass>
# / was on /dev/sda1 during installation
UUID=ec635309-c414-4764-b462-d15b4c6bd80d  /        ext4
 errors=remount-ro  0   1
/swapfile                           none      swap    sw          0
 0
```

从上面的代码可以得知，/etc/fstab 文件的每一行描述了一个文件系统的挂载信息。每一行分为 6 列，各列之间用空格或者 Tab 制表符分隔。

其中第 1 列为要挂载的文件系统。在/etc/fstab 文件中，用户可以使用 3 种方式来表示一个文件系统，分别为文件系统的设备名、UUID 或者卷标。Linux 建议用户尽量使用 UUID 或者卷标来代表一个文件系统。这是因为设备名称通常与顺序有关，而这些设备的顺序有可能发生变化，例如设备的插拔或者 BIOS 中改变了相应的选项等。而 UUID 和卷标则与磁盘的顺序无关。

文件系统的设备名通常为/dev/sda、/dev/sdb 或者/dev/sg0 等。表 10-3 列出了常见的设备名以及含义。

表 10-3　Linux 系统中常见的设备名

设备名	说明
/dev/hd[a-t]	IDE 设备，例如 IDE 磁盘
/dev/sd[a-z]	SCSI 磁盘
/dev/fd[0-7]	标准软驱
dev/md[0-31]	软 RAID 设备
/dev/loop[0-7]	本地回环设备
/dev/ram[0-15]	内存
/dev/null	空设备，它丢弃一切写入其中的数据，但报告写入操作成功，读取它则会立即得到一个 EOF
/dev/zero	零设备，读它的时候，它会提供无限的空字符，例如 NULL、ASCII NUL 或者 0x00
/dev/tty[0-63]	虚拟终端设备
/dev/ttyS[0-3]	串口
/dev/lp[0-3]	并口
/dev/console	控制台
/dev/fb[0-31]	帧缓冲设备
/dev/cdrom	指向/dev/sr0 的符号链接
/dev/random	随机数设备

10.4.4　手工挂载文件系统

手工挂载文件系统通常用于临时使用某个文件系统的场合中。在这种情况下，用户需要执行 mount 命令，挂载文件系统。如果挂载点不存在，用户还需要先创建一个目录作为挂载点。下面介绍如何手工挂载一个文件系统。

例如，下面我们将前面创建的/dev/sdc1 挂载到/data 目录下面。由于/data 目录并不存在，所以需要首先创建该目录，命令如下：

```
chunxiao@ubuntu-server:~$ sudo mkdir /data
```

接下来将文件系统/dev/sdc1 挂载到/data 下面：

```
chunxiao@ubuntu-server:~$ sudo mount /dev/sdc1 /data
```

如果使用卷标表示文件系统，则可以使用以下命令：

```
chunxiao@ubuntu-server:~$ sudo mount -L DATA /data
```

在上面的命令中，DATA 为/dev/sdc1 的卷标。

同样，下面的命令通过 UUID 来挂载文件系统/dev/sdc1：

```
chunxiao@ubuntu-server:~$ sudo mount -U 952cccaf-653b-4e63-b6e1-e44710b25780
/data
```

挂载完成之后，用户就可以通过对应的挂载点读写该文件系统了。

访问文件系统的时候，需要注意文件的访问权限。

10.4.5　自动挂载文件系统

自动挂载文件系统发生在两个时候，分别为 Linux 系统启动的时候以及用户执行 mount -a 命令时，实际上在 Linux 启动的时候，也是执行一次 mount -a 命令。因此，如果用户想要某个文件系统在系统启动的时候自动挂载，就可以在/etc/fstab 文件中配置。

当用户在命令行中执行以下命令：

```
chunxiao@ubuntu-server:~$ sudo mount -a
```

mount 命令会读取/etc/fstab 文件，对于其中的每个文件系统，除了配置了 noauto 选项之外，都会自动挂载。

10.4.6　卸载文件系统

卸载文件系统是指将某个文件系统从 Linux 的目录树中移除。当文件系统被卸载之后，应用程序便不可以对其读写操作。卸载文件系统通常发生在要对文件系统进行完整备份或者修复检测的时候，可以有效地防止其他的进程对文件系统进行读写而产生干扰。

卸载文件系统之前，必须停止对文件系统的读写，当前的工作目录也不可以在要卸载的文件系统中。

卸载文件系统使用 umount 命令，该命令的基本语法如下：

```
umount [options] {mountpoint|device}
```

其中，umount 命令常用的选项有：

● -a: /proc/self/mountinfo 文件中列出的文件系统都将被卸载。
● -f: 强制卸载文件系统。
● -l: 延迟卸载文件系统。
● -r: 当文件系统卸载失败时，尝试以只读的方式重新挂载该文件系统。
● -t: 指定要卸载的文件系统的类型。

mountpoint 参数为挂载点，device 参数为要卸载的设备名。用户可以通过挂载点或者设备名来指定要卸载的文件系统。

例如，下面的 2 个命令都可以卸载/dev/sdc1 文件系统：

```
chunxiao@ubuntu-server:~$ sudo umount /data
```

或者

```
chunxiao@ubuntu-server:~$ sudo umount /dev/sdc1
```

如果有进程正在读写要卸载的文件系统，则 umount 命令会给出相应的错误提示，如下所示：

```
chunxiao@ubuntu-server:~$ sudo umount /dev/sdc1
umount: /data: target is busy
```

以上命令给出提示，要卸载的文件系统/data 正在被占用，不能被卸载。

在这种情况下，用户可以使用 lsof 或者 fuser 命令，找出正在使用该文件系统的进程以及用户。然后想法结束这些进程之后，再卸载文件系统。

lsof 命令的使用方法如下：

```
chunxiao@ubuntu-server:~$ lsof +d /data
COMMAND      PID      USER     FD    TYPE    DEVICE  SIZE/OFF    NODE    NAME
bash         4606     chunxiao cwd   DIR     8,33    1024        2
 /data
vi           4674     chunxiao cwd   DIR     8,33    1024        2
 /data
```

其中+d 选项用来指定目标设备或者挂载点。上面的命令显示有 2 个进程正在使用/data 文件系统，该进程为用户 chunxiao 所有。其中一个命令为 bash，另外一个命令为 vi，进程 ID 分别为 4606 和 4674。

fuser 命令的使用方法如下：

```
chunxiao@ubuntu-server:~$ fuser -u -m /data
/data:               4606c(chunxiao)  4674c(chunxiao)
```

同样，fuser 命令也列出了这 2 个进程。

umount 命令还有一个非常有用的-l 选项。通过该选项来处理文件系统被占用的情况也非常灵活。-l 选项使得被占用的文件系统延迟卸载。也就是说，对于被占用的文件系统，如果使用以下命令卸载，并不会出错：

```
chunxiao@ubuntu-server:~$ sudo umount -l /data
```

执行完以上命令之后，占用文件系统的进程仍然可以继续使用该文件系统，但是其他的进程却无法使用。当进程结束之后，文件系统不再被占用，就会被自动卸载。

在卸载文件系统时，应该尽量避免使用-f 选项，除非确定不会导致数据丢失。

10.5 检查与修复文件系统

当文件系统受损时，用户便应该对文件系统进行检查与修复。否则，无法正常挂载和使用文件系统。本节将详细介绍文件系统检查与修复的方法。

10.5.1 fsck 和 e2fsck 命令

通常情况下，文件系统受损的主要原因有以下几种：

（1）电源故障。可以是突然停电、电源模块故障或者人为误操作等。

（2）硬盘故障。主要是硬盘硬件损坏。

（3）强行关机。用户直接关闭电源。

上面的情况发生之后，都会导致 Linux 文件系统的数据与超级块的数据不一致。一旦出现文件系统受损，用户应该尽快检查和修复，避免引起更大的损失。

fsck 和 e2fsck 命令都可以对文件系统进行检查和修复。前者可以针对多种文件系统进行检查，而后者主要是针对 ext2、ext3 以及 ext4 等文件系统。

fsck 命令的基本语法如下：

```
fsck [options] [filesystem]
```

fsck 命令常用的选项有：

- -A: 根据/etc/fstab 配置文件的内容，检查文件内所列的全部文件系统。
- -N: 不执行命令，仅列出会执行操作。
- -P: 与-A 选项配合使用，同时检查所有的文件系统。
- -R: 与-A 选项配置使用时，跳过根文件系统。
- -s: 依次检查各个文件系统。
- -t: 指定要检查的文件系统的类型。

filesystem 参数为要检查的文件系统，可以说是一个设备名，例如/dev/sdc1；或者是一个挂载点，例如/data；或者是一个 UUID，例如 UUID=5133b056-0f9c-42e0-a114-f6f505dcd70f；也可以是一个卷标，例如 LABEL=DATA。

e2fsck 命令的语法与 fsck 命令基本相同，如下所示：

```
e2fsck [options] device
```

e2fsck 的常用选项有：

- -b: 使用指定的超级块修复文件系统。
- -B: 指定包含超级块的磁盘块的大小。
- -c: 通过执行 badblocks 程序扫描并标注损坏的块。
- -E: 指定文件系统的扩展选项。
- -f: 强制执行文件系统的检查。
- -F: 执行检查之前，先清空设备的缓冲区。
- -p: 不询问用户意见，自动修复错误。

● -y: 对于检查和修复过程中的问题, 均以 yes 回答。

device 参数为要检查和修复的文件系统, 可以是设备名、卷标或者 UUID。

与 mkfs 命令一样, fsck 命令也提供许多针对不同文件系统的命令, 例如 fsck.ext2、fsck.etx3、fsck.ext4、fsck.reiser4、fsck.fat、fsck.msdos 以及 fsck.vfat 等。用户可以使用这些快捷命令来检查和修复文件系统。

10.5.2 交互式检查与修复文件系统

在交互模式下, fsck 命令在遇到错误时, 会询问用户是否处理。下面的例子演示了检查和修复 U 盘上面的文件系统。

```
chunxiao@ubuntu-server:~$ sudo fsck.vfat /dev/sdd1
fsck.fat 4.0 (2016-05-06)
0x41: Dirty bit is set. Fs was not properly unmounted and some data may be corrupt.
1) Remove dirty bit
2) No action
? 1
Perform changes ? (y/n) y
/dev/sdd1: 2 files, 3/1962242 clusters
```

在上面的命令中, fsck.fat 命令给出了一个错误即 U 盘文件系统的"脏"位被设置, 可能的原因是文件系统没有被正常卸载或者数据损坏。

当 Linux 加载一个文件系统之后, 如果文件系统中的文件没有被改动过, 则该文件系统被标注为干净的。如果用户对上面的文件进行改动, 则文件系统被标注为脏的。内存中的数据并不是立即被写入到磁盘中的, 而是不定时写入。当一个文件系统被正常卸载时, 缓存中的数据将被写入到磁盘, 并且将其文件系统标注为干净的。而如果文件系统没有被正常卸载, 则可能会导致缓存中的数据丢失或者文件系统的"脏"位没有被取消。

在上面的例子中, 通常是由于用户直接把 U 盘拔出, 而没有卸载文件系统而导致的。所以, 选择 1) 选项, 删除"脏"位。

10.5.3 自动检查与修复文件系统

通过使用-p 选项, 可以使得 fsck 命令自动检查和修复文件系统中的一般问题, 而不需要用户干预。例如, 对于上面的问题, 可以使用以下命令来修复:

```
chunxiao@ubuntu-server:~$ sudo fsck.vfat -p /dev/sdd1
fsck.fat 4.0 (2016-05-06)
0x41: Dirty bit is set. Fs was not properly unmounted and some data may be corrupt.
 Automatically removing dirty bit.
Performing changes.
/dev/sdd1: 2 files, 3/1962242 clusters
```

从上面的输出可以得知，fsck 命令自动删除了文件系统中的"脏"位。

由于 fsck 命令也提供了一个-y 选项，用来对检查和修复过程中的所有的问题都以 yes 作为回答，所以也可以使用以下命令：

```
chunxiao@ubuntu-server:~$ sudo fsck -y /dev/sdd1
```

10.5.4　恢复严重受损的超级块

由于超级块保存了整个文件系统的重要数据，所以当超级块损坏时，会导致整个文件系统无法使用。而为了保证超级块的安全，文件系统会对超级块保留多个副本。当主超级块损坏时，可以使用其他的超级块来还原。

用户可以使用以下命令把文件系统中备份超级块所在的块显示出来：

```
chunxiao@ubuntu-server:~$ sudo mkfs -t ext4 -n /dev/sdc
mke2fs 1.43.4 (31-Jan-2017)
Found a dos partition table in /dev/sdc
Proceed anyway? (y,N) y
Creating filesystem with 189636 1k blocks and 47424 inodes
Filesystem UUID: 1af0f044-cfd3-4284-80c5-f3eabb8a094e
Superblock backups stored on blocks:
 8193, 24577, 40961, 57345, 73729
```

可以得知，当前文件系统的备份超级块位于 8193、24577、40961、57345 以及 73729 这 5 个块中。通常情况下，用户可以使用 8193 号数据块中的超级块来还原。

还原超级块使用 fsck 命令，通过-b 选项指定含有备份超级块的数据块编号，如下所示：

```
chunxiao@ubuntu-server:~$ sudo fsck -t ext4 -b 8193 /dev/sdc1
fsck from util-linux 2.29
e2fsck 1.43.4 (31-Jan-2017)
/dev/sdc1 was not cleanly unmounted, check forced.
Pass 1: Checking inodes, blocks, and sizes
Pass 2: Checking directory structure
Pass 3: Checking directory connectivity
Pass 4: Checking reference counts
Pass 5: Checking group summary information
/dev/sdc1: ***** FILE SYSTEM WAS MODIFIED *****
/dev/sdc1: 15/47288 files (0.0% non-contiguous), 11636/188417 blocks
```

 如果是根文件系统或者其他重要的文件系统的超级块损坏，可以进入维护模式，然后通过上面的操作进行还原。

10.6 磁盘阵列

磁盘阵列是目前应用非常广泛的存储技术。通过磁盘阵列，可以极大地扩展存储容量，增强数据安全性以及提高性能。本节将对磁盘阵列技术以及如何在 Linux 中创建软 RAID 进行简单介绍。

10.6.1 磁盘阵列概述

磁盘阵列，即我们通常所讲的 RAID，是由多个独立的磁盘构成的一个容量巨大的磁盘组。与单独使用磁盘相比，组建磁盘阵列有着非常明显的优势。

（1）容量得到极大提升。单个磁盘的容量毕竟是有限的。而许多个磁盘组合起来，形成一个阵列，可以以一个巨大的磁盘的形式提供存储服务。

（2）数据安全得到保障。如果将数据存储到单个的磁盘上面，如果磁盘损坏，则会导致数据丢失。而磁盘阵列则会配置一块或者多块磁盘作为冗余盘，当阵列中的某个磁盘损坏时，冗余盘会立即替换上去。此外，阵列上面的数据是冗余存储的，分布在各个磁盘上面。即使某块硬盘损坏，也会自动从其他的磁盘上面恢复。因此，除非同时出现较多的磁盘损失，否则不会出现数据丢失的情况。

（3）性能得到提升。现在的 RAID 技术可以通过在多个磁盘上同时存储和读取数据来大幅提高存储系统的数据吞吐量。

当然，磁盘阵列也有缺点。由于需要数据冗余，所以通常会损失一定比例的磁盘的容量。极端的情况是在 RAID1 中，两块磁盘互为镜像，但是只能使用一块磁盘的容量。在这种情况下，容量损失了 50%。

10.6.2 磁盘阵列级别

磁盘阵列可以分为不同的级别。一般来说，包括 RAID0~RAID6。下面分别对这些级别进行简单介绍。

1. RAID0

RAID0 是最早出现的阵列技术，也是最简单的阵列。多个磁盘通过阵列控制器并联在一起，构成一个大的磁盘组合。在 RAID0 上面，数据呈条带分布，如图 10-3 所示。

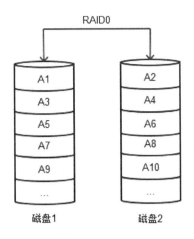

图 10-3 RAID0

在图 10-3 中，一共有 2 块磁盘。A1 和 A2 组成条带 0，A3 和 A4 组成条带 1，依次类推。

RAID0 可以提高磁盘的性能和读写速度。但是 RAID0 不提供容错，所以当阵列中的一块磁盘损坏后，就会导致数据丢失。RAID0 只需要 2 块以上磁盘即可。

2. RAID1

RAID1 又称为磁盘镜像。其原理是由两块磁盘组成，一块作为主盘，另外一块作为备份盘。当向主盘写入数据时，控制器会同时向备份盘写入同样的数据。因此，RAID1 中存在着两块数据完全一致的磁盘，如图 10-4 所示。

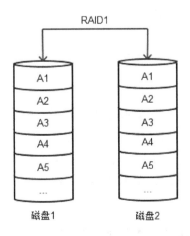

图 10-4 RAID1

RAID1 是数据安全性最好的 RAID 级别。即使另外一块磁盘完全损坏，仍然可以从备份盘中还原数据。但是 RAID1 的缺点也很明显，它会导致 50%的容量损失以及写入性能的下降。

3. RAID2

该 RAID 级别很少使用，与 RAID0 非常类似，只是条带的单位为位，而不是块。组成 RAID2

最少需要 3 块磁盘。

4. RAID3

RAID3 的数据存取方式与 RAID2 一样，把数据以位为单位分割，分散存储到各个磁盘上面。在数据安全方面以奇偶校验取代海明码做错误校正及检测，所以只需要一个额外的校验盘。

5. RAID4

RAID4 和 RAID3 很像，数据都是依次存储在多个硬盘之上，奇偶校验码存放在独立的奇偶校验盘上，唯一不同的是，在数据分割上 RAID3 对数据的访问是按位进行的，RAID4 是以数据块为单位。

6. RAID5

RAID5 是一种使用非常广泛的 RAID。RAID5 兼顾了存储性能、数据安全和存储成本，其原理如图 10-5 所示。

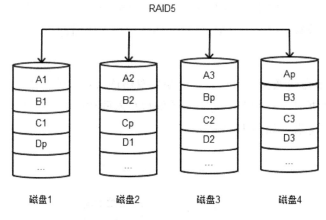

图 10-5　RAID5

从图 10-5 可以得知，RAID5 不是像 RAID1 一样对存储的数据进行备份，而是把数据和相应的奇偶校验信息分散存储到组成 RAID5 的各个磁盘上面，并且奇偶校验信息和对应的数据可以位于不同的磁盘。如果 RAID5 中的一个磁盘出现故障，控制器会利用剩下的数据和相应的奇偶校验信息去恢复被损坏的数据。RAID5 至少需要 3 块硬盘。

7. RAID6

与 RAID5 相比，RAID6 增加了第 2 套独立的奇偶校验系统，两套奇偶校验系统使用不同的算法。RAID6 的数据可靠性比 RAID5 高很多，任意两块磁盘同时损坏都不会影响数据的完整性。RAID6 的原理如图 10-6 所示。理论上，RAID6 至少需要 4 块磁盘。

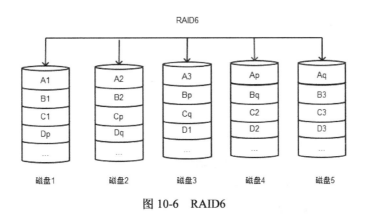

图 10-6　RAID6

除了上面介绍的 RAID0~RAID6 之外，还有部分混合 RAID。这些混合 RAID 由上面介绍的两种技术混合而成，主要有 RAID0+1、RAID1+0、RAID5+0、RAID5+3 以及 RAID6+0 等。这种混合 RAID 应用也非常广泛，它们融合两种 RAID 的优点。图 10-7 显示了 RAID0+1 的基本原理。

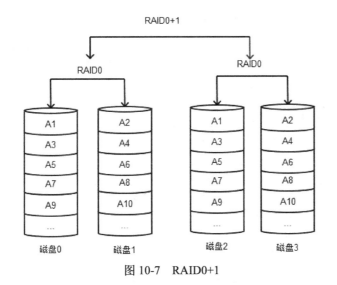

图 10-7　RAID0+1

可以得知，RAID0+1 是先将两组磁盘分别并联组成 RAID0，然后再将这两组 RAID0 做成镜像。

同理，RAID1+0 则是相反，即先将机组磁盘两两做成 RAID1，然后再并联组成一个 RAID0。

10.6.3　创建磁盘阵列

根据阵列的实现方式，可以分为软件阵列和硬件阵列。软件阵列是指由软件模式阵列控制器来管理整个阵列，其缺点就是需要耗费大量的 CPU 来处理数据。硬件阵列则是由阵列控制器来管理整个阵列，阵列控制器上面拥有独立的 CPU 来处理数据，因而性能较好。

为了能够使得读者充分理解磁盘阵列的创建和使用，本节将在 Ubuntu 中实现一个简单的软件阵列。

mdadm 是 Linux 系统中创建和管理阵列的工具。默认情况下，Ubuntu 没有安装该工具，用户可以使用以下命令安装：

```
chunxiao@ubuntu-server:~$ sudo apt install mdadm
```

mdadm 命令的基本语法如下：

```
mdadm [mode] <raiddevice> [options] <component-devices>
```

在上面的语法中，mode 表示 mdadm 命令的工作模式，关于这些模式，将在随后介绍。mdadm 命令提供的选项也非常多，每种工作模式下都有许多选项，读者可以参考 mdadm 命令的帮助手册。component-devices 为组成阵列的各个磁盘设备。

mdadm 命令的工作模式包括 Assemble、Build、Create、Follow、Grow、Incremental Assembly、Manage、Misc 以及 Auto-detect 等。表 10-4 列出了这些工作模式及其功能。表 10-5 列出了 mdadm 命令的常用选项。

表 10-4 mdadm 工作模式

模式	说明
Assemble	将原来属于一个阵列的每个块设备重新组装为阵列
Build	创建或组装不需要元数据的阵列，即每个设备没有超级块
Create	创建一个新的阵列，每个设备具有超级块
Follow 或者 Monitor	监控模式
Grow	改变阵列中每个设备被使用的容量或阵列中的设备的数目，改变阵列属性，不能改变阵列的级别
Incremental Assembly	向已有阵列添加设备
Mange	管理已经存在的阵列，例如增加热备磁盘或者设置某个磁盘失效，然后从阵列中删除这个磁盘
Misc	混杂模式，可以删除某个磁盘上面的旧的超级块或者收集阵列信息等
Auto-detect	请求内核激活已有阵列

表 10-5 mdadm 常用选项

工作模式	选项	说明
模式选择	-A	选择 Assemble 模式
	-B	选择 Build 模式
	-C	选择 Create 模式
	-F	选择 Follow 或者 Monitor 模式
	-G	选择 Grow 模式
	-I	选择 Incremental Assembly 模式
模式无关	-c	指定 mdadm 配置文件，默认为 /etc/mdadm/mdadm.conf 和 /etc/mdadm/mdadm.conf.d
	-s	从配置文件或者/proc/mdstat 中扫描缺失的信息
	-e	定义磁盘上面的超级块的格式，对于 Create 模式来说，默认为 1.2

（续表）

工作模式	选项	说明
Create	-n	指定阵列中磁盘的数量，不包括冗余磁盘
	-x	指定阵列中冗余磁盘的数量
	-c	指定条带的大小
	-l	指定阵列级别，可以取 inear、raid0、0、stripe、raid1、1、mirror、raid4、4、raid5、5、raid6、6、raid10、10、multipath、mp、faulty 以及 container 等值
	-p	指定阵列的数据布局
	-N	指定阵列名称
	-R	强制激活阵列
	-o	以只读方式启动阵列
	-auto	以默认选项创建阵列
	--add	向阵列中增加磁盘，用在 Grow 模式中
Assemble	-u	指定重组阵列的 UUID
	-N	指定重组阵列的名称
	-R	重组后启动该阵列
	-a	采用默认选项重组阵列
	-U	更新每个磁盘的超级块
Manage	-a	在线添加新磁盘
	--re-add	重新添加原来移除的磁盘
	--add-spare	增加热备盘
	-r	移除磁盘
	-f	标识磁盘损坏
	--replace	将磁盘标注为需要更换，一旦热备盘可用，替换该盘
Misc	-Q	查询一个阵列或者一个阵列组件设备的信息
	-D	查询一个阵列的详细信息
	-E	查询组件设备上面的超级块信息
	-R	启动重组后的不完整的阵列
	-S	停止阵列
	-o	使阵列进入只读状态
	-w	使阵列进入读写状态
	--zero-superblock	将设备中的超级块清零
	-t	和-D 选项一起使用，则 mdadm 的返回值是阵列的状态值。0 代表正常；1 代表降级，即至少有一块成员盘失效；2 代表有多块成员盘失效，整个阵列也失效；4 读取阵列信息失败
Monitor	-m	发送报警邮件
	-p	当出现报警时，启动指定程序

　　下面介绍如何使用 mdadm 命令创建一个 RAID5 阵列。首先在 VirtualBox 中为 Ubuntu 虚拟主机添加 4 个 SATA 硬盘。硬盘的大小用户可以自定义，在本例中均为 500MB。创建完成

之后，用 fdisk 命令查看结果如下：

```
chunxiao@ubuntu-server:~$ sudo fdisk -l
Disk /dev/sda: 10 GiB, 10737418240 bytes, 20971520 sectors
Units: sectors of 1 * 512 = 512 bytes
Sector size (logical/physical): 512 bytes / 512 bytes
I/O size (minimum/optimal): 512 bytes / 512 bytes
Disklabel type: dos
Disk identifier: 0x9be33bcb

Device     Boot Start     End  Sectors Size Id Type
/dev/sda1   *    2048 20969471 20967424  10G 83 Linux


Disk /dev/sdb: 500 MiB, 524288000 bytes, 1024000 sectors
Units: sectors of 1 * 512 = 512 bytes
Sector size (logical/physical): 512 bytes / 512 bytes
I/O size (minimum/optimal): 512 bytes / 512 bytes


Disk /dev/sdc: 500 MiB, 524288000 bytes, 1024000 sectors
Units: sectors of 1 * 512 = 512 bytes
Sector size (logical/physical): 512 bytes / 512 bytes
I/O size (minimum/optimal): 512 bytes / 512 bytes


Disk /dev/sdd: 500 MiB, 524288000 bytes, 1024000 sectors
Units: sectors of 1 * 512 = 512 bytes
Sector size (logical/physical): 512 bytes / 512 bytes
I/O size (minimum/optimal): 512 bytes / 512 bytes


Disk /dev/sde: 500 MiB, 524288000 bytes, 1024000 sectors
Units: sectors of 1 * 512 = 512 bytes
Sector size (logical/physical): 512 bytes / 512 bytes
I/O size (minimum/optimal): 512 bytes / 512 bytes
```

从上面的输出可以得知，当前系统共有 5 块硬盘，其中第 2~5 块均为 500MB，其设备名分别为/dev/sdb、/dev/sdc、/dev/sdd 以及/dev/sde。

然后使用以下命令创建一个名称为/dev/md0 的磁盘阵列：

```
chunxiao@ubuntu-server:~$ sudo mdadm --create --auto=yes /dev/md0 --level=5
--raid-devices=3 --spare-devices=1 /dev/sdb /dev/sdc /dev/sdd /dev/sde
mdadm: Defaulting to version 1.2 metadata
mdadm: array /dev/md0 started.
```

在上面的命令中，--create 选项表示使用 Create 模式，--auto=yes 选项表示使用默认值，/dev/md0 表示阵列设备名，--level=5 选项表示创建的阵列为 RAID5，--raid-devices=3 选项表示组成阵列的磁盘数，--spare-devices=1 表示冗余热备盘为 1 块，后面跟的是组成阵列的各个磁盘的设备名。

当阵列创建成功之后，mdadm 命令会自动启动该阵列。如果用户再次使用 fdisk 命令查看磁盘列表，就会发现多出了一个设备名为/dev/md0 的磁盘，如下所示：

```
chunxiao@ubuntu-server:~$ sudo fdisk -l
Disk /dev/sda: 10 GiB, 10737418240 bytes, 20971520 sectors
Units: sectors of 1 * 512 = 512 bytes
Sector size (logical/physical): 512 bytes / 512 bytes
I/O size (minimum/optimal): 512 bytes / 512 bytes
Disklabel type: dos
Disk identifier: 0x9be33bcb


Device     Boot Start     End Sectors Size Id Type
/dev/sda1  *    2048 20969471 20967424  10G 83 Linux



Disk /dev/sdb: 500 MiB, 524288000 bytes, 1024000 sectors
Units: sectors of 1 * 512 = 512 bytes
Sector size (logical/physical): 512 bytes / 512 bytes
I/O size (minimum/optimal): 512 bytes / 512 bytes



Disk /dev/sdc: 500 MiB, 524288000 bytes, 1024000 sectors
Units: sectors of 1 * 512 = 512 bytes
Sector size (logical/physical): 512 bytes / 512 bytes
I/O size (minimum/optimal): 512 bytes / 512 bytes



Disk /dev/sdd: 500 MiB, 524288000 bytes, 1024000 sectors
Units: sectors of 1 * 512 = 512 bytes
Sector size (logical/physical): 512 bytes / 512 bytes
I/O size (minimum/optimal): 512 bytes / 512 bytes



Disk /dev/sde: 500 MiB, 524288000 bytes, 1024000 sectors
Units: sectors of 1 * 512 = 512 bytes
Sector size (logical/physical): 512 bytes / 512 bytes
I/O size (minimum/optimal): 512 bytes / 512 bytes



Disk /dev/md0: 998 MiB, 1046478848 bytes, 2043904 sectors
```

```
Units: sectors of 1 * 512 = 512 bytes
Sector size (logical/physical): 512 bytes / 512 bytes
I/O size (minimum/optimal): 524288 bytes / 1048576 bytes
```

可以发现，新创建的阵列的大小为 **998MB**。这是因为 RAID5 会损失一块磁盘的容量，另外还有一块磁盘做了热备盘，所以可用的容量为 2 块磁盘的容量。

用户可以使用 **mdadm** 命令查看阵列的信息，如下所示：

```
chunxiao@ubuntu-server:~$ sudo mdadm --detail /dev/md0
/dev/md0:
        Version : 1.2
  Creation Time : Tue Aug 22 21:02:32 2017
     Raid Level : raid5
     Array Size : 1021952 (998.00 MiB 1046.48 MB)
  Used Dev Size : 510976 (499.00 MiB 523.24 MB)
   Raid Devices : 3
  Total Devices : 4
    Persistence : Superblock is persistent

    Update Time : Tue Aug 22 21:02:39 2017
          State : clean
 Active Devices : 3
Working Devices : 4
 Failed Devices : 0
  Spare Devices : 1

         Layout : left-symmetric
     Chunk Size : 512K

           Name : ubuntu-server:0  (local to host ubuntu-server)
           UUID : 21b130e7:a1ff2e95:69d82b2e:8192914c
         Events : 18

    Number   Major   Minor   RaidDevice State
       0       8       16        0      active sync   /dev/sdb
       1       8       32        1      active sync   /dev/sdc
       4       8       48        2      active sync   /dev/sdd

       3       8       64        -      spare   /dev/sde
```

对于 Linux 操作系统来说，/dev/md0 就相当于一块磁盘。所以与普通磁盘一样，用户需要在上面创建各种文件系统。例如，下面的命令在/dev/md0 上面创建一个 ext4 文件系统：

```
chunxiao@ubuntu-server:~$ sudo mkfs.ext4 /dev/md0
mke2fs 1.43.4 (31-Jan-2017)
```

```
Creating filesystem with 255488 4k blocks and 63872 inodes
Filesystem UUID: 1fa68c65-033a-40a6-8d37-9357e975abc2
Superblock backups stored on blocks:
 32768, 98304, 163840, 229376

Allocating group tables: done
Writing inode tables: done
Creating journal (4096 blocks): done
Writing superblocks and filesystem accounting information: done
```

创建完成之后，该阵列就可以像普通的文件系统一样被挂载和使用了。

 磁盘阵列可以像普通的文件系统一样通过设备名、UUID 或者卷标来挂载。

10.7　逻辑卷管理

逻辑卷管理是 Linux 系统中非常有用的一个磁盘管理功能。通过逻辑卷，系统管理可以灵活地调整磁盘分区的大小。本节将系统介绍逻辑卷中的基本概念以及逻辑卷的管理方法。

10.7.1　逻辑卷管理基本概念

在 Linux 系统运行的过程中，经常遇到的一个比较头痛的问题就是磁盘分区的空间不够用了。如果是普通的计算机，用户可以重新分区和重新安装操作系统。但是对于服务器来说，这种情况就比较麻烦了。而逻辑卷就是为了应对这种情况而出现的技术。

逻辑卷管理是 Linux 系统中对磁盘分区进行管理的一种机制，它通过在磁盘和分区之上建立一个抽象的逻辑层来屏蔽物理分区的大小。

在逻辑卷管理中，用户可以将多个磁盘分区组合成一个存储池，管理员可以在存储池上面根据需求来创建逻辑卷，然后再创建文件系统，挂载到系统里面使用。

在正式创建逻辑卷之前，先了解几个基本的概念。

1. 物理介质

所谓物理介质，是指物理磁盘，在操作系统里面就是/dev 目录下面的一个个的设备文件，例如/dev/sda、/dev/sdb 以及/dev/md0 等。

2. 物理卷

物理卷是指物理硬盘上的分区或逻辑上与磁盘分区具有相同功能的设备。物理卷是逻辑卷管理的基本存储单元。

3. 卷组

卷组由一个或者多个物理卷组成。对于操作系统来说，卷组类似于物理磁盘，卷组上面可以创建虚拟分区，即逻辑卷。

4. 逻辑卷

逻辑卷是指卷组上面创建的虚拟分区。对于操作系统来说，逻辑卷类似于磁盘分区，在逻辑卷上可以建立文件系统。

因此，从概念上讲，一个或者多个物理磁盘上都可以划分出一个或者多个磁盘分区，然后这些分区可以组成一个物理卷，形成一个存储池。用户把这个存储池划分出来一个或者多个逻辑卷，挂载到不同的挂载点下面使用，这个就是逻辑卷管理的基本原理。

10.7.2 安装 LVM

LVM 即逻辑卷管理。如果 Ubuntu 中没有安装该软件包，则可以使用以下命令安装：

```
chunxiao@ubuntu-server:~$ sudo apt install lvm2
```

安装完成之后，就有了逻辑卷管理的所有命令。

10.7.3 创建物理卷

在创建物理卷之前，先在 VirtualBox 中为 Ubuntu 虚拟机再增加 3 个 500MB 的虚拟的 SATA 磁盘。在本例中，这 3 块磁盘的设备名分别为/dev/sdf、/dev/sdg 和/dev/sdh。接下来就介绍如何创建物理卷。

（1）创建类型为 Linux LVM 的分区。创建 LVM 分区的步骤与前面介绍的磁盘分区的步骤大致相同，只是创建完成之后，还需要使用 t 命令将分区类型修改为 8e，即 Linux LVM。命令如下：

```
chunxiao@ubuntu-server:~$ sudo fdisk /dev/sdf

Welcome to fdisk (util-linux 2.29).
Changes will remain in memory only, until you decide to write them.
Be careful before using the write command.


Command (m for help): n
Partition type
   p   primary (0 primary, 0 extended, 4 free)
   e   extended (container for logical partitions)
Select (default p): p
Partition number (1-4, default 1): 1
First sector (2048-1023999, default 2048):
```

```
Last sector, +sectors or +size{K,M,G,T,P} (2048-1023999, default 1023999):

Created a new partition 1 of type 'Linux' and of size 499 MiB.

Command (m for help): t
Selected partition 1
Partition type (type L to list all types): 8e
Changed type of partition 'Linux' to 'Linux LVM'.

Command (m for help): w
The partition table has been altered.
Calling ioctl() to re-read partition table.
Syncing disks.
```

（2）按照相同的步骤在其余 2 块磁盘上面创建分区。创建完成之后，fdisk 命令输出结果如下：

```
chunxiao@ubuntu-server:~$ sudo fdisk -l
…
Disk /dev/sdf: 500 MiB, 524288000 bytes, 1024000 sectors
Units: sectors of 1 * 512 = 512 bytes
Sector size (logical/physical): 512 bytes / 512 bytes
I/O size (minimum/optimal): 512 bytes / 512 bytes
Disklabel type: dos
Disk identifier: 0x050d084a

Device     Boot    Start     End       Sectors     Size    Id  Type
/dev/sdf1          2048      1023999   1021952     499M    8e  Linux LVM


Disk /dev/sdg: 500 MiB, 524288000 bytes, 1024000 sectors
Units: sectors of 1 * 512 = 512 bytes
Sector size (logical/physical): 512 bytes / 512 bytes
I/O size (minimum/optimal): 512 bytes / 512 bytes
Disklabel type: dos
Disk identifier: 0x5d86bd0a

Device     Boot    Start     End       Sectors     Size    Id  Type
/dev/sdg1          2048      1023999   1021952     499M    8e  Linux LVM


Disk /dev/sdh: 500 MiB, 524288000 bytes, 1024000 sectors
Units: sectors of 1 * 512 = 512 bytes
Sector size (logical/physical): 512 bytes / 512 bytes
I/O size (minimum/optimal): 512 bytes / 512 bytes
Disklabel type: dos
```

```
Disk identifier: 0xc69cd685

Device     Boot    Start      End        Sectors    Size   Id  Type
/dev/sdh1          2048       1023999    1021952    499M   8e  Linux LVM
…
```

（3）创建物理卷。创建物理卷使用 pvcreate 命令，该命令接受设备名作为参数，命令如下：

```
chunxiao@ubuntu-server:~$ sudo pvcreate /dev/sdf1
  Physical volume "/dev/sdf1" successfully created.
chunxiao@ubuntu-server:~$ sudo pvcreate /dev/sdg1
  Physical volume "/dev/sdg1" successfully created.
chunxiao@ubuntu-server:~$ sudo pvcreate /dev/sdh1
  Physical volume "/dev/sdh1" successfully created.
```

创建完成之后，可以使用 pvscan 或者 pvdisplay 命令查看。pvscan 命令的输出结果如下：

```
chunxiao@ubuntu-server:~$ sudo pvscan
  PV /dev/sdf1   VG  lvm2 [496.00 MiB / 496.00 MiB free]
  PV /dev/sdg1   VG  lvm2 [496.00 MiB / 496.00 MiB free]
  PV /dev/sdh1   VG  lvm2 [496.00 MiB / 496.00 MiB free]
  Total: 3 [1.45 GiB] / in use: 3 [1.45 GiB] / in no VG: 0 [0   ]
```

而 pvdisplay 命令则可以输出更为详细的信息，如下所示：

```
chunxiao@ubuntu-server:~$ sudo pvdisplay
  --- Physical volume ---
  PV Name               /dev/sdf1
  VG Name
  PV Size               499.00 MiB / not usable 3.00 MiB
  Allocatable           yes
  PE Size               4.00 MiB
  Total PE              124
  Free PE               124
  Allocated PE          0
  PV UUID               1Z16J9-aLw4-uXOs-Q9bA-qnGh-swTD-dcCEW0

  --- Physical volume ---
  PV Name               /dev/sdg1
  VG Name
  PV Size               499.00 MiB / not usable 3.00 MiB
  Allocatable           yes
  PE Size               4.00 MiB
  Total PE              124
  Free PE               124
  Allocated PE          0
  PV UUID               QnjK4K-CLi2-apeh-yXBn-k379-2i7J-0G5wi9
```

```
--- Physical volume ---
PV Name               /dev/sdh1
VG Name
PV Size               499.00 MiB / not usable 3.00 MiB
Allocatable           yes
PE Size               4.00 MiB
Total PE              124
Free PE               124
Allocated PE          0
PV UUID               HedXiS-ERPO-108l-cCdO-tk1v-VJci-awPFlE
```

在上面的操作中，用到了 3 个命令，分别为 pvcreate、pvscan 和 pvdisplay。

pvcreate 命令的功能是创建物理卷。该命令的基本语法如下：

```
pvcreate [options] PhysicalVolume
```

该命令常用的选项有-u，用来指定设备的 UUID。PhysicalVolume 参数为物理分区，可以同时指定多个物理分区，它们之间用空格隔开。

pvscan 命令用来扫描所有的物理卷。该命令常用的选项为-u，用来显示设备的 UUID。

pvdisplay 命令用来显示物理卷的详细信息，如果没有指定设备名，则显示所有的物理卷的信息。

10.7.4 创建卷组

创建卷组的过程是把多个物理卷组合起来，形成一个大的存储池。创建卷组需要使用 vgcreate 命令，该命令的基本语法如下：

```
vgcreate [options] VolumeGroupName PhysicalDevicePath...
```

关于该命令的选项，请参考其帮助手册。VolumeGroupName 参数为卷组名称，PhysicalDevicePath 参数为要加入卷组的物理卷列表，使用设备名表示，多个设备名之间用空格隔开。

例如，下面的命令创建了一个名称为 vgpool 的卷组：

```
chunxiao@ubuntu-server:~$ sudo vgcreate vgpool /dev/sdf1 /dev/sdg1 /dev/sdh1
  Volume group "vgpool" successfully created
```

在上面的命令中，vgpool 为卷组名称，随后跟着的为要加入卷组的物理卷。

创建完成之后，使用 vgdisplay 命令查看如下：

```
chunxiao@ubuntu-server:~$ sudo vgdisplay
  --- Volume group ---
  VG Name               vgpool
  System ID
  Format                lvm2
  Metadata Areas        3
```

```
Metadata Sequence No    1
VG Access               read/write
VG Status               resizable
MAX LV                  0
Cur LV                  0
Open LV                 0
Max PV                  0
Cur PV                  3
Act PV                  3
VG Size                 1.45 GiB
PE Size                 4.00 MiB
Total PE                372
Alloc PE / Size           0 / 0
Free  PE / Size         372 / 1.45 GiB
VG UUID                 iWFbX3-e46U-SEeJ-QjY3-7azK-jaZG-xpdgr6
```

10.7.5　创建逻辑卷

创建逻辑卷需要使用 lvcreate 命令，其基本语法如下：

```
lvcreate [options] VolumeGroup
```

常用的选项有：

- -a: 创建完成之后立即激活该逻辑卷。
- -p: 指定逻辑卷的访问权限，可以是 r 或者 rw，即只读和读写。
- -L: 指定逻辑卷的大小，可以是字节、扇区、KB、MB 等单位。
- -i: 指定要创建的条带数。
- -I: 指定条带的大小。

VolumeGroup 参数为卷组名称。

下面在前面创建的 vgpool 卷组上面创建一个 200MB 的逻辑卷，命令如下：

```
chunxiao@ubuntu-server:~$ sudo lvcreate -L 200M vgpool
  Logical volume "lvol0" created.
```

创建完成之后，使用 vgdisplay 命令查看 vgpool 状态，如下所示：

```
chunxiao@ubuntu-server:~$ sudo vgdisplay vgpool
  --- Volume group ---
  VG Name                 vgpool
  System ID
  Format                  lvm2
  Metadata Areas          3
  Metadata Sequence No    2
  VG Access               read/write
  VG Status               resizable
```

```
    MAX LV              0
    Cur LV              1
    Open LV             0
    Max PV              0
    Cur PV              3
    Act PV              3
    VG Size             1.45 GiB
    PE Size             4.00 MiB
    Total PE                372
    Alloc PE / Size          50 / 200.00 MiB
    Free  PE / Size         322 / 1.26 GiB
    VG UUID             iWFbX3-e46U-SEeJ-QjY3-7azK-jaZG-xpdgr6
```

可以发现，vgpool 已经被分配出去 200MB。

使用 fdisk 命令可以查看到这个 200MB 的逻辑卷，如下所示：

```
chunxiao@ubuntu-server:~$ sudo fdisk -l
…
Disk /dev/mapper/vgpool-lvol0: 200 MiB, 209715200 bytes, 409600 sectors
Units: sectors of 1 * 512 = 512 bytes
Sector size (logical/physical): 512 bytes / 512 bytes
I/O size (minimum/optimal): 512 bytes / 512 bytes
```

接下来的操作就是在逻辑卷上面创建文件系统，然后挂载到操作系统中使用了，命令如下：

```
chunxiao@ubuntu-server:~$ sudo mkfs.ext4 /dev/vgpool/lvol0
mke2fs 1.43.4 (31-Jan-2017)
Creating filesystem with 204800 1k blocks and 51200 inodes
Filesystem UUID: 2276435b-f2a3-4be3-acbe-ae4e2af21879
Superblock backups stored on blocks:
 8193, 24577, 40961, 57345, 73729

Allocating group tables: done
Writing inode tables: done
Creating journal (4096 blocks): done
Writing superblocks and filesystem accounting information: done
```

 逻辑卷的设备文件位于/dev 目录下面的以卷组命名的目录中。

10.7.6　扩展逻辑卷

前面已经讲过，逻辑卷的一个好处就是可以物理地变大或变小，而不需要移动所有数据到一个更大的硬盘。在正式介绍扩展逻辑卷之前，先学习一个命令。lvextend 命令用来扩展一个逻辑卷的大小，其基本语法如下：

```
lvextend [options] LogicalVolumePath
```

其中，常用的选项有：

- -L: 该选项有 2 种语法，如果直接指定一个数字，则表示将逻辑卷的大小设置为指定值；如果在指定的数字前面加上一个加号+，则表示在原来的大小上面再增加指定的值。
- -i: 指定条带的数量。
- -I: 指定条带大小。
- -r: 同时扩展文件系统的大小。

LogicalVolumePath 参数为逻辑卷的设备名。

例如，下面的命令将前面创建的逻辑卷的大小增加 500MB：

```
chunxiao@ubuntu-server:~$ sudo lvextend -L +500M /dev/vgpool/lvol0
  Size of logical volume vgpool/lvol0 changed from 200.00 MiB (50 extents) to
700.00 MiB (175 extents).
  Logical volume vgpool/lvol0 successfully resized.
```

此时，如果用户使用 fdisk 命令查看磁盘设备，则会发现/dev/vgpool/lvol0 的大小已经是 700MB 了。但是如果将该文件系统挂载上去查看时，则会发现文件系统的大小仍然是 200MB，如下所示：

```
chunxiao@ubuntu-server:~$ df -h
Filesystem              Size    Used    Avail    Use%    Mounted on
…
/dev/mapper/vgpool-lvol0    190M    1.6M    175M    1%    /data
```

要使得文件系统的大小也变为 700MB，需要使用 resize2fs 命令，如下所示：

```
chunxiao@ubuntu-server:~$ sudo resize2fs /dev/vgpool/lvol0
resize2fs 1.43.4 (31-Jan-2017)
Filesystem at /dev/vgpool/lvol0 is mounted on /data; on-line resizing required
old_desc_blocks = 2, new_desc_blocks = 6
The filesystem on /dev/vgpool/lvol0 is now 716800 (1k) blocks long.
```

此时，如果再次查看文件系统，则会发现文件系统已经被扩展了，如下所示：

```
chunxiao@ubuntu-server:~$ df -h
Filesystem              Size    Used    Avail    Use%    Mounted on
…
/dev/mapper/vgpool-lvol0    674M    2.5M    638M    1%    /data
```

10.7.7 压缩逻辑卷

压缩逻辑卷的操作与扩展逻辑卷相反。在压缩逻辑卷之前，要确保备份逻辑卷上面的文件。

首先需要压缩文件系统的大小，命令为 resize2fs。例如，下面的命令将逻辑卷的上面的文件系统的大小调整为 400MB：

```
chunxiao@ubuntu-server:~$ sudo resize2fs /dev/vgpool/lvol0 400M
resize2fs 1.43.4 (31-Jan-2017)
Resizing the filesystem on /dev/vgpool/lvol0 to 409600 (1k) blocks.
The filesystem on /dev/vgpool/lvol0 is now 409600 (1k) blocks long.
```

接下来使用 lvreduce 命令压缩逻辑卷，如下所示：

```
chunxiao@ubuntu-server:~$ sudo lvreduce -L -300M /dev/vgpool/lvol0
  WARNING: Reducing active logical volume to 400.00 MiB.
  THIS MAY DESTROY YOUR DATA (filesystem etc.)
Do you really want to reduce vgpool/lvol0? [y/n]: y
  Size of logical volume vgpool/lvol0 changed from 700.00 MiB (175 extents) to
400.00 MiB (100 extents).
  Logical volume vgpool/lvol0 successfully resized.
```

lvreduce 命令的语法与 lvextend 语句基本相同，也是通过-L 选项来指定压缩的大小，如果
数字前面有减号-，则表示减少指定的数量；否则，表示减少到指定的数量。

 压缩逻辑卷的时候一定要谨慎，防止数据丢失。

第 11 章

网络管理

可以肯定地说，没有 Linux，就没有今天这么精彩的互联网，Linux 天生与网络有着密不可分的联系。据统计，Linux 和 UNIX 在互联网服务器操作系统中已经占据了 60%以上的市场份额。网络管理对于 Ubuntu 系统维护来说，是非常重要的一项技能。本章将介绍在 Ubuntu 网络管理中经常用到的配置文件，以及常用的网络管理命令。

本章主要涉及的知识点有：

- Ubuntu 网络配置文件：主要介绍 Ubuntu 基本网络配置文件/etc/network/interfaces 以及其他与网络有关的配置文件。
- 常用网络管理命令：介绍 ifconfig、nslookup、ping、ip、netstat 以及 route 等常用的与网络配置有关的命令的使用方法。
- 防火墙：介绍 Ubuntu 防火墙（UFW）的配置方法。

11.1　网络接口

在 Linux 中，所有的网络通信都是通过网络接口完成的，网络接口是 Linux 操作系统以及运行在 Linux 操作系统中的各种应用与网络上其他的主机或者设备进行数据交换的交通枢纽。网络接口不仅包括物理硬件，即网卡，还包括 Linux 中与网络有关的底层服务。

本节首先介绍 Ubuntu 中的网络接口的查看方法、命名规则以及常用的配置文件。

11.1.1　查看网络接口

作为系统管理员，经常需要了解当前 Linux 中的网络接口以及状态，尤其是在出现网络故障时。Linux 系统提供了一个非常有用的命令来帮助用户完成这个任务，该命令的名称为 ifconfig。顾名思义，该命令由接口（interface）的前 2 个字母和配置（config）这个单词拼接而成。在终端窗口中输入该命令，就会列出当前系统中的网络接口及其状态，如下所示：

```
iron@ubuntu:~$ ifconfig
enp0s3    Link encap:Ethernet  HWaddr 08:00:27:c7:1c:de
```

```
           inet addr:10.0.2.15  Bcast:10.0.2.255  Mask:255.255.255.0
           inet6 addr: fe80::a00:27ff:fec7:1cde/64 Scope:Link
           UP BROADCAST RUNNING MULTICAST  MTU:1500  Metric:1
           RX packets:11 errors:0 dropped:0 overruns:0 frame:0
           TX packets:77 errors:0 dropped:0 overruns:0 carrier:0
           collisions:0 txqueuelen:1000
           RX bytes:2255 (2.2 KB)  TX bytes:8687 (8.6 KB)

lo         Link encap:Local Loopback
           inet addr:127.0.0.1  Mask:255.0.0.0
           inet6 addr: ::1/128 Scope:Host
           UP LOOPBACK RUNNING  MTU:65536  Metric:1
           RX packets:6 errors:0 dropped:0 overruns:0 frame:0
           TX packets:6 errors:0 dropped:0 overruns:0 carrier:0
           collisions:0 txqueuelen:1
           RX bytes:338 (338.0 B)  TX bytes:338 (338.0 B)

chunxiao@ubuntu:~$
```

通过以上输出，用户可以非常清楚地了解到当前系统中有 2 个活动的（UP）网络接口，其名称分别为 enp0s3 和 lo。其中，enp0s3 为以太网（Ethernet）接口，其物理地址为 08:00:27:c7:1c:de，IPv4 地址为 10.0.2.15，广播地址为 10.0.2.255，子网掩码为默认的 255.255.255.255.0，IPv6 地址为 fe80::a00:27ff:fec7:1cde/64，当前状态为 UP，即启用状态。而 lo 为内部环路（Loopback）。

与其他的 Linux 命令一样，ifconfig 命令也提供了许多选项和参数，用户可以通过 man 命令来查看，在此不再赘述。但是，有一个选项非常值得重点介绍一下，即-a。

在前面的例子中，我们没有为 ifconfig 命令提供任何选项和参数，这种情况下，ifconfig 会把当前系统中所有的处于活动状态（UP）的网络接口罗列出来，而处于非活动状态（DOWN）的网络接口则会被忽略掉。而对于一个系统管理员来说，通常需要掌握所有网络接口的情况，即使该接口处于非活动状态。此时，我们只要使用-a 选项就可以了，其中字母 a 表示所有（all）。命令如下所示：

```
chunxiao@ubuntu:~$ ifconfig -a
enp0s3   Link encap:Ethernet  HWaddr 08:00:27:c7:1c:de
         inet addr:10.0.2.15  Bcast:10.0.2.255  Mask:255.255.255.0
         inet6 addr: fe80::a00:27ff:fec7:1cde/64 Scope:Link
         UP BROADCAST RUNNING MULTICAST  MTU:1500  Metric:1
         RX packets:74 errors:0 dropped:0 overruns:0 frame:0
         TX packets:132 errors:0 dropped:0 overruns:0 carrier:0
         collisions:0 txqueuelen:1000
         RX bytes:10042 (10.0 KB)  TX bytes:12568 (12.5 KB)

enp0s8   Link encap:Ethernet  HWaddr 08:00:27:1f:fa:5a
```

```
              BROADCAST MULTICAST  MTU:1500 Metric:1
              RX packets:2 errors:0 dropped:0 overruns:0 frame:0
              TX packets:66 errors:0 dropped:0 overruns:0 carrier:0
              collisions:0 txqueuelen:1000
              RX bytes:1180 (1.1 KB)  TX bytes:7708 (7.7 KB)

enp0s9    Link encap:Ethernet  HWaddr 08:00:27:92:d5:3f
              BROADCAST MULTICAST  MTU:1500 Metric:1
              RX packets:2 errors:0 dropped:0 overruns:0 frame:0
              TX packets:66 errors:0 dropped:0 overruns:0 carrier:0
              collisions:0 txqueuelen:1000
              RX bytes:1180 (1.1 KB)  TX bytes:7708 (7.7 KB)

enp0s10   Link encap:Ethernet  HWaddr 08:00:27:73:d0:4e
              BROADCAST MULTICAST  MTU:1500 Metric:1
              RX packets:2 errors:0 dropped:0 overruns:0 frame:0
              TX packets:66 errors:0 dropped:0 overruns:0 carrier:0
              collisions:0 txqueuelen:1000
              RX bytes:1180 (1.1 KB)  TX bytes:7708 (7.7 KB)

lo            Link encap:Local Loopback
              inet addr:127.0.0.1 Mask:255.0.0.0
              inet6 addr: ::1/128 Scope:Host
              UP LOOPBACK RUNNING  MTU:65536 Metric:1
              RX packets:15 errors:0 dropped:0 overruns:0 frame:0
              TX packets:15 errors:0 dropped:0 overruns:0 carrier:0
              collisions:0 txqueuelen:1
              RX bytes:779 (779.0 B)  TX bytes:779 (779.0 B)

chunxiao@ubuntu:~$
```

与前面例子的输出结果进行对比，可以发现在当前系统中，除了 enp0s3 和 lo 这 2 个活动的网络接口之外，还有 3 个处于非活动状态的网络接口，其名称分别为 enp0s8、enp0s9 和 enp0s10。在这 3 个接口的描述信息中，没有包含 UP 和 RUNNING 等状态信息。这意味着该网络接口目前处于禁用状态。

 处于非活动状态的网络接口不可以进行数据通信。如果出现网络无法连接的情况，用户可以查看对应的网络接口信息中是否含有 UP 和 RUNNING 等状态信息。

当然，如果系统拥有较多的网络接口，则前面所使用的命令的输出结果会给管理员带来许多不必要的干扰。可以想象，在几十个网络接口中寻找某个具体的接口是一件多么痛苦的事情。

如果用户只关注某个特定的网络接口，而不是系统中所有的网络接口，可以直接将接口名称作为参数传递给 ifconfig 命令，如下所示：

```
chunxiao@ubuntu:~$ ifconfig enp0s8
enp0s8    Link encap:Ethernet  HWaddr 08:00:27:1f:fa:5a
          BROADCAST MULTICAST  MTU:1500 Metric:1
          RX packets:2 errors:0 dropped:0 overruns:0 frame:0
          TX packets:66 errors:0 dropped:0 overruns:0 carrier:0
          collisions:0 txqueuelen:1000
          RX bytes:1180 (1.1 KB)  TX bytes:7708 (7.7 KB)

chunxiao@ubuntu:~$
```

可以发现，加入参数之后，ifconfig 命令就只显示指定网络接口的状态信息了。

除了 ifconfg 命令之外，用户还可以通过 lshw 命令来查看当前系统中的网络接口。该命令的主要功能是列出当前系统的硬件系统，这里面就包含网络接口。

```
chunxiao@ubuntu:~$ sudo lshw -class network
  *-network:0
      description: Ethernet interface
      product: 82540EM Gigabit Ethernet Controller
      vendor: Intel Corporation
      physical id: 3
      bus info: pci@0000:00:03.0
      logical name: enp0s3
      version: 02
      serial: 08:00:27:c7:1c:de
      size: 1Gbit/s
      capacity: 1Gbit/s
      width: 32 bits
      clock: 66MHz
      capabilities: pm pcix bus_master cap_list ethernet physical tp 10bt 10bt-fd
100bt 100bt-fd 1000bt-fd autonegotiation
      configuration: autonegotiation=on broadcast=yes driver=e1000
driverversion=7.3.21-k8-NAPI duplex=full ip=10.0.2.15 latency=64 link=yes
mingnt=255 multicast=yes port=twisted pair speed=1Gbit/s
      resources: irq:19 memory:f0000000-f001ffff ioport:d010(size=8)
  *-network:1 DISABLED
      description: Ethernet interface
      product: 82540EM Gigabit Ethernet Controller
      vendor: Intel Corporation
      physical id: 8
      bus info: pci@0000:00:08.0
      logical name: enp0s8
      version: 02
      serial: 08:00:27:1f:fa:5a
      size: 1Gbit/s
      capacity: 1Gbit/s
      width: 32 bits
```

```
        clock: 66MHz
        capabilities: pm pcix bus_master cap_list ethernet physical tp 10bt 10bt-fd
100bt 100bt-fd 1000bt-fd autonegotiation
        configuration: autonegotiation=on broadcast=yes driver=e1000
driverversion=7.3.21-k8-NAPI duplex=full latency=64 link=no mingnt=255
multicast=yes port=twisted pair speed=1Gbit/s
        resources: irq:16 memory:f0820000-f083ffff ioport:d240(size=8)
    *-network:2 DISABLED
        description: Ethernet interface
        product: 82540EM Gigabit Ethernet Controller
        vendor: Intel Corporation
        physical id: 9
        bus info: pci@0000:00:09.0
        logical name: enp0s9
        version: 02
        serial: 08:00:27:92:d5:3f
        size: 1Gbit/s
        capacity: 1Gbit/s
        width: 32 bits
        clock: 66MHz
        capabilities: pm pcix bus_master cap_list ethernet physical tp 10bt 10bt-fd
100bt 100bt-fd 1000bt-fd autonegotiation
        configuration: autonegotiation=on broadcast=yes driver=e1000
driverversion=7.3.21-k8-NAPI duplex=full latency=64 link=no mingnt=255
multicast=yes port=twisted pair speed=1Gbit/s
        resources: irq:17 memory:f0840000-f085ffff ioport:d248(size=8)
    *-network:3 DISABLED
        description: Ethernet interface
        product: 82540EM Gigabit Ethernet Controller
        vendor: Intel Corporation
        physical id: a
        bus info: pci@0000:00:0a.0
        logical name: enp0s10
        version: 02
        serial: 08:00:27:73:d0:4e
        size: 1Gbit/s
        capacity: 1Gbit/s
        width: 32 bits
        clock: 66MHz
        capabilities: pm pcix bus_master cap_list ethernet physical tp 10bt 10bt-fd
100bt 100bt-fd 1000bt-fd autonegotiation
        configuration: autonegotiation=on broadcast=yes driver=e1000
driverversion=7.3.21-k8-NAPI duplex=full latency=64 link=no mingnt=255
multicast=yes port=twisted pair speed=1Gbit/s
        resources: irq:18 memory:f0860000-f087ffff ioport:d250(size=8)
```

```
chunxiao@ubuntu:~$
```

在上面的命令中，-class network 选项表示只显示与网络有关的硬件信息。可以发现，lshw 命令侧重于显示硬件信息，其中包含了网络接口的逻辑名称、状态以及物理地址等信息，而没有包含与 TCP/IP 协议有关的信息。

11.1.2　网络接口命名

在上面的 11.1.1 小节中，我们介绍了查看网络接口的各种信息，其中提到了网络接口的名称。实际上，在 Linux 中，为了便于用户记忆和使用，系统为每个网络接口指定了一个逻辑名称，这个逻辑名称遵循一定的规则，逻辑名称的各个部分都有具体的含义。在各种命名中，最常见的，也是大家最熟悉的就是 eth*n*。在这个命名中，前 3 个字母 eth 表示网络接口类型为以太网，后面一个 *n* 是一个从 0 开始的数字，表示网络接口的顺序。其中，第一个网络接口为 eh0，以此类推。当然，在现实中，除了以太网之外，还会有其他类型的网络，其网络接口也有相应的命名规则，例如 fc 表示光纤网络，ge 表示千兆以太网络，xe 表示万兆以太网等。用户可以通过这些规则来了解网络接口的类型。

从版本 16.04 开始，Ubuntu 的网络接口命名规则发生了变化，例如在 9.1.1 小节中，我们看到的网络接口名称分别为 enp0s8、enp0s9 等。其中，en 表示以太网，p 表示网卡的位置，s 表示网卡所处的槽位，其中的数字表示序号。这种命名规则是基于固件和网卡的位置信息的，与传统的 eth*n* 相比，有一定的优势。当然，用户也可以通过修改配置文件，使得网络接口的命名规则变为传统的 eth*n* 规则。

11.1.3　配置网络接口 IP 地址

Linux 支持临时 IP 地址配置和静态 IP 地址配置。前者是通过 ifconfig 命令完成的，而后者则是通过修改配置文件完成的。下面分别对这 2 种配置方式进行介绍。

1. 临时 IP 地址配置

在某些情况下，管理员可能只是想临时为某个网络接口配置一个 IP 地址，使得 Linux 系统能够通过该接口访问网络。当 Linux 系统重新启动后，该配置信息则无须保留。这个任务可以通过 ifconfig 命令来完成。在 11.1.1 小节中，我们已经介绍了使用该命令来查看网络接口，实际上该命令的功能远不止这些，它还可以用来配置网络接口，包括更改网络接口的状态。ifconfig 配置网络接口的基本语法如下：

```
ifconfig interface ip netmask netmask
```

在上面的语法中，参数 interface 表示网络接口的逻辑名称，例如 eth0 或者 enp0s8 等；ip 表示要为该接口配置的 IP 地址；netmask 表示子网掩码。例如，下面的命令将网络接口 eth1 的 IP 地址配置为 10.0.3.16，子网掩码为 255.255.0：

```
chunxiao@ubuntu:~$ sudo ifconfig eth1 10.0.3.16 netmask 255.255.255.0
```

由于配置网络接口需要 root 用户权限，所以在上面的命令中通过 sudo 命令来使得该命令以 root 用户的身份执行。

执行完以上命令之后，网络接口 eth1 的 IP 地址就变成了 10.0.3.16，可以通过 ifconfig 命令来查看，如下所示：

```
chunxiao@ubuntu:~$ ifconfig eth1
eth1      Link encap:Ethernet  HWaddr 08:00:27:1f:fa:5a
          inet addr:10.0.3.16  Bcast:10.0.3.255  Mask:255.255.255.0
          inet6 addr: fe80::c6c7:5719:c71a:d9fd/64 Scope:Link
          UP BROADCAST RUNNING MULTICAST  MTU:1500  Metric:1
          RX packets:1 errors:0 dropped:0 overruns:0 frame:0
          TX packets:89 errors:0 dropped:0 overruns:0 carrier:0
          collisions:0 txqueuelen:1000
          RX bytes:590 (590.0 B)  TX bytes:10385 (10.3 KB)
```

为了使得该网络接口能够通信，除了配置 IP 地址之外，还需要为该网络接口指定默认网关。配置网关需要使用 route 命令，例如，下面的命令为网络接口 eth1 指定默认网关为 10.0.3.1：

```
chunxiao@ubuntu:~$ sudo route add default gw 10.0.3.1 eth1
chunxiao@ubuntu:~$ route -n
Kernel IP routing table
Destination     Gateway         Genmask         Flags   Metric  Ref Use Iface
0.0.0.0         10.0.3.1        0.0.0.0         UG      0         0   0 eth1
0.0.0.0         10.0.2.2        0.0.0.0         UG      0         0   0 eth0
0.0.0.0         10.0.4.2        0.0.0.0         UG      100       0   0 eth2
0.0.0.0         10.0.5.2        0.0.0.0         UG      101       0   0 eth3
…
chunxiao@ubuntu:~$
```

指定默认网关之后，经由 eth1 接口发送出去的数据包，都会经由默认网关发送出去。

配置完网关之后，实际上该网络接口已经能够正常收发数据包了。但是在互联网上面，绝大部分网站和主机都是通过域名来标识和访问的，所以还需要配置 DNS 服务器的地址。在 Ubuntu 中，DNS 服务器的配置信息保存在/etc/resolv.conf 文件中，如下所示：

```
chunxiao@ubuntu:~$ cat /etc/resolv.conf
# Dynamic resolv.conf(5) file for glibc resolver(3) generated by resolvconf(8)
#     DO NOT EDIT THIS FILE BY HAND -- YOUR CHANGES WILL BE OVERWRITTEN
nameserver  223.5.5.5
nameserver  223.6.6.6
nameserver  192.168.1.1
```

在上面的代码中，每 1 行配置一个 DNS 服务器，可以为该系统指定多个 DNS 服务器。每 1 行包含 2 列，第 1 列为 nameserver 关键字，表示该行配置一个 DNS 服务器；第 2 列为 DNS

服务器的 IP 地址。用户可以在该文件的末尾追加自己所需的 DNS 服务器。

如果用户不再需要为该接口保留 IP 地址，则可以通过 ip 来清除 IP 地址配置信息，如下所示：

```
chunxiao@ubuntu:~$ sudo ip addr flush eth1
chunxiao@ubuntu:~$ ifconfig eth1
eth1      Link encap:Ethernet  HWaddr 08:00:27:1f:fa:5a
          UP BROADCAST RUNNING MULTICAST  MTU:1500  Metric:1
          RX packets:1 errors:0 dropped:0 overruns:0 frame:0
          TX packets:101 errors:0 dropped:0 overruns:0 carrier:0
          collisions:0 txqueuelen:1000
          RX bytes:590 (590.0 B)  TX bytes:11259 (11.2 KB)
```

 通过 ifconfig 命令配置的临时 IP 地址会立即生效，无须重新启动该接口。

2. 静态地址配置

为了给网络接口指定一个静态 IP 地址，用户需要修改/etc/network/interfaces 配置文件。下面首先看一个样本文件，内容如下：

```
chunxiao@ubuntu:~$ cat /etc/network/interfaces
# This file describes the network interfaces available on your system
# and how to activate them. For more information, see interfaces(5).

source /etc/network/interfaces.d/*

# The loopback network interface
auto lo
iface lo inet loopback

# The primary network interface
auto eth0
iface eth0 inet dhcp
```

在上面的代码中，source 关键字用来指定接口文件的位置，目前已经很少使用。Auto 关键字表示在系统启动时，该接口会自动启用。auto 关键字后面紧跟着接口名称，iface 关键字用来定义接口的选项。其中 inet 选项用来指定网络接口 IP 的配置方式，loopback 表示该网络接口为内部环路，dhcp 表示该网络接口会从 DHCP 服务器获取 IP 地址、子网掩码以及网关等参数，static 则表示用户会为该接口提供静态的 IP 地址。

 auto 关键字与接口名称必须位于同一行。

通过查看以上代码，我们可以发现 eth0 是从 DHCP 服务器获取 IP 地址的，下面我们为该网络接口提供一个静态 IP 地址，使用以下命令修改/etc/network/interfaces 文件：

```
chunxiao@ubuntu:/etc/network/interfaces.d$ sudo vi /etc/network/interfaces
```

将该文件的内容修改如下：

```
# This file describes the network interfaces available on your system
# and how to activate them. For more information, see interfaces(5).

source /etc/network/interfaces.d/*

# The loopback network interface
auto lo
iface lo inet loopback

# The primary network interface
auto eth0
iface eth0 inet static
address 10.0.2.100
netmask 255.255.255.0
gateway 10.0.2.2
```

address 关键字表示指定的 IP 地址，netmask 关键字表示子网掩码，gateway 关键字表示默认网关。

修改完配置文件之后，所进行的修改还不能马上生效。为了能够使得该网络接口按照配置文件中的参数进行配置，需要重启该网络接口。

```
chunxiao@ubuntu:~$ sudo ifdown eth0
chunxiao@ubuntu:~$ sudo ifup eth0
```

第 1 个命令将 eth0 停用，第 2 个命令则重新启用 eth0。重启之后，通过 ifconfig 命令可以查看该接口的网络参数：

```
chunxiao@ubuntu:~$ ifconfig eth0
eth0      Link encap:Ethernet  HWaddr 08:00:27:c7:1c:de
          inet addr:10.0.2.100  Bcast:10.0.2.255  Mask:255.255.255.0
          inet6 addr: fe80::a00:27ff:fec7:1cde/64 Scope:Link
          UP BROADCAST RUNNING MULTICAST  MTU:1500  Metric:1
          RX packets:36 errors:0 dropped:0 overruns:0 frame:0
          TX packets:141 errors:0 dropped:0 overruns:0 carrier:0
          collisions:0 txqueuelen:1000
          RX bytes:4349 (4.3 KB)  TX bytes:15267 (15.2 KB)
```

3. 动态 IP 地址分配（DHCP）

如果用户的网络中有 DHCP 服务器，并且 Linux 主机的 IP 地址允许动态获取，则用户可以为 Linux 主机的网络接口配置 DHCP 客户端。配置的方法同样也在/etc/network/interfaces 文件中，只是将 inet 关键字后面指定为 dhcp，如下所示：

```
# This file describes the network interfaces available on your system
# and how to activate them. For more information, see interfaces(5).

source /etc/network/interfaces.d/*

# The loopback network interface
auto lo
iface lo inet loopback

# The primary network interface
auto eth0
iface eth0 inet dhcp
```

配置完成之后，重新启用该 eth0，则会出现相应的提示，如下所示：

```
chunxiao@ubuntu:~$ sudo ifup eth0
Internet Systems Consortium DHCP Client 4.3.3
Copyright 2004-2015 Internet Systems Consortium.
All rights reserved.
For info, please visit https://www.isc.org/software/dhcp/

Listening on LPF/eth0/08:00:27:c7:1c:de
Sending on   LPF/eth0/08:00:27:c7:1c:de
Sending on   Socket/fallback
DHCPDISCOVER on eth0 to 255.255.255.255 port 67 interval 3 (xid=0x3f8ac93d)
DHCPREQUEST of 10.0.2.15 on eth0 to 255.255.255.255 port 67 (xid=0x3dc98a3f)
DHCPOFFER of 10.0.2.15 from 10.0.2.2
DHCPACK of 10.0.2.15 from 10.0.2.2
bound to 10.0.2.15 -- renewal in 40415 seconds.
```

上面的输出信息实际上显示了整个 DHCP 客户端从 DHCP 服务器申请 IP 地址的整个过程。可以得知，eth0 从 DHCP 服务器 10.0.2.2 获取到了 10.0.2.15 作为自己的 IP 地址。

11.1.4　域名解析

所谓域名解析，是将域名转换为 IP 地址的过程。Linux 主机想要通过域名访问某项网络服务，需要指定域名服务器为其解析域名。下面介绍如何在 Ubuntu 系统中配置 DNS 客户端。

传统的做法是将域名解析服务器的配置信息保存在/etc/resolv.conf 文件中，但是在新版本的 Ubuntu 中，这个文件的功能发生了变化。它的主要作用已经转化为跟踪用户网络的变化。用户已经不需要人工修改该文件，该文件会被系统自动更新。即使用户手动修改了该文件，则在系统重新启动之后，所有的改动都会丢失。目前该文件已经变成了一个符号链接，如下所示：

```
/etc/resolv.conf -> ../run/resolvconf/resolv.conf
```

那么用户应该在哪里配置 DNS 服务器信息呢？与前面配置网络接口一样，DNS 服务器的信息也在/etc/network/interfaces 文件中指定，如下所示：

```
# This file describes the network interfaces available on your system
# and how to activate them. For more information, see interfaces(5).

source /etc/network/interfaces.d/*

# The loopback network interface
auto lo
iface lo inet loopback

# The primary network interface
auto eth0
iface eth0 inet dhcp
dns-nameservers 192.168.0.1 8.8.8.8 8.8.4.4
```

与前面的内容相比，可以发现上面的代码多了最后 1 行。在最后 1 行中，dns 为前缀，表示该行内容与 DNS 有关，nameservers 表示后面配置的为 DNS 服务器。用户可以同时指定多个域名服务器，中间用空格或者制表符隔开。例如，在上面的代码中，同时指定了 192.168.0.1、8.8.8.8 以及 8.8.4.4 共 3 个域名服务器。Linux 在解析域名时，会按照顺序依次使用这个域名服务器。

11.2 常用网络配置命令

为了管理网络，Linux 提供了许多非常有用的网络管理命令。利用这些命令，一方面可以有效地管理网络，另一方面出现网络故障时，可以快速进行诊断。本节将对 Ubuntu 提供的网络管理命令进行介绍。

11.2.1 ifconfig 命令

关于 ifconfig 命令，在上一节中已经提到过了。通过该命令，可以查看和配置网络接口。ifconfig 是一个比较古老的命令，在 Ubuntu 17 以及其他的许多发行版中，已经不太推荐使用该命令了。默认情况下，Ubuntu 17.04 已经不提供该命令，用户可以通过安装 net-tools 软件包来获得该命令，如下所示：

```
chunxiao@ubuntu-server:~$ sudo apt install net-tools
```

ifconfig 命令的基本语法如下：

```
ifconfig interface [aftype] options | address
```

在上面的语法中，参数 interface 表示要配置的网络接口。aftype 表示地址类型，例如 inet、inet6 或者 ddp 等。options 表示 ifconfig 命令的选项，常用的选项有：

- -a: 列出当前系统所有的可用网络接口，包括禁用状态的。
- up: 启用指定的网络接口。
- down: 禁用指定的网络接口。
- netmask: 指定当前 IP 网络的子网掩码。
- add: 为指定网络接口增加一个 IPv6 地址。
- del: 从指定网络接口删除一个 IPv6 地址。
- -broadcast: 指定网络接口的广播地址。

address 参数为指派给网络接口的 IP 地址。

例如，下面的命令查看当前系统所有的网络接口：

```
chunxiao@ubuntu-server:~$ ifconfig -a
enp0s3: flags=4163<UP,BROADCAST,RUNNING,MULTICAST>  mtu 1500
        inet 10.0.2.15  netmask 255.255.255.0  broadcast 10.0.2.255
        inet6 fe80::e45f:e916:6143:cf66  prefixlen 64  scopeid 0x20<link>
        ether 08:00:27:58:3d:f7  txqueuelen 1000  (Ethernet)
        RX packets 1865  bytes 2270203 (2.2 MB)
        RX errors 0  dropped 0  overruns 0  frame 0
        TX packets 592  bytes 50713 (50.7 KB)
        TX errors 0  dropped 0  overruns 0  carrier 0  collisions 0

lo: flags=73<UP,LOOPBACK,RUNNING>  mtu 65536
        inet 127.0.0.1  netmask 255.0.0.0
        inet6 ::1  prefixlen 128  scopeid 0x10<host>
        loop  txqueuelen 1000  (Local Loopback)
        RX packets 36  bytes 2502 (2.5 KB)
        RX errors 0  dropped 0  overruns 0  frame 0
        TX packets 36  bytes 2502 (2.5 KB)
        TX errors 0  dropped 0  overruns 0  carrier 0  collisions 0
```

在上面的输出中，一共有 2 个网络接口，其名称分别为 enp0s3 和 lo。关于各个网络接口的详细信息，在前面已经介绍过了，不再重复。

如果想要禁用某个网络接口，可以使用 down 选项。例如，下面的命令禁用名称为 enp0s3 的网络接口：

```
chunxiao@ubuntu-server:~$ sudo ifconfig enp0s3 down
```

网络接口被禁用之后，其状态信息中就不再包含 RUNNING 属性了，如下所示：

```
chunxiao@ubuntu-server:~$ ifconfig enp0s3
enp0s3: flags=4098<BROADCAST,MULTICAST>  mtu 1500
        ether 08:00:27:58:3d:f7  txqueuelen 1000  (Ethernet)
        RX packets 1865  bytes 2270203 (2.2 MB)
```

```
        RX errors 0  dropped 0  overruns 0  frame 0
        TX packets 592  bytes 50713 (50.7 KB)
        TX errors 0  dropped 0  overruns 0  carrier 0  collisions 0
```

被禁用的网络可以使用以下命令重新启动：

```
chunxiao@ubuntu-server:~$ sudo ifconfig enp0s3 up
```

11.2.2   ip 命令

与前面介绍的 ifconfig 命令不同，ip 命令是一个 Linux 系统中比较新的、功能强大的网络管理工具。ip 命令是 iproute2 软件包中的核心命令。通过 ip 命令，可以显示或操纵 Linux 主机的路由、网络设备、策略路由、多播地址和隧道。ip 命令的基本语法如下：

```
ip [ options ] object { command }
```

在上面的语法中，options 表示命令选项，常用的选项有：

- -h: 输出可读的信息。
- -f: 指定协议族。该选项可以取 inet、inet6、bridge、ipx 以及 dnet 5 个值。如果没有指定协议族，则 ip 命令会从其他的参数判断。如果无法判断，则默认为 inet。
- -4: 指定协议族为 inet，即 IPv4。
- -6: 指定协议族为 inet6，即 IPv6。
- -B: 指定协议族为 bridge，即桥接。
- -D: 指定协议族为 decnet。
- -I: 指定协议族为 ipx，即 IPX 协议。
- -s: 显示详细信息。

object 为命令操作的对象。常见的对象有：

- address: IPv4 或者 IPv6 地址。
- l2tp: L2TP 隧道协议。
- link: 网络设备。
- maddress: 多播地址。
- route: 路由表。
- rule: 路由策略。
- tunnel: 隧道。

command 为命令，常用的命令有 add、delete、show、set 或者 list 等。根据不同的对象，会有不同的命令。下面分别介绍 ip 命令的使用方法。

1. 管理网络设备

网络设备包括交换机、路由器以及网络接口等。ip 命令最常管理的网络设备就是网络接口了。

例如，下面的命令显示网络设备的运行状态：

```
chunxiao@ubuntu-server:~$ ip link list
1: lo: <LOOPBACK,UP,LOWER_UP> mtu 65536 qdisc noqueue state UNKNOWN mode DEFAULT
group default qlen 1000
    link/loopback 00:00:00:00:00:00 brd 00:00:00:00:00:00
2: enp0s3: <BROADCAST,MULTICAST,UP,LOWER_UP> mtu 1500 qdisc pfifo_fast state
UP mode DEFAULT group default qlen 1000
    link/ether 08:00:27:58:3d:f7 brd ff:ff:ff:ff:ff:ff
3: enp0s8: <BROADCAST,MULTICAST,UP,LOWER_UP> mtu 1500 qdisc pfifo_fast state
UP mode DEFAULT group default qlen 1000
    link/ether 08:00:27:8d:3d:fa brd ff:ff:ff:ff:ff:ff
```

在上面的命令中，link 为对象，即网络设备；list 为命令，所以整个命令的含义为列出所有的网络设备。如果想要显示更详细的信息，可以使用-s 选项，如下所示：

```
chunxiao@ubuntu-server:~$ ip -s link list
1: lo: <LOOPBACK,UP,LOWER_UP> mtu 65536 qdisc noqueue state UNKNOWN mode DEFAULT
group default qlen 1000
    link/loopback 00:00:00:00:00:00 brd 00:00:00:00:00:00
    RX: bytes    packets    errors dropped   overrun   mcast
    2636         40         0      0         0         0
    TX: bytes    packets    errors dropped   carrier   collsns
    2636         40         0      0         0         0
2: enp0s3: <BROADCAST,MULTICAST,UP,LOWER_UP> mtu 1500 qdisc pfifo_fast state
UP mode DEFAULT group default qlen 1000
    link/ether 08:00:27:58:3d:f7 brd ff:ff:ff:ff:ff:ff
    RX: bytes    packets    errors dropped   overrun   mcast
    1672         13         0      0         0         0
    TX: bytes    packets    errors dropped   carrier   collsns
    13220        136        0      0         0         0
3: enp0s8: <BROADCAST,MULTICAST,UP,LOWER_UP> mtu 1500 qdisc pfifo_fast state
UP mode DEFAULT group default qlen 1000
    link/ether 08:00:27:8d:3d:fa brd ff:ff:ff:ff:ff:ff
    RX: bytes    packets    errors dropped   overrun   mcast
    4106         37         0      0         0         0
    TX: bytes    packets    errors dropped   carrier   collsns
    13146        135        0      0         0         0
```

下面的命令禁用网络接口 enp0s3：

```
chunxiao@ubuntu-server:~$ sudo ip link set enp0s3 down
```

在上面的命令中，由于操作的对象为网络接口，所以使用 link。set 命令用来设置属性。down 为禁用状态，up 为启用状态。

以上命令等同于 ifconfig enp0s3 down。

设置完成之后，使用 ip 命令查看其状态，如下所示：

```
chunxiao@ubuntu-server:~$ ip link list
  1: lo: <LOOPBACK,UP,LOWER_UP> mtu 65536 qdisc noqueue state UNKNOWN mode DEFAULT
group default qlen 1000
     link/loopback 00:00:00:00:00:00 brd 00:00:00:00:00:00
  2: enp0s3: <BROADCAST,MULTICAST> mtu 1500 qdisc pfifo_fast state DOWN mode DEFAULT
group default qlen 1000
     link/ether 08:00:27:58:3d:f7 brd ff:ff:ff:ff:ff:ff
  3: enp0s8: <BROADCAST,MULTICAST,UP,LOWER_UP> mtu 1500 qdisc pfifo_fast state
UP mode DEFAULT group default qlen 1000
     link/ether 08:00:27:8d:3d:fa brd ff:ff:ff:ff:ff:ff
```

从上面的输出可以得知，网络接口 enp0s3 的状态中不再含有 UP 标识。

要想把 enp0s3 重新启用，则可以使用以下命令：

```
chunxiao@ubuntu-server:~$ sudo ip link set enp0s3 up
```

下面的命令改变网络设备的最大传输单元，即 MTU 的值为 1600：

```
chunxiao@ubuntu-server:~$ sudo ip link set dev enp0s3 mtu 1600
```

其中 dev 表示网络接口。因此上面的命令把网络接口 enp0s3 的 MTU 值设置为 1600。

下面的命令修改网络设备的 MAC 地址，把网络接口 enp0s3 的 MAC 地址修改为 08:00:27:58:3d:f7：

```
chunxiao@ubuntu-server:~$ sudo ip link set dev enp0s3 address 08:00:27:58:3d:f7
```

2. 管理 IP 地址

利用 ip 命令可以管理网络接口的 IP 地址，包括添加、删除、显示以及清除等，其中需要使用 address 对象。通常情况下 address 可以缩写为 a、add 或者 addr。

下面的命令为网络接口 enp0s3 添加一个新的 IP 地址：

```
chunxiao@ubuntu-server:~$ sudo ip address add 192.168.125.1/24 dev enp0s3
```

在上面的命令中，IP 地址采用 CIDR 地址表示法，斜线前面为 IP 地址，斜线后面为二进制子网掩码中 1 的个数。

如果想要删除指定网络接口的 IP 地址，可以使用以下命令：

```
chunxiao@ubuntu-server:~$ sudo ip addr delete 192.168.125.1/24 dev enp0s3
```

在上面的命令中，采用缩写 addr，delete 表示要执行的命令。

ip 命令中的 show 可以显示指定网络接口的 IP 地址信息，如下所示：

```
chunxiao@ubuntu-server:~$ ip a show dev enp0s3
2: enp0s3: <BROADCAST,MULTICAST,UP,LOWER_UP> mtu 1500 qdisc pfifo_fast state
UP group default qlen 1000
    link/ether 08:00:27:58:3d:f7 brd ff:ff:ff:ff:ff:ff
    inet 10.0.2.15/24 brd 10.0.2.255 scope global dynamic enp0s3
      valid_lft 86078sec preferred_lft 86078sec
    inet6 fe80::e45f:e916:6143:cf66/64 scope link
      valid_lft forever preferred_lft forever
```

同样，以下 2 个命令也可以显示同样的结果：

```
chunxiao@ubuntu-server:~$ ip addr ls enp0s3
2: enp0s3: <BROADCAST,MULTICAST,UP,LOWER_UP> mtu 1500 qdisc pfifo_fast state
UP group default qlen 1000
    link/ether 08:00:27:58:3d:f7 brd ff:ff:ff:ff:ff:ff
    inet 10.0.2.15/24 brd 10.0.2.255 scope global dynamic enp0s3
      valid_lft 85959sec preferred_lft 85959sec
    inet6 fe80::e45f:e916:6143:cf66/64 scope link
      valid_lft forever preferred_lft forever
chunxiao@ubuntu-server:~$ ip addr ls dev enp0s3
2: enp0s3: <BROADCAST,MULTICAST,UP,LOWER_UP> mtu 1500 qdisc pfifo_fast state
UP group default qlen 1000
    link/ether 08:00:27:58:3d:f7 brd ff:ff:ff:ff:ff:ff
    inet 10.0.2.15/24 brd 10.0.2.255 scope global dynamic enp0s3
      valid_lft 85951sec preferred_lft 85951sec
    inet6 fe80::e45f:e916:6143:cf66/64 scope link
      valid_lft forever preferred_lft forever
```

在上面的例子中，使用 list 命令代替 show，list 可以缩写为 ls。从上面的例子可以得知，ip 命令的语法是非常灵活的。

如果想要清除某个网络接口的 IP 地址，则可以使用 flush，如下所示：

```
chunxiao@ubuntu-server:~$ sudo ip -4 addr flush enp0s3
```

上面的命令使用-4 选项来表示清除 IPv4 类型的 IP 地址，同时指定网络接口为 enp0s3。

 通过 ip 命令修改的 IP 地址重启后会消失。如果想永久保存，请修改网络配置文件。

3. 管理路由表

在 ip 命令中，路由表使用 route 对象表示。route 可以缩写为 r 或者 ro。从 Linux 内核 2.2 版本开始，内核把路由归纳到许多个路由表中，并对这些表都进行编号，编号数字的范围是 1~255。另外，为了方便，还可以在/etc/iproute2/rt_tables 中为路由表命名。例如，下面的代码为一个默认的 rt_tables 文件的内容：

```
root@ubuntu-server:~# cat /etc/iproute2/rt_tables
#
# reserved values
#
255  local
254  main
253  default
0    unspec
#
# local
#
#1   inr.ruhep
```

在上面的文件中，每行定义一个路由表，前面的数字为路由表编号，后面为路由表名称，例如 local、main 以及 default 等。上面的几个路由表为默认路由表，用户不可以修改。用户可以修改该文件，增加新的路由表，但是前面的编号不可以重复。

默认情况下，所有的路由都会被插入到编号为 254 的 main 表中。在进行路由查询时，内核只使用路由表 main。

路由表的操作包括添加、删除、修改、替换、显示以及获取单条路由等。下面分别介绍这些操作方法。

默认情况下，ip 命令会显示出 main 路由表的路由信息，如下所示：

```
chunxiao@ubuntu-server:~$ ip route show
01  default via 10.0.2.2 dev enp0s3 proto static metric 100
02  default via 192.168.1.1 dev enp0s8 proto static metric 101
03  10.0.2.0/24 dev enp0s3 proto kernel scope link src 10.0.2.15 metric 100
04  169.254.0.0/16 dev enp0s3 scope link metric 1000
05  192.168.1.0/24 dev enp0s8 proto kernel scope link src 192.168.1.110 metric
100
```

从上面的输出可以得知，当前系统的 main 路由表中一共有 5 条路由信息，其中第 1~2 行都为默认路由，使用关键字 default 表示。第 1 行由网络接口 enp0s3 指定默认网关为 10.0.2.2，其跳数为 100。第 2 行由网络接口 enp0s8 指定缺省网关为 192.168.1.1，其跳数为 101。默认网关是必须要有的路由信息，当系统在发送数据包的时候，查不到相应的路由信息，便直接从默认路由发送。

第 3 行表示当前系统通过网络接口 enp0s3 与网络 10.0.2.0/24 连通。只要设备之间的网络是连通的，用户就可以访问到 10.0.2.0/24 内部的任何 IP 地址。

第 5 行与第 3 行的功能基本相同，只是该行定义了一条通过网络接口 enp0s8 通向网络 192.168.1.0/24 的路由。

如果想要显示其他路由表的路由记录，则可以通过 table 关键字来指定路由表，如下所示：

```
chunxiao@ubuntu-server:~$ ip route show table local
broadcast 10.0.2.0 dev enp0s3 proto kernel scope link src 10.0.2.15
```

```
local 10.0.2.15 dev enp0s3 proto kernel scope host src 10.0.2.15
broadcast 10.0.2.255 dev enp0s3 proto kernel scope link src 10.0.2.15
broadcast 127.0.0.0 dev lo proto kernel scope link src 127.0.0.1
local 127.0.0.0/8 dev lo proto kernel scope host src 127.0.0.1
local 127.0.0.1 dev lo proto kernel scope host src 127.0.0.1
broadcast 127.255.255.255 dev lo proto kernel scope link src 127.0.0.1
broadcast 192.168.1.0 dev enp0s8 proto kernel scope link src 192.168.1.110
…
```

上面的命令显示了 local 路由表的路由信息。

 如果没有指定 table 关键字，则默认为 main 路由表。

下面的例子删除一条默认路由：

```
chunxiao@ubuntu-server:~$ sudo ip route del default
```

执行完以上命令之后，再次显示路由表信息，结果如下：

```
chunxiao@ubuntu-server:~$ ip route list
default via 10.0.2.2 dev enp0s3 proto static metric 101
10.0.2.0/24 dev enp0s3 proto kernel scope link src 10.0.2.15 metric 100
169.254.0.0/16 dev enp0s8 scope link metric 1000
192.168.1.0/24 dev enp0s8 proto kernel scope link src 192.168.1.110 metric 100
```

可以得知网络接口 enp0s8 的默认路由已经被删除了。由于当前系统还有一条通过网络接口 enp0s3 的默认路由，所以，该系统仍然可以访问其他的所有的网络。如果再执行一次上面的命令，把网络接口 enp0s3 的默认路由也删除，则该系统便不能访问其他的网络了，如下所示：

```
chunxiao@ubuntu-server:~$ sudo ip route del default
chunxiao@ubuntu-server:~$ ping 8.8.8.8
connect: Network is unreachable
```

但是由于通向网络 10.0.2.0/24 和 192.168.1.0/24 的路由还存在，所以这两个网络仍然可以访问，如下所示：

```
chunxiao@ubuntu-server:~$ ping 192.168.1.168
PING 192.168.1.168 (192.168.1.168) 56(84) bytes of data.
64 bytes from 192.168.1.168: icmp_seq=1 ttl=128 time=0.187 ms
64 bytes from 192.168.1.168: icmp_seq=2 ttl=128 time=0.652 ms
…
```

为了使得系统能够访问其他的网络，使用以下命令添加一条缺省路由：

```
chunxiao@ubuntu-server:~$ sudo ip route add default via 192.168.1.1 dev enp0s8
chunxiao@ubuntu-server:~$ ping 8.8.8.8
PING 8.8.8.8 (8.8.8.8) 56(84) bytes of data.
64 bytes from 8.8.8.8: icmp_seq=1 ttl=44 time=18.1 ms
```

```
64 bytes from 8.8.8.8: icmp_seq=2 ttl=44 time=18.4 ms
64 bytes from 8.8.8.8: icmp_seq=3 ttl=44 time=18.4 ms
64 bytes from 8.8.8.8: icmp_seq=4 ttl=44 time=25.0 ms
…
```

ip route get 命令可以获取通向某个 IP 地址的路由信息，如下所示：

```
chunxiao@ubuntu-server:~$ ip route get 8.8.8.8
8.8.8.8 via 192.168.1.1 dev enp0s8 src 192.168.1.110
    cache
```

上面的命令告诉我们，发送到 8.8.8.8 的数据包是经过网络接口 enp0s8，并且通过网关 192.168.1.1。

4. 管理策略路由

在某些情况下，我们不只是需要通过数据包的目的地址决定路由，可能还需要通过其他一些信息，例如源地址、IP 协议、传输层端口甚至数据包的负载，这叫做策略路由。策略路由是 Linux 提供的一种比较高级的路由功能。策略路由由路由规则来表示，在 IP 命令中，其对象为 rule。同样，路由规则也包括添加、删除以及修改等操作。

例如，下面的命令列出当前系统的策略路由规则。

```
chunxiao@ubuntu-server:~$ ip rule list
0:          from all lookup local
32766:      from all lookup main
32767:      from all lookup default
```

上面的命令列出了路由器默认的路由规则，一共有 3 条。最前面的数字为规则编号，编号越小，优先级越高。后面定义了具体的规则。最后的 local、main 以及 default 等为路由表的名称。

规则 0 是优先级别最高的规则，它规定所有的数据包，都必须首先使用 local 表进行路由。本规则不能被更改和删除。

规则 32766 规定所有的包，使用表 main 进行路由。本规则可以被更改和删除。

规则 32767 规定所有的包，使用表 default 进行路由。本规则可以被更改和删除。

在默认情况下进行路由时，首先会根据规则 0 在本地路由表里寻找路由，如果目的地址是本网络，或是广播地址的话，在这里就可以找到合适的路由；如果路由失败，就会匹配下一个不空的规则，在这里只有 32766 规则，在这里将会在主路由表里寻找路由；如果失败，就会匹配 32767 规则，即寻找默认路由表。如果失败，路由将失败。

为了便于管理路由规则，用户可以添加自己的路由表。然后在路由表中添加路由信息，最后通过规则指定路由策略。

例如，下面修改/etc/iproute2/rt_tables 文件，增加一个新的路由表，其编号为 252，名称为

localnet。修改后的文件内容如下所示：

```
chunxiao@ubuntu-server:~$ cat /etc/iproute2/rt_tables
#
# reserved values
#
255  local
254  main
253  default
252  localnet
0    unspec
#
# local
#
#1   inr.ruhep
```

然后在路由表 localnet 中增加一条默认路由：

```
chunxiao@ubuntu-server:~$ sudo ip route add default via 192.168.0.1 dev enp0s3
table localnet
```

最后添加一条路由规则，指定来自 192.168.1.0/24 的数据包都通过路由表 localnet 路由：

```
chunxiao@ubuntu-server:~$ sudo ip rule add from 192.168.1.0/24 table localnet
```

下面的命令将路由规则从 localnet 中删除：

```
chunxiao@ubuntu-server:~$ sudo ip rule del from 192.168.2.0/24 table localnet
```

除了管理网络设备、路由表和路由策略之外，ip 命令还可以管理 ARP 路由表以及隧道等。用户可以参考 ip 命令的帮助手册，不再详细举例说明。

> 通过 ip 命令设置的路由信息在重新启动系统之后会丢失。为了避免丢失，用户可以将命令写入 rc.local 等初始化文件。

11.2.3 route 命令

route 命令与 ifconfig 命令都在 net-tools 软件包中，是一个传统的 Linux 路由管理命令。通过 route 命令，可以显示和管理路由表。route 命令的基本语法如下：

```
route [options]
```

route 命令的常用选项有：

- -A：指定协议族，可以取 inet 以及 inet6 等值。
- -n：显示数字形式的 IP 地址。
- -e：使用 netstat 格式显示路由表。

- del: 删除路由记录。
- add: 添加路由记录。
- gw: 设置默认网关。
- dev: 路由记录对应的网络接口。
- -net: 指定目标是一个网络。
- -host: 指定的目标是一台主机。
- netmask: 指定目标网络的子网掩码。

例如，下面的命令显示当前系统的路由表信息：

```
chunxiao@ubuntu-server:~$ route -n
Kernel IP routing table
Destination   Gateway      Genmask        Flags   Metric   Ref    Use Iface
0.0.0.0       10.0.2.2     0.0.0.0        UG      100      0      0   enp0s3
0.0.0.0       192.168.1.1  0.0.0.0        UG      101      0      0   enp0s8
10.0.2.0      0.0.0.0      255.255.255.0  U       100      0      0   enp0s3
169.254.0.0   0.0.0.0      255.255.0.0    U       1000     0      0   enp0s3
192.168.1.0   0.0.0.0      255.255.255.0  U       100      0      0   enp0s8
```

route 命令的输出一共有 8 列。第 1 列为路由的目标网络或者主机。第 2 列为网关，如果没有设置网关，则该列为星号*。第 3 列为目标网络的子网掩码，如果路由目标为一台主机，则该列为 255.255.255.255；如果该条记录为默认路由，则子网掩码为 0.0.0.0。第 4 列为标志，如果该条路由处于启用状态，则该列含有 U 标志；如果路由目标为一主机，则该列含有 H 标志；如果该条路由通过网关，则该列含有 G 标志；如果该条路由为动态路由重新初始化路由，则该列含有 R 标志；该条路由是动态路由，则该列含有 D 标志；如果该条路由是由守护进程动态修改，则该列含有 M 标志；如果该条路由为禁用路由，则该列含有!标志。第 5 列为离目标主机或者网络的距离，通常使用跳数来表示。第 6 列永远为 0。第 7 列为该条路由被使用的次数。第 8 列为该条路由的数据包将要发送到的网络接口。

通过 route 命令也可以对网络参数进行管理。例如，用户可以通过以下命令添加一条到达网络 224.0.0.0/28 的路由：

```
chunxiao@ubuntu-server:~$ sudo route add -net 224.0.0.0 netmask 240.0.0.0 dev
enp0s3
chunxiao@ubuntu-server:~$ route -n
Kernel IP routing table
Destination   Gateway      Genmask        Flags   Metric   Ref    Use   Iface
0.0.0.0       10.0.2.2     0.0.0.0        UG      100      0      0     enp0s3
0.0.0.0       192.168.1.1  0.0.0.0        UG      101      0      0     enp0s8
10.0.2.0      0.0.0.0      255.255.255.0  U       100      0      0     enp0s3
169.254.0.0   0.0.0.0      255.255.0.0    U       1000     0      0     enp0s3
192.168.1.0   0.0.0.0      255.255.255.0  U       100      0      0     enp0s8
224.0.0.0     0.0.0.0      240.0.0.0      U       0        0      0     enp0s3
```

上面新添加的路由表示发送到网络 224.0.0.0/28 的数据包都经过网络接口 enp0s3。

route del 命令可以将指定的路由记录删除，如下所示：

```
chunxiao@ubuntu-server:~$ sudo route del -net 224.0.0.0 netmask 240.0.0.0
chunxiao@ubuntu-server:~$ route -n
Kernel IP routing table
Destination    Gateway       Genmask        Flags  Metric  Ref   Use   Iface
0.0.0.0        10.0.2.2      0.0.0.0        UG     100     0     0     enp0s3
0.0.0.0        192.168.1.1   0.0.0.0        UG     101     0     0     enp0s8
10.0.2.0       0.0.0.0       255.255.255.0  U      100     0     0     enp0s3
169.254.0.0    0.0.0.0       255.255.0.0    U      1000    0     0     enp0s3
192.168.1.0    0.0.0.0       255.255.255.0  U      100     0     0     enp0s8
```

用户可以通过 route 命令来管理网关。例如，下面的命令将默认网关 192.168.1.1 删除：

```
chunxiao@ubuntu-server:~$ sudo route del default gw 192.168.1.1
chunxiao@ubuntu-server:~$ route -n
Kernel IP routing table
Destination    Gateway       Genmask        Flags  Metric  Ref   Use   Iface
0.0.0.0        10.0.2.2      0.0.0.0        UG     100     0     0     enp0s3
10.0.2.0       0.0.0.0       255.255.255.0  U      100     0     0     enp0s3
169.254.0.0    0.0.0.0       255.255.0.0    U      1000    0     0     enp0s3
192.168.1.0    0.0.0.0       255.255.255.0  U      100     0     0     enp0s8
```

下面的命令为网络接口 enp0s8 增加默认网关：

```
chunxiao@ubuntu-server:~$ sudo route add default gw 192.168.1.1 dev enp0s8
chunxiao@ubuntu-server:~$ route -n
Kernel IP routing table
Destination    Gateway       Genmask        Flags  Metric  Ref   Use   Iface
0.0.0.0        192.168.1.1   0.0.0.0        UG     0       0     0     enp0s8
0.0.0.0        10.0.2.2      0.0.0.0        UG     100     0     0     enp0s3
10.0.2.0       0.0.0.0       255.255.255.0  U      100     0     0     enp0s3
169.254.0.0    0.0.0.0       255.255.0.0    U      1000    0     0     enp0s3
192.168.1.0    0.0.0.0       255.255.255.0  U      100     0     0     enp0s8
```

11.2.4　netstat 命令

顾名思义，netstat 命令不是用来配置网络的，而是用来查看各种网络信息的，包括网络连接、路由表以及网络接口的各种统计数据等。

netstat 命令的基本语法如下：

```
netstat [options]
```

常用的选项如下：

- -a: 显示所有处于活动状态的套接字。

- -A：显示指定协议族的网络连接信息。
- -c：持续列出网络状态信息，刷新频率为 1s。
- -e：显示更加详细的信息。
- -i：列出所有的网络接口。
- -l：列出处于监听状态的套接字。
- -n：直接显示 IP 地址，不转换成域名。
- -p：显示使用套接字的进程 ID 和程序名称。
- -r：显示路由表信息。
- -s：显示每个协议的统计信息。
- -t：显示 TCP/IP 协议的连接信息。
- -u：显示 UDP 协议的连接信息。

下面的例子列出所有的端口，包括监听和未监听的：

```
chunxiao@ubuntu-server:~$ netstat -a
Active Internet connections (servers and established)
Proto   Recv-Q  Send-Q  Local Address          Foreign Address         State
tcp     0       0       localhost:ipp          0.0.0.0:*               LISTEN
tcp     0       0       localhost:mysql        0.0.0.0:*               LISTEN
tcp     0       0       0.0.0.0:hostmon        0.0.0.0:*               LISTEN
tcp6    0       0       ip6-localhost:ipp      [::]:*                  LISTEN
tcp6    0       0       localhost:8005         [::]:*                  LISTEN
tcp6    0       0       [::]:hostmon           [::]:*                  LISTEN
tcp6    0       0       [::]:http-alt          [::]:*                  LISTEN
udp     0       0       localhost:domain       0.0.0.0:*
udp     0       0       0.0.0.0:bootpc         0.0.0.0:*
…
```

netstat –a 命令的输出结果一共有 6 列。第 1 列为协议，包括 tcp、tcp6 以及 udp 等；第 2 列为用户未读取的套接字中的数据；第 3 列为远程主机未读取的套接字中的数据；第 4 列为本地地址和端口号；第 5 列为远程地址和端口号；第 6 列为套接字状态，可以是 ESTABLISHED、TIME_WAIT、CLOSE 以及 LISTEN 等值，分别表示连接已建立、连接已关闭等待处理完数据、连接已关闭以及正在监听进入的连接请求等。

使用 -t 选项可以只显示 TCP/IP 协议的连接，排除掉其他的协议，例如 udp 等，如下所示：

```
chunxiao@ubuntu-server:~$ netstat -at
Active Internet connections (servers and established)
Proto   Recv-Q  Send-Q  Local Address          Foreign Address         State
tcp     0       0       localhost:ipp          0.0.0.0:*               LISTEN
tcp     0       0       localhost:mysql        0.0.0.0:*               LISTEN
tcp     0       0       0.0.0.0:hostmon        0.0.0.0:*               LISTEN
tcp6    0       0       ip6-localhost:ipp      [::]:*                  LISTEN
tcp6    0       0       localhost:8005         [::]:*                  LISTEN
```

```
tcp6      0        0        [::]:hostmon           [::]:*                    LISTEN
tcp6      0        0        [::]:http-alt          [::]:*                    LISTEN
…
```

下面的命令通过状态对连接进行筛选，只显示处于监听状态的 TCP 连接：

```
chunxiao@ubuntu-server:~$ netstat -tl
Active Internet connections (only servers)
Proto   Recv-Q  Send-Q  Local Address       Foreign Address        State
tcp     0       0       localhost:ipp       0.0.0.0:*              LISTEN
tcp     0       0       localhost:mysql     0.0.0.0:*              LISTEN
tcp     0       0       0.0.0.0:hostmon     0.0.0.0:*              LISTEN
…
```

在上面的例子中，本地地址是采用名称来显示的，例如 localhost:ipp 以及 localhost:mysql 等，并没有把数字形式的地址显示出来，不是很直观。用户可以使用-n 选项来直接显示数字形式的地址，而不转换成名称，如下所示：

```
chunxiao@ubuntu-server:~$ netstat -tlan
Active Internet connections (servers and established)
Proto   Recv-Q  Send-Q  Local Address          Foreign Address        State
tcp     0       0       127.0.0.1:631          0.0.0.0:*              LISTEN
tcp     0       0       127.0.0.1:3306         0.0.0.0:*              LISTEN
tcp     0       0       0.0.0.0:5355           0.0.0.0:*              LISTEN
tcp6    0       0       ::1:631                :::*                   LISTEN
…
```

当某个端口被占用而导致服务无法启动时，可以使用 netstat 命令进行排查。例如，下面的命令将在 8080 端口监听的程序名称及其状态显示出来：

```
chunxiao@ubuntu-server:~$ sudo netstat -anp|grep ":8080"
tcp6      0      0         :::8080           :::*          LISTEN
1162/java
```

通过 netstat 命令还可以列出当前系统的所有网络接口，如下所示：

```
chunxiao@ubuntu-server:~$ netstat -i
Kernel Interface table
Iface   MTU     RX-OK RX-ERR RX-DRP RX-OVR TX-OK TX-ERR TX-DRP TX-OVR  Flg
enp0s3  1500    160   0      0      0      176   0      0      0       BMRU
enp0s8  1500    173   0      0      0      190   0      0      0       BMRU
lo      65536   44    0      0      0      44    0      0      0       LRU
```

此外，netstat 命令还有查看路由表信息的功能，需要使用-r 选项，如下所示：

```
chunxiao@ubuntu-server:~$ netstat -r
Kernel IP routing table
Destination     Gateway     Genmask     Flags   MSS Window  irtt
 Iface
```

```
default        gateway      0.0.0.0         UG      0   0       0   enp0s3
default        gateway      0.0.0.0         UG      0   0       0   enp0s8
10.0.2.0       0.0.0.0      255.255.255.0   U       0   0       0   enp0s3
link-local     0.0.0.0      255.255.0.0     U       0   0       0   enp0s3
192.168.1.0    0.0.0.0      255.255.255.0   U       0   0       0   enp0s8
…
```

11.2.5　nslookup 命令

该命令主要用来查询域名信息，实际上主要是将域名转换为相应的 IP 地址，或者将 IP 地址转换成相应的域名。nslookup 命令为用户提供了两种工作模式，交互模式和非交互模式。其基本语法如下：

```
nslookup [name | -] [server]
```

其中 name 参数表示要查询的域名，而 server 则是指定的域名服务器。

例如，下面的命令查询 www.baidu.com 域名的相关信息：

```
chunxiao@ubuntu-server:~$ nslookup www.baidu.com
01  Server:        127.0.0.53
02  Address:       127.0.0.53#53
03
04  Non-authoritative answer:
05  www.baidu.com    canonical name = www.a.shifen.com.
06  Name:    www.a.shifen.com
07  Address: 14.215.177.38
08  Name:    www.a.shifen.com
09  Address: 14.215.177.39
```

在上面的输出中，第 1~2 行显示了 nslookup 使用的域名服务器。第 4~9 行显示了 www.baidu.com 域名的相关信息。其中第 5 行显示 www.baidu.com 还有别名为 www.a.shifen.com。此外，该域名对应两个 IP 地址。

默认情况下，nslookup 命令查询的是 A 记录，即域名对应 IP 地址。实际上，通过 nslookup 命令还可以查询其他类型的域名记录，包括 MX，如下所示：

```
chunxiao@ubuntu-server:~$ nslookup -type=mx ezloo.com 8.8.8.8
Server:        8.8.8.8
Address:8.8.8.8#53

Non-authoritative answer:
ezloo.com    mail exchanger = 10 aspmx.l.google.com.
ezloo.com    mail exchanger = 20 alt1.aspmx.l.google.com.
ezloo.com    mail exchanger = 30 alt2.aspmx.l.google.com.
ezloo.com    mail exchanger = 40 aspmx2.googlemail.com.
ezloo.com    mail exchanger = 50 aspmx3.googlemail.com.
```

```
Authoritative answers can be found from:
```

上面的命令使用-type 选项指定查询的域名记录类型为 MX，即邮件服务器，同时指定使用的域名服务器为 8.8.8.8。

上面介绍的是非交互模式，nslookup 命令还提供了一种交互模式。在使用 nslookup 命令的时候，如果没有提供任何参数和选项，则进入交互模式。

```
chunxiao@ubuntu-server:~$ nslookup
>
```

进入交互模式之后，会出现一个命令提示符>，用户可以在提示符后面输入命令。在交互模式下，nslookup 提供了 3 个主要的命令，set、server 和 lserver。set 命令用来改变查询的记录类型，server 和 lserver 用来指定要使用的域名服务器。

下面的代码使用交互模式查询域名 www.baidu.com 的信息：

```
01  > set type=a
02  > server 8.8.8.8
03  Default server: 8.8.8.8
04  Address: 8.8.8.8#53
05  > www.baidu.com
06  Server:        8.8.8.8
07  Address: 8.8.8.8#53
08
09  Non-authoritative answer:
10  www.baidu.com    canonical name = www.a.shifen.com.
11  Name:    www.a.shifen.com
12  Address: 103.235.46.39
```

其中第 1 行使用 set 命令将记录类型设置为 A 记录。第 2 行通过 server 命令指定要使用的域名服务器为 8.8.8.8。第 5 行输入要查询的域名。

11.2.6　ping 命令

ping 命令是一个使用非常频繁的命令。该命令会向某台主机发送 ICMP 数据包，并接收响应。ping 命令主要用来测试网络的连通状态，如果收到响应，则表示网络在物理连接上是畅通的，否则可能会出现物理故障。

ping 命令的基本语法如下：

```
ping [options] destination
```

ping 命令常用的选项有：

- -4：仅使用 IPv4。
- -6：仅使用 IPv6。
- -c：指定发送的数据包的数量。

- -i: 指定数据包发送的时间间隔，默认单位为秒。
- -I: 指定使用的网络接口。

destination 参数为目标主机。

例如，下面的命令测试到主机 www.baidu.com 的网络是否连通：

```
chunxiao@ubuntu-server:~$ ping www.baidu.com
PING www.a.shifen.com (14.215.177.38) 56(84) bytes of data.
64 bytes from 14.215.177.38 (14.215.177.38): icmp_seq=1 ttl=56 time=3.21 ms
64 bytes from 14.215.177.38 (14.215.177.38): icmp_seq=2 ttl=56 time=7.43 ms
64 bytes from 14.215.177.38 (14.215.177.38): icmp_seq=3 ttl=56 time=3.84 ms
64 bytes from 14.215.177.38 (14.215.177.38): icmp_seq=4 ttl=56 time=3.62 ms
^C
--- www.a.shifen.com ping statistics ---
4 packets transmitted, 4 received, 0% packet loss, time 3005ms
rtt min/avg/max/mdev = 3.210/4.527/7.430/1.693 ms
```

 用户需要按 Ctrl+C 组合键退出 ping 命令。

11.3 防火墙

防火墙是保护计算机系统免受网络上面其他用户非法访问的一种软件系统。在计算机的安全中，防火墙发挥着重要的角色。本节将详细介绍 Ubuntu 中的防火墙系统 ufw 的配置方法。

11.3.1 ufw 简介

从 Linux 内核的 2.4 开始，引入了一个名称为 Netfilter 的子系统。通过 Netfilter，可以实现数据包的过滤、网络地址转换等重要的网络功能，几乎所有的 Linux 发行版都使用 Netfilter 作为数据包过滤的工具。

在 Netfilter 的基础上，出现了一些防火墙管理工具，例如 iptables 和 firewalld。其中，RHEL 7 中，采用了 firewalld 作为防火墙管理工具，用来代替 iptables。

默认情况下，Ubuntu 采用了 ufw 作为防火墙管理工具。ufw 提供非常友好的方式帮助用户管理防火墙。

11.3.2 ufw 配置

ufw 的管理工具即为 ufw 命令。该命令的基本语法如下：

```
ufw [option] command
```

ufw 命令比较重要的选项只有一个，即--dry-run，该选项使得 ufw 命令不实际执行，只是显示命令要产生的改变。

ufw 提供的子命令比较多，有以下几个：

- enable: 启用 ufw 防火墙。
- disable: 禁用防火墙。
- reload: 重新加载防火墙。
- default: 修改默认的策略。该子命令可以指定 allow、deny 以及 reject 这 3 个参数，并且可以指定数据包的方向为 incoming、outgoing 或者 routed。
- logging: 日志管理，包括启用或者禁用日志，以及指定日志级别。
- reset: 将防火墙的配置恢复到初始状态。
- status: 显示防火墙状态。
- show: 显示防火墙的信息。
- allow: 添加允许通信的规则。
- deny: 添加禁止通信的规则。
- reject: 添加拒绝通信的规则。
- limit: 添加限制规则。
- delete: 删除指定的规则。
- insert: 在指定位置插入规则。
- app list: 列出使用防火墙的应用系统。
- app info: 查看应用系统的信息。
- app update: 更新应用系统的信息。
- app default: 指定应用系统默认的规则。

默认情况下，ufw 处于禁用状态，管理员可以使用以下命令启动防火墙：

```
chunxiao@ubuntu-server:~$ sudo ufw enable
Firewall is active and enabled on system startup
```

启动之后，就可以使用 status 子命令查看防火墙的运行状态：

```
chunxiao@ubuntu-server:~$ sudo ufw status
Status: active
```

与其他的防火墙管理软件相比，ufw 的操作极其简单。例如，使用以下命令就可以开放 80 端口：

```
chunxiao@ubuntu-server:~$ sudo ufw allow 80
Rule added
Rule added (v6)
```

用户根本不需要去记忆复杂的语法。这种简洁的语法对于初学者来说，无疑是非常容易上手的。

同样，如果用户想要禁用某个端口，只要使用 deny 子命令就可以了，如下所示：

```
chunxiao@ubuntu-server:~$ sudo ufw deny 80
Rule updated
Rule updated (v6)
```

allow 子命令实际上是在防火墙规则链的最后追加一条规则，而 ufw 也支持规则的插入。用户可以使用 insert 子命令在指定的位置插入一条新的规则。例如，下面的命令在第 1 条规则前面插入一条规则，允许访问 8080 端口：

```
chunxiao@ubuntu-server:~$ sudo ufw insert 1 allow 8080
Rule inserted
Rule inserted (v6)
```

对于无用的规则，用户可以将其删除。删除规则使用 delete 子命令，加上规则即可，如下所示：

```
chunxiao@ubuntu-server:~$ sudo ufw delete allow 8080
Rule deleted
Rule deleted (v6)
```

除了简单的开关端口之外，ufw 也支持来源主机或者网络的限制。例如，下面的命令允许192.168.0.2 访问本机的 22 端口，即可以通过 SSH 访问本机：

```
chunxiao@ubuntu-server:~$ sudo ufw allow proto tcp from 192.168.0.2 to any port
22
Rule added
```

上面的命令稍微有点复杂，需要简单地解释一下。proto 关键字用来指定访问协议，from关键字指定来源地址，to 关键字指定被访问的 IP 或者端口。在本例中使用 any 关键字表示本机所有的 IP 地址的 22 端口。

如果将上例中的 192.168.0.2 换成 192.168.0.0/24，则表示允许来自网络 192.168.0.0/24 的任何主机访问本机的 22 端口，如下所示：

```
chunxiao@ubuntu-server:~$ sudo ufw allow proto tcp from 192.168.0.0/24 to any
port 22
Rule added
```

11.3.3　ufw 与应用系统的整合

在 ufw 中，每个需要开放端口的应用系统都会有一个配置文件。该配置文件记录了该应用系统需要的端口。默认情况下，这些配置文件位于/etc/ufw/applications.d 目录下面。用户可以直接修改这些配置文件。

例如，下面的代码为 Apache2 的配置文件：

```
chunxiao@ubuntu-server:~$ cat
```

```
/etc/ufw/applications.d/apache2-utils.ufw.profile
    [Apache]
    title=Web Server
    description=Apache v2 is the next generation of the omnipresent Apache web server.
    ports=80/tcp

    [Apache Secure]
    title=Web Server (HTTPS)
    description=Apache v2 is the next generation of the omnipresent Apache web server.
    ports=443/tcp

    [Apache Full]
    title=Web Server (HTTP,HTTPS)
    description=Apache v2 is the next generation of the omnipresent Apache web server.
    ports=80,443/tcp
```

从上面的内容可以得知，ufw 对于 Apache2 的配置文件共分为 3 段，第 1 段描述了 80 端口的 HTTP 服务，第 2 段描述了 443 端口的 HTTPS 服务，第 3 段描述了完整的 Apache2 服务的配置。关于其他的应用系统的配置，与上面的代码大致相同，读者可以参考上面的代码去配置其他的应用程序。

 如果应用程序的端口发生了改变，用户可以直接修改对应的文件。

ufw 提供了一些关于应用系统整合的命令，主要包括 ufw app list、ufw app info 以及 ufw allow 等。

ufw app list 命令列出与 ufw 整合的应用系统，如下所示：

```
chunxiao@ubuntu-server:~$ sudo ufw app list
Available applications:
  Apache
  Apache Full
  Apache Secure
  CUPS
```

ufw app info 命令可以把某个应用系统的详细配置信息显示出来，如下所示：

```
chunxiao@ubuntu-server:~$ sudo ufw app info Apache
Profile: Apache
Title: Web Server
Description: Apache v2 is the next generation of the omnipresent Apache web
server.

Port:
  80/tcp
```

与开放一个端口相类似，允许一个应用程序通过防火墙也可以使用 ufw allow 命令。例如，下面的命令允许 mysql 通过防火墙：

```
chunxiao@ubuntu-server:~$ sudo ufw allow mysql
Rule added
Rule added (v6)
```

此外，ufw 还支持一些扩展的语法，例如限制哪些主机可以访问某个应用程序。例如：

```
chunxiao@ubuntu-server:~$ sudo ufw allow from 192.168.1.0/24 to any app mysql
Rule added
```

上面的命令允许来自网络 192.168.1.0/24 的主机访问 mysql。

> 允许某些应用程序通过防火墙，需要首先为该应用程序在/etc/ufw/applications.d 目录中创建一个配置文件。ufw 命令会从配置文件中读取所需要开放的端口信息等。

11.3.4 ufw 日志管理

对于防火墙来说，其日志功能非常重要。通过查看防火墙日志，管理员可以有效地发现网络上面的攻击以及攻击的来源，从而可以采取必要的防范措施。

ufw 的日志功能可以使用以下命令启用：

```
chunxiao@ubuntu-server:~$ sudo ufw logging on
Logging enabled
```

启用日志功能之后，ufw 的日志将会出现在/var/log/messages、/var/log/syslog 和/var/log/kern.log 等日志文件中。

如果用户想要停止 ufw 的日志，则可以使用以下命令：

```
chunxiao@ubuntu-server:~$ sudo ufw logging off
Logging disabled
```

第三篇

精通 Linux

第三篇

计算机工程实践

第 12 章

Shell编程

Shell 不仅是一个命令行解释程序，而且还是一种强大的编程语言。通过 Shell 编程，可以实现系统维护的自动化，简化某些程序化的操作。实际上，在 Linux 内部，许多服务都是以 Shell 脚本的形式提供的。掌握 Shell 编程，可以使得管理员更加灵活地管理 Linux 系统。本章主要介绍 Shell 编程的基础知识。

本章主要涉及的知识点有：

- Shell 编程基础：主要介绍 Shell、Shell 脚本、Shell 脚本的执行方法、位置参数以及内部命令等。
- 变量：介绍 Shell 变量的分类、声明和定义方法、赋值方法、内部变量以及变量替换等。
- 数组：介绍数组定义方法以及数组的常用操作，包括遍历、获取长度、删除元素、切片以及替换等。
- 条件测试：主要介绍 Shell 中各种条件测试的用法，包括文件测试、字符串测试、整数值测试逻辑运算符。
- 条件语句：主要介绍 if 语句和 case 分支语句的用法。
- 循环语句：主要介绍 for、while、until、select 以及嵌套循环的用法。
- 信号的捕获与处理：主要介绍各种 Shell 可以捕获的信号，以及如何处理信号。

12.1 Shell 编程基础

与其他的程序语言一样，在正式学习 Shell 编程之前，需要掌握相关的基础知识。本节将对 Shell 编程涉及的相关知识进行简单介绍。

12.1.1 Shell

在前面的一些章节中，已经陆陆续续地涉及 Shell 了。简单地讲，Shell 就是一个命令解释器。它负责将用户输入的命令解释成 Linux 内核能够识别的命令，并且将其传递给内核。

当用户登录 Linux 系统之后，通常情况下都启动一个默认的 Shell。默认的 Shell 在 /etc/passwd 文件中配置。然后用户就可以输入命令，管理 Linux 系统了。

目前，Shell 有比较多的种类，例如 bash、csh、ksh 以及 tsh 等。每种 Shell 都提供了许多管理 Linux 系统的工具，其中包括我们经常使用的各种命令，例如 ls、cp、mv 以及 mkdir 等。

除了简单的交互之外，Shell 还支持程序设计，内置了脚本解释器。Shell 支持常见的程序设计语言中的各种语法，包括变量、条件语句、循环语句、输入输出以及数组等。

12.1.2　Shell 脚本

Shell 提供了一种解释性的编程语言。利用 Shell 设计的程序不需要编译即可通过 Shell 的解释器执行。所以，Shell 的程序文件通常称为 Shell 脚本。

为了能够使得读者对于 Shell 脚本有个比较深刻的理解，下面以一个简单的脚本为例，说明 Shell 脚本的一般构成部分。

【代码 12-1　循环输出数字：ex01.sh】

```
01  #!/bin/bash
02  #print number from 10~0
03  n=10
04  for ((i=n;i>=0;i--))
05  do
06      echo $i
07  done
```

第 1 行指定了当前脚本的解释器，即使用/bin/bash 来解释后面的程序代码，其中#!为固定格式。如果使用 csh 来解释某个脚本，则可以使用以下代码：

```
#!/bin/csh
```

第 2 行以井号（#）开头，为注释内容。用来说明程序的功能，不是需要执行的语句。

第 3~7 行为程序的可执行语句。其中第 3 行定义了一个变量 n，并且为其赋值为 10。第 4~7 行为一个 for 循环结构体。第 6 行使用 echo 命令输出变量 i 的值。该程序的功能是从降序输出 10~0 各个数字，其执行结果如下：

```
chunxiao@ubuntu-server:~/src$ ./ex01.sh
10
9
8
7
6
5
4
3
2
```

```
1
0
```

用户可以使用各种文本编辑器来编写 Shell 脚本，例如 vi/vim 或者 gedit，甚至第三方的一些编辑器，例如 Notepad++。对于初学者来说，应该尽量使用图形化的编辑器，例如 gedit 或者 Notepad++。这些编辑器都提供了对于 Shell 脚本的较好的支持，包括语法高亮等。

 由于绝大部分的 Shell 命令都可以在 Shell 脚本中使用，所以在后面介绍脚本的时候，有时候会把 Shell 命令称为程序语句。

12.1.3　Shell 脚本的执行方法

Shell 脚本的执行方法有多种。首先，用户可以在命令行中输入脚本文件直接执行。这种执行方法需要用户拥有执行该文件的权限。如果没有的话，可以使用 chmod 命令修改脚本文件的权限属性。例如，下面的命令把脚本文件 ex01.sh 的可执行权限授予所有的用户：

```
chunxiao@ubuntu-server:~/src$ chmod +x ex01.sh
```

拥有了脚本文件的执行权限之后，就可以在命令行输入脚本文件名称直接执行了。当然，可以使用绝对路径，也可以使用相对路径。通常来说，相对路径比较简洁，如下所示：

```
chunxiao@ubuntu-server:~/src$ ./ex01.sh
```

绝对路径则不会受其他的环境因素的影响，如下所示：

```
chunxiao@ubuntu-server:~/src$ /home/chunxiao/src/ex01.sh
```

此外，用户也可以将脚本文件作为参数传递给 Shell 程序，使其解释并执行脚本文件中的内容，如下所示：

```
chunxiao@ubuntu-server:~/src$ bash ./ex01.sh
10
9
8
7
6
5
4
3
2
1
0
```

当然，这种执行方式不需要用户拥有脚本文件的执行权限。

最后，用户还可以使用 source 命令来执行脚本文件，将脚本文件作为参数传递给该命令即可，如下所示：

```
chunxiao@ubuntu-server:~/src$ source ./ex01.sh
10
9
8
7
6
5
4
3
2
1
0
```

同样，这种执行方式也不需要用户拥有脚本文件的执行权限。

 本章后面所有的 Shell 脚本都是先使用 chmod 命令授权执行权限之后再执行的，在执行时不再说明。

12.1.4 位置参数

Shell 脚本在接受命令行参数的时候，是根据参数的次序来接收的。因此，这些参数的位置就决定了参数的接收方法，故称为位置参数。

Shell 提供了一些特殊的变量来接收位置参数。这些变量名称及其功能如下：

- $#：传递给脚本的参数个数。
- $*：以一个字符串的形式接收所有的位置参数。该变量可以接收超过 9 个位置的参数。
- $$：获取脚本运行进程的 ID。
- $!：后台运行的最后一个进程的 ID。
- $@：与$*基本相同，但是在被双引号包含时，会将各个参数值分开。
- $?：返回最后命令的退出状态。0 表示没有错误，非 0 值表明有错误。

除了上面的特殊变量之外，$0 表示当前脚本文件名，含有路径名。$n 则可以获取第 n 个参数的值，其中 n 为自然数。

$*和$@都表示传递给函数或脚本的所有参数，其中$*将所有的参数值作为一个字符串返回，而$@将各个参数值作为单独的字符串返回。

【代码 12-2　位置变量的使用方法：ex02.sh】

```
01  #!/bin/bash
02
03  # $0:文件完整路径名
```

```
04  echo "path of script : $0"
05  # 利用 basename 命令文件路径获取文件名
06  echo "name of script : $(basename $0)"
07  # $1：参数1
08  echo "parameter 1 : $1"
09  # $2：参数2
10  echo "parameter 2 : $2"
11  # $3：参数3
12  echo "parameter 3 : $3"
13  # $4：参数4
14  echo "parameter 4 : $4"
15  # $5：参数5
16  echo "parameter 5 : $5"
17  # $#：传递到脚本的参数个数
18  echo "The number of arguments passed : $#"
19  # $*：显示所有参数内容
20  echo "Show all arguments : $*"
21  # $:脚本当前运行的 ID 号
22  echo "Process ID : $$"
23  # $?:退出码
24  echo "errors : $?"
```

代码 12-2 的执行结果如下：

```
chunxiao@ubuntu-server:~/src$ ./ex02.sh p1 p2 p3 p4 p5
path of script : ./ex02.sh
name of script : ex02.sh
parameter 1 : p1
parameter 2 : p2
parameter 3 : p3
parameter 4 : p4
parameter 5 : p5
The number of arguments passed : 5
Show all arguments : p1 p2 p3 p4 p5
Process ID : 3291
errors : 0
```

12.1.5　内部命令

Shell 命令分为内部命令和外部命令。内部命令被内置在 Shell 程序中，当 Shell 被加载到内存时，内部命令也会随之被加载到内存中。因此，在使用内置命令时不要到磁盘上面去搜索。外部命令则是以一个个单独的可执行文件存在于磁盘上面特定的目录中，常见的位置有/bin/、/sbin、/usr/local/bin 以及/usr/local/sbin 等。为了能够找到这些命令，这些目录都被设置在 PATH 变量中。在调用外部命令时，Shell 会在 PATH 变量指定的路径中搜索指定的命令，然后将其加载到内存中执行。表 12-1 列出了常用的内置命令及其功能。

表 12-1　常见内置命令

命令	说明
.	执行当前进程环境中的程序，同 source 命令
:	空操作，返回退出状态 0
alias	显示和创建已有命令的别名
bg	把指定的作业放在后台运行
break	跳出循环
cd	改变目录，如果不带参数，则回到用户主目录，带参数则切换到参数所指的目录
continue	循环控制命令
declare	显示所有变量，或用可选属性声明变量
echo	显示指定内容并换行
eval	将参数作为命令执行
exec	运行命令，替换掉当前 Shell
exit	以指定的状态码退出 Shell
export	使变量可被子 Shell 识别
fg	把后台作业放到前台
history	显示带行号的命令历史列表
jobs	显示放到后台的作业
kill	向指定进程发送信号
let	用来计算算术表达式的值，并把算术运算的结果赋给变量
local	用在函数中，把变量的作用域限制在函数内部
logout	退出登录 Shell
pwd	打印出当前的工作目录
read	从标准输入读取一行，保存到指定变量中
return	从函数中退出，并返回退出状态值
set	设置选项和位置参量
shift	将位置参量左移
suspend	终止当前 Shell 的运行
test	检查文件类型，并计算条件表达式
trap	捕获信号
type	显示命令类型
ulimit	显示或设置进程可用资源的最大限额
umask	用户文件关于属主、属组和其他用户的创建模式掩码
unalias	取消所有的命令别名设置
unset	取消指定变量的值或函数的定义
wait	等待指定的后台进程结束，并报告它的结束状态

用户可以使用 type 命令来判断某个命令是内部命令还是外部命令。如下所示：

```
chunxiao@ubuntu-server:/usr/local$ type alias
alias is a shell builtin
```

以上输出表示 alias 命令为内部命令。

而 dir 命令则是一个外部命令，其输出结果如下：

```
chunxiao@ubuntu-server:/usr/local$ type dir
dir is /bin/dir
```

12.2 变量

变量是每种程序设计语言中必不可少的重要组成部分，与其他大多数程序设计语言一样，Shell 中的变量可以用来存储字符串、数值以及逻辑型数据。从本质上讲，变量就是由系统分配的一块内存区域，用来存储各种数据。本节将详细介绍 Shell 中的变量的使用方法。

12.2.1 变量分类

变量的分类实际上是一个相对的概念。按照变量的用途，大致可以分为内部变量、本地变量、环境变量、参数变量以及用户自定义的变量等。

内部变量是 Shell 内置的变量，主要用途是为了获取各种系统数据。表 12-2 列出了常用的内部变量。

表 12-2　Shell内部变量

变量	说明
#	命令行参数或者位置参数的数量，通过$#获取
-	传递给 Shell 脚本的执行标志
?	最近一次执行的命令或者 Shell 脚本的退出状态码
$	Shell 脚本的进程 ID
!	最后一次运行的后台进程的 ID
*	所有的位置参数的值
@	所有位置参数的值，只是每个参数值都是单独的
LINENO	Shell 脚本中当前执行的命令的行号，仅在调试时有效
OLDPWD	使用 cd 命令切换到新目录之前所在的目录
PPID	当前进程的父进程的 ID
PWD	当前的工作目录
RANDOM	随机数
SECONDS	脚本已经执行的秒数

表 12-3 列出了部分常用的环境变量及其功能。

353

表 12-3　常用 Shell 环境变量

变量	说明
COLUMNS	定义终端窗口的宽度
HOME	用户主目录的路径
LANG	设置用户语言环境
LC_ALL	统一设置 LC_* 系列变量的值
LC_CTYPE	设置语言环境的字符集
LC_MESSAGES	设置系统提示信息的语言
LC_NUMBERIC	设置本地化数值的显示格式
PATH	指定命令的查找路径以及顺序
SHELL	Shell 命令文件的路径

12.2.2　变量声明

从本质上讲，Shell 是一种弱类型的编程语言。也就是说，Shell 并不严格区分变量的类型，一切都取决于变量存储的内容。当用户第一次为变量赋值时，Shell 便根据其存储的内容来决定其类型。

因此，Shell 的变量基本上不需要严格地声明其类型就可以直接使用。例如，下面的代码直接定义了一个 x 变量，并且为其赋值 100：

```
chunxiao@ubuntu-server:~$ x=100
```

执行上面的语句之后，变量 x 就是一个整数变量。

但是，为了加快程序运行速度，也为了提升程序的严谨度，在 bash 中，用户可以使用 typeset 或者 declare 这 2 个内部命令来声明变量的类型。这 2 个命令的用法是完全相同的，其常用选项有：

- -i: 声明变量为整数类型。
- -a: 声明变量为数组。
- -f: 声明变量为函数。
- -r: 声明只读变量。

例如，下面的命令声明变量 num 为整数变量：

```
chunxiao@ubuntu-server:~$ declare -i num
```

此外，declare 命令还支持在声明的时候同时赋值，如下所示：

```
chunxiao@ubuntu-server:~$ declare var="Hello,world"
```

尽管在 Shell 中变量不需要声明即可使用，但是通过 declare 声明类型的变量与直接赋值的变量还是有区别的。观察下面的一组语句：

```
01  chunxiao@ubuntu-server:~$ x=100
```

```
02  chunxiao@ubuntu-server:~$ y=20
03  chunxiao@ubuntu-server:~$ declare -i z
04  chunxiao@ubuntu-server:~$ z=$x*$y
05  chunxiao@ubuntu-server:~$ n=$x*$y
06  chunxiao@ubuntu-server:~$ echo $z
07  2000
08  chunxiao@ubuntu-server:~$ echo $n
09  100*20
```

第 1 行和第 2 行分别定义了一个名称为 x 和 y 的变量，并且分别为其赋值 100 和 20。第 3 行通过 declare 命令声明了一个名称为 z 的整数变量。第 4 行将变量 x 和 y 的积赋给变量 x。第 5 行将变量 x 和 y 的值赋给一个未经声明的变量 n。第 6 行输出变量 z 的值，可以发现 z 的值为 2000，而第 9 行输出的值却为 100*20。因此，第 5 行中的乘法运算实际上并没有执行，而是将它们作为字符串连接起来。其中的原因就是 Shell 并不知道变量 n 的类型。而实际上，Shell 将所有的变量都看作是字符串。

在 Shell 中，除了关键字之外，其他的字符串一般都可以作为变量名。一般情况下，变量名可以包括字母、数字以及下划线等字符，并且不能以数字开头。例如，_year、year 以及 year2017 等都是有效的变量名。

 变量的销毁使用 unset 命令。

12.2.3　变量赋值

在 Shell 中，变量的赋值主要通过赋值运算符=完成，其语法如下：

```
var=value
```

var 表示变量名称，value 为变量的值。在变量赋值的时候，等号左右两侧不能有空格。赋值运算符对于所有类型的赋值都是相同的，无论是整数还是字符串。

在 Shell 脚本中定义的变量只能在当前 Shell 脚本中使用。为了能够使得其他的 Shell 程序或者命令也可以访问某个变量，可以使用 export 命令将其导出到 Shell 环境中。

除了使用赋值运算符之外，变量的赋值还出现在其他的几种场合中，其中使用 read 命令读取键盘输入的时候，read 命令会将接收的数据赋给指定的变量。

 未经初始化的变量为 null。在程序中引用未经初始化的变量会出现不可预料的问题。

12.2.4　变量的引用和替换

Shell 变量的引用方法就是在变量名前面加上一个$符号即可。通常情况下，用户可以通过 4 种形式来引用一个变量的值，分别为：

```
$var
${var}
"$var"
"${var}"
```

第 1 种是最简洁的引用形式，直接在变量名前面加上一个$符号。这种形式在大部分情况下是有效的，可以正确得到变量的值。

```
chunxiao@ubuntu-server:~$ str="Hello"
chunxiao@ubuntu-server:~$ echo $str
Hello
chunxiao@ubuntu-server:~$ echo "$str,world"
Hello,world
```

然而在某些特殊情况下，却无法得到正确的值，如下所示：

```
chunxiao@ubuntu-server:~$ echo "$strworld"
```

上面的代码输出为空。之所以为空，是因为 Shell 把$符号后面的整个字符串都当作是变量名。为了能够使得 Shell 正确区分变量名，在这种情况下可以使用第 2 种形式，如下所示：

```
chunxiao@ubuntu-server:~$ echo "${str}world"
Helloworld
```

第 3 种和第 4 种形式可以用在变量值中含有空格的情况下。例如，当传递给 Shell 脚本的参数值中含有空格时，如果不把变量名用双引号引起来，会出现参数值接收错误，读者可以自行验证。

变量替换的过程实际上就是变量引用的过程。通过对于变量的引用，完成了用变量值替换变量名的过程。

12.2.5 变量的间接引用

上面所讲的引用实际上是对变量的直接引用。除此之外，Shell 还支持对于变量的间接引用。所谓间接引用，是指某个变量的值是另外一个变量的变量名的情况。Shell 支持两种方式的间接引用：分别用感叹号!和 eval 命令。下面看一组例子：

```
01  chunxiao@ubuntu-server:~$ message=hello
02  chunxiao@ubuntu-server:~$ hello="Good morning"
03  chunxiao@ubuntu-server:~$ echo $message
04  hello
05  chunxiao@ubuntu-server:~$ echo ${!message}
06  Good morning
07  chunxiao@ubuntu-server:~$ eval message=\$$message
08  chunxiao@ubuntu-server:~$ echo $message
09  Good morning
```

第 1 行定义了一个名称为 message 的变量，并且赋值为 hello。第 2 行定义了一个名称为 hello 的变量，该变量名与 message 变量的值相同，赋值为字符串 Good morning。第 3 行输出

变量 message 的值，为直接引用。可以得知此时输出的是变量 message 本身的值。第 4 行使用感叹号实现了变量的间接引用，故输出结果为变量 hello 的值。第 7 行使用 eval 命令实现了变量的间接引用。

　　在使用间接引用的时候，特别需要注意变量值中含有某些特殊字符的情况。在下面的例子中变量 files 的值中含有星号*。当引用该变量的时候，它的值不再是星号，而是由指定目录下面的所有文件的文件名组成的一个字符串。

```
chunxiao@ubuntu-server:~$ files="/bin/*"
chunxiao@ubuntu-server:~$ filelist=files
chunxiao@ubuntu-server:~$ echo ${!filelist}
/bin/bash /bin/bsd-csh /bin/bunzip2 /bin/busybox /bin/bzcat /bin/bzcmp
/bin/bzdiff /bin/bzegrep /bin/bzexe /bin/bzfgrep /bin/bzgrep /bin/bzip2
/bin/bzip2recover /bin/bzless /bin/bzmore /bin/cat /bin/chacl /bin/chgrp /bin/chmod
/bin/chown /bin/chvt /bin/cp /bin/cpio /bin/csh /bin/dash /bin/date /bin/dd /bin/df
/bin/dir /bin/dmesg /bin/dnsdomainname /bin/domainname /bin/dumpkeys /bin/echo
/bin/ed /bin/efibootdump /bin/efibootmgr /bin/egrep /bin/false /bin/fgconsole
/bin/fgrep /bin/findmnt /bin/fuser /bin/fusermount /bin/getfacl /bin/grep
/bin/gunzip /bin/g…
```

 直接引用变量 files 的值也会出现用文件名列表替换星号的情况。

12.2.6　特殊变量替换

　　除了上面介绍的变量替换之外，Shell 还支持一些特殊形式的变量替换。这些特殊变量替换的主要功能如下：

　　（1）对于未设置的变量，采用特殊替换表达式赋予默认值。

　　（2）采用特殊表达式设置或者替换默认值。

　　（3）采用特殊表达式给出错误提示信息。

　　表 12-4 列出了几种常用的特殊变量替换。

表 12-4　特殊变量替换

变量替换	说明
${var:-value}	如果变量 var 的值未被设置或者为 null，使用 value 作为变量 var 的值进行替换。否则，使用 var 的值进行替换。在替换过程中，变量 var 的值不变
${var:=value}	如果变量 var 的值未被设置或者为 null，则将 value 赋给变量 var，并进行替换
${var:+value}	如果变量 var 的值未被设置或者为 null，则使用 null 进行替换。否则，使用 value 进行替换。在替换过程中，变量 var 的值不变
${var:?value}	如果变量 var 的值已经设置，则使用 var 的值替换。如果变量 var 的值未被设置或者为 null，则使用 value 作为错误提示信息。如果省略了 value，则输出默认的错误提示信息，表示 var 未被设置，然后终止脚本执行。在替换过程中，var 的值不变

下面的例子演示了第 1 种特殊变量替换的使用方法，关于其他的特殊变量替换，读者可以自行测试，不再举例说明。

```
chunxiao@ubuntu-server:~$ var=
chunxiao@ubuntu-server:~$ echo "hello,${var:-world}"
hello,world
chunxiao@ubuntu-server:~$ var=Jhon
chunxiao@ubuntu-server:~$ echo "hello,${var:-world}"
hello,Jhon
```

12.2.7　单引号和双引号

在对字符串变量赋值的时候，如果所赋予的字符串中含有空格，则需要使用单引号或者双引号将其引用起来，作为字符串的分界符。如果没有使用单引号或者双引号，则在赋值过程中会出现错误，如下所示：

```
chunxiao@ubuntu-server:~$ str=this is a dog
is: command not found
```

可以发现，Shell 将空格后面的字符串当成了命令。因此，用户应该使用下列两种方式之一赋值：

```
chunxiao@ubuntu-server:~$ str="this is a dog"
chunxiao@ubuntu-server:~$ str='this is a dog'
```

但是，在 Shell 的变量替换中，单引号和双引号的功能是不同的。我们可以看一个简单的例子：

```
chunxiao@ubuntu-server:~$ message=world
chunxiao@ubuntu-server:~$ echo "Hello,${message}"
Hello,world
chunxiao@ubuntu-server:~$ echo 'Hello,${message}'
Hello,${message}
```

在上面的例子中，变量 message 的值为 world。接下来首先使用双引号将字符串引用起来，变量 message 包含在双引号中。可以发现，在输出的过程中发生了变量替换。如果将字符串使用单引号引用起来，则在输出的过程中，并没有发生变量替换，而是直接输出了变量名。

所以，用户在处理字符串的时候，如果不希望字符串中的变量名被 Shell 处理，则可以使用单引号将其引用起来。实际上，单引号使得 Shell 忽略被引用字符串中的所有的特殊字符。而双引号则是忽略大部分的特殊字符，不包括$、\和`。

 在 Shell 中，除了单引号和双引号之外，还有一个反引号`。被反引号引用起来的字符串将作为命令执行，将在命令替换中介绍。

12.2.8　命令替换

在 Shell 脚本中，用户可以将 Shell 命令的输出结果赋给某个变量，从而替换语句中的命令，称为命令替换。Shell 支持两种形式的命令替换，分别为反引号和括号。其中反引号的语法形式如下：

```
`command`
```

括号形式的命令替换语法如下：

```
$(command)
```

下面的命令演示了反引号的命令替换：

```
chunxiao@ubuntu-server:~$ today=`date`
chunxiao@ubuntu-server:~$ echo $today
Tue Aug 29 21:43:14 CST 2017
```

date 是一个 Shell 命令，用来显示当前的日期和时间。通过反引号，将 date 命令的输出结果赋给变量 today。

下面通过括号形式的命令替换，将当前目录中的文件名列表赋给变量 files：

```
chunxiao@ubuntu-server:~$ files=$(ls)
chunxiao@ubuntu-server:~$ echo $files
all.c all.c.bak all.c.bak2 a.out apache2.svg backup2 data demo1.txt.gz
demo2.txt.gz demo.txt.gz Desktop dir2 doc.tar Documents Downloads error.log.1.Z
examples.desktop file.c.gz fsck hello.c.gz hello.txt HomeController1.java.Z…
```

命令替换可以作为另外一个命令的输入，例如下面的命令实现了将当前目录中所有的.c 文件删除：

```
chunxiao@ubuntu-server:~$ rm `ls *.c`
```

ls 命令会将当前命令中所有的以.c 结尾的文件列出来，其执行结果为一个空格隔开的文件名列表，这个文件名列表传递给 rm 命令，实现了文件的删除。

此外，命令替换的结果还可以作为循环的条件，将在循环中介绍。

12.3　算术运算

在程序设计语言中，算术运算是一个比较重要的方面。同样，在 Shell 中，也不可避免地会运用到算术运算。Shell 支持常见的算术运算，例如加、减、乘、除以及位运算等。本节将介绍这些算术运算的方法。

12.3.1　let 命令

该命令是一个内部命令，其功能是计算一个算术表达式。该命令的基本语法如下：

```
let expression
```

用户可以在 let 命令中使用的算术运算符如表 12-5 所示。

表 12-5　Shell 中常用的算术运算符

运算符	说明
++, --	变量自增和自减
-, +	如果运算符前面没有数字，则为正、负运算符，并非加减符号
*, /, %	乘法、除法以及求余运算
+, -	双目运算符，加法和减法
<<, >>	按位左移，按位右移
<=, >=, <, >	比较运算符
&	按位与
^	按位异或
|	按位或
&&	布尔与运算
||	布尔或运算
expr ? expr : expr	三目条件表达式
=、*=、%=、+=、-=、<<=、>>=、、&=、^=、|=	赋值

下面的例子演示了 let 命令的常用方法：

```
01  chunxiao@ubuntu-server:~/src$ m=10
02  chunxiao@ubuntu-server:~/src$ let n=$m+4
03  chunxiao@ubuntu-server:~/src$ echo $n
04  14
05  chunxiao@ubuntu-server:~/src$ let m++
06  chunxiao@ubuntu-server:~/src$ echo $m
07  11
```

第 2 行计算表达式 m+4，并将结果赋给变量 n。第 5 行使得变量 m 自增。

12.3.2　expr 命令

expr 为外部命令，该命令的作用与 let 命令基本相同，也是执行一个运算。命令的基本语法如下：

```
expr expression
```

下面的例子演示了 expr 命令的使用方法：

```
01  chunxiao@ubuntu-server:~/src$ a=10
02  chunxiao@ubuntu-server:~/src$ b=45
03  chunxiao@ubuntu-server:~/src$ c=`expr $a + $b`
04  chunxiao@ubuntu-server:~/src$ echo $c
05  55
06  chunxiao@ubuntu-server:~/src$ d=`expr $a \* $b`
07  chunxiao@ubuntu-server:~/src$ echo $d
08  450
```

第 3 行计算变量 a 和 b 的和,并赋给变量 c。第 6 行计算变量 a 和 b 的乘积。

 在 expr 命令中,乘法运算符*需要用转义字符\转义。

12.3.3　$(())表达式

该语法也可以计算一个算术表达式的值,如下所示:

```
01  chunxiao@ubuntu-server:~/src$ a=34
02  chunxiao@ubuntu-server:~/src$ b=29
03  chunxiao@ubuntu-server:~/src$ c=$(($a + $b))
04  chunxiao@ubuntu-server:~/src$ echo $c
05  63
06  chunxiao@ubuntu-server:~/src$ d=$(($a * $b))
07  chunxiao@ubuntu-server:~/src$ echo $d
08  986
```

第 3 行计算变量 a 和变量 b 的和,第 7 行计算变量 a 和变量 b 的乘积。

12.3.4　$[]表达式

该表达式的使用方法与$(())基本相同,如下所示:

```
chunxiao@ubuntu-server:~$ a=45
chunxiao@ubuntu-server:~$ b=2
chunxiao@ubuntu-server:~$ c=$[ $a * $b ]
chunxiao@ubuntu-server:~$ echo $c
90
```

12.4　数组

对于任何一种编程语言来说,数组都是一种非常重要的数据结构。简单地讲,数组就是构成的一组有序列表。通过掌握数组,可以编写出复杂的 Shell 脚本。本节将详细介绍 Shell 数组的使用方法。

12.4.1　定义数组

由于 Shell 是一种弱类型的编程语言，所以在定义数组之前，可以先进行声明，也可以不经过声明而直接使用。

与变量一样，声明数组也是使用 declare 命令，但是需要使用-a 选项。例如，下面的命令声明了 2 个数组：

```
chunxiao@ubuntu-server:~$ declare -a array
chunxiao@ubuntu-server:~$ declare -a nums=(1 2 3 4 5)
```

其中第 2 个命令在声明的同时，为数组赋予了一个初始值。Shell 中的数组用括号包含起来，各个元素之间用空格隔开。

注销数组使用 unset 命令，例如销毁整个数组使用以下命令：

```
chunxiao@ubuntu-server:~$ unset nums
```

如果只想注销某个元素，则可以使用以下命令：

```
chunxiao@ubuntu-server:~$ unset nums[1]
```

Shell 中数组的定义方式非常灵活，有多种方式可以选择。

首先，用户可以选择将各个元素的值各占一行：

```
chunxiao@ubuntu-server:~$ array=(1
> 2
> 3
> 4
> 5
> )
```

也可以将所有元素写在一行里面：

```
chunxiao@ubuntu-server:~$ array=(1 2 3 4 5)
```

还可以对每个元素定义：

```
chunxiao@ubuntu-server:~$ array[0]=1
chunxiao@ubuntu-server:~$ array[1]=2
chunxiao@ubuntu-server:~$ array[2]=3
chunxiao@ubuntu-server:~$ array[3]=4
chunxiao@ubuntu-server:~$ arrya[4]=5
```

还可以是键值对的形式：

```
chunxiao@ubuntu-server:~$ array=([0]=1 [1]=2 [2]=3 [3]=4 [4]=5)
```

最后还有一种方式，将含有多个空格的字符串转换成一个数组：

```
chunxiao@ubuntu-server:~$ nums="1 2 3 4 5"
chunxiao@ubuntu-server:~$ array=($nums)
```

通过上面的例子，可以得知，数组中的元素，必须以空格隔开。定义数组的时候，其索引不一定必须连续。例如，下面的语法也是有效的：

```
chunxiao@ubuntu-server:~$ array=([0]=1 [3]=4 [4]=5)
```

字符串是 Shell 中最重要的一种数据类型，可以使用圆括号将其转换成数组。

  Shell 中数组元素的索引从 0 开始，而不是从 1 开始。

12.4.2 获取数组长度

数组长度是指数组包含元素的个数。用户可以使用 2 种形式来获取数组的长度。这 2 种形式的语法分别如下：

```
${#array[@]}
```

和

```
${#array[*]}
```

例如，下面的 2 个命令得到相同的结果：

```
chunxiao@ubuntu-server:~$ echo ${#array[*]}
5
chunxiao@ubuntu-server:~$ echo ${#array[@]}
5
```

如果想要获取数组中某个元素的长度，也可以使用相似的语法，只不过方括号中的字符不再是*或者@，而是数组的索引：

```
chunxiao@ubuntu-server:~$ echo ${#array[0]}
1
```

上面的命令输出了数组 array 中第 1 个元素的长度。

12.4.3 遍历数组

要想读取数组中某个元素的值可以使用以下语法：

```
${array[n]}
```

其中 array 为数组名称，n 为数组元素的索引。与其他的大部分编程语言一样，Shell 中数组的索引从 0 开始。例如：

```
chunxiao@ubuntu-server:~$ array=(1 2 3 4 5)
chunxiao@ubuntu-server:~$ echo ${array[2]}
3
```

将数组元素的索引指定为*或者@，可以获取数组所有元素的值：

```
chunxiao@ubuntu-server:~$ echo ${array[*]}
1 2 3 4 5
chunxiao@ubuntu-server:~$ echo ${array[@]}
1 2 3 4 5
```

遍历数组需要使用循环来完成。下面的例子演示了两种遍历数组的方法。

【代码 12-3 遍历数组：ex03.sh】

```
01  #!/bin/bash
02
03  array=(1 2 3 4 5)
04
05  #根据索引遍历数组
06  for((i=0;i<${#array[@]};i++))
07  do
08      echo "第$[i+1]个元素=>${array[i]}"
09  done
10  echo "========================================="
11  #按集合遍历数组
12  i=0
13  for i in ${array[@]}
14  do
15      echo "第${i}个元素的值为=>${i}"
16    let i++;
17  done
```

在上面的代码中，第 3 行定义了一个 5 元素的数组。第 6~9 行通过数组索引实现了数组的遍历。首先获得数组长度，然后以此为上界逐个输出数组元素。第 12~17 行通过字符串集合实现了数组的遍历。第 16 行的 let 命令实现了循环遍历的自增。以上代码的输出结果如下：

```
chunxiao@ubuntu-server:~/src$ source ex03.sh
第1个元素=>1
第2个元素=>2
第3个元素=>3
第4个元素=>4
第5个元素=>5
=========================================
第1个元素的值为=>1
第2个元素的值为=>2
第3个元素的值为=>3
第4个元素的值为=>4
第5个元素的值为=>5
```

代码 12-4 演示了遍历数组，并且求元素平方的运算。

【代码 12-4 遍历数组：ex04.sh】

```
01  #!/bin/bash
02
03  array=({1..8})
04  for((i=0;i<8;i++))
05  do
06      declare -i result=${array[$i]}*${array[$i]}
07      echo $result
08  done
```

第 3 行使用一种非常简洁的语法定义了含有 8 个连续数字的数组。第 6 行声明了一个整数变量，然后将元素的平方赋给该变量。

12.4.4 删除元素

删除数组元素与销毁变量一样，需要使用 unset 命令。只不过删除数组元素需要指定要删除的元素的索引。例如，下面的命令删除数组的第 3 个元素，即 3：

```
chunxiao@ubuntu-server:~$ array=(1 2 3 4 5)
chunxiao@ubuntu-server:~$ unset array[2]
chunxiao@ubuntu-server:~$ echo ${array[@]}
1 2 4 5
```

如果没有指定索引，则会销毁整个数组：

```
chunxiao@ubuntu-server:~$ unset array
chunxiao@ubuntu-server:~$ echo ${array[@]}
```

12.4.5 数组切片

所谓数组切片，是指将数组的一部分元素取出来，形成一个新的数组。数组切片有固定的语法，如下所示：

```
${array[@]:m:n}
```

其中，**array** 表示数组名称，m 为切片的起始位置，n 为提取的元素的数量。如果上面语法中的方括号、m 和 n 全部省略，则输出数组的第 1 个元素。如下所示：

```
chunxiao@ubuntu-server:~$ names=(Jhon Alice Jack Dan)
chunxiao@ubuntu-server:~$ echo ${names}
Jhon
```

如果只省略 n，则表示取从 m 开始一直到数组结束的所有元素：

```
chunxiao@ubuntu-server:~$ echo ${names[@]:1}
Alice Jack Dan
```

如果只省略 m，则表示从数组索引为 0 的元素开始，提取 n 个元素：

```
chunxiao@ubuntu-server:~$ echo ${names[@]::2}
Jhon Alice
```

如果 m 为负数，则表示从尾部开始取，向前取 m 个元素：

```
chunxiao@ubuntu-server:~$ echo ${names[@]:(-3)}
Alice Jack Dan
```

数组切片的结果可以赋给一个新的数组变量，以进一步处理。

 切片的时候，数组名后面方括号中的@符号可以使用*代替。如果 m 超出数组的长度，则输出空行。

12.4.6　数组替换

Shell 的数组支持使用类似于正则表达式的语法来替换数组元素中的字符串，其语法如下：

```
${array[@]/from/to}
${array[@]//from/to}
${array[@]/from/}
${array[@]//from/}
```

array 为要替换的数组的名称，from 为数组元素中原来的字符串，to 为用来做替换的新的字符串。from 前面有一条斜线，表示每个元素只做一次替换，不管元素中是否存在着多处 from 字符串。如果 from 前面有两条斜线，则表示替换每个元素中的所有的 from 字符串。如果省略了 to，则表示将 from 字符串替换为空串。

```
chunxiao@ubuntu-server:~$ names=(Jhon Alice Jack Dan Lee)
chunxiao@ubuntu-server:~$ echo ${names[@]/e/E}
Jhon AlicE Jack Dan Lee
chunxiao@ubuntu-server:~$ echo ${names[@]//e/E}
Jhon AlicE Jack Dan LEE
chunxiao@ubuntu-server:~$ echo ${names[@]/e/}
Jhon Alic Jack Dan Lee
chunxiao@ubuntu-server:~$ echo ${names[@]//e/}
Jhon Alic Jack Dan L
```

12.5　条件测试

在程序设计语言中，条件判断是一项非常重要的功能。通过条件判断来决定程序的流程。

在 Shell 中，通常称条件判断为条件测试。本节将详细介绍 Shell 中的条件测试的基本语法以及各种条件测试的使用方法。

12.5.1　条件测试语法

Shell 支持 3 种语法形式的条件测试。这 3 种语法如下：

```
test condition
```

或者

```
[ condition ]
```

或者

```
[[ condition ]]
```

第 1 种形式的条件测试中，test 实际上是一个 Shell 内部命令。此外，还有一个外部的 test 命令。默认情况下，Shell 会优先调用内部命令。

第 2 种形式的条件测试使用比较广泛，也比较简洁，但是要注意条件表达式的左右与方括号之间有一个空格。

第 3 种形式的条件表达式更加严谨，在某些特殊的情况下，第 2 种语法会出现意外，而第 3 种语法则不会。这种情况将在随后介绍。

在这 3 种语法中，condition 都为条件表达式。

通常情况下，条件测试用在 if 语句或者循环语句中，作为其条件使用。

12.5.2　文件测试

文件测试主要是判断指定的文件是否存在或者文件的属性是否满足指定的条件。文件测试提供了多种操作符来从不同的方面对文件进行测试，表 12-6 列出了常用的一些操作符。

表 12-6　常用文件测试操作符

操作符	说明
-b	当文件存在，且为块文件时为真
-c	当文件存在，且为字符文件时为真
-d	当路径存在，且为目录时为真
-e	当指定文件或者目录存在时为真
-f	当指定文件存在，且为常规文件时为真
-g	当指定的文件或目录存在并且设置了 SGID 位时为真
-h	当指定文件存在，且为符号链接时为真
-k	当指定的文件或目录存在并且设置了黏滞位时为真
-p	当指定文件存在，且为命名管道时为真
-r	当指定的文件或者目录存在，其可读时为真
-s	当指定文件存在，且其大小大于 0 时为真

（续表）

操作符	说明
-S	当指定文件存在，其为套接字时为真
-t	当指定文件是与终端设备相关联的文件描述符时为真
-u	当指定的文件或目录存在并且设置了 SUID 位时为真
-w	当指定的文件或者目录存在，并且可写时为真
-x	当指定的文件或者目录存在，并且可执行时为真
-O	当指定的文件或者目录存在，并且被当前进程的有效用户 ID 的用户拥有时为真
-G	当指定的文件或者目录存在，并且属于当前进程的有效用户 ID 的用户的用户组时为真
file1 nt file2	当文件 file1 比文件 file2 新时为真
file1 ot file2	当文件 file1 比文件 file2 旧时为真
file1 ef file2	当文件 file1 和文件 file2 为同一文件的硬链接时为真

在 Shell 中，0 表示布尔值真，1 或者其他非 0 值表示布尔值假。

下面的例子简单演示了文件测试的使用方法。详细的使用方法，将在 if 语句以及各种循环语句中介绍。

判断指定文件是否为块设备文件：

```
chunxiao@ubuntu-server:~$ [ -b /dev/sda ];echo $?
0
```

在上面的命令中，文件测试作为一个单独的语句执行，然后使用$?系统变量获取上个语句的执行结果。从上面的例子中，可以得知文件测试的结果为 0，表示/dev/sda 为块设备文件。

下面的命令测试/root 目录对于当前用户来说是否可写：

```
chunxiao@ubuntu-server:~$ [ -w /root ];echo $?
1
```

由于/root 用户的所有者为 root，通常情况下，该目录对于其他所有用户来说都是没有任何访问权限的，所以上面的测试结果为 1。

【代码 12-5 演示文件测试的各种使用方法：ex05.sh】

```
01  #!/bin/bash
02
03  file="/etc/fstab"
04  #判断文件可读
05  if [ -r $file ]
06  then
07    echo "File has read access"
08  else
09    echo "File does not have read access"
10  fi
```

```
11  #判断文件可写
12  if [ -w $file ]
13  then
14     echo "File has write permission"
15  else
16     echo "File does not have write permission"
17  fi
18  #判断文件可执行
19  if [ -x $file ]
20  then
21     echo "File has execute permission"
22  else
23     echo "File does not have execute permission"
24  fi
25  #判断文件类型
26  if [ -f $file ]
27  then
28     echo "File is an ordinary file"
29  else
30     echo "This is sepcial file"
31  fi
32  #判断是否目录
33  if [ -d $file ]
34  then
35     echo "File is a directory"
36  else
37     echo "This is not a directory"
38  fi
39  #判断是否空文件
40  if [ -s $file ]
41  then
42     echo "File size is zero"
43  else
44     echo "File size is not zero"
45  fi
46  #判断文件是否存在
47  if [ -e $file ]
48  then
49     echo "File exists"
50  else
51     echo "File does not exist"
52  fi
```

以上代码的执行结果如下：

```
chunxiao@ubuntu:~/src$ ./ex05.sh
```

```
File has read access
File does not have write permission
File does not have execute permission
File is an ordinary file
This is not a directory
File size is zero
File exists
```

12.5.3 字符串测试

字符串是 Shell 中最重要的数据类型。为了便于比较字符串，Shell 提供了许多关于字符串的操作符。表 12-7 列出了常用的字符串比较操作符。

表 12-7　常用字符串操作符

操作符	说明
<	按 ASCII 码顺序，前面的字符串小于后面的字符串则为真
>	按 ASCII 码顺序，前面的字符串大于后面的字符串则为真
==	字符串相等则为真
=	字符串相等，同==
=~	后面的字符串为前面的字符串的子串则为真
!=	字符串不相等则为真
-z	字符串为空则为真
-n	字符串非空则为真

Shell 规定，字符串操作符的左右两侧必须保留空格，否则，Shell 会把其中的等号当作一个普通的字符，从而导致错误的结果。

```
chunxiao@ubuntu:~/src$ [[ "aabcd"=="bcd" ]]
chunxiao@ubuntu:~/src$ echo $?
0
```

观察上面的命令，发现原本不相等的两个字符串进行比较，比较的结果却为真。分析引起错误的原因，发现在上面的命令中，==操作符的左右两侧没有保留空格，从而导致 Shell 把上面的方括号里面所有的字符当作一个普通的字符串。如果修改一下上面的命令，如下所示，就会得到正确的结果：

```
chunxiao@ubuntu:~/src$ [[ "aabcd" == "bcd" ]]
chunxiao@ubuntu:~/src$ echo $?
1
```

==和=这两个操作符支持模式比较，即参与比较的字符串中可以含有通配符。如下所示：

```
chunxiao@ubuntu:~/src$ [[ "abcde" = abc* ]]
chunxiao@ubuntu:~/src$ echo $?
0
```

一般情况下，在进行字符串比较的时候，Shell 建议用户使用双引号将字符串引用起来，避免受字符串中的空格的影响。但是如果字符串中含有通配符，则不可以使用双引号。

除了使用字符串常量之外，还可以使用变量，如下所示：

```
chunxiao@ubuntu:~/src$ var=""
chunxiao@ubuntu:~/src$ test -z "$var"
chunxiao@ubuntu:~/src$ echo $?
0
chunxiao@ubuntu:~/src$ var="hello"
chunxiao@ubuntu:~/src$ test -z "$var"
chunxiao@ubuntu:~/src$ echo $?
1
```

　如果比较的字符串中含有通配符，避免使用[]进行测试，否则会导致错误的结果。

12.5.4　整数值测试

Shell 支持整数值的比较，与其他的编程语言不同，Shell 中的算术操作符采用字母表示，例如-eq、-ge 以及-gt 等。表 12-8 列出了常用的算术操作符。

表 12-8　Shell 常用算术操作符

操作符	说明
-eq	前后两个数值相等则为真
-ge	前者大于或者等于后者则为真
-gt	前者大于后者则为真
-le	前者小于或者等于后者则为真
-lt	前者小于后者则为真
-ne	前后数值不相等则为真

下面的一些例子演示了算术操作符的使用方法：

```
01  chunxiao@ubuntu-server:~$ [ 12 -eq 100 ]
02  chunxiao@ubuntu-server:~$ echo $?
03  1
04  chunxiao@ubuntu-server:~$ test 10 -lt 20
05  chunxiao@ubuntu-server:~$ echo $?
06  0
07  chunxiao@ubuntu-server:~$ x=128
08  chunxiao@ubuntu-server:~$ y=256
09  chunxiao@ubuntu-server:~$ [ "$x" -ge "$y" ]
10  chunxiao@ubuntu-server:~$ echo $?
11  1
12  chunxiao@ubuntu-server:~$ [ "$x" -le "$y" ]
```

```
13 chunxiao@ubuntu-server:~$ echo $?
14 0
```

第 1 行测试两个数字是否相等，测试结果为假。第 4 行判断 10 是否小于 20，测试结果为真。第 7 行和第 8 行分别定义了变量 x 和 y，第 9 行测试 x 的值是否大于或者等于 y 的值，其测试结果为假。第 12 行测试变量 x 的值是否小于或者等于 y，其结果为真。

 在 Shell 中，比较整数值的大小不可以使用大于号、小于号以及等于号。

12.5.5　逻辑运算符

在前面的例子中，都是单个条件的测试。Shell 也支持多个条件的测试，这需要使用逻辑运算符。所谓逻辑运算，就是将多个条件通过运算符连接起来，构成一个更加复杂的条件测试表达式。常见的逻辑运算符有与、非以及或等。表 12-9 列出了常用的逻辑运算符。

表 12-9　Shell 中常用的逻辑运算符

运算符	说明
-a	逻辑与，所连接的两个条件必须都为真时，整个表达式才为真。在[]表达式中使用
-o	逻辑或，所连接的两个条件只要一个为真，整个表达式就为真。在[]表达式中使用
!	逻辑非，当表达式中的条件测试为假时，整个表达式的值为真
&&	逻辑与，当且仅当左边的条件表达式为真时，右边的表达式才会被计算。所有表达式都为真，则整个表达式为真
||	逻辑或，当且仅当左边的条件表达式为假时，右侧的表达式才会被计算。只要有一个表达式为真，则整个表达式为真

下面的例子演示了在 test 表达式中使用逻辑运算符：

```
chunxiao@ubuntu-server:~$ test -e /etc/fstab -a -s /etc/fstab && echo "ok"
ok
```

上面的命令中包含两个条件，分别是/etc/fstab 文件是否存在以及该文件是否为非空文件。当这两个条件都为真时，整个 test 表达式的值就为真，就会输出 ok 字符串。

实际上，绝大部分的逻辑运算符都用在 if 语句或者循环语句中，很少单独使用。所以在后面介绍这两种语句时，将会结合具体的例子进行详细介绍。

12.6　条件语句

条件语句的作用主要是根据指定的用户条件的真假，来决定程序执行的流程。条件语句是程序设计中最主要的语句之一，几乎所有的程序中都存在条件语句。本节将详细介绍 Shell 中的两种条件语句 if 和 case。

12.6.1　if 语句

if 语句是程序设计中最常用的条件判断语句。在 Shell 中，if 语句的语法如下：

```
if [ 条件测试 ]
then
    符合该条件执行的语句
elif [ 条件测试 ]
then
    符合该条件执行的语句
else
    符合该条件执行的语句
fi
```

有的用户习惯将 then 语句与 if 语句写在同一行中，在这种情况下，if 语句后面需要加一个分号。其功能主要是告诉 Shell，if 语句到这里就结束了。

```
if [ 条件测试 ];then
    符合该条件执行的语句
elif [ 条件测试 ];then
    符合该条件执行的语句
else
    符合该条件执行的语句
fi
```

在遇到 if 语句的时候，Shell 会依次执行各个分支语句中的条件测试。当遇到条件测试为真时，便执行 then 后面的语句，然后退出 if 语句。

if 语句中的条件测试可以使用前面介绍的各种语法，也可以是各种条件测试，例如文件测试、字符串测试以及整数测试等。此外，为了构造复杂的条件表达式，也可以包含逻辑运算符，用来连接多个条件测试表达式。

elif 语句是 else if 的缩写，用来构造多重条件的测试。当 elif 后面的条件表达式的值为真时，便执行与 elif 对应的 then 后面的语句。

如果所有的条件测试都不为真，且存在 else 语句的情况下，Shell 会执行 else 后面的语句；如果不存在 else 语句，则直接退出整个 if 结构。

【代码 12-6　通过条件测试判断文件是否存在：ex06.sh】

```
01  #!/bin/bash
02
03  if [ -e "$1" ];then
04      echo "File exists."
05  else
06      echo "File does not exist."
```

```
07  fi
```

第 3 行通过$1 变量获取用户输入的文件名参数，并且判断指定的文件是否存在。接下来会根据测试结果分别输出不同的消息。

```
chunxiao@ubuntu-server:~/src$ ./ex06.sh "/etc/mysql/my.cnf"
File exists.
chunxiao@ubuntu-server:~/src$ ./ex06.sh "/etc/php.ini"
File does not exist.
```

下面再看一个复杂点的例子。这个例子实现了 3 个整数的排序。

【代码 12-7　整数排序：ex07.sh】

```
01  #!/bin/bash
02
03  #如果输入参数个数不正确，则给出提示信息
04  if [ "$#" -ne 3 ];then
05      echo "Usage: ./$0 num1 num2 num3"
06      exit 0
07  fi
08
09  #接收用户输入的整数值
10  a=$1
11  b=$2
12  c=$3
13
14  #当a大于b时，a、b交换
15  if [ $a -gt $b ];then
16      tmp=$a
17      a=$b
18      b=$tmp
19  fi
20  #当a大于c时，a、c交换
21  if [ $a -gt $c ];then
22      tmp=$a
23      a=$c
24   c=$tmp
25  fi
26  #当b大于c时，b、c交换
27  if [ $b -gt $c ];then
28      tmp=$b
29      b=$c
30      c=$tmp
31  fi
32
33  echo "sorted result : $a $b $c"
```

上面的代码中，比较关键的代码就是 15~31 行了。这个算法类似于冒泡算法。当 a 大于 b 时，交换 a 和 b 的值，这样的话，小的数字就会排在前面，大的数字排在后面。接下来比较 a 和 c，如果 a 大于 c，则交换 a 和 c 的值。经过两轮交换之后，最小的数字就排在最前面，保存在变量 a 中。接下来还需要判断 b 和 c 的大小，当 b 大于 c 时，交换 b 和 c 的值，这样最大的数字就排在最后了。

代码 12-7 的执行结果如下：

```
chunxiao@ubuntu-server:~/src$ ./ex07.sh 45 87 28
sorted result : 28 45 87
```

12.6.2　case 语句

在各种条件比较多的情况下，使用 if…elif…fi 语句会使得程序结构过于复杂，难以阅读和理解。Shell 还提供了一种 case 语句，来处理多分支的应用场合。

case 语句的基本语法如下：

```
case "var" in
    "pattern1")
        ...
        ;;
    "pattern2")
        ...
        ;;
    "pattern3")
        ...
        ;;
    *)
        ...
        ;;
esac
```

在上面的语法中，var 为一个变量，用来与下面的各个 pattern 匹配。pattern1、pattern2、pattern3…为各种匹配模式，代表各个分支的执行条件。

case 语句的结构特点为 case 行尾必须是 in 关键字。每个匹配模式后面都有右圆括号，每个分支的最后为连续两个分号，表示分支的结束。

在执行 case 语句的时候，Shell 会将变量 var 依次与每个 pattern 匹配，如果匹配成功，则执行该 pattern 后面的语句，一直执行到;;为止。*表示默认的分支，也就是说，如果前面的 pattern 都不匹配，则会执行*后面的语句。在这种情况下，如果没有*分支，则会直接跳出 case 语句，执行后面的语句。

【代码 12-8　case 语句的使用方法：ex08.sh】

```
01  #!/bin/bash
```

```
02
03  #输出内核名称
04  SYSTEM=`uname -s`
05  case "$SYSTEM" in
06  #Linux 内核名称为 Linux
07  "Linux")
08      echo "Linux"
09      ;;
10  #FreeBSD 内核名称为 FreeBSD
11  "FreeBSD")
12      echo "FreeBSD"
13      ;;
14  #Solaris 内核名称为 Solaris
15  "Solaris")
16      echo "Solaris"
17      ;;
18  *)
19      echo "Unknown"
20      ;;
21  esac
```

第 4 行通过 uname -s 命令查询当前系统的内核名称，并且赋给变量 SYSTEM。然后根据 SYSTEM 变量的值分别输出相应的信息。如果都不匹配，则执行*分支，输出 Unknown。

case 语句还支持某些特殊的匹配模式。可以使用方括号表示一段连续的值，例如[0-9]或者 [a-z]等。也可以使用"|"连接多个模式，表示或者关系。具体例子参见代码 12-9。

【代码 12-9　在 case 语句中使用复杂的匹配：ex09.sh】

```
01  #!/bin/bash
02
03  #从键盘读取用户输入
04  read -p "press some key ,then press return :" KEY
05
06  case $KEY in
07  #英文字母
08  [a-z]|[A-Z])
09      echo "you press a letter."
10      ;;
11  #数字
12  [0-9])
13      echo "You press a digit."
14      ;;
15  #其他按键
16  *)
17      echo "You press another key rather letter or digit."
18  esac
```

12.7 循环语句

循环语句是程序设计中的另外一种流程控制语句。Shell 支持多种循环语句,包括 for、while 以及 until 等。本节将详细介绍常用的循环语句的使用方法。

12.7.1 for 语句

for 语句是 Shell 中最基本的循环语句。Shell 中的 for 循环非常灵活多变,拥有很强大的功能。for 语句最基本的语法如下:

```
for var [ in list ]
do
 循环中的语句
done
```

其中,var 称为循环变量,list 为一个元素集合,list 中的各个元素以空格隔开。在执行 for 循环的时候,针对 list 中的每个元素,都会执行一次 do 和 done 之间的语句。同时,for 语句还会把每个元素赋给循环变量 var。

下面以一个最简单的例子,来说明 for 语句的执行过程。

【代码 12-10 通过循环输出 1~9:ex10.sh】

```
01  #!/bin/bash
02
03  array=(1 2 3 4 5 6 7 8 9)
04
05  for var in ${array[@]}
06  do
07      echo $var
08  done
```

在上面的代码执行的时候,for 语句会从数组中取第 1 个元素,并且将其赋给循环变量 var。接下来就执行 do 和 done 之间的语句,输出变量 var 的值。然后,将第 2 个元素的值赋给变量 var,再次执行其循环体中的语句,输出变量 var 的值。以此类推,当集合中的所有的元素都遍历完成之后,便退出 for 循环。代码 12-10 的执行结果如下:

```
chunxiao@ubuntu-server:~/src$ ./ex10.sh
1
2
3
4
5
6
```

```
7
8
9
```

Shell 还有一个 seq 命令可以输出一系列连续的数字。因此，代码 12-10 中的数组可以使用该命令来代替。

【代码 12-11　使用 seq 命令生成连续数字：ex11.sh】

```
01  #!/bin/bash
02
03  for var in `seq 10`
04  do
05      echo $var
06  done
```

seq 命令可以接受 2 个参数，其中第 1 个参数作为开始的数字，第 2 个参数作为结束的数字。如果只提供一个参数，则默认从 1 开始，一直到指定参数为止。代码 12-11 的执行结果与代码 12-10 完全相同。

对于这种连续数字的循环，在 Shell 中还有其他的一些语法。代码 12-12~12-14 都可以得到相同的结果。

【代码 12-12　使用$(seq 1 10)代替`seq 10`：ex12.sh】

```
01  #!/bin/bash
02
03  for var in $(seq 1 10)
04  do
05      echo $var
06  done
```

如果读者不记得这种语法了，可以参考前面的命令替换。

【代码 12-13　使用{1..10}代替`seq 10`：ex13.sh】

```
01  #!/bin/bash
02
03  for var in {1..10}
04  do
05      echo $var
06  done
```

【代码 12-14　使用(())代替`seq 10`：ex14.sh】

```
01  #!/bin/bash
02
03  for ((var=1;var<=10;var++))
04  do
```

```
05      echo $var
06  done
```

除了数字类型的循环之外，for 语句还可以用于字符串类型的循环，只要提供一个空格隔开的字符串列表即可。下面的例子演示了通过 for 循环输出指定路径中文件的类型。

【代码 12-15　for 循环用户字符串类型的列表：ex15.sh】

```
01  #!/bin/bash
02
03  for var in `ls $1`
04  do
05   if [ -f "$1/$var" ]
06   then
07       echo "The file $var is a regular file."
08   fi
09   if [ -d "$1/$var" ]
10   then
11       echo "The file $var is a directory."
12   fi
13  done
```

在本例中，用户通过参数将指定的目录传递给程序。第 3 行使用 ls 命令列出指定目录中的文件。在前面的内容中已经介绍过，在这种情况下，ls 命令的输出结果会产生一个由空格隔开的文件名列表。for 循环语句以该列表为条件，依次判断其类型。

第 5 行和第 9 行中的双引号部分只是将用户传入的目录和文件名组合成一个绝对路径的文件名。

12.7.2　while 语句

while 循环语句使用也非常频繁。该语句的基本语法如下：

```
while expression
do
 command
 command
 ...
done
```

在上面的语法中，expression 为条件测试。当条件表达式的值为真时，Shell 会执行 do 和 done 之间的语句。执行完成 1 次之后，会再次判断 expression 是否为真，如果还是为真，则继续重复执行，一直执行到 expression 为假时，才停止循环。

实际上，while 循环语句的执行过程可以由多种方式来控制，比较常用的有循环变量、结束标志以及命令行等。

【代码 12-16　通过循环变量控制 while 循环：ex16.sh】

```
01  #!/bin/bash
02
03  i=0
04  while (($i <= 5))
05  do
06      echo $i
07      #循环变量 i 自增
08      let "i++"
09  done
```

在上面的代码中，i 为循环变量，由该变量控制循环执行的次数。第 4 行中指定 while 循环执行的条件为变量 i 的值小于或者等于 5。第 8 行通过 let 命令使得变量 i 的值自增。

代码 12-16 的执行结果如下：

```
chunxiao@ubuntu-server:~/src$ ./ex16.sh
0
1
2
3
4
5
```

在某些情况下，用户可能并不能预先知道 while 循环执行的次数。因此，通过循环变量来控制 while 循环的方法就行不通了。此时，用户可以设置一个标志变量，通过该变量来决定是否继续执行循环。在适当的时候，改变标志变量的值，使得循环终止。

【代码 12-17　通过标志变量控制 while 循环：ex17.sh】

```
01  #!/bin/sh
02
03  echo "Please input the number (1~10): "
04  #读取用户输入数字，并赋给变量 num
05  read num
06  #当变量 num 的值不等于4时执行循环
07  while [ $num -ne 4 ]
08  do
09   #输入的数字小于4
10   if [ $num -lt 4 ]
11   then
12      echo "Too small, Try again."
13      read num
14   #输入的数字大于4
15   elif [ $num -gt 4 ]
```

```
16   then
17          echo "Too big, Try again."
18      read num
19   else
20          exit 0
21   fi
22 done
23 echo "Yes ,you are right!!"
```

在上面的代码中，第 7 行指定 while 循环执行的条件为变量 num 的值不等于 4。因此，当用户输入数字 4 的时候，while 循环便终止，执行第 23 行的 echo 语句。

代码 12-17 的执行结果如下：

```
chunxiao@ubuntu-server:~/src$ ./ex17.sh
Please input the number (1~10):
3
Too small, Try again.
7
Too big, Try again.
4
Yes ,you are right!!
```

12.7.3 until 语句

until 语句的基本语法如下：

```
unitl expression
do
 command
 command
 ...
done
```

until 后面紧跟着条件表达式。与 while 语句相反，until 语句的执行条件通常需要条件表达式的值为假时执行循环，一直执行到条件表达式的值为真时退出循环。

【代码 12-18　使用 until 语句倒序输出 10 以内偶数：ex18.sh】

```
01   #!/bin/bash
02   a=10
03   until [ $a -eq 0 ]
04   do
05     echo $a
06     a=$[ $a - 2 ]
07   done
```

第 3 行定义 until 退出的条件为变量 a 的值等于 0，第 6 行将变量 a 的值减 2。

12.7.4　select 语句

selcct 语句通常用来输出一个菜单，其中包含按数字顺序排列的菜单项。然后输出一个提示符，等待用户输入。用户输入菜单列表中的某个数字，执行相应的命令。用户输入被保存在内置变量 REPLY 中。select 是个无限循环，因此要记住用 break 命令退出循环，或用 exit 命令终止脚本。也可以按 Ctrl+C 组合键退出循环。

select 语句的基本语法如下：

```
select variable in list
do
     command
command
...
done
```

在上面的语法中，variable 为被选中的菜单项的值，list 为菜单项列表。

【代码 12-19　通过 select 语句提供菜单：ex19.sh】

```
01  #!/bin/bash
02
03  #定义数组
04  declare -a serial
05  serial=(1 2 3 4)
06  PS3="Select a fruit: "
07  #显示选择菜单
08  select var in "Apple" "Orange" "Grape" "Banana"
09  do
10   #如果用户没有选择数字1-4
11   if ! echo ${serial[@]} | grep -q $REPLY; then
12       echo "please enter [1-4]."
13       #返回循环体前面，继续循环
14       continue
15   fi
16   echo "your anwser is: $var"
17   #退出 select 循环
18   break
19  done
```

第 5 行定义了一个数组变量 serial，该数组变量的主要功能是用来判断用户输入的数字是否在菜单项中。第 8 行通过 select 语句提供了一个关于水果的菜单，用户选择的菜单项的值将保存在 var 变量中。第 11 行判断用户输入的数字是否在 serial 数组中。第 14 行表示用户输入错误，则通过 continue 语句返回到循环的起始位置重新开始。第 16 行输出被选定的菜单项。第 18 行通过 break 语句退出 select 循环。

代码 12-19 的执行结果如下：

```
chunxiao@ubuntu-server:~/src$ ./ex19.sh
1) Apple
2) Orange
3) Grape
4) Banana
Enter a number: 5
please enter [1-4].
Enter a number: 4
your anwser is: Banana
```

select 语句经常和 case 语句联合使用，使得程序结构更加清晰。

【代码 12-20　select 语句和 case 语句联合使用：ex20.sh】

```
01  #!/bin/bash
02  #定义菜单
03  select choice in "Yellow" "Orange" "Black" Quit ;do
04      case $choice in
05          Yellow)
06              echo "You choose Yellow"
07              ;;
08          Orange)
09              echo "You choose Orange"
10              ;;
11          Black)
12              echo "You choose Black"
13              echo "Choice $REPLY"
14              ;;
15          Quit)
16              echo "Bye"
17              break
18              ;;
19          *)
20              echo "Enter error!"
21              exit 2
22
23      esac
24  done
```

代码 12-20 的执行结果如下：

```
chunxiao@ubuntu-server:~/src$ ./ex20.sh
1) Yellow
2) Orange
3) Black
4) Quit
#? 3
```

```
You choose Black
Choice 3
#?
```

12.7.5　嵌套循环

Shell 支持多重循环嵌套，无论是 for、while 还是 until，都可以实现嵌套循环。

【代码 12-21　for 循环嵌套：ex21.sh】

```
01  #!/bin/bash
02  for num in 1 2 3 4 5
03  do
04      for char in "a b c d e"
05      do
06          echo $num $char
07      done
08  done
```

在上面的代码中，外层循环输出数字，内层循环输出字母。每输出一个数字，就会输出 5 个字母。

代码 12-21 的执行结果如下：

```
chunxiao@ubuntu-server:~/src$ ./ex21.sh
1 a b c d e
2 a b c d e
3 a b c d e
4 a b c d e
5 a b c d e
```

12.7.6　continue 和 break 语句

continue 和 break 语句都用于控制循环的流程。许多读者经常搞不清楚这两个语句的区别，导致程序的执行出现问题。

continue 语句的功能是终止本次循环，重新返回到循环的起始位置判断循环条件，开始下一次循环。这意味着 continue 语句不是跳出循环结构，而仅仅是跳过本次循环中 continue 语句后面剩下的语句。

【代码 12-22　演示 continue 语句的使用方法：ex22.sh】

```
01  #!/bin/bash
02
03  for var in 1 2 3 4 5
04  do
05   if [ $var -le 3 ]
06   then
```

```
07        continue
08     fi
09     echo "var=$var"
10  done
```

代码 12-22 的执行过程中，当 var 的值为 1、2 或者 3 的时候，第 5 行的条件测试为真，执行 continue 语句，跳过第 9 行的 echo 语句，返回到第 3 行进行下一次循环。所以，前面的 3 个数字都不会输出信息。只有当 var 的值大于 3 时，才会执行第 9 行的 echo 语句，输出变量的值。

代码 12-22 的执行结果如下：

```
chunxiao@ubuntu-server:~/src$ ./ex22.sh
var=4
var=5
```

而 break 语句则不同，它的功能为跳出循环。使用 break 可以跳出任何类型的循环，包括 for、while 和 until。对于单层循环来说，break 语句会终止循环的执行。对于双重循环来说，如果 break 语句位于内层循环，则会退出内层循环。对于多重循环，用户可以在 break 的后面添加一个数字参数，用来指定跳出的循环层数。默认情况下，break 语句只跳出当前循环。

【代码 12-23　演示 break 语句跳出单层循环：ex23.sh】

```
01  #!/bin/bash
02  a=1
03  while [ $a -le 5 ]
04  do
05     if [ $a -eq 3 ]
06     then
07         break
08     fi
09     echo "a=$a"
10     a=$[$a+1]
11  done
```

上面代码中的 while 循环从 1 开始执行。当循环变量 a 的值为 3 时，第 7 行的 break 语句便被执行，导致 while 循环终止。因此，其中的 while 循环只执行了 2 次。

代码 12-23 的执行结果如下：

```
chunxiao@ubuntu-server:~/src$ ./ex23.sh
a=1
a=2
```

【代码 12-24　演示通过 break 语句跳出内层循环：ex24.sh】

```
01  #!/bin/bash
02  a=1
```

```
03  while [ $a -le 5 ]
04  do
05    echo "outer loop:a=$a"
06    a=$[$a+1]
07    for val in 1 2 3 4 5
08    do
09      #当变量 val 的值等于3时，退出内层循环
10      if [ $val -eq 3 ]
11      then
12          break
13      fi
14      echo " inner loop:val=$val"
15      val=$[$val+1]
16    done
17  done
```

当循环变量 a 的值小于等于 5 时，执行外层循环。第 6 行的语句表示使得变量 a 增加 1。第 7~16 行为内层循环。第 10 行判断变量 val 的值是否为 3，当等于 3 时，执行 break 语句，跳出内层循环。因此，虽然在第 7 行指定内层循环的范围为 1~5，但是实际上循环到 3 时，就退出了。所以，内层循环一直是在 1~2 循环。

代码 12-24 的执行结果如下：

```
chunxiao@ubuntu-server:~/src$ ./ex24.sh
outer loop:a=1
  inner loop:val=1
  inner loop:val=2
outer loop:a=2
  inner loop:val=1
  inner loop:val=2
outer loop:a=3
  inner loop:val=1
  inner loop:val=2
outer loop:a=4
  inner loop:val=1
  inner loop:val=2
outer loop:a=5
  inner loop:val=1
  inner loop:val=2
```

默认情况下，break 语句仅仅退出当前层次的循环。当用户需要退出多重循环的时候，就可以在 break 语句中指定要跳出的层数。

【代码 12-25　使用 break 语句跳出多重循环：ex25.sh】

```
01  #!/bin/bash
02  a=1
```

```
03   while [ $a -le 5 ]
04   do
05     echo "Outer loop:a=$a"
06     a=$[$a+1]
07     for val in 1 2 3 4 5
08     do
09       #当变量 val 的值等于3时
10       if [ $val -eq 3 ]
11       then
12          #跳出2层循环
13            break 2
14       fi
15       echo "  Inner loop:val=$val"
16       val=$[$val+1]
17     done
18   done
```

代码 12-25 与 12-24 不同之处在于第 13 行指定跳出的层数为 2。因此，当内层循环执行到 3 时，外层循环也终止了。

代码 12-25 的执行结果如下：

```
chunxiao@ubuntu-server:~/src$ ./ex25.sh
Outer loop:a=1
  Inner loop:val=1
  Inner loop:val=2
```

12.8　信号的捕获与处理

信号是 Linux 系统中非常重要的消息传递机制。而信号处理是 Linux 编程的重要部分。本节将详细介绍信号机制的基本概念、Linux 对信号机制的大致实现方法、如何使用信号，以及有关信号的几个系统调用。

12.8.1　信号

信号的全称为软中断信号。从名称上就可以看出，信号的机制与硬件中断非常类似。因此，信号是在软件层次上对中断机制的一种模拟，通过给一个进程发送信号，执行相应的处理函数。

在介绍进程的时候，已经提到过，可以使用 kill 命令向其他的进程发送指定的信号。此外，内核也可以因为内部事件而给进程发送信号，通知进程发生了某个事件。

信号只是用来通知某个进程发生了什么事件，并不给进程任何传递数据。

Linux 支持两种信号，一种是标准信号，其编号为 1~31；另外一种为扩展信号，其编号为 32~64。

标准信号又称为非可靠信号或者非实时信号，不支持队列，信号可能会丢失。比如发送多次相同的信号，进程只能收到一次，如果第 1 个信号没有处理完，第 2 个信号将会丢弃。

扩展信号又称为可靠信号或者实时信号，支持队列，发送多少次信号进程就会收到多少次信号。

12.8.2 捕获信号

收到信号的进程对各种信号有不同的处理方法。处理方法可以分为三类：

● 捕获信号。类似中断的处理程序，对于需要处理的信号，进程可以指定处理函数，由该函数来处理。

● 忽略某个信号，对该信号不做任何处理，就像未发生过一样，其中有两个信号不能忽略，即 SIGKILL 和 SIGSTOP。

● 对该信号的处理保留系统的默认值，对大部分的信号的默认操作是使得进程终止。

Shell 提供了 trap 命令来实现信号的捕获以及处理。该命令的基本语法如下：

```
trap [option] [[arg] signal_spec ...]
```

在上面的语法中，option 为命令选项，常用的选项有-l 和-p。其中-l 选项可以列出所有的信号及其编号。-p 选项可以列出捕获信号后执行的命令或者函数。arg 为捕获信号后将要执行的命令，如果不指定 arg 参数，则表示不执行任何操作。signal_spec 为需要捕获的信号，可以使用名称或者编号表示。

用户可以使用-l 选项列出 Linux 系统支持的 64 种信号，如下所示：

```
chunxiao@ubuntu-server:~$ trap -l
 1) SIGHUP       2) SIGINT       3) SIGQUIT      4) SIGILL    5) SIGTRAP
 6) SIGABRT      7) SIGBUS       8) SIGFPE       9) SIGKILL  10) SIGUSR1
11) SIGSEGV     12) SIGUSR2     13) SIGPIPE     14) SIGALRM 15) SIGTERM
16) SIGSTKFLT   17) SIGCHLD     18) SIGCONT     19) SIGSTOP 20) SIGTSTP
21) SIGTTIN     22) SIGTTOU     23) SIGURG      24) SIGXCPU 25) SIGXFSZ
26) SIGVTALRM   27) SIGPROF     28) SIGWINCH    29) SIGIO   30) SIGPWR
...
```

【代码 12-26　屏蔽 Ctrl+C 组合键：ex26.sh】

```
01  #!/bin/bash
02  #捕获信号2后不执行任何操作
03  trap "" 2
```

```
04  for i in {1..10};do
05      echo $i
06      #休眠1秒
07      sleep 1
08  done
```

在上面的代码中，第 3 行通过 trap 命令捕获信号 2，但是没有指定任何命令，所以不执行任何操作。

通常情况下，在 Shell 程序执行过程中，用户按 Ctrl+C 组合键，会立即退出程序的执行，但是在代码 12-26 中，由于捕获了信号 2，又没有指定需要执行的命令，所以上面的代码会一直执行到末尾，才会自动退出，即使用户按 Ctrl+C 组合键。

```
chunxiao@ubuntu-server:~/src$ ./ex26.sh
1
2
^C3
^C4
5
6
7
8
^C9
10
```

代码 12-27 对代码 12-26 稍做改造，为 trap 函数指定了一个捕获信号后执行的命令，使得程序在接收到信号 2 后输出一个提示信息，并且立即退出。

【代码 12-27　指定信号捕获后执行的命令：ex27.sh】

```
01  #!/bin/bash
02  #捕获信号2，并且指定执行的命令为echo
03  trap "echo 'exit...';exit" 2
04  for i in {1..10}; do
05      echo $i
06      sleep 1
07  done
```

代码 12-27 的执行结果如下：

```
chunxiao@ubuntu-server:~/src$ ./ex27.sh
1
2
3
^Cexit...
```

利用 trap 命令，可以在用户按 Ctrl+C 组合键之后让用户选择是否退出程序。这在程序设计中，是一个非常友好的设计方法。

【代码 12-28　指定信号处理函数：ex28.sh】

```
01  #!/bin/bash
02  #指定信号2的处理函数为 hanlder
03  trap "hanlder" 2
04  #定义 hanlder 函数
05  hanlder() {
06      read -p "Terminate the process? (Y/N): " input
07      if [ $input == "Y" -o $input == "y" ];then
08          exit
09      fi
10  }
11  for i in {1..10}; do
12      echo $i
13      sleep 1
14  done
```

　　代码 12-28 执行的过程中，如果按 Ctrl+C 组合键，会给出一个提示信息。如果用户输入 Y 或者 y，然后按回车键，即可立即退出程序：

```
chunxiao@ubuntu-server:~/src$ ./ex28.sh
1
2
3
^CTerminate the process? (Y/N): Y
```

第 13 章
网络服务管理

提供网络服务是 Linux 系统最重要的功能。在互联网上面，Linux 是最重要的网络操作系统之一，上面承载着各种各样的网络服务，例如最常见的万维网服务、域名服务以及数据库服务等。因此，管理网络服务也是学习 Linux 系统的重要内容之一。本章将详细介绍 Linux 系统的各种网络服务的管理方法。

本章主要涉及的知识点有：

● SSH 服务：主要介绍 SSH 协议以及 SSH 服务的管理和连接方法。
● FTP 文件传输服务：主要介绍文件传输协议、vsftpd 服务的管理方法以及如何通过 FTP 传输文件。
● DNS 域名服务：主要介绍 DNS 的基础知识和 BIND 的配置方法。
● NFS 网络文件服务：主要介绍 NFS 服务的安装和管理方法，以及如何挂载 NFS 文件系统。
● Samba 资源共享：主要介绍 Samba 的配置和访问方法。
● Apache 万维网服务：主要介绍万维网以及 Apache 的安装和配置方法。
● MySQL 数据库服务：主要介绍 MySQL 数据库系统的安装、配置以及管理方法。

13.1　SSH 服务

对于 Linux 系统来说，SSH 是非常重要的。通过 SSH 协议，系统管理员可以远程管理 Linux，如同在本地使用终端一样。本节将首先介绍 SSH 协议，然后介绍如何管理 SSH 服务和通过客户端连接到 Linux 系统。

13.1.1　SSH 协议

在比较早期的 UNIX 时代，远程连接 UNIX 系统需要使用 Telnet 协议。尽管 Telnet 曾经在 UNIX 的管理中发挥了重要的作用，但是由于它采用明文传输数据，包括用户名和密码，非常不安全，因此现在的 Linux 基本都弃用 Telnet，而采用 SSH。

SSH 的名称来自于英文 Security Shell，即安全的 Shell。SSH 是一种标准网络协议，适用于绝大部分的 UNIX 以及 Linux 系统。通过 SSH 协议,用户可以以字符界面的形式远程登录 Linux 系统进行管理。由于 SSH 协议把全部数据传输采用加密方式,因此拥有更好的安全性。

这对于系统管理员来说,是非常有用的。因为通常情况下,Linux 系统管理员会同时管理多台 Linux 主机,如果每台主机都到本地去操作,这会非常麻烦。通过 SSH 协议,用户就可以在一台主机上面,远程管理所有的 Linux 系统。

SSH 协议包括 2 个部分,分别为服务端和客户端,服务端以服务的形式运行在 Linux 上面,监听 22 端口,等待客户端的连接。SSH 客户端有很多种,常见的有 Putty、SSH Secure Shell Client 以及 SecureCRT 等,这些都是图形界面的 SSH 客户端。Shell 本身也提供了一个命令行的 SSH 客户端,即 ssh 命令。

SSH 提供了账号/密码以及密钥两种用户认证方式,这两者都是通过密文传输数据的。不同的是,前者传输的是账号和密码,即用户在 Linux 系统中的账号及其密码。而后者则要求用户必须为自己创建一对密钥,并且把公钥放在需要登录的服务器上。当需要连接 SSH 服务端的时候,客户端就会向服务器发出请求。服务端收到请求之后,在该用户的主目录下面寻找公钥,然后把它和发送过来的公钥进行比较。如果两个密钥一致,服务端就利用公钥把反馈信息加密后发送给客户端,客户端再利用私钥解密后响应服务端的质询,从而完成密钥认证过程。

 密钥认证是一种非常安全的认证方式。如果没有私钥,任何人无法登录该账户。

13.1.2　配置 SSH 服务

通常情况下,Ubuntu 会默认安装 SSH 服务端。如果没有安装,则可以使用以下命令安装:

```
chunxiao@ubuntu-server:~$ sudo apt install openssh-server
```

SSH 服务的配置文件位于/etc/ssh 目录中,名称为 sshd_config,其中文件名前半部分最后的字母 d 表示该配置文件是针对 SSH 服务的。

下面的代码显示了一个默认的 sshd_config 文件的内容,为了便于显示,省略了其中无关紧要的部分以及注释。

```
01   #Port 22
02   #AddressFamily any
03   #ListenAddress 0.0.0.0
04   #ListenAddress ::
05
06   #HostKey /etc/ssh/ssh_host_rsa_key
07   #HostKey /etc/ssh/ssh_host_ecdsa_key
08   #HostKey /etc/ssh/ssh_host_ed25519_key
09
10   # Ciphers and keying
11   #RekeyLimit default none
12
13   # Logging
14   #SyslogFacility AUTH
```

```
15  #LogLevel INFO
16
17  # Authentication:
18
19  #LoginGraceTime 2m
20  #PermitRootLogin prohibit-password
21  #StrictModes yes
22  #MaxAuthTries 6
23  #MaxSessions 10
24
#省略部分配置
92  # Example of overriding settings on a per-user basis
93  #Match User anoncvs
94  #     X11Forwarding no
95  #     AllowTcpForwarding no
96  #     PermitTTY no
97  #     ForceCommand cvs server
98
```

 /etc/ssh/sshd_config 为 SSH 服务默认的配置文件，用户可以使用-f选项指定其他的文件作为配置文件。但是为了便于维护，建议用户使用默认的配置文件。

shhd_config 文件是一个标准的文本文件，可以使用任何文本编辑器打开和修改。在代码中，以#开头的行为注释行，即这些行仅仅是为了说明其他代码的作用，本身并不会产生任何影响。以其他的字符开头的都是配置选项，采用以下形式：

选项名 选项值

表 13-1 列出了 SSH 服务常用的选项以及功能。

表 13-1　SSH服务常用选项

选项	说明	默认值
AcceptEnv	指定客户端发送的哪些环境变量能够被复制到当前会话环境中。客户端需要使用 SendEnv 选项来指定需要发送的环境变量	不复制任何环境变量
AddressFamily	指定 SSH 服务支持的协议族，可以取 any、inet 以及 inet6，分别为所有协议族、IPv4 和 IPv6	any
AllowGroups	指定允许访问 SSH 服务的用户组，多个用户组之间用空格隔开。只能用组名，不可以使用组 ID。可以是用户的主用户组，也可以是附加组	允许所有用户组
AllowUsers	指定允许访问 SSH 服务的用户，多个用户名之间用空格隔开。只能是用户名，不可以是用户 ID	允许所有用户

（续表）

选项	说明	默认值
AuthenticationMethods	指定认证方式，可以是 publickey、password、keyboard-interactive 等值，多个值之间用逗号隔开。如果设置为 any，则表示支持所有的认证方式	any
AuthorizedKeysFile	指定包含用户公钥的文件，位于用户主目录中	.ssh/authorized_keys .ssh/authorized_keys2
ClientAliveInterval	指定客户端无操作时的超时时间，以秒为单位。0 表示不超时	0
Ciphers	指定支持的加密算法，多个算法之间用逗号隔开	chacha20-poly1305@openssh.com, aes128-ctr,aes192-ctr,aes256-ctr, aes128-gcm@openssh.com,aes256 -gcm@openssh.com
DenyGroups	指定拒绝访问 SSH 服务的用户组，可以是主组或者附加组，多个组用空格隔开	
DenyUsers	指定拒绝访问 SSH 服务的用户，多个用户用空格隔开	
HostKey	指定 SSH 使用的包含主机私钥的文件	/etc/ssh/ssh_host_rsa_key /etc/ssh/ssh_host_ecdsa_key /etc/ssh/ssh_host_ed25519_key
HostKeyAlgorithms	指定主机私钥的加密算法	ecdsa-sha2-nistp256-cert-v01@ openssh.com ecdsa-sha2-nistp384-cert-v01@ openssh.com ecdsa-sha2-nistp521-cert-v01@ openssh.com ssh-ed25519-cert-v01@openssh.com ssh-rsa-cert-v01@openssh.com ecdsa-sha2-nistp256 ecdsa-sha2-nistp384 ecdsa-sha2-nistp521 ssh-ed25519 ssh-rsa
ListenAddress	指定 SSH 服务监听的本地 IP 地址	所有的本地 IP 地址
LogLevel	SSH 服务日志级别，可以取 QUIET、FATAL、ERROR、INFO、VERBOSE、DEBUG、DEBUG1、DEBUG2 以及 DEBUG3 等值	INFO
MaxSessions	指定每个网络连接可以打开的会话数	10
PasswordAuthentication	指定是否允许密码认证	yes

（续表）

选项	说明	默认值
PermitEmptyPasswords	指定是否允许空密码	no
PermitRootLogin	指定是否允许 root 用户登录 SSH 服务，可以取 yes、prohibit-password、without-password、forced-commands-only 以及 no 等值。yes 表示允许 root 用户登录 SSH 服务，prohibit-password 和 without-password 表示禁止用户使用密码登录，forced-commands-only 表示在使用 -o 选项指定了命令的情况下，允许 root 用户使用公钥认证登录，no 表示不允许 root 登录 SSH 服务	prohibit-password
PidFile	指定 SSH 服务进程的进程 ID 文件	/run/sshd.pid
Port	指定 SSH 服务的监听端口	22
PrintLastLog	指定是否在用户登录后输出用户最近一次登录的日期和时间	yes
PubkeyAuthentication	指定是否允许公钥认证	yes
UsePAM	是否启用 PAM 认证模块	no

13.1.3　管理 SSH 服务

在 Ubuntu 17 中，SSH 以服务的形式存在。用户可以使用 systemctl 命令查看服务状态，如下所示：

```
chunxiao@ubuntu-server:~$ systemctl status ssh
 ssh.service - OpenBSD Secure Shell server
   Loaded: loaded (/lib/systemd/system/ssh.service; enabled; vendor preset:
enabled)
   Active: active (running) since Sat 2017-09-09 17:10:43 CST; 30min ago
 Main PID: 1555 (sshd)
    Tasks: 1 (limit: 4915)
   Memory: 4.3M
   CGroup: /system.slice/ssh.service
         └─1555 /usr/sbin/sshd -D

Sep 09 17:11:21 ubuntu-server systemd[1]: Reloading OpenBSD Secure Shell server.
Sep 09 17:11:21 ubuntu-server sshd[1555]: Received SIGHUP; restarting.
Sep 09 17:11:21 ubuntu-server systemd[1]: Reloaded OpenBSD Secure Shell server.
Sep 09 17:11:21 ubuntu-server sshd[1555]: Server listening on 0.0.0.0 port 22.
Sep 09 17:11:21 ubuntu-server sshd[1555]: Server listening on :: port 22.
Sep 09 17:11:31 ubuntu-server systemd[1]: Reloading OpenBSD Secure Shell server.
Sep 09 17:11:31 ubuntu-server sshd[1555]: Received SIGHUP; restarting.
Sep 09 17:11:31 ubuntu-server systemd[1]: Reloaded OpenBSD Secure Shell server.
```

```
Sep 09 17:11:31 ubuntu-server sshd[1555]: Server listening on 0.0.0.0 port 22.
Sep 09 17:11:31 ubuntu-server sshd[1555]: Server listening on :: port 22.
```

从上面的输出可以得知，当前 SSH 服务处于运行状态。SSH 服务监听的端口为 22。

 出于安全考虑，用户在/etc/ssh/sshd_config 文件中指定其他的端口作为 SSH 服务的端口。

如果想要停止 SSH 服务，可以使用以下命令：

```
chunxiao@ubuntu-server:~$ sudo systemctl stop ssh
```

启动 SSH 服务使用以下命令：

```
chunxiao@ubuntu-server:~$ sudo systemctl start ssh
```

13.1.4　使用账号密码登录 SSH 服务

登录 SSH 服务可以使用图形化的客户端，也可以使用 ssh 命令。下面以 SSH Secure Shell Client 为例说明如何登录 SSH 服务。

（1）打开 SSH Secure Shell Client 主界面，如图 13-1 所示。

图 13-1　SSH Secure Shell Client 主界面

（2）单击工具栏上面的 Quick Connect 按钮，打开 Connect to Remote Host 对话框，如图 13-2 所示。

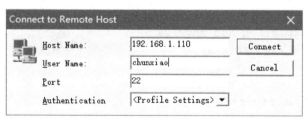

图 13-2　Connect to Remote Host 对话框

在 Host Name 文本框中输入要连接的主机的 IP 地址，在 User Name 文本框中输入账号，Port 文本框中输入 SSH 服务监听的端口，Authentication 下拉菜单中选择默认选项或者 Password 选项，然后单击 Connect 按钮。

（3）弹出 Enter Password 对话框，在 Password 文本框中输入密码，然后单击 OK 按钮，如图 13-3 所示。

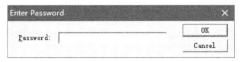

图 13-3　输入密码

（4）如果密码输入正确，则会登录到 Linux 系统中，如图 13-4 所示。如果用户输入错误，则会再次弹出密码输入框，要求用户重新输入密码。

图 13-4　通过 SSH 连接到 Linux

通过 SSH 连接到 Linux 之后，用户就可以执行各种维护操作，如同在本地操作一样。

13.1.5　使用密钥对登录 SSH 服务

通常情况下，系统管理员一般都是通过账号和密码远程登录 Linux 系统的。使用这种方式，存在着密码被暴力破解的风险。因此，系统管理员往往采用更改 SSH 服务默认端口或者禁止 root 用户远程登录的方式来加强系统安全。实际上，还有一种更加安全的远程登录认证方式，那就是密钥登录。

密钥认证登录需要一对密钥，分别为一只公钥和一只私钥。将公钥添加到服务器的某个账户上，然后在客户端利用私钥即可完成认证并登录。这样一来，没有私钥，任何人都无法通过 SSH 暴力破解用户的密码来远程登录到系统。此外，如果将公钥复制到其他账户甚至主机，利用私钥也可以登录。

密钥的产生有多种方法。用户可以使用 SSH 客户端软件，例如 Putty 或者 SSH Secure Shell Client 等，也可以使用 ssh-keygen 命令。下面分别以 SSH Secure Shell Client 和 ssh-keygen 为例，来说明使用密钥认证登录的方法。

首先介绍使用 SSH Secure Shell Client 创建密钥并登录系统的方法。

（1）首先使用前面介绍的方法，使用账号和密码登录到 Ubuntu。单击工具栏上面的 settings 按钮，打开 settings 对话框。在左侧的树形菜单中选择 Global Settings→User Authentication

→Keys 选项，如图 13-5 所示。

（2）单击 Generate New 按钮，打开 Key Generation 向导，如图 13-6 所示。单击"下一步"按钮。

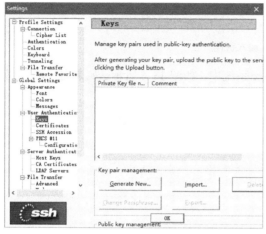

图 13-5　Settings 对话框

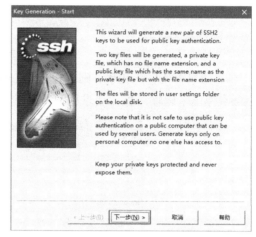

图 13-6　Key Generation 向导

（3）在 Key Type 下拉菜单中选择 RSA 选项，Key Length 下拉菜单选择 2048 选项，如图 13-7 所示。单击"下一步"按钮。

（4）生成密钥。接下来 SSH Secure Shell Client 会自动创建密钥，如图 13-8 所示。创建完成之后，单击"下一步"按钮。

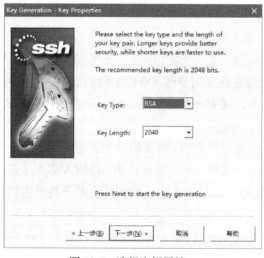

图 13-7　选择密钥属性

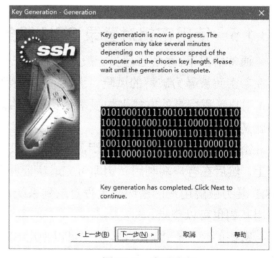

图 13-8　生成密钥

（5）设置密钥密码。在 File 文本框中输入保存私钥的文件名，在 Passphrase 文本框中输入密钥密码，如图 13-9 所示。这个是保护本地私有密钥的密码，也就是说，即使有人盗用了你的计算机，没有这个密码，也仍然不能使用你的密钥。单击"下一步"按钮继续。

本步骤设置的密码不是服务器上面的用户密码，仅仅是保护私钥的密码。

（6）上传公钥。SSH Secure Shell Client 提供了上传公钥的功能。在已经连接 Linux 的情况下，可以单击 Upload Public Key 按钮，将生成的公钥上传到 Linux 中，如图 13-10 所示。

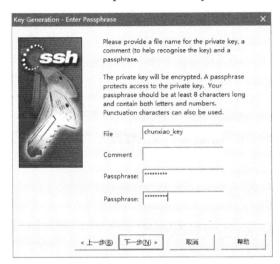

图 13-9　设置私钥文件名和密码

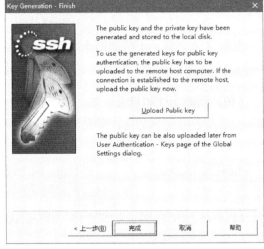

图 13-10　上传公钥

（7）设置公钥文件名和路径。在图 13-11 中，Public Key 文本框中输入保存公钥的文件名，将 Destination 文本框的内容设置为.ssh，即用户主目录中的.ssh 目录。Authorization 文本框设置为 authorization。单击 Upload 按钮，上传文件。

 在上传之前必须已经通过账号和命名连接到 Linux 系统，否则会上传不成功。

（8）上传完成之后，出现图 13-12 所示的窗口。可以发现，在密钥列表中新增加了一行，即刚刚创建的私钥。用户系统中可能会同时存在多个私钥。

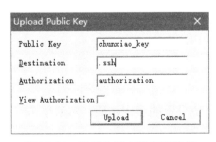

图 13-11　设置公钥文件名和路径

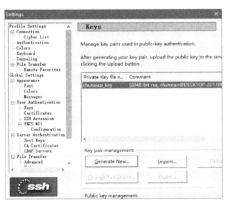

图 13-12　私钥列表

上传完成之后，在用户主目录的.ssh 目录中，会存在 2 个文件，分别为 authorization 和 chunxiao_key.pub。前者为认证配置文件，后者为公钥文件。

（9）转换公钥。SSH Security Shell Client 生成的公钥文件并不能被 OpenSSH 识别，需要使用 ssh-keygen 命令进行转换，如下所示：

```
chunxiao@ubuntu-server:~$ ssh-keygen -i -f .ssh/chunxiao_key.pub
>> .ssh/authorized_keys
```

转换完成之后，上传的两个文件便不再需要了，可以使用以下命令将其删除：

```
chunxiao@ubuntu-server:~$ rm .ssh/authorization chunxiao_key.pub
```

（10）修改文件和目录权限。将主目录中的.ssh 目录下面的文件的访问权限修改为 600，即不允许其他的用户访问，只允许所有者读写。将.ssh 目录的访问权限修改为 700，同样也只允许所有者访问。

```
chunxiao@ubuntu-server:~$ chmod 600 .ssh/*
chunxiao@ubuntu-server:~$ chmod 700 .ssh
```

（11）修改 SSH 服务配置文件。将/etc/ssh/sshd_config 文件中的：

```
#PasswordAuthentication no
```

更改为：

```
PasswordAuthentication no
```

禁止使用用户名和命名登录。

（12）重启 SSH 服务，命令如下：

```
chunxiao@ubuntu-server:~$ sudo systemctl restart ssh
```

（13）设置认证选项。打开 SSH Security Shell Client，打开连接对话框，如图 13-13 所示。在 Authorization 下载菜单中选择 Public Key 选项，单击 Connect 按钮，即可连接 Linux。

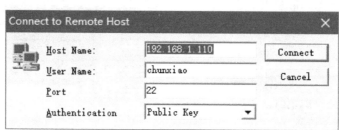

图 13-13　设置认证选项

（14）在图 13-14 所示的对话框中，输入第（5）步设置的密钥密码，然后单击 OK 按钮，即可连接到 Linux。

```
Enter Passphrase for Private Key "chunxiao_key"        ?    X

The remote host is willing to accept this key for         OK
authentication. Please enter the passphrase for
the private key.                                        Cancel

Key       [2048-bit rsa, chunxiao@DESKTOP-
          2D1J9R4, Sun Sep 10 2017 14:31:51]


Passphrase [                                    ]
```

图 13-14　输入密钥密码

如果用户在第（5）步中没有设置密钥密码，则不会弹出该对话框。

除了使用某些客户端生成密钥之外，使用 Shell 提供的 ssh-keygen 命令生成密钥也比较简单。方法如下：

```
chunxiao@ubuntu-server:~$ ssh-keygen -t rsa
Generating public/private rsa key pair.
Enter file in which to save the key (/home/chunxiao/.ssh/id_rsa):
Enter passphrase (empty for no passphrase):
Enter same passphrase again:
Your identification has been saved in /home/chunxiao/.ssh/id_rsa.
Your public key has been saved in /home/chunxiao/.ssh/id_rsa.pub.
The key fingerprint is:
SHA256:0k7yMduGIOzzcgPxPb9afqxgQ3h0B02hZgBAIUw86vE chunxiao@ubuntu-server
The key's randomart image is:
+---[RSA 2048]----+
| +o.+o... .oo.   |
| +.      . o.    |
| . .     . = .   |
|.. ..   + + .    |
|. o oo=.S        |
| . E...Xo*       |
|  o.  Oo+.       |
|  .oo. *. o      |
|   o....++       |
+----[SHA256]-----+
```

在上面的命令中，-t rsa 选项指定生成密钥的算法为 RSA。执行上面命令的时候，会要求用户选择保存密钥的文件名以及密钥密码。默认情况下，私钥被保存在用户主目录中的.ssh 目录中的 id_rsa 文件中，公钥被保存在同目录中的 id_rsa.pub 文件中。接下来，用户需要将公钥文件复制到需要连接到的 Linux 主机中，并且将公钥文件的内容追加到用户主目录的.ssh/authorized_keys 文件中即可。

 提 示

在使用密钥登录 Linux 的时候，.ssh 目录及其内容的访问权限非常重要，如果设置不正确，会导致用户无法登录。

13.2 FTP 文件传输服务

文件传输服务是一种非常普通的互联网服务,其主要功能是在网络上面传输各种类型的文件。各种类型的操作系统基本上都内置了文件传输服务的功能,并作为一种标准的网络服务提供给用户。本节将介绍如何在 Ubuntu 中配置和管理文件传输服务。

13.2.1 FTP 文件传输协议

在详细介绍 FTP 服务的配置之前,先简单地介绍一下 FTP 文件传输协议。文件传输协议是一种标准的网络协议,它属于网络传输协议的应用层。文件传输协议采用客户端/服务器模式。服务端一般运行在 Linux 或者 Windows 等服务器操作系统上面,而客户端则一般运行在用户的电脑上面。

对于绝对用户来说,端口 21 被认为是 FTP 服务的标准端口。而实际上,FTP 服务一般使用 20 和 21 这两个端口。端口 20 用来在客户端和服务器中间传输文件数据流,而端口 21 则用来传输控制流,即用来传输控制数据流的命令。

FTP 服务有两种服务模式,分别为主动模式和被动模式。主动模式下客户端会首先向服务器的 21 端口发送一条连接请求命令,服务器接收请求,两者建立一条命令链路。在需要传输数据的时候,客户端会创建一个进程,监听本地的某个端口,然后向服务器端口 21 发送一条 PORT 命令,告诉服务器自己已经监听某个端口,服务器会从端口 20 连接到客户端的指定端口,建立一条数据链路,进行数据传输。

从上面的描述可以得知,主动模式下建立数据链路时,是服务器主动连接客户端的某个端口。如果客户端存在防火墙,并且禁止该端口的入站连接,则会导致数据链路建立失败。被动模式则不会存在这个问题。

在被动模式下,同样首先是客户端向服务器的 21 端口发送请求,服务器接收请求并且建立命令链路。不同的是在需要传输数据时,服务器会向客户端发送 PASV 命令,告诉客户端自己提供数据传输服务的端口,通常为 20,然后客户端会向服务器的 20 端口发送连接请求,从而建立数据链路。

无论是服务器,还是客户端,都有许多成熟的软件,其中常见的 FTP 服务器软件有 vsftpd、ProFTP、FileZilla Server、IIS 以及 Server-U 等。客户端软件主要有 FileZilla Client、SmartFTP,以及 CuteFTP 等。此外,还有一个名称为 ftp 的命令行客户端。

13.2.2 安装 vsftpd

vsftpd 是许多 UNIX 以及 Linux 默认的 FTP 服务软件包,其名称来自于 very secure FTP daemon 的缩写,因此安全性是其最大的特点。vsftpd 是完全免费的、开放源代码的软件包,支持很多其他的 FTP 服务器所不支持的特征。例如非常高的安全性需求、带宽限制、良好的可伸缩性、可创建虚拟用户、支持 IPv6 以及速率高等。

vsftpd 目前最新版本为 3.0，用户可以使用源代码安装，也可以直接使用 apt 命令安装二进制软件包。对于初学者来说，建议使用软件包的形式安装。

在 Ubuntu 中，用户可以使用以下命令安装 vsftpd：

```
chunxiao@ubuntu:~$ sudo apt install vsftpd
```

安装完成之后，可以启动该服务：

```
chunxiao@ubuntu:~$ sudo systemctl start vsftpd
chunxiao@ubuntu:~$ sudo systemctl status vsftpd
  vsftpd.service - vsftpd FTP server
  Loaded: loaded (/lib/systemd/system/vsftpd.service; enabled; vendor preset: e
  Active: active (running) since Tue 2017-09-12 10:45:27 CST; 40min ago
 Main PID: 4361 (vsftpd)
   Tasks: 1 (limit: 4915)
  CGroup: /system.slice/vsftpd.service
          └─4361 /usr/sbin/vsftpd /etc/vsftpd.conf

9月 12 10:45:27 ubuntu systemd[1]: Starting vsftpd FTP server...
9月 12 10:45:27 ubuntu systemd[1]: Started vsftpd FTP server.
```

13.2.3 vsftpd 配置文件

vsftpd 默认的配置文件为/etc/vsftpd.conf。与其他的配置文件一样，该文件也是一个纯文本文件。下面的代码为一个标准的 vsftpd.conf 文件的部分内容：

```
01  #是否以独立服务的方式启动
02  listen=NO
03  #支持 IPv6
04  listen_ipv6=YES
05  #是否允许匿名
06  anonymous_enable=NO
07  #是否允许本地用户登录
08  local_enable=YES
09  #是否使用本地时间
10  use_localtime=YES
11  #启用日志
12  xferlog_enable=YES
13  #指定数据端口为20
14  connect_from_port_20=YES
15  #PAM 服务名
16  pam_service_name=vsftpd
17  #指定 RSA 证书位置
18  rsa_cert_file=/etc/ssl/certs/ssl-cert-snakeoil.pem
19  rsa_private_key_file=/etc/ssl/private/ssl-cert-snakeoil.key
```

```
20  ssl_enable=NO
```

从上面的代码可以得知，vsftpd.conf 配置文件的内容都是以"选项名=选项值"的形式定义的。vsftpd.conf 的选项分为 3 类，分别是布尔型、数值型以及字符串型。表 13-2~表 13-4 分别列出了常用的选项。

表 13-2　vsftpd 常用布尔型选项

选项	说明	默认值
allow_anon_ssl	在启用 SSL 的时候，是否允许匿名用户使用 SSL 连接 vsftpd	NO
anon_mkdir_write_enable	是否允许匿名用户在一定条件下创建目录	NO
anon_other_write_enable	是否允许匿名用户其他的写入权限，例如删除和重命名	NO
anon_upload_enable	是否允许匿名用户上传文件，须设置全局的 write_enable=YES	NO
anonymous_enable	是否允许匿名用户登录 vsftpd	YES
ascii_download_enable	是否允许 ASCII 码方式下载文件	NO
ascii_upload_enable	是否允许 ASCII 方式上传文件	NO
async_abor_enable	是否识别异步 ABOR 请求	NO
chmod_enable	是否允许本地用户使用 CHMOD 命令改变上传的文件的权限。匿名用户无法使 CHMOD 命令	YES
chown_uploads	是否将匿名用户上传的文件的所有者更改为 chown_user-name 选项指定的用户	NO
chroot_list_enable	是否启用 chroot_list_file 配置项指定的用户列表文件	NO
chroot_local_user	是否将本地用户限制在主目录中	NO
connect_from_port_20	设置是否使用 20 号端口传输数据。由于安全的原因，一些客户端坚持使用 20 号端口，但是禁用该选项可以使 vsftpd 运行在更低的特权中	NO
delete_failed_uploads	是否删除上传失败的文件	NO
dirlist_enable	是否允许用户列出目录内容	YES
dirmessage_enable	当用户切换目录时是否显示新目录中的.message 文件的内容	NO
download_enable	是否允许下载	YES
force_dot_files	是否显示以圆点开头的隐藏文件	NO
force_anon_data_ssl	在 ssl_enable 选项设置为 YES 的情况下，是否强制匿名用户使用 SSL 进行数据传输	NO
force_anon_logins_ssl	在 ssl_enable 选项设置为 YES 的情况下，是否强制匿名用户使用 SSL 发送密码登录	NO
force_local_data_ssl	在 ssl_enable 选项设置为 YES 的情况下，是否强制非匿名用户使用 SSL 进行数据传输	YES
force_local_logins_ssl	在 ssl_enable 选项设置为 YES 的情况下，是否强制非匿名用户使用 SSL 发送密码进行登录	YES
guest_enable	在设置为 YES 的情况下，所有非匿名用户被归类为 guest_username 选项指定的用户	NO

（续表）

选项	说明	默认值
hide_ids	如果设置为 YES，则目录内容列表里面的用户和组都将被显示为 ftp	NO
listen	是否把 vsftpd 以独立服务的方式运行	NO
listen_ipv6	是否支持 IPv6	NO
local_enable	是否允许本地用户登录	NO
lock_upload_files	在设置为 YES 的情况下，所有的上传操作都会在被上传的文件上加一个写入锁，所有的下载操作都会在被下载文件上面加一个共享锁	YES
log_ftp_protocol	是否为 FTP 请求和响应启用日志	NO
ls_recurse_enable	是否允许执行 ls -R 命令。该命令会递归列出目录内容	NO
no_anon_password	是否询问匿名用户密码	NO
passwd_chroot_enable	与 chroot_local_user 选项配合使用，可以限制每个用户只能访问指定的路径，该路径从/etc/passwd 文件该用户的主目录开始算起	NO
pasv_enable	是否允许被动模式传输数据	YES
port_enable	是否允许主动模式传输数据	YES
run_as_launching_user	是否以启动用户的身份运行 vsftpd 服务	NO
session_support	是否支持会话	NO
ssl_enable	是否支持 SSL 连接	NO
ssl_sslv2	是否支持 SSL v2	NO
ssl_sslv3	是否支持 SSL v3	NO
syslog_enable	是否将日志写入 Linux 系统日志	NO
userlist_deny	拒绝还是允许userlist_file选项指定的用户列表中的用户连接vsftpd服务	YES
userlist_enable	是否启用用户列表	NO
write_enable	是否允许执行改变文件的命令，包括 STOR、DELE、RNFR、RNTO、MKD、RMD、APPE 和 SITE	NO

表 13-3　数值型选项

选项	说明	默认值
accept_timeout	设置以被动方式建立数据连接的超时时间，单位为秒	60
anon_max_rate	匿名用户的最大传输速度，单位为字节/秒，0 表示无限制	0
anon_umask	匿名用户创建文件的权限掩码	077
connect_timeout	连接超时时间，单位为秒	60
data_connection_timeout	数据传输时最大的停顿时间，以秒为单位。超过指定的时间，客户端将被断开	300
delay_failed_login	登录失败延时，以秒为单位	1
delay_successful_login	登录成功延时，以秒为单位	0
file_open_mode	上传文件的权限掩码	0666
ftp_data_port	指定主动模式下的数据传输端口	20

（续表）

选项	说明	默认值
idle_session_timeout	空闲会话的超时时间，以秒为单位	300
listen_port	在独立服务的方式下，指定 vsftpd 监听的端口	21
local_max_rate	指定最大传输速度，以字节/秒为单位。0 表示无限制	0
local_umask	本地用户创建文件时的权限掩码	077
max_clients	最大客户端数量。0 表示无限制	0
max_login_fails	最多尝试登录的次数	3
max_per_ip	同一个 IP 地址最多的连接数。0 表示无限制	0
pasv_max_port	被动模式下分配给数据连接的最大端口号，0 表示无限制	0
pasv_min_port	被动模式下分配给数据连接的最小端口号，0 表示无限制	0

表 13-4　字符串型选项

选项	说明	默认值
anon_root	匿名用户登录成功后的默认路径	
banned_email_file	不允许作为匿名用户密码登录的邮件列表	/etc/vsftpd.banned_emails
ca_certs_file	CA 证书文件	
chown_username	匿名用户上传文件的默认的所有者	root
chroot_list_file	指定被限制在主目录中的用户列表	/etc/vsftpd.chroot_list
cmds_allowed	允许执行的 FTP 命令	
cmds_denied	拒绝执行的 FTP 命令	
deny_file	指定不允许访问的文件和目录	
ftp_username	处理匿名用户登录的用户名	ftp
listen_address	在独立服务方式下，指定 vsftpd 服务的 IP 和端口	

13.2.4　管理 FTP 用户：匿名用户、本地用户、虚拟用户

vsftpd 支持 3 种类型的用户，分别为匿名用户、本地用户和虚拟用户。下面分别对这 3 种类型的用户进行详细介绍。

1. 匿名用户

为了便于用户下载文件，传统的 FTP 服务都提供了匿名用户登录。所谓匿名用户，是指名称为 anonymous 的用户，用户可以使用这个用户名和自己的电子邮箱地址作为密码，登录 FTP 服务器。而 FTP 服务器会划分出一个或者几个目录，供匿名用户下载文件，甚至有些 FTP 服务也允许匿名用户上传文件。

对于 vsftpd 来说，如果想要启用匿名用户登录，则需要将 anonymous_enable 选项的值设置为 YES，如下所示：

```
anonymous_enable=YES
```

设置完成之后，重新启动 vsftpd 服务即可生效。

通常情况下，FTP 服务器不允许匿名用户上传文件，以避免引起安全隐患。

2. 本地用户

所谓本地用户，是指 Linux 系统中的用户。vsftpd 允许使用本地用户直接登录，这样，FTP 用户和 Linux 系统用户就可以集成在一起，便于管理。

为了使得 vsftpd 允许本地用户登录，用户需要启用 local_enable，如下所示：

```
local_enable=YES
```

将 local_enable 的值设置为 YES 之后，所有有效的本地用户都可以登录 vsftpd。

为了便于控制权限，有时我们并不希望所有的本地用户都可以使用 FTP 服务，而是选择部分用户可以登录 vsftpd，其他用户不可以登录。为了实现这个目标，可以使用 userlist_enable、userlist_deny 以及 userlist_file 这 3 个选项。其中 userlist_enable 选项表示是否启用用户列表文件。userlist_deny 选项表示只允许用户列表文件中的用户登录 vsftpd 还是拒绝用户列表中的用户登录 vsftpd。当 userlist_deny 的值为 YES 时，表示拒绝列表中的用户登录 vsftpd；反之，则只允许列表的用户登录。用户列表文件由 userlist_file 选项来指定，默认为/etc/vsftpd/user_list。

所以，如果只想限制某些特定的用户不可以连接 vsftpd，可以进行如下配置：

```
userlist_enable=YES
userlist_deny=YES
userlist_file=/etc/vsftpd/user_list
```

然后，在/etc/vsftpd/user_list 文件中添加需要拒绝登录 vsftpd 的用户名，每个用户名占一行。

```
chunxiao@ubuntu-server:~$ cat /etc/vsftpd/user_list
chunxiao
root
…
```

从上面的描述中可以得知，/etc/vsftpd/user_list 文件中的用户是否可以登录 vsftpd，取决于 userlist_enable 是否设置为 YES。userlist_enable 选项被设置为 YES 之后，还要判断 userlist_deny 选项的值究竟是 YES，还是 NO。所以，这 3 个选项相互关联。

设置完成并且重启 vsftpd 服务之后，除 user_list 文件中指定的用户之外，其他的本地用户都可以连接 vsftpd。

 在 Ubuntu 中，/etc/vsftpd/user_list 不会自动创建。如果需要使用这个文件，用户应该手工创建它。

除了前面 3 个文件之外，实际上还有一个配置文件可以限制用户访问 FTP 服务。该文件为/etc/ftpusers。该文件在 vsftpd 安装之后，由系统自动创建。与/etc/vsftpd/user_list 文件相类

似，该文件中也包含一系列的用户名。下面的内容为/etc/ftpusers 的默认内容：

```
chunxiao@ubuntu-server:~$ cat /etc/ftpusers
# /etc/ftpusers: list of users disallowed FTP access. See ftpusers(5).

root
daemon
bin
sys
sync
games
man
lp
mail
news
uucp
nobody
```

与/etc/vsftpd/user_list 不同的是，该文件的功能只是用来限制其中的用户登录 FTP 服务。也就是说，如果管理员想要拒绝某个用户登录 vsftpd，直接将其加入该文件中即可。

 如果某个用户名同时在/etc/vsftpd/user_list 和/etc/ftpusers 中出现，即使 userlist_deny 的值设置为 NO 的情况下，vsftpd 仍然会拒绝该用户登录。

默认情况下，本地用户登录到 vsftpd 之后，可以访问整个文件系统，包括根目录。因此，这为 Linux 系统带来了一定的安全隐患。vsftpd 提供了比较灵活的设置选项，可以将指定的用户限制在只能访问自己的主目录。这主要涉及 3 个选项，分别为 chroot_local_user、chroot_list_enable 和 chroot_list_file。当 chroot_local_user 被设置为 YES 时，所有的本地用户都被限制在自己的主目录中。实际上是 vsftpd 通过 chroot()函数，将用户的主目录设置为虚拟的根目录。即使用户使用以下命令切换路径：

```
cd /
```

切换到的仍然是用户的主目录。

如果想要排除某些用户，允许他们访问除主目录之外的其他的目录，可以将 chroot_list_enable 选项的值设置为 YES，通过 chroot_list_file 选项指定用户列表文件，然后在用户列表文件中添加需要排除的用户。

在将 chroot_local_user 选项设置为 YES 之后，通常情况下在用户登录的时候会出现以下错误：

```
500 OOPS: vsftpd: refusing to run with writable root inside chroot()
登录失败。
```

之所以会出现以上错误，是因为从 2.3.5 之后，vsftpd 增强了安全检查，如果用户被限定在了其主目录下，则该用户的主目录不能再具有写权限了。如果检查发现还有写权限，就会报该错误。

　　管理员可以通过两种方式来解决这个问题。首先可以将用户主目录的写入权限去掉，如下所示：

```
sudo chmod a-w /home/chunxiao/
```

　　其中 a 表示所有的用户，-w 表示删除写入权限。当然，在大部分情况下，将用户主目录的写入权限去掉会引起比较多的不便。管理员可以采用另外一种方法，即将 allow_writeable_chroot 选项的值设置为 YES。

3. 虚拟用户

　　vsftpd 支持虚拟用户登录。虚拟用户是指 Linux 系统中并不存在的用户。这些虚拟用户仅仅作为登录 vsftpd 使用。下面详细介绍一下在 vsftpd 中添加虚拟用户的方法。

　　（1）创建虚拟用户账号文件。该文件可以在任意地方创建。

```
chunxiao@ubuntu-server:~$ vi ftpusers.txt
```

　　然后输入以下内容：

```
ftpuser1
password1
ftpuser2
password2
ftpuser3
password3
```

　　在上面的代码中，奇数行为账号，偶数行为密码。所以上面一共有 3 个账号，分别为 ftpuser1、ftpuser2 和 ftpuser3。

　　（2）使用 db_load 命令生成虚拟用户数据库，命令如下：

```
chunxiao@ubuntu-server:~$ sudo db_load -T -t hash -f ftpusers.txt
/etc/vsftpd/ftpusers.db
```

　　其中，/etc/vsftpd/ftpusers.db 为虚拟用户数据库文件。

　　（3）设置虚拟用户数据库访问权限。为了加强安全，将/etc/vsftpd/ftpusers.db 文件的访问权限设置为 600，命令如下：

```
chunxiao@ubuntu-server:~$ sudo chmod 600 /etc/vsftpd/ftpusers.db
```

　　（4）设置 PAM 认证。对于 vsftpd 而言，PAM 认证文件位于/etc/pam.d/vsftpd。

```
chunxiao@ubuntu-server:~$ sudo vi /etc/pam.d/vsftpd
```

　　修改/etc/pam.d/vsftpd 文件的内容如下：

```
01  # Standard behaviour for ftpd(8).
02  auth sufficient pam_userdb.so db=/etc/vsftpd/ftpusers
03  account sufficient pam_userdb.so db=/etc/vsftpd/ftpusers
04  #auth    required    pam_listfile.so item=user sense=deny
file=/etc/ftpusers onerr=succeed
05  # Note: vsftpd handles anonymous logins on its own. Do not enable pam_ftp.so.
06
07  # Standard pam includes
08  @include common-account
09  @include common-session
10  @include common-auth
11  auth required    pam_shells.so
```

其中，第 2~3 行为虚拟用户的验证，对虚拟用户的验证使用了 sufficient 控制标志。这意味着如果当前模块验证通过，就不必使用后面的层叠模块进行验证了。但是如果失败了，就继续进行后面的验证，也就是系统本地用户的验证。第 8~11 行为系统本地用户的验证。

在生产环境中，为了保证系统的安全，防止系统用户信息泄露，管理员一般仅仅允许虚拟用户登录 vsftpd，所以后面的几行可以注释起来。

（5）创建虚拟宿主用户。vsftpd 的虚拟用户并不是系统用户，也就是说这些 FTP 的用户在系统中是不存在的。他们的权限其实是集中寄托在系统中的某一个用户身上的。 在本例中，创建一个名称为 vftpuser 的用户，作为虚拟用户的宿主，命令如下：

```
chunxiao@ubuntu-server:~$ sudo useradd -m -d /home/ftphome -s /bin/false vftpuser
```

由于宿主用户不需要登录系统，所以将其 Shell 设置为/bin/false。-m 选项表示自动创建主目录，-d 选项指定用户主目录为/home/ftphome。

（6）创建虚拟用户主目录。在/home/ftphome 目录中，分别创建 2 个名称为 test1 和 test2 的目录，作为 ftpuser1 和 ftpuser2 的主目录，命令如下：

```
chunxiao@ubuntu-server:~$ sudo mkdir /home/ftphome/test1
chunxiao@ubuntu-server:~$ sudo mkdir /home/ftphome/test2
```

（7）修改 vsftpd 配置文件/etc/vsftpd.conf。

```
01  guest_enable=YES
02  guest_username=vftpuser
03  virtual_use_local_privs=YES
04  user_config_dir=/etc/vsftpd/user_config
```

其中第 1 行允许访客登录。第 2 行指定访客用户映射到系统本地用户 vftpuser。第 3 行指定虚拟用户的权限为本地用户权限。第 4 行指定虚拟用户的配置文件路径为/etc/vsftpd/user_config，管理员可以在该目录下面为不同的虚拟用户创建自己的配置文件。

（8）为虚拟用户创建配置文件。vsftpd 支持为每个虚拟用户指定单独的配置文件，配置文件的路径由 user_config_dir 选项指定，文件名与虚拟用户的用户名相同。在本例中，创建 2 个配置文件，其名称分别为 ftpuser1 和 ftpuser2。其中 ftpuser1 的内容如下：

```
local_root=/home/ftphome/test1
```

ftpuser2 的内容如下：

```
local_root=/home/ftphome/test2
```

在上面的代码中，通过 local_root 选项为 2 个用户分别指定主目录。实际上除了主目录之外，在该文件中还可以指定其他的选项，包括访问权限等。

（9）将虚拟用户添加到/etc/vsftpd/user_list 文件中。如果 userlist_enable 选项没有设置为 YES，则可以省略本步骤。用户可以直接使用 vi 或者 gedit 等命令编辑该文件，将 ftpuser1 和 ftpuser2 添加到里面。

到这里为止，虚拟用户创建完毕。当 ftpuser1 登录后，其主目录为/home/ftphome/test1；当 ftpuser2 登录后，其主目录为/home/ftphome/test2。

 如果虚拟用户不能上传文件，请检查虚拟用户宿主用户的访问权限。

13.2.5　演示：使用 FTP 传输文件

FTP 的客户端软件非常多，有图形界面的，也有命令行的。有商业软件，也有开放源代码的。为了使得读者能够深入了解 FTP 传输文件的过程和操作，下面以 Windows 10 的命令行客户端 ftp.exe 为例，说明如何通过 FTP 传输文件。

右击 Windows 10 的开始菜单按钮，在弹出的菜单中选择"命令提示符"选项，打开命令提示符窗口，如图 13-15 所示。

图 13-15　命令提示符窗口

Windows 的 ftp 命令支持交互式操作。在命令行提示符处输入 ftp，然后按回车键，即可进入交互式界面。然后输入 help 命令，可以将 ftp 客户端支持的命令显示出来，如图 13-16 所示。

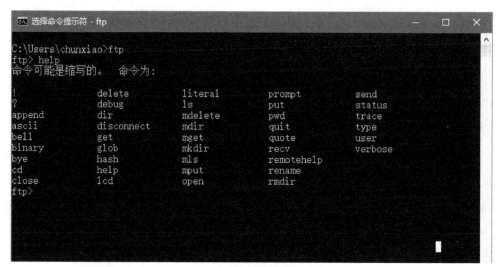

图 13-16　Windows ftp 客户端支持的命令

表 13-5 列出了 Windows FTP 客户端支持的 FTP 常用命令。

表 13-5　Windows FTP 客户端支持的 FTP 命令

命令	说明
!	转义到 Shell
?	显示本地帮助信息
append	向已经存在的文件追加内容或者续传文件
ascii	切换到 ASCII 传输模式
bell	命令完成时发出声音
binary	切换到二进制传输模式
bye	终止 FTP 会话并退出
cd	更改远程工作目录
close	终止 FTP 会话
delete	删除文件
dir	列出远程目录内容
disconnect	终止 FTP 会话
get	接收文件
lcd	更改本地工作目录
ls	列出远程工作目录内容
mdelete	删除多个文件
mdir	列出多个远程目录的内容
mget	获取多个文件
mkdir	在 FTP 服务器上创建目录
mls	列出多个远程目录的内容
mput	上传多个文件
open	连接到远程 FTP 服务器

（续表）

命令	说明
prompt	切换到交互模式
put	上传一个文件
pwd	输出远程工作目录
quit	终止 FTP 会话并退出
recv	接收文件
rename	重命名文件
rmdir	删除 FTP 服务器上的目录
send	发送一个文件
status	显示当前状态
type	切换传输模式
user	发送新用户信息

1. 连接 FTP 服务器

在命令提示符后面输入 open 命令，后面紧跟要连接到 FTP 服务器的域名或者 IP 地址，如下所示：

```
ftp> open 192.168.1.110
连接到 192.168.1.110。
220 (vsFTPd 3.0.3)
200 Always in UTF8 mode.
用户(192.168.1.110:(none)): ftpuser1
331 Please specify the password.
密码：
230 Login successful.
```

如果连接成功，则会要求用户输入账号名称，然后输出密码。为了安全起见，密码并不显示。最后出现登录成功的消息。

2. 列出远程目录内容

FTP 提供了一个与 Linux 相同的 ls 命令来列出远程服务器上面的指定目录的内容，并且同样支持-l 和-a 选项，如下所示：

```
ftp> ls -l
200 PORT command successful. Consider using PASV.
150 Here comes the directory listing.
-rw-------    1   1002   1002    41781   Sep 16 22:29
20122141832592.jpg
-rw-------    1   1002   1002    36373   Sep 16 22:29
20126617424329.jpg
-rw-------    1   1002   1002   9708967   Sep 16 22:29
apache-tomcat-8.0.28.zip
```

```
drwx------         2    1002    1002    4096     Sep 16 22:28     files
-rw-------         1    1002    1002    1469128  Sep 16 22:29
 serverguide.pdf
drwx------         2    1002    1002    4096     Sep 16 22:28     wav
226 Directory send OK.
ftp: 收到 434 字节, 用时 0.01秒 62.00千字节/秒。
```

默认情况下，ls 命令显示远程当前工作目录的内容。如果不使用-l 选项，则 ls 命令仅仅列出文件名称，不包含其他的信息。

 dir 命令与 ls -l 命令的功能相同。

通过-a 选项，可以列出远程服务器上面以圆点开头的隐藏文件，包括当前目录和上级目录这 2 个特殊的文件。

3. 切换本地和远程工作目录

切换客户端本地工作目录使用 lcd 命令。该命令可以接受一个本地路径作为参数，表示要切换到的目录，如下所示：

```
ftp> lcd d:\temp
目前的本地目录 D:\temp。
```

如果没有提供参数，则 lcd 命令会返回到用户主目录。

切换远程工作目录需要使用 cd 命令，同样该命令可以接受要切换到的目标路径，如下所示：

```
ftp> cd files
250 Directory successfully changed.
```

4. 下载文件

FTP 的 get 命令用来从服务器上面下载单个文件。该命令后面直接跟随一个文件名作为参数即可。文件可以使用绝对路径，也可以使用相对路径。例如，下面的命令下载名称为20122141832592.jpg 的文件：

```
ftp> get 20122141832592.jpg
200 PORT command successful. Consider using PASV.
150 Opening BINARY mode data connection for 20122141832592.jpg (41781 bytes).
226 Transfer complete.
ftp: 收到 41781 字节, 用时 0.00秒 41781000.00千字节/秒。
```

对于批量下载多个文件，FTP 提供了 mget 命令，该命令支持通配符*，以及一个空格隔开的文件名列表。

```
ftp> mget *
```

```
200 Switching to ASCII mode.
mget 20122141832592.jpg? y
200 PORT command successful. Consider using PASV.
150 Opening BINARY mode data connection for 20122141832592.jpg (41781 bytes).
226 Transfer complete.
ftp: 收到 41781 字节, 用时 0.00秒 41781000.00千字节/秒。
mget 20126617424329.jpg?
…
```

上面的命令下载当前目录下面所有文件。默认情况下，mget 命令使用交互模式，在下载每个文件时都会要求用户确认。用户输入 y，然后按回车键即可。

 可以使用 prompt 命令关闭交互模式。

5. 上传文件

从客户端本地上传文件到 FTP 服务器，可以使用 put 和 mput 命令。同样，这 2 个命令分别用来上传单个文件和多个文件。下面的例子分别演示了这 2 个命令的用法：

```
ftp> put 10.jpg
200 PORT command successful. Consider using PASV.
150 Ok to send data.
226 Transfer complete.
ftp: 发送 49739 字节, 用时 0.00秒 49739.00千字节/秒。
ftp> mput 4*.jpg
mput 4.jpg? y
200 PORT command successful. Consider using PASV.
150 Ok to send data.
226 Transfer complete.
ftp: 发送 13944 字节, 用时 0.00秒 13944000.00千字节/秒。
mput 4a.jpg? y
200 PORT command successful. Consider using PASV.
150 Ok to send data.
226 Transfer complete.
ftp: 发送 20052 字节, 用时 0.00秒 6684.00千字节/秒。
…
```

对于上传文件来说，用户必须拥有写入的权限才可以。所以出现如果上传的情况，需要检查当前用户在 FTP 服务器上面的访问权限。

6. 创建和删除目录

目录管理使用 mkdir 和 rmdir，分别用来创建和删除目录。这两个命令的使用非常简单，如下所示：

```
ftp> mkdir test
257 "/test" created
ftp> rmdir test
250 Remove directory operation successful.
```

7. 断开连接

FTP 的几个命令都可以用来断开与服务器的连接，分别为 disconnect、bye、close 和 quit。其中 disconnect 和 close 用来断开 FTP 会话，并不退出客户端。bye 和 quit 这 2 个命令会终止会话，并且退出 FTP 客户端。

```
ftp> bye
221 Goodbye.
```

关于 FTP 的其他命令，由于用法比较就简单，读者可以自己练习一下，或者参考其他的技术文档。

除了命令行之外，现在已经有大量的图形化的 FTP 客户端软件出现。通过这些软件，用户就不需要记忆这些复杂的命令。图 13-17 显示了 FileZilla 的主界面。

图 13-17　FileZilla

13.3　DNS 域名服务

在互联网上面，域名服务发挥了重要的作用。它使得用户非常方便地访问互联网上面的各种服务，而不必记忆各种复杂的 IP 地址。在互联网上面，有许许多多的主机提供域名服务，这些主机包括 UNIX、Linux 以及 Windows 等。本节将详细介绍如何在 Linux 系统上面配置域名解析服务。

13.3.1 域名、IP 地址、域名服务器

为了更好地学习后面的知识，首先把域名相关的基础知识进行简单的介绍。

1. 域名

所谓域名,实际上就是用点分隔的字符组成的互联网上面的某一台主机或者计算机组的名称。最初的域名由 ASCII 字符的一个子集组成，后来随着需求的增加，目前域名系统也支持更多的 UNICODE 字符，例如中文。但是，使用非英文字符作为域名，会产生一些不必要的麻烦，例如输入困难等。

下面列出的就是一些常见的域名：

```
www.baidu.com
www.harvard.edu
www.oracle.com
```

域名分为很多种类型，主要有通用域名和国家代码域名。部分通用域名如表 13-6 所示。

表 13-6 部分常用通用域名

域名	说明
.com	商业公司
.net	网络服务商
.org	非营利组织
.edu	美国教育机构
.gov	美国政府机构

国家代码域名比较多，例如.cn 为中国的顶级域名、.jp 为日本的顶级域名等。

2. IP 地址

IP 地址用来唯一标识 IP 网络中的一个网络设备，分为 IPv4 和 IPv6 两大类。其中 IPv4 是由 32 位二进制数字组成的一个数字，通过圆点分隔为 4 组，其形式如下：

```
xxx.xxx.xxx.xxx
```

其中每组 xxx 数字为不超过 255 的十进制数字，例如 8.8.8.8、103.7.30.123 以及 192.168.1.1 都是有效的 IP 地址。IPv4 的地址可分为 A、B、C、D、E 五大类，其中 A 和 B 类地址用于大中型网络，C 类地址用于一般网络，D 类地址一般很少使用，E 类属于特殊保留地址。

由于 IPv4 使用 32 位二进制数字，所以最多可以表示 2^{32} 个 IP 地址。随着网络上设备的增多，IPv4 的地址已经在 2011 年 2 月份分配完。

IPv6 是为了解决 IPv4 表示的地址数量较少而提出的新的方案。它采用 128 位二进制数字，所以能够表示更多的地址。一般情况下，IPv6 被书写为 32 位十六进制的形式，并且通过：分割为 8 组，如下所示：

```
2001:0:9d38:90d7:345d:229c:3f57:edf4
```

如果某一组的数字全部为 0，可以省略：

```
2001:0db8:85a3::1319:8a2e:0370:7344
```

3. 域名服务器

域名服务器是将比较容易记忆的域名转换为 IP 地址的服务器。因此，在域名服务器上面，有一个关于域名和 IP 地址对应的数据库。当收到查询请求时，域名服务器会根据用户的请求将域名转换为对应的 IP 地址，也可以将 IP 地址转换为域名。

按照功能划分，域名服务器主要可以分为主域名服务器、从域名服务器、缓冲域名服务器以及转发域名服务器。主域名服务器是管理某个特定的 DNS 区的服务器，负责管理指定区的域名数据库文件，是该区的域名信息的权威数据来源。从域名服务器实际上是主域名服务器的一个备份服务器，当主域名服务器出现故障时，从域名服务器会代替主域名服务器承担域名解析的角色。缓冲域名服务器本身不负责管理任何区的域名数据，而是缓存从其他的域名服务器中收到的域名解析数据。转发域名服务器负责把本地主域名服务器或者缓冲域名服务器无法解析的域名转发到指定的域名服务器去解析。

通常情况下，域名服务器都是根据域名查询对应的 IP 地址，称为正向解析。在某些情况下，也会收到根据 IP 地址查询对应的域名的请求，称为反向解析。

13.3.2　BIND 以及组件

BIND 是目前互联网上面使用最多的 DNS 服务器软件，大约占 90%以上。BIND 由互联网协会维护和开发，是一个开放源代码的软件系统。

如果当前系统没有安装 BIND，用户可以使用以下命令安装：

```
chunxiao@ubuntu-server:~$ sudo apt install bind9
```

根据不同的场景，BIND 可以被配置为主域名服务器、缓冲域名服务器、从域名服务器，或者是杂合模式的域名服务器。

13.3.3　BIND 配置文件

BIND 的主要配置文件都位于/etc/bind 目录中，表 13-7 列出了 BIND 的配置文件及其功能。

表 13-7 BIND 主要配置文件

配置文件	说明
db.0	网络地址 "0.*" 的反向解析文件
db.127	localhost 反向区文件，用于将本地回送 IP 地址(127.0.0.1)转换为名字 localhost
db.255	广播地址 "255.*" 的反向解析文件
db.empty	RFC1918 空区反向解析文件
db.local	localhost 正向区文件，用于将名字 localhost 转换为本地环路 IP 地址 127.0.0.1
db.root	根服务器指向文件，由 Internet NIC 创建和维护，无须修改，但是需要定期更新
named.conf	BIND 的主要配置文件，用于定义当前区域名服务器负责维护的域名解析信息
named.conf.local	当前域名服务器负责维护的所有区的信息
named.conf.options	定义当前域名服务器主配置文件的全局选项
rndc.key	包含 named 守护进程使用的认证信息
zones.files	定义域名服务器负责管理与维护的所有正向区配置文件与反向区配置文件，是当前域名服务器提供的权威域名解析数据

尽管 BIND 的配置文件比较多，但是实际上需要用户配置的文件主要是 named.conf 和 zones.files。下面分别对这两种文件进行介绍。

1. named.conf

BIND 的主进程名为 named。named.conf 文件是 BIND 的最主要的配置文件。named.conf 配置文件是由配置语句和注释组成。每条配置语句以分号 ";" 作为结束符，多条配置语句组成一个语句块；注释语句使用了两个 "//" 作为注释符。

named.conf 主要支持的语句有 acl、key、masters 以及 server 等，下面分别介绍这些常用的语句。

（1）acl

该语句用来定义一个地址匹配列表，可以用于访问控制或者其他的用途。acl 语句的基本语法如下：

```
acl acl-name {
address_match_list
};
```

其中 acl-name 为地址匹配列表名称，address_match_list 为 IP 地址或者 IP 地址列表。地址匹配列表在使用前必须被定义。BIND 已经预先定义了几个地址匹配列表，这些地址匹配列表可以直接使用：

- any：匹配所有的主机。
- none：匹配空主机。
- localhost：匹配本地网络接口的所有 IP 地址。
- localnets：匹配一台主机所在的网络上面所有的 IP 地址。

例如，下面的代码定义了几个访问控制列表：

```
01  //定义一个名为 acl1 的 ACL，包含3个单个 IP 地址
02  acl "acl1" {
03    10.0.0.1; 192.168.23.1; 192.168.23.15;
04    };
05  //定义一个名为 acl2 的 ACL
06  acl "acl2" {
07    //可以包含其他 ACL
08    "acl1";
09    //包含10.0.15.0网络的所有 IP 地址
10    10.0.15.0/24;
11    //非10.0.16.1子网的 IP 地址
12    !10.0.16.1/24;
13    //包含了一个 IP 地址组
14    {10.0.17.1;10.0.18.2;};
15    //本地网络接口 IP 地址
16    localhost;
17    };
18  zone "example.com" {
19    type slave;
20    file "slave.example.com";
21    //在此处使用了前面定义的 acl1 访问列表
22    allow-notify {"acl1";};
23  };
```

其中第 2~4 行定义了一个名称为 acl1 的地址匹配列表，包含 3 个 IP 地址。第 6~17 行定义了名称为 acl2 的地址匹配列表。acl2 的定义比较复杂，第 8 行将前面定义的 acl1 包含进来，第 10 行是一个网络 10.0.15.0/24，第 12 行通过！运算符把网络 10.0.16.1/24 排除，第 14 行是一个 IP 地址组，第 16 行通过 localhost 指定本地的所有 IP 地址。

从上面的定义可以得知，地址匹配列表的定义中可以包含其他的地址匹配列表。地址匹配列表也支持某些逻辑运算符，例如，！表示否定的运算。此外，还可以指定一个网络 ID，以及通过{}定义 IP 地址组。

acl 语句仅仅定义了一个地址匹配列表，就像定义了一个数组或者变量，本身并不发挥作用。但是，这个地址匹配列表可以用在其他的语句中，作为其他的语句作用的对象。

第 18~23 行定义了一个区，其中第 22 行引用了前面定义的地址匹配列表 acl1，表示 example.com 区的数据变更会通知到 acl1 定义的列表。

（2）Key

key 语句用来定义 TSIG 或者命令通道所使用的加密密钥。其基本语法如下：

```
key key_id {
algorithm string;
secret string;
```

```
}
```

其中 key_id 为密钥名称，algorithm 为加密算法，secret 为密钥。

例如，下面的代码定义了一个名称为 test_key 的密钥：

```
key "test_key" {
algorithm hmac-md5;
secret "epYaI15VMJGRSG4WMeFW5g==";
};
```

（3）masters

该语句用来定义主域服务器列表，其基本语法如下：

```
masters masters-name [ port global-port ] {
  ( masters-list | ipv4_address [ port port-num ] | ipv6_address [ port ] ) [ key
key-name ]; ...
  };
```

其中，masters-names 是主域服务器列表名称，该名称是唯一的。masters-name 可以是一个用引号引用起来的字符串，如果 masters-name 不含空格，则引号是可选的；如果 masters-name 中含有空格，则必须使用引号引用起来。

global-port 为整数值，用来为列表中的服务器指定统一的端口号。如果某个服务器使用的端口号不同，则可以直接在 IP 地址后面加上端口号。

masters-list 是一个已经定义好的主域服务器列表的名称，这意味着主域服务器列表的元素可以是另外一个主域服务器列表。

ipv4_address 和 ipv6_address 分别是 IPv4 和 IPv6 地址，后面紧跟的 port 为端口号。也就是说，如果某个 IP 所对应的服务器使用了不同于 global-port 指定的端口号，则可以直接在其 IP 地址后面指定所用的端口号。如果同时指定了 global-port 和 port，则 port 会优先使用。

key-name 为使用 key 语句定义的加密密钥的名称。

例如，下面定义了一个名称 master-ips 的列表：

```
masters master-ips {192.168.2.3 port 1053; 192.168.17.4;};
```

（4）server

该语句用来为某个特定的服务器设置参数，其语法为：

```
server ip-addr {
  [ bogus yes | no ; ]
  [ edns yes | no ; ]
  [ keys "key-name"; ["key-name"; ... ; ]
  [ provide-ixfr yes | no; ]
  [ request-ixfr yes | no; ]
  [ transfers number; ]
  [ transfer-format ( one-answer | many-answers ); ]
;}
```

ip-addr 为服务器的 IP 地址。bogus 子句为布尔型选项，标识是否忽略来自该服务器的数据。edns 子句决定本地服务器与远端服务器通信时是否使用 EDNS，即 RFC2671 中提出的 DNS 扩展机制。keys 子句用来确定一个由 key 语句定义的加密密钥，用于和远端服务器通话时的安全处理。provide-ixfr 子句决定本地服务器是否作为主域名服务器。request-ixfr 子句决定本地服务器是否作为从域名服务器。transfers 子句用来限定同时从特定服务器进行并发数据传输的区域的数量。transfer-forma 即数据传输格式。

（5）options

该语句用来设定全局配置选项和默认值，其基本语法如下：

```
options {
statements
}
```

其中 statements 为各种子句。options 支持的子句非常多，大约有 130 多个。这些选项能够控制到 DNS 服务器的各个方面。关于这些选项，不再详细说明，读者可以参考 named.conf 文件的帮助手册或者其他的书籍。

（6）controls

该语句用来定义一个远程控制通道。用户可以通过远程管理工具，例如 rndc 进行远程管理。该语句的基本语法如下：

```
controls {
    inet inet_spec [inet_spec] ;
};
```

其中 inet 子句定义了远程管理的方法，包括 IP 地址、端口以及加密密钥等。如果用户想要禁用远程管理功能，则可以定义一个空的 controls 语句，如下所示：

```
controls {};
```

（7）zone

该语句用来定义一个区域。该语句的基本语法如下：

```
zone "zone_name" [class] {
    // zone statements
};
```

其中 class 为可选项，表示区域所属的类。最常见的类为 IN，表示 Internet。如果省略了 class 选项，则为 IN。

zone 语句支持的子句也非常多。其中最常用的子句为 type，表示区域的类型。表 13-8 列出了常见的区域类型。

表 13-8 常见区域类型

类型	说明
master	主域服务器，负责该区域的数据，并提供该区域的权威响应
slave	从域名服务器，负责该区域数据的备份，从主域服务器复制数据
stub	类似于从域名服务器，但是只复制 NS 记录，而非整个区域数据
forward	转发区域，基于域名进行转发
hint	指定初始的根域名服务器集合
delegation-only	强制基础区域为只授权状态

关于 zone 语句的其他子句，不再详细说明。

（8）view

该语句用来定义视图。视图是 BIND9 新增的功能。通过视图，可以使得域名服务器在响应请求时，根据不同的请求而返回不同的数据。view 语句的基本语法如下：

```
view "view_name" [class] {
  [ match-clients { address_match_list } ; ]
  [ match-destinations { address_match_list } ; ]
  [ match-recursive-only { yes | no } ; ]
  // view statements
  // zone clauses
};
```

与 zone 语句一样，view 语句也拥有类属性。如果没有指定类，则默认为 IN。每个 view 语句定义了一个被某些客户端所看到的域名空间的视图。一个客户端匹配一个视图是指它的源地址与 view 语句中的 match-clients 子句中的 address_match_list 相匹配，并且它的目标地址与 match-destinations 中的 address_match_list 相匹配。如果没有指定 match-clients 和 match-destinations，则匹配所有的客户端。一个视图也可以被定义为 match-recursive-only，表示它仅仅匹配客户端的递归请求。

例如，下面的语句定义了一个视图：

```
view "trusted" {
//匹配自己的网络
match-clients { 192.168.23.0/24; };
recursion yes;
//定义区域
zone "example.com" {
    type master;
    // private zone file including local hosts
    file "internal/master.example.com";
};
// add required zones
};
```

423

除了上面介绍的几个语句之外，named.conf 配置文件还支持其他一些语句，例如 dlz、lwres、logging 以及 trusted-keys 等。限于篇幅，对于这些语句不再详细介绍。

2. zones.files

该文件又称为区域文件，是用了保存域名配置的文件，对 BIND 来说，一个域名对应一个区域文件。区域文件中包含了域名和 IP 地址的对应关系以及其他的一些资源，这些资源称为资源记录。所以说，区域文件就是一个由许多条资源记录按照规定的顺序构成的文件。

一条典型的资源记录的结构如下：

名称	TTL	记录类别	记录类型	数据

下面的代码为一个区域文件的部分内容：

```
01   $ORIGIN example.com.           ; 指定域名
02   $TTL 1h                        ; 资源记录缺省生存时间
03   example.com.    IN   SOA    ns.example.com. username.example.com.
04   example.com.    N    NS     ns                          ; 域名服务器
05   example.com.    IN   NS     ns.somewhere.example. ; 备用域名服务器
06   example.com.    IN   MX 10  mail.example.com.  ; 邮件服务器
07   @               IN   MX 20  mail2.example.com. ;
08   example.com.    IN   A      192.0.2.1        ; example.com 对应的 IPv4 地址
09                   IN   AAAA   2001:db8:10::1   ; example.com 对应的 IPv6 地址
010  ns              IN   A      192.0.2.2        ; ns.example.com 对应的 IPv4 地址
011                  IN   AAAA   2001:db8:10::2 ; ns.example.com 对应的 IPv6 地址
012  www             IN   CNAME  example.com.   ; www.example.com 为
example.com 的别名
013  mail            IN   A      192.0.2.3      ; mail.example.com 对应的 IPv4 地址
014  mail2           IN   A      192.0.2.4      ; mail2.example.com 对应的 IPv4 地址
```

关于区域文件的各种资源记录的详细配置方法，将在随后介绍。

13.3.4 配置区域

区域是 DNS 中最重要的概念之一，是域名服务器管理的基本单位。一台域名服务器可以管理一个或者多个区域，而一个区域只能由一台主域名服务器管理，但是可以有多台从域名服务器。

在配置域名服务器的时候，必须先建立区域，然后再根据需要在区域中添加资源记录，才可以完成解析工作。除了$TTL 和$ORIGIN 这两个选项之外，区域配置文件中主要包括 SOA、NS、A、PTR、CNAME 以及 MX 等资源记录。

1. $TTL

$TTL 为资源记录的生存时间，即定义该资源记录中的信息被其他的域名服务器缓存的时间。该选项的值为一个无符号的 32 位整数值。数值后面可以加上时间单位，其中 d 表示天，

w 表示周，h 表示小时。如果没有指定时间单位，则默认为秒。如果将该选项的值设置为 0，则表示当前域名服务器的资源记录不可以被缓存。

通常情况下，$TTL 选项位于区域文件的开头。

 尽管$TTL 的值可以设置为 0，但是仅仅用在极端的情况下。

2. $ORIGIN

该选项用来指定域名。如果在资源记录中，用户定义的主机名不是规范域名，或者域名后面没有使用圆点结束。BIND 会把$ORIGIN 的值附加在主机名后面，构成一个完整的域名。该选项的基本语法如下：

```
$ORIGIN domain-name
```

例如，如果用户指定该选项的值如下：

```
$ORIGIN mydomain.com.
```

则资源记录为：

```
IN   NS    ns
```

相当于：

```
IN   NS    ns.mydomain.com.
```

3. 资源记录

资源记录主要包括 SOA、NS、MX、A、PTR 以及 CNMAE 等，这些数据构成了域名服务器解析域名的基础。

13.3.5　资源记录

除了前面介绍的$TTL 和$ORIGIN 选项之外，区域配置文件中的第一条资源记录为 SOA。

（1）SOA 表示区域的开始，用来定义区域的全局参数，包括域名、联系电子邮件以及其他的控制信息。SOA 记录的语法如下：

```
owner-name  class    type   name-server email-addr (sn refresh retry
expiry  min-ttl)
```

（2）NS 记录用来定义区域内的域名服务器。如果一个区域内有多台域名服务器，则可以有多条 NS 资源记录。NS 记录的语法如下：

```
owner-name  class   type       name-server
```

owner-name 与 SOA 记录的含义和取值相同。class 的值通常为 IN。type 指记录类型，对于 NS 记录而言，固定为 NS。name-server 为域名服务器的主机名或者 IP 地址。如果主机名以圆点结束，则表示使用的是全称主机名；否则，需要加上$ORIGIN选项的值构成完整主机名。

例如，下面的代码定义了一条 NS 记录：

```
example.com. IN    NS     ns1.example.com.
```

（3）A 记录是指一条 IPv4 的地址记录，实现主机名到 IP 地址的映射。A 记录的语法如下：

```
host-name class  type    ipv4
```

其中 host-name 为主机名。class 为地址类型，通常为 IN。type 为资源记录的类型，对于 A 记录，固定为 A。ipv4 是一个使用圆点隔开的十进制 IPv4 的地址。

 在资源记录中，只有全称主机名或者全称域名以圆点结束，非全称主机名或者 IP 地址不能以圆点结束。

例如：

```
web IN A  192.168.254.3
```

在上面的代码中，将主机名 web 映射到 IP 地址 192.168.254.3。当查询名称为 web 的主机时，域名服务器便将其对应的 IP 地址返回给客户端。

 对于 IPv6 的地址而言，需要使用 AAAA 来定义。

（4）PTR 记录用于反向区域配置文件中，实现 IP 地址到主机名的映射。

```
ip  class  typehostname
```

其中 ip 为 IPv4 或者 IPv6 地址。与前面的记录一样，class 通常为 IN。对于 PTR 记录，type 的值固定为 PTR。hostname 为对应的主机名或者域名，全称域名需要以圆点结束。

（5）CNAME 记录为别名记录，用来为主机定义一个别名。CNAME 记录存在于正向区域配置文件中，一个主机可以有多个别名。

CNAME 记录的基本语法如下：

```
canonical-name class     type       hostname
```

其中 canonical-name 为别名。class 通常为 IN。type 的值为 CNAME。hostname 为别名对应的主机名。

例如，下面的代码通过 CNAME 记录将 www 和 ftp 这 2 个名称都映射到同一台主机：

```
server1      IN        A         192.168.0.3
www          IN        CNAME     server1
ftp .        IN        CNAME     server1
```

 为了提高解析效率，通常应该避免使用 CNAME 记录。

（6）MX 记录为当前的区域指定邮件服务器。其基本语法如下：

```
host-name    class      type      priority     mail-server
```

以上各项的含义与前面介绍的大致相同，不再重复介绍。值得一提的就是 priority 选项，用来指定邮件服务器的优先级。当区域中有多台邮件服务器的时候，优先级高的服务器优先使用。

下面的代码演示了 MX 记录的定义方法：

```
01  ;资源记录数据的 TTL 为2天
02  $TTL 2d ;
03  $ORIGIN example.com.
04  ; SOA 记录
05  @              IN       SOA    ns1.example.com. hostmaster.example.com. (
06  ; 上面1行与下面1行的功能相同
07  ; example.com. IN       SOA    ns1.example.com. hostmaster.example.com. (
08              2003080800 ; serial number
09              3h         ; refresh = 3 hours
10              15M        ; update retry = 15 minutes
11              3W12h      ; expiry = 3 weeks + 12 hours
12              2h20M      ; nxttl = 2 hours + 20 minutes
13              )
14              IN    MX    10  mail ; short form
15  ; 上面1行与下面1行的功能相同
16  ; example.com. IN    MX    10  mail.example.com.
17  ; 可以定义多台邮件服务器
18              IN    MX    20  mail2.example.com.
19  ; 使用区域外的邮件服务器
20              IN    MX    30  mail.example.net.
21  ; 区域内的邮件服务器需要 A 记录实现主机名到 IP 的映射
22  mail        IN    A     192.168.0.3
23  mail2       IN    A     192.168.0.3
```

13.3.6　演示：DNS 服务器配置实例

下面以一个具体的实例来说明如何配置域名服务器。在本例用到的区域名称为 mydomain.com，其中一共有 3 台主机，其角色和 IP 地址分配如图 13-18 所示。

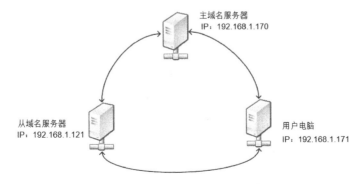

图 13-18　mydomain.com 区域

1. 定义区域

修改主域名服务器的 named.conf 配置文件，增加以下代码：

```
01  zone "mydomain.com" IN {
02   type master;
03   file "/etc/bind/mydomain.com.dns";
04   allow-update { none; };
05   allow-transfer { 192.168.1.121; };
06
07  };
08
09  zone "1.168.192.in-addr.arpa" IN {
10   type master;
11   file "/etc/bind/mydomain.com.rev";
12   allow-update { none; };
13   allow-transfer { 192.168.1.121; };
14  };
```

其中第 1~7 行定义正向区域，第 9~14 行定义反向区域，这两个区域的定义大致相同。其类型都为 master。此外，正向区域的定义文件为/etc/bind/mydomain.com.dns，反向区域的定义文件为/etc/bind/mydomain.com.rev。其中这两个区域都允许 192.168.1.121 同步区域数据。

2. 创建区域定义文件

首先在/etc/bind 目录中创建名称为 mydomain.com.dns 的正向区域配置文件，其内容如下：

```
01  $TTL 86400
02  $ORIGIN mydomain.com.
03  @    IN   SOA   ns.mydomain.com.   webmaster.mydomain.com. (
04                              20170923;serial
05                              120;refresh
06                              3600;retry
07                              3600;expiry
08                              3600 );minimum
09            IN      NS      ns
10  master        IN      A       192.168.1.170
11  slave     IN      A       192.168.1.121
12  www       IN      A       192.168.1.178
13  ns        IN      A       192.168.1.170
```

其中第 3~8 行定义 SOA 记录。第 9 行定义了一条 NS 记录。第 10~13 行是 4 条 A 记录，将 4 个主机名映射到不同的 IP 地址。

接下来创建反向区域定义文件，其名称为 mydomain.com.rev，代码如下：

```
01  $TTL 86400
02  @    IN  SOA ns.mydomain.com. webmaster.mydomain.com. (
```

```
03              2 ; Serial
04              120 ; Refresh
05            14400 ; Retry
06          3600000 ; Expire
07            86400 ) ; Minimum
08              IN      NS      ns
09   170        IN      PTR     ns.mydomain.com.
10   170        IN      PTR     master.mydomain.com.
11   121        IN      PTR     slave.mydomain.com.
12   178        IN      PTR     www.mydomain.com.
```

从上面的代码可以得知，在反向区域定义文件中，除了 SOA 和 NS 记录外，主要是 PTR 记录。

配置完以上 2 步之后，需要重新启动 BIND 服务进程。到目前为止，实际上该域名服务器已经能够正常工作，实现对于区域 mydomain.com 中的域名的解析。

接下来使用 nslookup 命令在用户电脑上面测试该域名服务器能否正常工作。nslookup 命令的功能为交互式地查询域名。

在命令行中输入 nslookup 命令，进入交互模式：

```
chunxiao@user:~$ nslookup >
```

nslookup 命令的提示符为一个大于号。在命令提示符后面输入 server 命令，指定要使用的域名服务器，如下所示：

```
> server 192.168.1.170
Default server: 192.168.1.170
Address: 192.168.1.170#53
>
```

接下来分别输入 slave.mydomain.com 和 master.mydomain.com 这两个域名，测试能否解析成功，如下所示：

```
> slave.mydomain.com
Server:       192.168.1.170
Address: 192.168.1.170#53

Name:    slave.mydomain.com
Address: 192.168.1.121
> master.mydomain.com
Server:       192.168.1.170
Address: 192.168.1.170#53

Name:    master.mydomain.com
Address: 192.168.1.170
```

从上面的输出可以得知，域名 slave.mydomain.com 被成功地解析成 192.168.1.121，而 master.mydomain.com 则被成功地解析成 192.168.1.170。这与前面在区域文件中定义的完全一致。

3. 配置从域名服务器

修改从域名服务器的 BIND 配置文件，增加区域定义，如下所示：

```
01  zone "mydomain.com" IN {
02   type slave;
03   file "/etc/bind/mydomain.com.dns";
04   masters { 192.168.1.170; };
05  };
06
07  zone "1.168.192.in-addr.arpa" IN {
08   type slave;
09   file "/etc/bind/mydomain.com.rev";
10   masters { 192.168.1.170; };
11  };
```

同样也定义了 2 个区域，分别为正向区域和反向区域。这 2 个区域的类型为 slave，即从服务器，同时使用 masters 语句指定主域名服务器为 192.168.1.170。

修改完成之后，重新启动从服务器上面的 BIND 服务进程，即可从主域名服务器上面同步区域数据。

然后再在用户主机上面通过 nslookup 命令测试从域名服务器是否正常工作，命令如下：

```
> server 192.168.1.121
Default server: 192.168.1.121
Address: 192.168.1.121#53
> www.mydomain.com
Server:      192.168.1.121
Address:192.168.1.121#53

Name:    www.mydomain.com
Address: 192.168.1.178
```

从上面的输出可以得知，从域名服务器也能够正常解析本区域的域名。

13.4 NFS 服务

NFS 即网络文件系统，最初是在 FreeBSD 中实现的。后来许多 UNIX 和 Linux 系统都陆陆续续地支持 NFS。在服务器管理中，NFS 的功能是非常重要的。通过 NFS，管理员可以像操作本地文件系统一样操作远程服务器共享出来的文件系统。本节将详细介绍在 Ubuntu 中

NFS 的配置和使用方法。

13.4.1　安装 NFS 服务

默认情况下, Ubuntu 并没有安装 NFS 服务。用户可以使用以下命令安装 NFS 服务及其相关的组件:

```
chunxiao@ubuntu-server:~$ sudo apt install nfs-common nfs-kernel-server
```

安装完成之后, 使用以下命令启用和启动 NFS 服务:

```
chunxiao@ubuntu-server:~$ sudo systemctl enable nfs-server
chunxiao@ubuntu-server:~$ sudo systemctl start nfs-server
```

然后查看 NFS 服务状态, 如下所示:

```
chunxiao@ubuntu-server:~$ systemctl status nfs-server
    nfs-server.service - NFS server and services
    Loaded: loaded (/lib/systemd/system/nfs-server.service; enabled; vendor
preset: enabled)
    Active: active (exited) since Sat 2017-09-23 17:25:53 CST; 4min 46s ago
  Main PID: 30351 (code=exited, status=0/SUCCESS)
    CGroup: /system.slice/nfs-server.service

Sep 23 17:25:53 ubuntu-server systemd[1]: Starting NFS server and services...
Sep 23 17:25:53 ubuntu-server exportfs[30347]: exportfs: can't open /etc/exports
for reading
Sep 23 17:25:53 ubuntu-server systemd[1]: Started NFS server and services.
```

可以发现, NFS 服务已经正常启动了。

13.4.2　共享文件系统

在 Ubuntu 中, 通过 NFS 发布共享文件或者文件系统, 可以通过/etc/exports 文件和 exportfs 命令实现。其中/etc/exports 文件是 NFS 服务中最重要的配置文件, 该文件定义了各种共享资源, 以及共享资源的访问权限等。而 exportfs 命令则用于发布或者撤销共享资源, 并且可以监控共享资源的状态等。

/etc/exports 文件包含了能够被 NFS 客户端访问的本地物理文件系统列表。该文件的内容由系统管理员维护。在该文件中配置的每个文件系统都有一系列的选项和访问控制列表。

/etc/exports 文件的每一行描述了一个被共享的文件系统。每行由两个部分组成, 第一部分为本地共享的目录或者文件系统, 第二部分则为可以访问的文件系统的主机以及访问权限等。

对于客户端主机, NFS 支持 5 种表示形式, 分别介绍如下。

- 单个主机: 这是最常用的一种主机表示形式。可以是一个能够被解析的主机名、全称域名、IP 地址。如果使用 IPv6 的地址, 则需要使用方括号。

- 网络地址：如果想要某个 IP 网络中的所有主机都可以访问某个 NFS 文件系统，则可以通过网络地址指定客户端主机。在这种情况下，用户需要使用网络 ID 加子网掩码的形式来表示网络地址。例如 192.168.1.0/24 表示 192.168.1.0 子网中的所有主机。

- 通配符：NFS 支持通过通配符来表示多台主机。通配符可以是*或者？，前者表示多个字符，而后者表示单个字符，甚至还支持类似于正则表达式的[]形式，表示名称中含有方括号中的字符列表中的字符。

- 匿名：如果仅仅使用一个*表示，则所有的主机都可以访问该文件系统。

NFS 通过选项来控制客户端对于文件系统的访问。表 13-9 列出了常用的选项。

表 13-9　NFS 文件系统常用选项

选项	说明
secure/insecure	要求采用低于 1024 的端口号来建立连接。如果想要取消这一限制，使用 insecure 选项
rw	允许客户端对 NFS 卷进行读写。默认为只读
ro	限制客户端对 NFS 卷只能读取
async	允许 NFS 服务器采用异步方式处理客户端数据的读写请求。使用该选项，可以改善 NFS 服务器的性能，但是在网络不稳定的情况下会丢失数据
sync	强制服务器采用同步的方式处理客户端数据的读写请求
no_wdelay	在同步模式下，如果有写操作请求，NFS 服务器会立即执行
nohide	如果 NFS 服务器共享了 2 个文件系统，并且其中一个文件系统挂载在另外一个文件系统中。默认情况下，如果客户端只挂载在其中的父文件系统，则子文件系统是不可见的，其挂载点仅仅表现为一个空目录。这样，客户端想要访问子文件系统，只能再次挂载。如果启用 nohide 选项，则挂载了父文件系统之后，子文件系统对于客户端是可以访问的
crossmnt	基本功能与 nohide 相同
no_subtree_check	关闭子目录树检查。子目录树检查会执行一些不想忽略的安全性检查。默认选项是启用子目录树检查
no_auth_nlm	NFS 服务器不要对加锁请求进行认证
fsid	标识 NFS 共享的文件系统。对于 NFSv4 来说，共享文件系统必须有一个根目录，这个根目录使用 fsid=root 或者 fsid=0 表示。对于其他的文件系统，可以使用数字或者 UUID 表示
root_squash	如果客户端以 root 身份访问 NFS 卷，则将 root 用户的权限压缩，将其身份映射为匿名用户，以降低安全风险。该选项不影响其他的用户
no_root_squash	如果客户端以 root 身份访问 NFS 卷，不进行权限压缩，则将拥有 root 的权限
all_squash	将所有的访问者的身份都映射为匿名用户，压缩其权限
anonuid	指定匿名用户的用户 ID
anongid	指定匿名用户的组 ID

 启用 no_root_squash 选项会给 NFS 服务器带来极大的风险。

exportfs 命令用来维护 NFS 共享文件系统列表，其基本语法如下：

```
exportfs [options]
```

该命令常用的选项有：

- -a: 导出或者不导出所有的目录。
- -o: 指定访问选项。
- -i: 忽略/etc/exports 文件，仅仅使用默认选项。
- -r: 重新导出所有的目录。
- -u: 不导出一个或者多个目录。
- -f: 清空导出目录列表缓存。

下面演示如何共享一个本地目录。

（1）创建本地目录。

```
chunxiao@ubuntu-server:~$ sudo mkdir /nfsroot
```

然后，在这个目录中创建 2 个子目录，分别为 dir1 和 dir2。

（2）编辑/etc/exports 文件，增加以下 2 行：

```
/nfsroot/dir1   *(rw,sync,no_subtree_check,root_squash)
/nfsroot/dir2   192.168.1.170(ro,sync,no_subtree_check,no_root_squash)
```

上面 2 行分别把刚才创建的 2 个目录共享出去，其中 dir1 的访问权限为读写，而 dir2 的访问权限为只读。

（3）导出共享目录，命令如下：

```
chunxiao@ubuntu-server:~$ sudo exportfs -a
```

导出完成之后，客户端就可以访问该共享目录了。用户可以在客户机上面执行 showmount 命令来查看 NFS 服务器共享的资源，如下所示：

```
chunxiao@master:~$ showmount -e 192.168.1.110
Export list for 192.168.1.110:
/nfsroot/dir1 *
/nfsroot/dir2 192.168.1.170
```

关于 showmount 命令的详细使用方法，将在随后介绍。

13.4.3　挂载 NFS 文件系统

NFS 文件系统的挂载方法同样使用 mount 命令。只不过现在挂载的不是本地文件系统，而是 NFS 服务器上面共享出来的文件系统或者目录。

在挂载 NFS 文件系统之前，用户可以通过 showmount 命令来查看 NFS 服务器共享的文件系统，例如：

```
chunxiao@master:~$ showmount -e 192.168.1.110
Export list for 192.168.1.110:
/nfsroot/dir1 *
/nfsroot/dir2 192.168.1.170
```

在上面的命令中，-e 选项表示列出 NFS 服务器的导出列表。从上面的结果可以得知，192.168.1.110 一共共享了 2 个目录，其中第 1 个目录并没有限制客户端主机，而第 2 个目录则限制了只允许 192.168.1.170 访问。

了解了 NFS 服务器的共享情况之后，用户就可以挂载 NFS 服务器共享的文件系统了。其中，NFS 的文件系统需要使用以下格式表示：

```
ipaddr:/dirname
```

其中，ipaddr 为 NFS 服务器的 IP 地址，dirname 为共享出来的文件系统或者目录的路径。

为了挂载 NFS 文件系统，需要创建 2 个挂载点，其名称分别为 dir1 和 dir2，如下所示：

```
chunxiao@master:~$ mkdir dir1
chunxiao@master:~$ mkdir dir2
```

然后使用 mount 命令挂载文件系统，如下所示：

```
chunxiao@master:~$ sudo mount 192.168.1.110:/nfsroot/dir1 dir1
chunxiao@master:~$ sudo mount 192.168.1.110:/nfsroot/dir2 dir2
```

挂载完成之后，用户就可以访问其中的内容了：

```
chunxiao@master:~$ ls -l dir1
total 0
-rw-rw-r-- 1  nfsuser1        nfsuser1     0   9月  23 22:39   dfasdf
-rw-r--r-- 1  chunxiao        chunxiao     0   9月  23 22:33   sdfs
```

对于 dir1，用户还会拥有写入的权限，在其中创建文件。

通过 mount 命令挂载 NFS 文件系统，在系统重新启动之后，不会自动重新挂载。如果用户想要固定地挂载某个 NFS 文件系统，则可以将其添加到/etc/fstab 文件中，如下所示：

```
192.168.1.110:/nfsroot/dir1      /home/chunxiao/dir1      nfs      rw      0
0
```

NFS 的访问权限比较复杂，不仅跟/etc/exports 文件中的权限选项和访问者的账号有关，还跟 NFS 服务器上面的用户对于共享访问权限有关。关于这个方面的内容，将在随后详细讨论。

13.4.4 NFS 文件系统权限

NFS 文件系统的权限相对比较复杂，导致这个问题的原因主要是 NFS 本身的设计。NFS

文件系统实际上是位于 NFS 服务器上面，由 NFS 服务器来管理的，通过 NFS 协议共享给客户端使用。这一点与存储区域网络有着明显的区别。图 13-19 和图 13-20 分别描述了 NFS 和存储区域网络的原理。

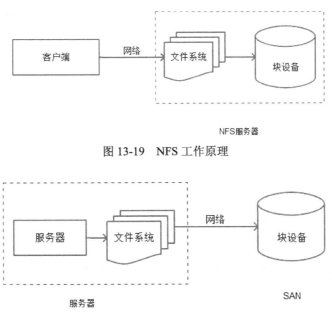

图 13-19　NFS 工作原理

图 13-20　存储区域网络工作原理

从图 13-19 可以看出，NFS 的文件系统是由 NFS 服务器的操作系统管理的；客户端仅仅是将数据通过 NFS 协议传递给 NFS 服务器，由 NFS 服务器负责数据的读取和写入。而存储区域网络则不同，其文件系统完全是由使用文件系统的服务器来直接管理，SAN 设备则不负责文件系统的管理。

正因为 NFS 的设计原理如此，所以在使用的过程中必然会涉及客户端的用户对于 NFS 文件系统的访问权限和 NFS 服务器的用户对于本地文件系统的访问权限。这两种权限必须同时处理好，才能正常对 NFS 文件系统进行读写。图 13-21 描述了这两种权限对于 NFS 文件系统的影响。

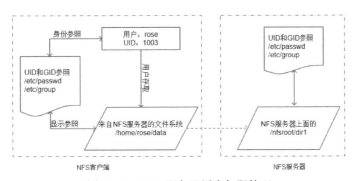

图 13-21　NFS 服务器用户权限管理

从图 13-21 可以得知，NFS 服务器对于文件系统的访问权限是依据其本身的系统用户，而客户端的操作系统对于 NFS 文件系统的访问权限管理却是依据客户端本身的系统用户。这样的话，在使用 NFS 文件系统的过程中，就会必然涉及两套用户账号和两套文件系统。

假设客户端里面的一个普通用户 rose 去访问 NFS 文件系统/home/rose/data。当该用户进入该目录之后，客户端操作系统会依据本地的/etc/passwd 和/etc/group 以及文件系统本身的权限来决定用户 rose 是否可以对该目录进行读写。但是，/home/rose/data 同时又是来自 NFS 服务器的文件系统/nfsroot/dir1。此时，会出现下面几种情况。

（1）NFS 服务器和客户端都拥有相同的账号 rose，并且其用户 ID 和组 ID 也是相同的，都是 1003。这种情况非常完美，客户端可以直接以 rose 的身份来访问/home/rose/data。此时，客户端的用户 rose 对/home/rose/data 的访问权限与 NFS 服务器上面的用户 rose 对/nfsroot/dir1 的访问权限完全一致。并且在列出目录内容时，文件的所有者和所属组都可以正常显示。

（2）NFS 服务器用户 ID 为 1003 的用户不是 rose，而是 joe，那么客户端的用户 rose 的访问权限仍然与 NFS 服务器上面的 joe 相同。这是因为在文件系统的索引节点中记录的是用户的 ID，而不用户名。所以只要用户 ID 相同，其访问权限相同。

对于这种情况，用户可以进行验证。首先确认客户端的 rose 用户对于/home/rose/data 没有写入权限，如下所示：

```
rose@master:~/data$ touch test2
touch: cannot touch 'test2': Permission denied
```

从上面命令的执行结果可以得知，rose 不能在/home/rose/data 目录中创建新的文件。

接下来通过 setfacl 命令为 NFS 服务器上面的用户 joe 增加写入权限，如下所示：

```
chunxiao@ubuntu-server:~$ sudo setfacl -m user:joe:rwx /nfsroot/dir1/
```

然后再次在客户端以 rose 用户身份在/home/rose/data 目录中创建新文件，如下所示：

```
rose@master:~/data$ touch test2
rose@master:~/data$ ll test2
-rw-r--r-- 1  rose    rose    0  9月 24 17:25    test2
```

可以发现这次可以创建成功，并且新创建的 test2 文件的所有者和组都是 rose。但是，如果在 NFS 服务器上面查看这个文件，则其所有者和组却为 joe，如下所示：

```
chunxiao@ubuntu-server:~$ ll /nfsroot/dir1/test2
-rw-r--r-- 1  joe    joe    0  Sep 24 17:25       /nfsroot/dir1/test2
```

这是因为客户端的 rose 和服务器上面的 joe 用户拥有相同的用户 ID 和组 ID。

> 如果客户端和服务器都有相同的用户 joe，但是其用户 ID 和组 ID 不同，则其对于 NFS 文件系统的访问权限是不同的。

（3）NFS 服务器上面没有用户 ID 为 1003 的用户。此时，用户 rose 的权限被压缩，作为匿名用户访问。一般情况下，匿名用户的 ID 为 65534，其账户名称为 nobody。

对于匿名访问的情况，为了提高安全性，通常通过 anonuid 和 anongid 这两个选项为匿名用户指定一个本地的用户 ID 和组 ID。这样的话，所有的匿名访问都被映射为这 2 个选项的指定值。匿名用户的权限就与 anonuid 选项指定的用户相同。

（4）客户端以 root 身份访问 NFS 文件系统。这种情况非常特殊，因为每台 Linux 都有 root 用户，并且其用户 ID 和组 ID 永远是 0。如果客户端以 root 身份访问 NFS 服务器，根据前面的介绍，此时会拥有 root 的权限。这种情况是非常危险的，所以在通常情况下，共享文件系统的时候会启用 root_squash 选项，将 root 用户的权限压缩成为匿名用户的权限。

除了客户端和服务器的用户对于文件系统的访问权限之外，在导出文件系统的时候，也有几个选项会影响到客户端对于 NFS 文件系统的读写权限，这些选项分别为 ro 和 rw。其中 ro 表示只读，rw 表示可读写。如果在导出文件系统的时候指定了 ro 选项，则即使 NFS 服务器上面对应的用户拥有写入权限，则客户端仍然不能写入。

综上所述，在使用 NFS 共享文件系统的时候，如果遇到不能写入的情况，则应该从多个方面进行检查，包括客户端和服务器的用户对应、服务器的用户对于 NFS 文件系统的访问权限，以及/etc/exports 文件中的访问选项等。

13.5　其他网络服务管理

除了前面介绍的几种网络服务之外，Linux 系统上面还会经常运行着其他的一些网络服务，例如 Samba、Apache 以及 MySQL 等。本节将对这些网络服务进行简要介绍，使得读者能够基本掌握这些网络服务的管理方法。

13.5.1　Samba 资源共享

Samba 是在 Linux 以及 UNIX 系统中实现 SMB 协议的一个软件包。SMB 协议，又称为服务器信息块，是一个网络文件共享协议，它允许应用程序和终端用户从远端的文件服务器访问文件资源。

在 Ubuntu 中，如果没有安装 Samba 软件包，可以通过以下命令安装：

```
chunxiao@ubuntu-server:~$ sudo apt install samba
```

用户可以通过以下命令启动 Samba 服务：

```
chunxiao@ubuntu-server:~$ sudo systemctl start samba
```

启动成功之后，通过 systemctl 命令查看该服务的状态，如下所示：

```
chunxiao@ubuntu-server:~$ systemctl status samba
  samba.service - LSB: ensure Samba daemons are started (nmbd, smbd and samba)
```

```
    Loaded: loaded (/etc/init.d/samba; generated; vendor preset: enabled)
    Active: active (exited) since Sun 2017-09-24 21:52:15 CST; 1min 43s ago
      Docs: man:systemd-sysv-generator(8)
   Process: 6242 ExecStart=/etc/init.d/samba start (code=exited,
status=0/SUCCESS)

   Sep 24 21:52:15 ubuntu-server systemd[1]: Starting LSB: ensure Samba daemons
are started (nmbd, smbd and samba)...
   Sep 24 21:52:15 ubuntu-server samba[6242]: Starting nmbd (via systemctl):
nmbd.service.
   Sep 24 21:52:15 ubuntu-server samba[6242]: Starting smbd (via systemctl):
smbd.service.
   Sep 24 21:52:15 ubuntu-server systemd[1]: Started LSB: ensure Samba daemons are
started (nmbd, smbd and samba).
```

可以得知，Samba 服务已经处于运行状态。

接下来需要添加一个可以访问 Samba 共享服务的用户，这个用户首先必须是 Linux 系统的本地用户。添加 Samba 用户需要使用 smbpasswd 命令，smbpasswd 命令是 Samba 最主要的管理命令。该命令的基本语法如下：

```
smbpasswd [options] username
```

smbpasswd 的常用选项有：

- -a: 添加 Samba 用户。
- -d: 禁用 Samba 用户。
- -e: 重新启用某个 Samba 用户。
- -n: 取消密码。
- -x: 删除 Samba 用户。

例如，下面的命令将 joe 添加为 Samba 用户：

```
chunxiao@ubuntu-server:~$ sudo smbpasswd -a joe
```

在添加用户的时候，需要指定访问 Samba 服务的密码。

设置为 Samba 用户之后，还需要指定共享资源。共享资源在 Samba 的配置文件 /etc/samba/smb.conf 中设置。/etc/samba/smb.conf 是 Samba 最主要的配置文件。smb.conf 中含有多个段，每个段由段名开始，直到下个段名结束。每个段名放在方括号中间。除了 [global] 段外，所有的段都可以看作是一个共享资源。段名是该共享资源的名字，段里的参数是该共享资源的属性。

smb.conf 文件中的选项非常多，大致可以分全局选项和共享选项两大类。其中全局选项中最重要的是 security，该选项用来指定 Samba 的认证方式。Samba 目前支持 4 种认证方式：

- share: 用户访问 Samba 提供的共享资源不需要账号和密码。
- user: 用户访问 Samba 共享资源需要提供账号和密码。该账号和密码由 Samba 管理。

- server：依靠操作系统，例如 Windows NT/2000 或 Samba Server 来验证用户的账号和密码。
- domain：域安全级别，使用主域控制器来完成认证。

共享选项中比较重要的有 path、browseable、writable、available、admin users 以及 valid users 等。表 13-10 列出了最常用的一些共享选项。

表 13-10　Samba 共享选项

选项	说明
path	指定共享目录的路径。可以用%u、%m 这样的宏来代替路径里的 UNIX 用户名
browseable	指定该共享目录是否可以浏览
writable	指定该共享目录是否可以写
available	指定该共享目录是否可用
admin users	指定该共享资源的管理者
valid users	指定允许访问该共享资源的用户
invalid users	指定不允许访问该共享资源的用户
write list	指定可以写入该共享资源的用户
public	是否允许匿名用户访问该共享资源
guest ok	同 public

在配置 Samba 共享资源的时候，主要设置的内容包括共享资源的名称、共享资源的路径以及访问权限等。

例如，下面的代码设置了一个共享资源：

```
01  [work]
02      comment = Directory Work
03      path=/samba
04      readonly=no
05      public=yes
06      writable=yes
07      browseable=yes
08      write list=joe
09      valid users=joe
```

第 1 行为共享资源的名称，这个名称是提供给客户端使用的。第 3 行通过 path 选项指定共享资源的本地路径为/home/samba。第 4~7 行指定该资源的访问权限。第 8 行指定可以写入本资源的用户列表。第 9 行指定可以访问该资源的用户列表。

设置完成之后，通过以下命令为 joe 用户添加/samba 目录的访问权限：

```
chunxiao@ubuntu-server:~$ sudo setfacl -m user:joe:rwx /samba/
```

然后重新启动 Samba 服务。

无论是在 Linux 或者 Windows 中，都可以访问 Samba 的共享资源。下面以 Windows 10 为例，说明如何访问 Samba 共享资源。

（1）打开控制面板，如图 13-22 所示。

图 13-22　Windows 10 控制面板

（2）选择"网络和 Internet"选项，打开"网络和 Internet"对话框，如图 13-23 所示。

图 13-23　"网络和 Internet"对话框

（3）选择"查看网络计算机和设备"链接，打开"网络"对话框，如图 13-24 所示。此时，启用 Samba 共享服务的计算机会出现在列表中。

图 13-24　"网络"对话框

（4）双击要访问的计算机名称，在本例中为 UBUNTU-SERVER。在弹出的对话框中输入账号和密码。确定之后，列出所有的共享资源，如图 13-25 所示。

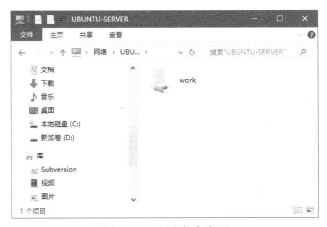

图 13-25　列出共享资源

13.5.2　Apache 万维网服务

Apache 是世界上使用排名第一的 Web 服务器软件。它可以运行在几乎所有计算机平台上，由于其跨平台和安全性被广泛使用，是最流行的 Web 服务器端软件之一。

Apache 并不是 Ubuntu 的标准默认组件，用户需要自己安装，安装命令为：

```
chunxiao@ubuntu:~$ sudo apt install apache2
```

安装完成之后，使用以下命令启用 Apache2：

```
chunxiao@ubuntu:~$ sudo systemctl enable apache2
```

然后查看服务状态是否正常，在确定服务正常运行之后，就可以进行下一步的配置了。

```
chunxiao@ubuntu:~$ systemctl status apache2
    apache2.service - The Apache HTTP Server
    Loaded: loaded (/lib/systemd/system/apache2.service; enabled; vendor preset:
enabled)
    Drop-In: /lib/systemd/system/apache2.service.d
            └─apache2-systemd.conf
    Active: active (running) since Mon 2017-09-25 11:25:29 CST; 5min ago
Main PID: 4866 (apache2)
    CGroup: /system.slice/apache2.service
            ├─4866 /usr/sbin/apache2 -k start
            ├─4868 /usr/sbin/apache2 -k start
            └─4869 /usr/sbin/apache2 -k start

 9月 25 11:25:29 ubuntu systemd[1]: Starting The Apache HTTP Server...
 9月 25 11:25:29 ubuntu apachectl[4855]: AH00558: apache2: Could not reliably
determine the server's fully qualified domain name, using fe80::a27c:cffa:dbf1:705d.
Set the 'ServerName' directive globally to
 9月 25 11:25:29 ubuntu systemd[1]: Started The Apache HTTP Server.
```

Apache2 的主配置文件位于/etc/apache2 目录中，其文件名为 apache2.conf。apache2.conf 配置文件中的选项主要分为 3 类，分别为全局选项、主服务器选项和虚拟主机选项。Apache2 常用配制选项如表 13-11 所示。

表 13-11　Apache2 常用配置选项

选项	说明	默认值
ServerRoot	指定 Apache2 的运行目录，服务启动之后自动将目录改变为当前目录，在后面使用到的所有相对路径都是相对这个目录	/etc/apache2
PidFile	记录 Apache2 守护进程的进程 ID，这是系统识别一个进程的方法，系统中 httpd 进程可以有多个，但这个 PID 对应的进程是其他的父进程	/run/apache2/apache2.pid
Timeout	发送或者接收数据超时时间，以秒为单位	300
KeepAlive	是否允许持续连接	On
MaxKeepAliveRequests	设定每个持续连接最多请求数	100
KeepAliveTimeout	同一个连接同一个客户端两次请求之间的超时时间，以秒为单位	5
User	运行 Apache2 服务的用户名	www-data
Group	运行 Apache2 服务进程的组	www-data
HostnameLookups	当打开此项功能时，在记录日志的时候同时记录主机名，这需要服务器来反向解析域名，增加了服务器的负载，通常不建议开启	Off
ErrorLog	错误日志存放的位置	/var/log/apache2/error.log
LogLevel	日志级别	warn
Listen	指定 Apache2 服务端口	80
LoadModule	加载功能模块	
Include	引入配置文件	
ServerAdmin	管理员邮箱地址	webmaster@localhost
DocumentRoot	网页存放的目录	/var/www/html
ServerName	主机名或者域名	
Directory	设置目录访问权限	
DirectoryIndex	默认主页名称	index.html index.html.var
AccessFileName	指定每个目录下面的访问控制文件	.htaccess
DefaultType	默认网页类型	text/plain
Alias	设置虚拟目录	
AddLanguage	添加语言支持	
AddDefaultCharset	指定默认字符编码	
NameVirtualHost	定义虚拟主机	

 表 13-11 所讲的默认值仅仅限于 Ubuntu，在其他的系统，这些选项的默认值会有所不同。

下面列出了一个默认的 Apache2 的 apache2.conf 文件的部分内容：

```
01   ServerRoot "/etc/apache2"
02   DefaultRuntimeDir ${APACHE_RUN_DIR}
03   PidFile ${APACHE_PID_FILE}
04   Timeout 300
05   KeepAlive On
06   MaxKeepAliveRequests 100
07   KeepAliveTimeout 5
08   User ${APACHE_RUN_USER}
09   Group ${APACHE_RUN_GROUP}
10   HostnameLookups Off
11   ErrorLog ${APACHE_LOG_DIR}/error.log
12   LogLevel warn
13   Include ports.conf
14   <Directory />
15       Options FollowSymLinks
16       AllowOverride None
17       Require all denied
18   </Directory>
19
20   <Directory /usr/share>
21       AllowOverride None
22       Require all granted
23   </Directory>
24
25   <Directory /var/www/>
26   Options Indexes FollowSymLinks
27   AllowOverride None
28   Require all granted
29   </Directory>
30
31   #<Directory /srv/>
32   #    Options Indexes FollowSymLinks
33   #    AllowOverride None
34   #    Require all granted
35   #</Directory>
36   AccessFileName .htaccess
37   <FilesMatch "^\.ht">
38       Require all denied
39   </FilesMatch>
40
41   LogFormat "%v:%p %h %l %u %t \"%r\" %>s %O \"%{Referer}i\" \"%{User-Agent}i\""
vhost_combined
42   LogFormat "%h %l %u %t \"%r\" %>s %O \"%{Referer}i\" \"%{User-Agent}i\""
combined
43   LogFormat "%h %l %u %t \"%r\" %>s %O" common
44   LogFormat "%{Referer}i -> %U" referer
45   LogFormat "%{User-agent}i" agent
46
47   IncludeOptional conf-enabled/*.conf
48
49   IncludeOptional sites-enabled/*.conf
```

在上面的代码中，部分选项的值来自 Shell 环境变量，例如 APACHE_RUN_DIR、

APACHE_PID_FILE 以及 APACHE_RUN_USER 等，其他的选项请参照表 13-11 进行理解。

13.5.3 MySQL 数据库服务

MySQL 是一个开放源代码的关系型数据库管理系统，是互联网上面使用最为广泛的数据库管理系统。据 DB-Engines 调查，截至 2017 年 9 月，MySQL 占据数据库市场的第 2 名，第 1 名为 Oracle。

MySQL 可以运行在绝大部分的操作系统上面，包括 Windows、UNIX 和 Linux 等。其中，运行 MySQL 最多的就是各种 Linux 发行版。

MySQL 并不是 Ubuntu 默认安装的软件包，所以如果要使用 MySQL，用户需要自己安装。安装的命令如下：

```
chunxiao@ubuntu-server:~$ sudo apt install mysql-server
```

Ubuntu 17.04 将 MySQL 的配置文件进行了拆分，主配置文件为/etc/mysql/my.cnf。经过拆分之后，my.cnf 文件的主要内容就非常简洁，如下所示：

```
!includedir /etc/mysql/conf.d/
!includedir /etc/mysql/mysql.conf.d/
```

也就是说，my.cnf 文件通过 include 命令包含了/etc/mysql/conf.d 和/etc/mysql/mysql.conf.d 目录中的所有以.cnf 结尾的文件。其中/etc/mysql/conf.d 目录中包含 2 个文件，分别为 mysql.cnf 和 mysqldump.cnf，实际上这 2 个文件是为 MySQL 的客户端命令使用的。/etc/mysql/mysql.conf.d 目录中则包含了与服务进程有关的配置文件，其中最主要的一个文件为 mysqld.cnf。下面的代码为 mysqld.cnf 文件的主要内容：

```
01  [mysqld_safe]
02  socket      = /var/run/mysqld/mysqld.sock
03  nice    = 0
04
05  [mysqld]
06  #
07  # * Basic Settings
08  #
09  user    = mysql
10  pid-file = /var/run/mysqld/mysqld.pid
11  socket      = /var/run/mysqld/mysqld.sock
12  port    = 3306
13  basedir     = /usr
14  datadir     = /var/lib/mysql
15  tmpdir      = /tmp
16  lc-messages-dir = /usr/share/mysql
17  skip-external-locking
18  #
19  # Instead of skip-networking the default is now to listen only on
20  # localhost which is more compatible and is not less secure.
21  bind-address    = 127.0.0.1
22  #
23  # * Fine Tuning
```

```
24  #
25  key_buffer_size        = 16M
26  max_allowed_packet  = 16M
27  thread_stack      = 192K
28  thread_cache_size        = 8
29  # This replaces the startup script and checks MyISAM tables if needed
30  # the first time they are touched
31  myisam-recover-options = BACKUP
32  #max_connections       = 100
33  #table_open_cache      = 64
34  #thread_concurrency     = 10
35  #
36  # * Query Cache Configuration
37  #
38  query_cache_limit    = 1M
39  query_cache_size      = 16M
40  #
41  # * Logging and Replication
42  #
43  # Both location gets rotated by the cronjob.
44  # Be aware that this log type is a performance killer.
45  # As of 5.1 you can enable the log at runtime!
46  #general_log_file       = /var/log/mysql/mysql.log
47  #general_log         = 1
48  #
49  # Error log - should be very few entries.
50  #
51  log_error = /var/log/mysql/error.log
52  #
53  # Here you can see queries with especially long duration
54  #slow_query_log      = 1
55  #slow_query_log_file= /var/log/mysql/mysql-slow.log
56  #long_query_time = 2
57  #log-queries-not-using-indexes
58  #
59  # The following can be used as easy to replay backup logs or for replication.
60  # note: if you are setting up a replication slave, see README.Debian about
61  #       other settings you may need to change.
62  #server-id        = 1
63  #log_bin        = /var/log/mysql/mysql-bin.log
64  expire_logs_days = 10
65  max_binlog_size   = 100M
66  #binlog_do_db        = include_database_name
67  #binlog_ignore_db     = include_database_name
68  #
69  # * InnoDB
70  #
71  # InnoDB is enabled by default with a 10MB datafile in /var/lib/mysql/.
72  # Read the manual for more InnoDB related options. There are many!
73  #
74  # * Security Features
75  #
76  # Read the manual, too, if you want chroot!
77  # chroot = /var/lib/mysql/
78  #
79  # For generating SSL certificates I recommend the OpenSSL GUI "tinyca".
```

```
80  #
81  # ssl-ca=/etc/mysql/cacert.pem
82  # ssl-cert=/etc/mysql/server-cert.pem
83  # ssl-key=/etc/mysql/server-key.pem
```

从上面的内容可以得知，MySQL 的配置文件也是分段的。上面的代码分为 mysqld_safe 和 mysqld 共 2 个区段。以#符号开头的为注释行，MySQL 仅仅支持行注释。MySQL 中的服务选项如表 13-12 所示。

表 13-12 MySQL 服务器常用选项

选项	说明	默认值
socket	指定 MySQL 服务器使用的套接字文件	/var/run/mysqld/mysqld.sock
bind-address	绑定服务器的 IP 地址	127.0.0.1
key_buffer_size	指定用于索引的缓冲区大小，增加它可得到更好处理的索引	16MB
max_allowed_packet	接受的数据包大小	16MB
thread_cache_size	线程的创建和销毁的开销可能很大，因为每个线程的连接/断开都需要	8
query_cache_limit	指定单个查询能够使用的缓冲区的上限，超过该上限的查询将不被缓存	1MB
query_cache_size	指定全局查询缓冲区的大小	16MB
general_log_file	MySQL 一般日志文件的位置	/var/log/mysql/mysql.log
log_error	MySQL 错误日志的位置	/var/log/mysql/error.log
slow_query_log	是否启用慢查询日志	1
long_query_time	慢查询时间，超过该时间判断为慢查询，时间单位为秒	1
slow_query_log_file	慢查询日志的位置	/var/log/mysql/mysql-slow.log
log_bin	二进制日志的位置	/var/log/mysql/mysql-bin.log
default-storage-engine	默认的存储引擎	InnoDB
port	MySQL 服务端口	3306
sort_buffer_size	查询排序时所能使用的缓冲区大小	6MB
read_buffer_size	读查询操作所能使用的缓冲区大小	4MB
join_buffer_size	联结查询操作所能使用的缓冲区大小	8MB
thread_cache_size	线程缓冲区的大小	8MB

sort_buffer_size 对应的分配内存是每连接独占。如果有 100 个连接，那么实际分配的总共排序缓冲区大小为 6×100=600MB。所以，对于内存在 4GB 左右的服务器推荐设置为 6MB~8MB。

关于 MySQL 服务器的操作，限于篇幅，不再详细介绍。

第 14 章
虚拟化和云计算

随着服务器硬件的飞速发展,在一台服务器上面部署单独的应用必然会造成硬件的极大浪费。为此,人们提出了服务器虚拟化的想法。通过虚拟化,将服务器物理资源抽象成逻辑资源,让一台服务器变成几台,甚至上百台相互隔离的虚拟服务器,提高资源的利用率。因此,虚拟化是目前计算机技术发展的一个重要方向。本章将详细讨论 Ubuntu 中的虚拟化实现方式。

本章主要涉及的知识点有:

- 虚拟化基础知识: 了解目前的虚拟化技术、方案以及常见的虚拟化软件。
- KVM: 掌握 KVM 的安装和配置方法,以及虚拟机的管理等。
- Docker: 学会在 Ubuntu 安装和使用 Docker。
- LXC 和 LXD: 掌握 Linux 容器以及使用方法。
- Ubuntu 云计算: 掌握 OpenStack 以及云主机的管理方法。

14.1 虚拟化基础知识

虚拟化是目前服务器的发展方向之一。通过虚拟化,可以显著提高服务器软硬件的利用率,可以动态调整虚拟机的硬件配置,服务于各行各业中灵活多变的应用需求。本节将对虚拟化的基础知识进行简单介绍。

14.1.1 虚拟化技术

在计算机中,虚拟化指的是一种物理资源管理技术,是将计算机的各种物理资源,例如 CPU、内存、网络、I/O 以及存储等,予以抽象,转换成逻辑资源,让一台服务器变成几台,甚至上百台相互隔离的虚拟服务器。其中各种物理资源转换成逻辑资源之后,就形成一个可以动态管理的资源池。管理员可以根据业务需求,对这些资源进行分配。

服务器可以实现一对多、多对一以及多对多等多种形式的虚拟化。一对多就是将一台物理服务器虚拟成多台虚拟服务器,这是最常见的一种形式。多对一就是将多台物理服务器虚拟成一台功能强大的虚拟服务器。多对多就是将多台物理服务器虚拟成多台虚拟服务器。

14.1.2 常用虚拟化方案

目前,许多厂商都提出了自己的虚拟化方案,其中最常见的主要有 Xen、VMware、KVM

和 Hyper-V 等。

Xen 是一种开放源代码的虚拟化系统,由剑桥大学开发。Xen 通过一种准虚拟化的技术使得其性能非常突出,是目前性能最稳定、占用资源最少的开源虚拟化技术。Xen 目前可以运行在 x86 及 x86-64 系统上,并正在向 IA64、PPC 移植。

VMware 本身是一家非常有名的软件公司。它提供云计算和虚拟化的软件方案。目前,该公司推出了多种虚拟化产品,包括 VMware Workstation、VMware Fusion、VMware Server 以及 VMware ESX 服务器等。这些产品都是商业软件,用户使用需要购买商业许可。

KVM 是一种用于 Linux 内核中的虚拟化技术。KVM 目前由 Red Hat 等厂商开发,但是所有主流的 Linux 发行版都支持 KVM。

Hyper-V 是微软的一款虚拟化产品,在服务器操作系统 Windows 2008 Server 中最早推出。Hyper-V 采用微内核的架构,兼顾了安全性和性能的要求。更值得提出的是,Hyper-V 对 Linux 提供完美的支持。

14.2　KVM

KVM 是 Linux 系统上面最常用的虚拟化技术方案。通过 KVM,管理员可以非常方便地实现服务器的虚拟化。本节将详细介绍如何在 Ubuntu 中使用 KVM 来创建和管理虚拟机。

14.2.1　KVM 及其相关组件

KVM 是一种开源的虚拟化产品,其全称是基于内核的虚拟机(Kernel-based Virtual Machine)。在主流的 Linux 内核,如 2.6.20 以上的内核均已包含了 KVM 核心。

准确地讲,KVM 是 Linux 内核的一个模块。但仅有 KVM 模块本身还远远不够,因为用户无法直接控制内核模块去做事情。用户还需要一个运行在用户空间的工具软件才可以。KVM 使用了另外一个虚拟化软件 QEMU 的一部分功能,并稍加改造,作为控制自己的用户空间工具。KVM 与 QEMU 结合之后的功能模块称为 qemu-kvm。图 14-1 描述了 KVM 与 QEMU 的关系。

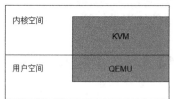

图 14-1　KVM 与 QEMU 的关系

14.2.2　安装 KVM

由于 KVM 虚拟化需要 CPU 的支持,所以在安装 KVM 之前,需要检查一下 CPU 是否支持硬件虚拟化,命令如下:

```
chunxiao@ubuntu:~$ grep -E 'svm|vmx' /proc/cpuinfo
```

如果以上命令输出以下信息,则表示 CPU 支持 KVM:

```
flags        : fpu vme de pse tsc msr pae mce cx8 apic sep mtrr pge mca cmov pat
pse36 clflush mmx fxsr sse sse2 ss syscall nx pdpe1gb rdtscp lm constant_tsc
arch_perfmon nopl xtopology tsc_reliable nonstop_tsc pni pclmulqdq vmx ssse3 fma
cx16 pcid sse4_1 sse4_2 x2apic movbe popcnt tsc_deadline_timer aes xsave avx f16c
rdrand hypervisor lahf_lm abm tpr_shadow vnmi ept vpid fsgsbase tsc_adjust bmi1
avx2 smep bmi2 invpcid xsaveopt arat
```

在 Ubuntu 中，用户可以使用以下命令安装 KVM 以及相关组件：

```
chunxiao@ubuntu-server:~$ sudo apt install qemu-kvm libvirt-bin virtinst
```

安装完成之后，需要将管理虚拟机的用户添加为 libvirt 用户组的成员。如果当前用户即为 KVM 管理员，则可以使用以下命令：

```
chunxiao@ubuntu-server:~$ sudo adduser $USER libvirt
```

其中 Shell 变量$USER 表示当前登录的用户的用户名。

 如果选择了当前用户，需要注销后重新登录，使得改动生效。

最后，需要启用并启动 libvirtd 服务，命令如下：

```
chunxiao@ubuntu-server:~$ sudo systemctl enable libvirtd
chunxiao@ubuntu-server:~$ sudo systemctl start libvirtd
```

KVM 提供了一个图形界面的虚拟机管理工具，其名称为 Virtual Machine Manager。用户可以使用以下命令安装该软件包：

```
chunxiao@ubuntu:~$ sudo apt install virt-manager
```

14.2.3　创建虚拟机

下面以创建 CentOS 7 虚拟机为例，来说明在 KVM 中创建虚拟机的方法。

（1）在 Shell 命令行中输入以下命令，启动 Virtual Machine Manager：

```
chunxiao@ubuntu:~$ virt-manager
```

启动后的 Virtual Machine Manage 如图 14-2 所示。

图 14-2　Virtual Machine Manager

（2）单击工具栏上面的 Create a new virtual machine 按钮，打开虚拟机创建向导，如图 14-3 所示。

用户可以根据自己的实际情况选择安装方式。如果用户已经将待安装的操作系统的 ISO 镜像文件下载到本地，则可以选择第 1 项；如果想执行网络安装，则选择第 2 项；如果想要网络引导，则选择第 3 项；如果想要导入一个已经存在的磁盘镜像，则选择第 4 项。

在本例中，已经将 CentOS 7 的 ISO 镜像文件下载到本地，所以选择第 1 项。然后单击 Forward 按钮，进入下一步。

（3）选择安装介质。如果待使用的 ISO 文件没有出现在图 14-4 所示的列表中，则可以单击 Browse Local 按钮，打开文件选择窗口，在文件列表中选择已经下载好的 CentOS 镜像文件，然后单击 Open 按钮，加载镜像文件，如图 14-5 所示。设置完成之后，单击 Forward 按钮进入下一步。

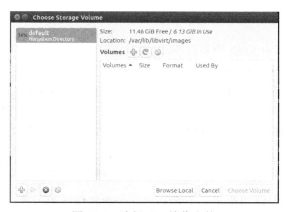

图 14-3　选择安装方式　　　　　　　　　　图 14-4　选择 ISO 镜像文件

（4）设置内存和 CPU。在弹出的对话框中，单击 Memory 文本框右侧的加减箭头，调整虚拟机内存大小。通过相同的方法，调整 CPU 的数量，如图 14-6 所示。设置完成之后，单击 Forward 按钮进入下一步。

图 14-5　加载 ISO 镜像文件　　　　　　　　图 14-6　设置 CPU 和内存

（5）设置虚拟磁盘。用户可以选择默认值，也可以根据自己的实际需要进行修改，如图 14-7 所示。设置完成，单击 Forward 按钮。

（6）设置虚拟机名称，如图 14-8 所示。设置完成之后，单击 Finish 按钮完成虚拟机的创建。

图 14-7　设置虚拟磁盘　　　　　　　　　　图 14-8　设置虚拟机名称

（7）安装 CentOS。接下来就是 CentOS 的安装过程，如图 14-9 所示，限于篇幅，不再详细介绍。

图 14-9　安装 CentOS

14.2.4　管理虚拟机

通过 Virtual Machine Manager，用户可以非常方便地管理虚拟机。在虚拟机列表中，右击要管理的虚拟机，右键快捷菜单包括启动、暂停、关闭、克隆、迁移以及删除等各项功能，如图 14-10 所示。

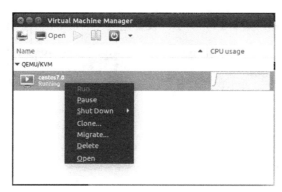

图 14-10　虚拟机管理

14.3　Docker

Docker 是最近几年才兴起的一种虚拟化方式。与传统的虚拟化相比，Docker 拥有许多优势，例如更高效地利用系统资源、更快速地启动时间以及更轻松地迁移等。本节将详细介绍如何在 Ubuntu 中安装和使用 Docker。

14.3.1　Docker 以及基础知识

Docker 又称为容器，是一种新型的虚拟化技术。Docker 最初在 Ubuntu 上面实现，后来许多其他的 Linux 发行版也逐渐支持 Docker。Docker 采用 GO 语言开发，采用 Apache 授权协议开源。

与传统的服务器虚拟化技术相比，Docker 拥有明显的区别，图 14-11 和图 14-12 分别描述了传统的虚拟化和 Docker 的原理。

图 14-11　传统的虚拟化

图 14-12　Docker

从图中可以看出，传统的虚拟化会虚拟出一套完整的虚拟机，包括虚拟硬件以及完整的操作系统。而 Docker 则不同，它没有完整的虚拟机硬件和操作系统。因此，Docker 拥有更高的灵活性和轻便性。

14.3.2　安装 Docker

Docker 分为 Docker CE 和 Docker EE 两个版本，前者为开源的社区版，后者为企业版。因此，我们以 Docker EE 为例来说明 Docker 的安装过程。Docker 支持多种版本的 Ubuntu，包括 Zesty、Xenial 和 Trusty 等。

从 Ubuntu 14.04 开始，一部分内核模块移到了可选内核模块包，即 linux-image-extra-*，以减少内核软件包的体积。正常安装的系统应该会包含可选内核模块包，而一些裁剪后的系统可能会将其精简掉。AUFS 内核驱动属于可选内核模块的一部分，作为推荐的 Docker 存储层驱动，一般建议安装可选内核模块包以使用 AUFS。

如果没有安装可选内核模块包，用户可以使用以下命令安装：

```
chunxiao@ubuntu:~$ sudo apt install linux-image-extra-$(uname -r)
linux-image-extra-virtual
```

Docker 的安装源很多，除了官方源之外，还有许多镜像源。相对于官方源，国内的镜像源的速度会比较快，所以建议使用国内源安装。其中，国内阿里云的镜像站点比较稳定。

为了确保软件包的合法性，需要添加软件源的 GPG 密钥，命令如下：

```
chunxiao@ubuntu:~$ curl -fsSL
https://mirrors.aliyun.com/docker-ce/linux/ubuntu/gpg | sudo apt-key add -
```

接下来是向 source.list 添加 Docker 的软件源，命令如下：

```
chunxiao@ubuntu:~$ sudo add-apt-repository "deb [arch=amd64]
https://mirrors.aliyun.com/docker-ce/linux/ubuntu $(lsb_release -cs) stable"
```

然后，用户就可以安装 Docker CE 了：

```
chunxiao@ubuntu:~$ sudo apt update
chunxiao@ubuntu:~$ sudo apt install docker-ce
```

安装完成之后，用户可以使用以下命令启用和启动 Docker CE：

```
chunxiao@ubuntu:~$ sudo systemctl enable docker
chunxiao@ubuntu:~$ sudo systemctl start docker
```

默认情况下，Docker 命令会使用 UNIX 套接字与 Docker 引擎通信。而只有 root 用户和 docker 用户组的成员才可以访问 Docker 引擎的 UNIX 套接字。出于安全考虑，一般情况下不会直接使用 root 用户。所以，比较好的做法是将需要 Docker 的用户加入到 docker 用户组。

例如，如果想要将当前的用户添加到 docker 用户组，可以使用以下命令：

```
chunxiao@ubuntu:~$ sudo usermod -aG docker $USER
```

14.3.3　使用镜像

在 Docker 的管理中，docker 命令承担了重要的角色。通过该命令，用户可以管理镜像和容器。该命令的基本语法如下：

```
docker command [arg...]
```

其中，command 为 docker 命令的子命令，常用的子命令如下：

- attach：将本地的标准输入、输出以及错误附加到一个容器。
- build：从 Dockerfile 创建一个镜像。
- commit：将容器进行修改，然后提交成为新的镜像。
- cp：在容器和本地文件系统之间复制文件。
- create：创建新的容器。
- diff：检查容器里面的文件系统的改变。
- events：从服务器获取实时事件。
- exec：在容器中执行命令。
- export：将容器的文件系统导出为 tar 归档文件。
- history：列出镜像的历史记录。
- images：列出本地下载的镜像。
- import：从归档文件中创建镜像。
- info：显示 Docker 系统信息，包括镜像和容器数量。
- inspect：获取镜像或者容器的元数据。
- kill：终止运行中的容器。
- load：从归档文件中加载镜像。
- login：登录到 Docker 仓库。
- logout：从 Docker 仓库中注销。
- logs：获取容器的日志。
- pause：暂停容器中的进程。
- port：列出指定容器的端口映射。
- ps：列出容器。
- pull：从镜像仓库中下载或者更新指定镜像。
- push：将本地的镜像上传到镜像仓库，要先登录到镜像仓库。
- rename：重命名容器。
- restart：重启容器。
- rm：删除容器。
- rmi：删除本地的一个或者多个镜像。
- run：创建一个新的容器并运行一个命令。
- save：将指定镜像保存成 tar 归档文件。

- search: 从 Docker Hub 查找镜像。
- start: 启动一个或多个已经被停止的容器。
- stop: 停止一个运行中的容器。
- top: 查看容器中运行的进程信息, 支持 ps 命令参数。
- unpause: 恢复容器中所有的进程。
- update: 更新容器配置信息。
- version: 显示 Docker 的版本。
- wait: 阻塞运行直到容器停止, 然后打印出它的退出代码。

在下载镜像之前, 用户可以搜索仓库, 查询自己需要的镜像是否存在。

```
chunxiao@ubuntu:~$ sudo docker search centos
NAME                     DESCRIPTION                STARS   OFFICIAL  AUTOMATED
centos                   The official build of CentOS.  3662   [OK]
ansible/centos7-ansible Ansible on Centos7          101     [OK]
…
kinogmt/centos-ssh       CentOS with SSH            17      [OK]
…
```

在上面的输出中, 每个镜像都包括名称、描述、评级以及是否官方镜像等。

查找到需要的镜像之后, 用户就可以使用 pull 命令将该镜像下载到本地, 命令如下:

```
chunxiao@ubuntu:~$ sudo docker pull centos:latest
latest: Pulling from library/centos
d9aaf4d82f24: Pull complete
Digest:
sha256:eba772bac22c86d7d6e72421b4700c3f894ab6e35475a34014ff8de74c10872e
Status: Downloaded newer image for centos:latest
```

在上面的命令中, latest 为镜像的标签, 表示最新的版本。

images 子命令可以列出本地的镜像, 如下所示:

```
chunxiao@ubuntu:~$ sudo docker images
REPOSITORY      TAG      IMAGE ID       CREATED        SIZE
tomcat          latest   7410eb786e5b   8 days ago     566MB
ubuntu          latest   2d696327ab2e   11 days ago    122MB
centos          latest   196e0ce0c9fb   2 weeks ago    197MB
nginx           latest   da5939581ac8   2 weeks ago    108MB
```

如果想要将某个镜像删除, 则需要使用 rmi 子命令:

```
chunxiao@ubuntu:~$ sudo docker rmi nginx
Untagged: nginx:latest
Untagged:
nginx@sha256:af32e714a9cc3157157374e68c818b05ebe9e0737aac06b55a09da374209a8f9
Deleted:
```

```
sha256:da5939581ac835614e3cf6c765e7489e6d0fc602a44e98c07013f1c938f49675
   Deleted:
sha256:050ea3f9bf8306841a9b6f98a6a1674014edc5269a0dda4b532ef8f1a0bf42ea
   Deleted:
sha256:d0d2f980c438636f616d434ad836c48530bd81fa39f02252a3c3dfd3c8e29742
   Deleted:
sha256:24e065a5f328cfecf35d5aed36cd0695688ac3de24bd553011c286d5cca5e2c7
```

14.3.4　管理容器

容器的管理包括创建、启动、停止以及进入等操作，下面分别进行介绍。

1. 创建容器

用户可以通过两种方式创建容器。首先，可以使用 create 子命令创建容器，其基本语法如下：

```
docker create [options] image [command] [arg...]
```

其中，options 为各种选项，image 为镜像文件，command 为要执行的命令。

例如，下面的命令从 tomcat:latest 镜像创建一个容器，并且命名为 tomcat：

```
chunxiao@ubuntu:~$ sudo docker create --name tomcat tomcat:latest
390dd308fee00850ee8d213ec49cb824de760be59520257efd849ff1daef0e4b
```

还有一种方式为使用 run 子命令，该子命令可以创建一个容器，并且执行一个命令。其基本语法与 create 子命令基本相同：

```
docker run [options] image [command] [arg...]
```

例如，下面的命令从 ubuntu:17.04 镜像创建一个容器。创建成功之后，调用容器中的 /bin/echo 命令打印一行信息：

```
chunxiao@ubuntu:~$ sudo docker run ubuntu:17.04 /bin/echo "Hello,world."
Unable to find image 'ubuntu:17.04' locally
17.04: Pulling from library/ubuntu
8b23367590c3: Pull complete
c7feb578947e: Pull complete
ac836f06379c: Pull complete
be286dc472df: Pull complete
5533df5f353d: Pull complete
Digest:
sha256:da2fd4e2e10e0ab991f251353a2d3e32d38c75a83a917dbca0a307efd8730f49
Status: Downloaded newer image for ubuntu:17.04
Hello,world.
```

从上面的命令可以得知，如果 Docker 在本地没有找到指定的镜像，则会自动从仓库上面下载。

下面的命令则创建一个容器，并允许用户交互操作：

```
chunxiao@ubuntu:~$ sudo docker run -t -i ubuntu:17.04 /bin/bash
root@1aeaf17ff55c:/# ls -l
total 64
drwxr-xr-x    2  root    root        4096    Sep 15 08:42      bin
drwxr-xr-x    2  root    root        4096    Apr 10 11:29      boot
drwxr-xr-x    5  root    root        360     Oct  1 01:48      dev
drwxr-xr-x   35  root    root        4096    Oct  1 01:48      etc
…
```

其中，-t 选项表示让 Docker 分配一个伪终端，并且绑定到容器的标准输入上。-i 选项则表示让容器的标准输入保持打开。

在交互模式下，用户可以执行常用的 Shell 命令，如同登录到一台完整的虚拟机一样。

当用户使用 docker run 命令来创建容器时，Docker 会执行以下操作：

（1）检查本地是否存在指定的镜像，如果不存在则从公共仓库下载。

（2）利用指定的镜像创建并且启动一个容器。

（3）为容器分配一个文件系统，并在只读的镜像层外面挂载一层可读写层。

（4）从宿主主机配置的网桥接口中桥接一个虚拟网络接口到容器中去。

（5）从地址池中分配一个 IP 地址给容器。

（6）执行用户指定的应用程序。

（7）执行完毕之后，容器被终止。

2. 启动容器

对于已经存在的容器，用户可以使用 docker start 命令来启动，直接将容器名称作为参数传递过去即可，其中容器名称可以通过 docker ps 命令获得。

```
chunxiao@ubuntu:~$ docker start tomcat
tomcat
chunxiao@ubuntu:~$ docker ps -a
CONTAINER ID IMAGE        COMMAND          CREATED      STATUS    PORTS   NAMES
390dd308fee0 tomcat:latest "catalina.sh run" 10 hours ago Up 2 seconds
8080/tcp tomcat
```

docker ps 命令会列出当前系统中的容器，如果不使用-a 选项，则只列出当前运行的容器。

3. 停止容器

可以使用 docker stop 命令终止一个运行中的容器，如下所示：

```
chunxiao@ubuntu:~$ docker stop tomcat
tomcat
```

此外，当容器中的应用程序结束之后，容器也会自动停止。停止的容器可以通过 docker ps -a 命令查看。

处于终止状态的容器，可以通过 docker start 命令来重新启动。此外，docker restart 命令会将一个运行态的容器终止，然后再重新启动它。

4. 查看容器

docker ps 命令可以列出当前 Docker 中的容器及其状态。如果没有指定选项，则列出当前处于运行状态的容器：

```
chunxiao@ubuntu:~$ docker ps
CONTAINER ID IMAGE        COMMAND        CREATED      STATUS   PORTS NAMES
 390dd308fee0 tomcat:latest "catalina.sh run" 10 hours ago    Up 1 second
8080/tcp         tomcat
```

如果想要查看所有的容器，包括处于终止状态的，则可以使用-a 选项。

5. 进入容器

在某些情况下，用户需要进入容器进行操作。Docker 提供了多种方式可以实现这个功能，包括 docker attach 和 nsenter 等。

docker attach 是 Docker 本身提供的命令。用户需要将容器名称作为参数传递给该命令。下面的例子演示了 docker attach 命令的使用方法：

```
chunxiao@ubuntu:~$ sudo docker run -idt Ubuntu
chunxiao@ubuntu:~$ docker ps
CONTAINER IDIMAGE   COMMAND CREATED      STATUS  PORTS   NAMES
a95608485c0e    Ubuntu "/bin/bash" 2 seconds ago  Up  1 second
 modest_rosalind
chunxiao@ubuntu:~$ docker attach modest_rosalind
root@a95608485c0e:/#
```

但是使用 docker attach 命令有时候并不方便。当多个窗口同时 attach 到同一个容器的时候，所有窗口都会同步显示。当某个窗口因命令阻塞时，其他窗口也无法执行操作了。

nsenter 是一个功能非常强大的命令，该命令可以以其他的命名空间执行一个名称。前面已经提到过，容器的本质是进程，所以，用户当然可以通过 nsenter 命令进入到容器里面。

为了使用 nsenter 命令进入容器，首先需要获取容器中第一个进程的 ID。这个进程 ID 包含在容器的元数据中，因此可以通过 docker inspect 命令获取：

```
chunxiao@ubuntu:~$ PID=$(docker inspect --format "{{ .State.Pid }}" tomcat)
```

上面的命令获取进程 ID 并且赋给 Shell 变量 PID。

接下来，用户就可以通过这个 PID 进入到容器：

```
chunxiao@ubuntu:~$ sudo nsenter --target $PID --mount --uts --ipc --net --pid
root@390dd308fee0:/#
```

如果无法通过以上命令连接到这个容器，有可能是因为宿主的默认 Shell 在容器中并不存在，比如 zsh，在这种情况下，用户需要显式地使用 bash。

6. 导出和导入容器

如果要导出本地某个容器，可以使用 docker export 命令。该命令可以为容器创建一个快照，并且将其导出为 tar 归档文件。用户需要指定容器名称或者 ID，如下所示：

```
chunxiao@ubuntu:~$ docker export 390dd308fee0 > tomcat.tar
```

用户可以使用 docker import 命令将导出的容器快照再次导入成为镜像，如下所示：

```
chunxiao@ubuntu:~$ docker import tomcat.tar
```

7. 删除容器

可以使用 docker rm 来删除一个处于终止状态的容器。

```
chunxiao@ubuntu:~$ docker rm tomcat
```

14.3.5 使用网络：外部访问容器

默认情况下，当容器被创建之后，容器就可以访问外部网络了。但是，由于容器是提供服务的，所以需要外部的主机能够访问到容器或者容器之间需要互相访问。

外部访问容器主要是通过端口映射。这需要在创建容器时通过-P 或者-p 选项来指定。当使用-P 选项时，Docker 会随机映射一个 49000~49900 的端口到内部容器开放的网络端口。

例如，下面的命令通过-P 选项为容器随机指定了一个端口来映射到容器的 8080 端口：

```
chunxiao@ubuntu:~$ docker run -d -P --name tomcat1 tomcat
a78110d7b3ec7f5d49be48ede97bbd4e5f00dd10e4468203cdf27ffaedce975d
chunxiao@ubuntu:~$ docker ps -a
CONTAINER ID IMAGE    COMMAND CREATED STATUS  PORTS     NAMES
a78110d7b3ec         tomcat "catalina.sh run"  9 seconds ago  Up 8 seconds
 0.0.0.0:32768->8080/tcp tomcat1
```

启动该容器之后，用户就可以在外部网络中通过访问宿主机的 23768 端口访问到容器的 8080 端口，如图 14-13 所示。

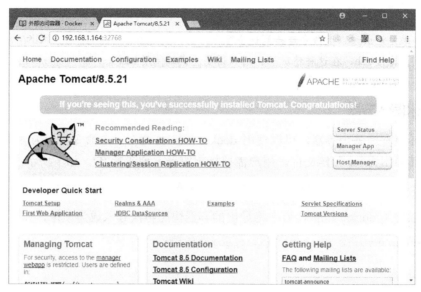

图 14-13　通过端口映射访问容器

然而，这种随机分配端口在大部分情况下并不适用。因为某些网络应用的端口都是固定的，例如 Web 应用的端口默认为 80，FTP 的默认端口为 21 等。因此，用户需要为这种宿主机到容器的映射指定端口。

-p 选项可以指定要映射的端口，并且在一个指定端口上只可以绑定一个容器。支持的格式有以下 3 种：

```
ip:hostPort:containerPort
ip::containerPort
hostPort:containerPort
```

在上面的 3 种格式中，都是宿主机的 IP 和端口在前，容器的端口在后。例如，下面的命令将容器的 8080 端口映射到宿主机的 80 端口：

```
chunxiao@ubuntu:~$ docker run -d -p 80:8080 --name tomcat tomcat
```

这样映射之后，用户就可以通过 80 端口来访问容器的 8080 端口了，如图 14-14 所示。

图 14-14　为端口映射指定端口

14.3.6　使用网络：容器互联

容器的连接是除了端口映射外，另一种可以与容器中应用交互的方式。通过连接，会在源和接收容器之间创建一个隧道，接收容器可以看到源容器指定的信息。连接系统依据容器的名称来执行。因此，首先需要自定义一个好记的容器命名。另外，通过--link 选项可以使得容器之间实现互联。

```
chunxiao@ubuntu:~$ docker run -d --name tomcat2 --link tomcat:tomcat tomcat
```

上面的命令创建了一个名称为 tomcat2 的新容器，并且通过--link 选项指定要连接的容器和连接别名。--link 选项的语法如下：

```
--link name:alias
```

其中 name 是要链接的容器的名称，alias 是这个连接的别名。

创建完成之后，登录到名称为 tomcat2 的容器，查看其/etc/hosts 文件，可以发现里面已经有主机名 tomcat 到 IP 地址的映射：

```
root@b0ac2f90c7e0:/# cat /etc/hosts
127.0.0.1       localhost
::1             localhost ip6-localhost ip6-loopback
fe00::0         ip6-localnet
ff00::0         ip6-mcastprefix
ff02::1         ip6-allnodes
ff02::2         ip6-allrouters
172.17.0.2 tomcat 391cf9f3f79d
172.17.0.3      b0ac2f90c7e0
```

通过 ping 命令测试到容器 tomcat 的连接，也是连通的，如下所示：

```
root@b0ac2f90c7e0:/# ping tomcat
PING tomcat (172.17.0.2): 56 data bytes
64 bytes from 172.17.0.2: icmp_seq=0 ttl=64 time=0.103 ms
64 bytes from 172.17.0.2: icmp_seq=1 ttl=64 time=0.158 ms
64 bytes from 172.17.0.2: icmp_seq=2 ttl=64 time=0.161 ms
…
```

 某些镜像没有包含 ping 命令，用户需要另外安装。

14.4　LXC 和 LXD

LXC 是另外一种容器技术。与传统的虚拟化技术 KVM 和 Xen 等相比，LXC 拥有更多的优势。它拥有更小的虚拟化开销和更快的部署等特点。LXD 提供了 LXC 容器的高级管理功能。本节将对 LXC 和 LXD 进行详细介绍。

14.4.1　LXC 和 LXD 简介

LXC 是 Linux 容器的简称，是一种 Linux 内核的虚拟化技术。与上一节介绍的 Docker 相比，LXC 与其同属于容器技术，是一种轻量化的虚拟技术。只不过 Docker 是面向应用的，而 LXC 是面向操作系统的。此外，Docker 最初是从 LXC 的基础上开发出来的。

LXC 拥有非常明显的性能优势：

- 虚拟机与宿主机使用同一个 Linux 内核，虚拟化性能损耗很少。
- LXC 实际上就是在 Linux 系统上面运行另外一套 Linux 系统，所以不需要指令级的模拟。
- 容器可以在 CPU 核心的本地运行指令，不需要任何专门的解释机制。
- 虚拟机与宿主机轻量级隔离，在隔离的同时还提供共享机制，以实现容器与宿主机的资源共享。

然而，LXC 并没有为用户提供非常完善的管理工具和机制，并不是一种对用户很友好的技术。管理员需要掌握一些基本的相关知识，来理解能拿它来做什么以及怎么使用。加上对老版容器和部署方法要进行向后兼容，使得 LXC 无法默认开启某些安全功能，这导致用户需要进行很多手工配置。

LXD 的推出就是为了解决 LXC 本身的一系列问题的。LXD 拥有一个长期运行的守护进程，可以弥补 LXC 的很多缺陷，例如动态资源限制和容器有效的在线迁移。

LXD 包括许多组件，例如容器、快照、镜像、配置组以及 REST API 等。

简单地讲，LXD 就是一个提供了 REST API 的 LXC 容器管理器。LXD 最主要的目标就是使用 Linux 容器而不是硬件虚拟化向用户提供一种接近虚拟机的使用体验。

14.4.2　安装 LXD

在 Ubuntu 17.04 中，用户可以使用以下命令安装 LXD：

```
chunxiao@ubuntu:~$ sudo apt install lxd
```

LXD 支持多种文件系统来存储容器和镜像，包括 Btrfs、LVM、ZFS 以及 CEPH 等。但是，LXD 建议用户尽量选择 ZFS 和 Btrfs 这两种文件系统。这是因为 LXD 会充分利用这些文件系统的高级特性来优化操作。

ZFS 文件系统是 LXD 的首选。ZFS 可以提供以容器为单位的磁盘配额、即时快照和恢复、优化后的迁移，以及快速从镜像创建容器的能力。同时，ZFS 要比 Btrfs 更加成熟、稳定。如果不能使用 ZFS，那么可以选择 Btrfs 文件系统，该文件系统也可以提供类似的性能，但是它不能正确报告容器内的磁盘使用情况。但是，在使用 Btrfs 时，几乎不需要进行任何配置。

在 Ubuntu 中，ZFS 文件系统的安装方式为：

```
chunxiao@ubuntu:~$ sudo apt install zfsutils-linux
```

安装完成之后，用户可以使用以下命令对 LXD 进行初始化：

```
chunxiao@ubuntu:~$ sudo lxd init
01  Do you want to configure a new storage pool (yes/no) [default=yes]?
02  Name of the new storage pool [default=default]:
03  Name of the storage backend to use (dir) [default=dir]:
04  Would you like LXD to be available over the network (yes/no) [default=no]?
05  Would you like stale cached images to be updated automatically (yes/no)
[default=yes]?
06  Would you like to create a new network bridge (yes/no) [default=yes]?
07  What should the new bridge be called [default=lxdbr0]?
08  What IPv4 address should be used (CIDR subnet notation, "auto" or "none")
[default=auto]? 192.168.1.166/24
09  Would you like LXD to NAT IPv4 traffic on your bridge? [default=yes]?
10  What IPv6 address should be used (CIDR subnet notation, "auto" or "none")
[default=auto]?
11  LXD has been successfully configured.
```

当输入 lxd init 命令之后，该命令会给出一系列的问题要求用户回答。第 1 行询问是否创建新的存储池，默认为 yes。第 2 行询问新的存储池的名称，默认值为 default。第 3 行询问后端存储的类型。为了提高性能，建议用户尽量为 LXD 的存储池提供一个单独的文件系统。不得已情况下，可以使用目录。默认值为 dir，即目录。第 4 行询问是否允许通过网络访问 LXD，默认值为 no。第 5 行询问是否自动更新缓存的过期镜像。第 6 行询问是否创建新的网桥，默认值为 yes。第 7 行询问新的网桥的名称，默认值为 lxdbr0。第 8 行询问网桥的 IP 地址，用户需要给出一个未使用的 IP 地址，格式为 CIDR。第 9 行询问是否在网桥上面启用 NAT。第 10 行询问是否启用 IPv6，默认为 no。

当所有问题都被回答完毕之后，LXD 便提示配置成功。

14.4.3　创建容器

LXD 主要依靠 lxc 命令来管理容器。它支持两种方式来创建一个容器，分别为使用 lxc launch 和 lxc init 命令。这两个命令的区别在于前者在创建容器之后，便会自动启动该容器，而后者则仅仅创建一个容器。

lxc init 的基本语法如下：

```
lxc init [<remote>:] <image> [<name>]
```

其中，remote 为镜像服务器的名称，LXD 内置了 3 个镜像服务器，分别为 ubuntu、ubuntu-daily 和 images。其中 ubuntu 为官方提供的稳定版 Ubuntu 镜像，ubuntu-daily 为每日更新的 Ubuntu 镜像，images 为其他 Linux 发行版的镜像。image 为镜像名称或者指纹，可以包含版本号和架构等。如果省略了 image，则表示使用最新的 LTS 版本的镜像。name 为容器名称，如果没有指定 name 参数，则 LXD 会自动生成一个名称。

例如，下面的命令创建一个 Ubuntu 的容器：

```
chunxiao@ubuntu:~$ sudo lxc init ubuntu:
Creating the container
Container name is: honest-joey
```

在上面的命令中，冒号后面没有指定镜像名称和版本等信息，表示使用最新的 LTS 版本的 Ubuntu 镜像。由于没有为容器提供名称，LXD 自动生成了一个 honest-joey 作为容器名称。

由于随机生成的容器名称不容易记忆，所以用户可以自己指定容器名称，下面的命令将新的容器的名称指定为 ubuntu：

```
chunxiao@openstack:~$ sudo lxc init ubuntu: ubuntu
Creating ubuntu
```

由于 Ubuntu 的 LTS 版本会发生变化，所以如果用户想要指定某个特定的版本的 LTS 镜像，可以指定版本号，如下所示：

```
chunxiao@openstack:~$ sudo lxc init ubuntu:17.04
Creating the container
Container name is: apt-hare
```

镜像的架构也是影响用户使用的重要因素之一，LXD 允许用户在创建容器的时候指定需要的架构，例如 i686 或者 x86_64 等。下面的命令指定镜像架构为 32 位的 Ubuntu：

```
chunxiao@openstack:~$ sudo lxc init ubuntu:17.04/i686
Creating the container
Container name is: golden-mouse
```

lxc launch 命令的语法与 lxc init 完全相同，只是功能上面有所区别。下面的命令创建一个名称为 webcontainer 的容器，然后启动该容器：

```
chunxiao@openstack:~$ sudo lxc launch ubuntu:14.04 webcontainer
Creating webcontainer
Starting webcontainer
```

14.4.4 列出容器

lxc list 命令可以列出当前系统中的容器。如果没有指定选项和参数，该命令会列出所有的容器：

```
chunxiao@ubuntu:~$ sudo lxc list
+------------------------+------------------------+-------------+-------
------+------------------+----------------+
| NAME          | STATE          | IPV4 | IPV6 |  TYPE   | SNAPSHOTS |
+------------------------+------------------------+-------------+-------
```

```
------+------------------+------------------+
 | healthy-mayfly    |   STOPPED      |         |      | PERSISTENT | 0
  |
    +-------------------------+-----------------+-------------------+------------+--------
------+------------------+------------------+
 | saved-rhino       |   STOPPED      |         |      | PERSISTENT | 0
  |
    +-------------------------+-----------------+-------------------+------------+--------
------+------------------+------------------+
 | superb-snipe      |   STOPPED      |         |      | PERSISTENT | 0
  |
    +-------------------------+-----------------+---------------+------------+--------
------+------------------+------------------+
```

当系统中的容器比较多时，默认的命令会响应较慢，此时，可以使用--fast选项：

```
chunxiao@ubuntu:~$ lxc list --fast
    +-----------------+-----------------+-----------------+-----------------------+---------------
-----------------+----------------+--------------+
 | NAME        | STATE   | ARCHITECTURE | CREATED AT         | PROFILES  |TYPE
 |
    +-----------------+-----------------+-----------------+-----------------------+---------------
-----------------+----------------+--------------+
 | demo1       | RUNNING | x86_64       | 2017/10/18 00:46 UTC | default  |
PERSISTENT |
    +-----------------+-----------------+-----------------+-----------------------+---------------
-----------------+----------------+--------------+
 | regular-terrier | RUNNING | x86_64       | 2017/10/18 00:13 UTC | default
| PERSISTENT |
    +-----------------+-----------------+-----------------+-----------------------+---------------
-----------------+----------------+--------------+
```

lxc list 命令也支持筛选。如果只列出名称中包含 ubuntu 的容器，则可以将该关键字作为
参数传递给 lxc list 命令，如下所示：

```
chunxiao@openstack:~$ sudo lxc list --fast ubuntu
    +-------------+-----------------+-----------------------+------------------
-----------------+--------------+----------------+
 | NAME  | STATE   | ARCHITECTURE | CREATED AT         |PROFILES| TYPE    |
    +-------------+-----------------+-----------------------+------------------
-----------------+--------------+----------------+
 | ubuntu     | STOPPED | x86_64       | 2017/10/09 15:42 UTC | default |
PERSISTENT |
    +-------------+-----------------+-----------------------+------------------
-----------------+--------------+----------------+
```

14.4.5　查看容器

上面介绍的 list 命令仅仅列出了容器的概要信息。除了上面的几个属性之外，容器本身还包括许多其他的属性。lxc info 命令为用户提供了查看容器详细信息的功能。该命令的语法比较简单，直接将容器名称传递给它即可：

```
chunxiao@openstack:~$ sudo lxc info webcontainer
Name: webcontainer
Remote: unix:/var/lib/lxd/unix.socket
Architecture: x86_64
Created: 2017/10/09 15:52 UTC
Status: Running
Type: persistent
Profiles: default
Pid: 21779
Ips:
  eth0:  inet    192.168.1.137    vethUXLJTS
  eth0:  inet6   fd42:f050:6c2d:baf7:216:3eff:feae:a9cd vethUXLJTS
  eth0:  inet6   fe80::216:3eff:feae:a9cd    vethUXLJTS
  lo:    inet    127.0.0.1
  lo:    inet6   ::1
Resources:
  Processes: 16
  CPU usage:
    CPU usage (in seconds): 10
  Memory usage:
    Memory (current): 16.91MB
    Memory (peak): 62.08MB
  Network usage:
    eth0:
      Bytes received: 7.83kB
      Bytes sent: 4.01kB
      Packets received: 59
      Packets sent: 61
    lo:
      Bytes received: 3.22kB
      Bytes sent: 3.22kB
      Packets received: 36
      Packets sent: 36
```

14.4.6　管理容器

容器的管理是对容器的整个生命周期进行管理，包括启动、停止、暂停、重启以及删除等。此外，容器还支持不同主机之间的复制和移动等操作。

启动容器的命令为 lxc start。例如，下面的命令启动名称为 ubuntu 的容器：

```
chunxiao@openstack:~$ sudo lxc start ubuntu
```

启动成功之后，在 list 命令中，该容器的状态就变为 RUNNING：

```
chunxiao@openstack:~$ sudo lxc list ubuntu
+-------+---------+------------------+-----------------------------------
-----------+------------------+---------------+
|NAME | STATE |  IPV4     |      IPV6       |    TYPE  | SNAPSHOTS |
+-------+---------+------------------+-----------------------------------
-----------+------------------+-----------+
|ubu|RUNNING|192.168.1.6(eth0)|fd42:f050:6c2d:baf7:216:3eff:fe90:a586(eth0)
|PERSISTENT| 0|
+-------+---------+------------------+-----------------------------------
-----------+---------------+-----------------+
```

停止容器的命令为 lxc stop，如下所示：

```
chunxiao@openstack:~$ sudo lxc stop ubuntu
```

重启容器的命令为 lxc restart。

```
chunxiao@openstack:~$ sudo lxc restart ubuntu
```

暂停和删除容器的命令分别为 lxc pause 和 lxc delete。由于使用方法非常简单，不再举例说明。

  上面介绍的这些命令都可以接受多个容器名称。这在对多个容器进行批量管理时非常有用。

LXD 允许用户在不同的主机之间非常容易地复制和移动容器。假设主机 foo 上面有一个名称为 portal 的容器，现在想要复制到本地，则可以使用以下命令：

```
chunxiao@openstack:~$ sudo lxc copy foo:portal local:
```

执行上面的命令的时候需要停止 portal 容器。如果用户不想停止该容器，则可以复制一个快照到本地：

```
chunxiao@openstack:~$ sudo lxc snapshot foo:portal current
chunxiao@openstack:~$ sudo lxc copy foo:portal/current portal
```

如果想要把 portal 容器直接从 foo 上面迁移过来，则可以使用以下命令：

```
chunxiao@openstack:~$ sudo lxc stop foo:portal
chunxiao@openstack:~$ sudo lxc move foo:portal local:
```

14.4.7 与容器交互

LXD 允许用户直接连接到容器执行任务，实现类似于虚拟机的操作。其中，最常用的做法就是从容器中获取一个 Shell，或者直接执行某个命令。与 SSH 相比，通过 LXD 访问容器不需要网络连接，也不需要任何其他的软件及配置。

通过 LXD 执行命令总是使用最小的路径环境变量设置，并且主目录为/root，执行身份为 root 用户。

LXD 执行容器命令的基本语法如下：

```
lxc exec <container> command
```

其中，container 为容器名称，command 为要执行的命令。例如，下面的命令从容器 demo1 中获取 Shell：

```
chunxiao@openstack:~$ sudo lxc exec demo1 bash
root@demo1:~#
```

获取到 Shell 之后，用户就可以进入交互环境，执行某些常规操作。例如查看文件列表：

```
root@demo1:~# ls -l /
total 2
drwxr-xr-x     2    root     root         0      Oct 17 04:21    bin
drwxr-xr-x     6    root     root         0      Oct 17 04:21    boot
drwxr-xr-x     9    root     root         500    Oct 18 01:09    dev
drwxr-xr-x    80    root     root         0      Oct 17 04:21    etc
…
```

除了交互之外，还可以非交互式地执行命令，如下所示：

```
chunxiao@openstack:~$ sudo lxc exec demo1 -- ls -lh /
total 2.0K
drwxr-xr-x     2    root     root         0    Oct 18 04:21     bin
drwxr-xr-x     6    root     root         0    Oct 18 04:21     boot
drwxr-xr-x     9    root     root         500  Oct 18 05:45     dev
drwxr-xr-x    80    root     root         0    Oct 18 04:21     etc
drwxr-xr-x     2    root     root         2    Apr 12 2016      home
…
```

LXD 还支持宿主机与容器之间传递文件，主要是通过 lxc file 命令。其中从容器获取文件的命令如下：

```
lxc file pull <container>/<path> <dest>
```

container 为容器名称，path 为文件路径，dest 为目标文件。

向容器传递文件的命令为：

```
lxc file push <source> <container>/<path>
```

source 为源文件的路径。

例如，下面的命令从容器 demo1 获取名称为 test.txt 的文件：

```
chunxiao@openstack:~$ sudo lxc file pull demo1/root/test.txt .
```

下面的命令将文件传递给容器：

```
chunxiao@openstack:~$ sudo lxc file push msg.txt demo1/root/
```

14.4.8　管理镜像

镜像是创建容器的模板。LXD 的镜像管理包括搜索、删除以及显示等操作。管理镜像需要使用 lxc image 命令。该命令的基本语法如下：

```
lxc image <subcommand> [options]
```

其中，subcommand 为子命令，常用的子命令有：

- import：导入镜像文件。
- copy：不同主机间复制镜像文件。
- delete：删除本地镜像文件。
- export：导出镜像文件。
- info：查看镜像详细信息。
- list：列出镜像仓库中的镜像文件。
- show：显示用户可以修改的镜像属性。
- edit：编辑镜像文件。
- alias create：创建镜像别名。
- alias delete：删除镜像别名。

options 为相关选项。

默认情况下，image list 命令会把所有本地的镜像文件列举出来，如下所示：

```
chunxiao@ubuntu:~$ sudo lxc image list
+-------+--------------+--------+----------------------------------+----
-----+---------+----------------------------+
| ALIAS | FINGERPRINT | PUBLIC | DESCRIPTION | ARCH | SIZE | UPLOAD DATE
 |
+-------+--------------+--------+----------------------------------+----
-----+---------+----------------------------+
|       |122417247cb5 | no     |     Centos    | x86_64 | 82.22MB | Oct 17, 2017
   |
+-------+--------------+--------+----------------------------------+----
-----+---------+----------------------------+
|       | 72f91d70a5c9 | no     |    Fedora    | x86_64 | 56.82MB | Oct 17, 2017
   |
+-------+--------------+--------+----------------------------------+----
-----+---------+----------------------------+
|       | f15b92101917 | no     |    Ubuntu    | x86_64 | 92.60MB | Oct 17, 2017
   |
+-------+--------------+--------+----------------------------------+----
```

```
-----+---------+------------------------------+
```

 默认情况下，lxc image 命令使用 local 镜像服务器。

在 image list 后面可以加上远程镜像服务器，从而可以列出远程服务器上面的镜像文件。在前面的内容中，已经介绍过镜像服务器了，LXD 内置了 3 个镜像服务器，分别为 ubuntu、daily 和 images。例如，下面的命令列出 Ubuntu 官方镜像服务器上面的镜像文件列表：

```
chunxiao@ubuntu:~$ sudo lxc image list ubuntu:
+---------------+---------------+--------+----------------------------+----
-----+---------+------------------------------+
|ALIAS | FINGERPRINT | PUBLIC | DESCRIPTION | ARCH |   SIZE | UPLOAD DATE    |
+--------+---------------+--------+----------------------------------+------
---+--------+---------+------------------------------+
| p (5 more) | be4aa8e56eab | yes | ubuntu 12.04 LTS | x86_64 | 152.61MB | May
2, 2017  |
+--------+---------------+--------+----------------------------------+------
----+---------+------------------------------+
| p/armhf (2 more) | 31a39845ffbf | yes  | ubuntu 12.04| armv7l | 134.87MB
| May 2, 2017  |
+-------------------+---------------+--------+------------------------------+---
-------+---------+------------------------------+
| p/i386 (2 more)  | dfcb483c8c20 | yes  | ubuntu 12.04| i686  | 138.75MB
| May 2, 2017|
...
```

由于镜像服务器上面的文件比较多，寻找某个镜像非常困难。lxc image 命令支持关键字过滤。例如，下面的命令筛选 images 镜像服务器上面的含有 centos 的镜像文件：

```
chunxiao@ubuntu:~$ sudo lxc image list images: centos
+---------------+---------------------+--------+------------------------------+--
-------+---------+------------------------------+
| ALIAS | FINGERPRINT  | PUBLIC | DESCRIPTION| ARCH |  SIZE |  UPLOAD DATE    |
+---------------+---------------------+--------+------------------------------+-
-------+---------+------------------------------+
| centos/6  | ddc410f86066 | yes  | Centos 6 amd64 | x86_64 | 75.52MB | Oct 18,
2017  |
+-----------------------+---------------------+--------+------------------+--
-------+---------+------------------------------+
| centos/6/i386 | 98080e493814 | yes  | Centos  | i686  | 75.71MB | Oct 18,
2017 |
+-----------------------+---------------------+--------+------------------+--
-------+---------+------------------------------+
| centos/7  | 642b0cfc61d7 | yes  | Centos 7 amd64 | x86_64 | 82.22MB | Oct
18, 2017  |
```

```
+-----------------------+-------------+--------+------------------------
--------+--------+--------+--------
    ...
```

　　由于镜像文件存储在本地会占用一定的磁盘空间，所以当镜像文件不再需要时，可以使用 image delete 命令将其删除，如下所示：

```
chunxiao@ubuntu:~$ sudo lxc image delete 122417247cb5
```

　　在上面的命令中，使用指纹来指定要删除的镜像文件。

　　image info 命令可以显示镜像文件的详细信息，如下所示：

```
chunxiao@ubuntu:~$ sudo lxc image info 72f91d70a5c9
Fingerprint:
72f91d70a5c9ed620ccf160a53e5e4387579963fd7e1d4190103154a1e6a7ccc
    Size: 56.82MB
    Architecture: x86_64
    Public: no
    Timestamps:
        Created: 2017/10/16 00:00 UTC
        Uploaded: 2017/10/17 16:22 UTC
        Expires: never
        Last used: 2017/10/17 16:22 UTC
    Properties:
        serial: 20171016_01:27
        architecture: amd64
        description: Fedora 26 amd64 (20171016_01:27)
        os: Fedora
        release: 26
    Aliases:
    Auto update: enabled
    Source:
        Server: https://mirrors.tuna.tsinghua.edu.cn/lxc-images/
        Protocol: simplestreams
        Alias: fedora/26
```

14.5　OpenStack

　　OpenStack 是目前最为流行的云操作系统。OpenStack 实现了基础设施及服务的目标，让任何人都可以自行创建和提供云计算服务，也可以实现自己的私有云，提供机构或者企业内部各部门之间共享资源。本节将对 OpenStack 在 Ubuntu 上面的部署方法进行介绍。

14.5.1　OpenStack 的核心组件

　　OpenStack 覆盖了网络、虚拟化、操作系统、服务器等各个方面。它本身包含多个小的项目，部分项目比较重要，称为核心项目，其他的称为孵化项目。表 14-1 列出了 OpenStack 的核心组件。

表 14-1　OpenStack组件

服务	名称	说明
仪表盘	Horizon	该项目为 OpenStack 的用户界面。提供了一个基于 Web 的自服务门户，与 OpenStack 底层服务交互，例如启动实例、分配 IP 地址以及配置访问控制等
计算	Nova	在 OpenStack 环境中负责虚拟机实例的生命周期管理。包括生成、调度、回收虚拟机等操作
网络	Neutron	确保为其他 OpenStack 服务提供网络连接即服务，比如 OpenStack 计算。为用户提供 API 定义网络和使用。基于插件的架构支持众多的网络提供商和技术
对象存储	Swift	通过一个 RESTful，基于 HTTP 的应用程序接口存储和任意检索的非结构化数据对象。它拥有高容错机制，基于数据复制和可扩展架构。它的实现像是一个文件服务器需要挂载目录。在此种方式下，它写入对象和文件到多个硬盘中，以确保数据是在集群内跨服务器的多份复制
块存储	Cinder	为运行实例而提供的持久性块存储。它的可插拔驱动架构的功能有助于创建和管理块存储设备
身份认证	Keystone	为其他 OpenStack 服务提供认证和授权服务，为所有的 OpenStack 服务提供一个端点目录
镜像服务	Glance	存储和检索虚拟机磁盘镜像，OpenStack 计算会在实例部署时使用此服务
测量	Ceilometer	为 OpenStack 云的计费、基准、扩展性以及统计等目的提供监测和计量
部署编排	Heat	Orchestration 服务支持多样化的综合的云应用，通过调用 OpenStack-native REST API 和 CloudFormation-compatible Query API，支持:term:`HOT <Heat Orchestration Template (HOT)>`格式模板或者 AWS CloudFormation 格式模板

图 14-15 显示了 OpenStack 的核心组件及其关系。

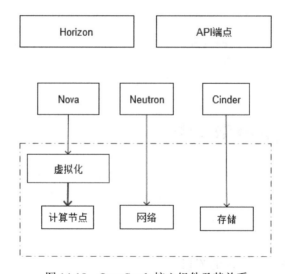

图 14-15　OpenStack 核心组件及其关系

　　OpenStack 的架构非常灵活，可以非常复杂，也可以非常简单。可以将不同的服务部署在多台主机上面，也可以将某些服务安装在一台主机。在生产环境中，最小的安装部署方式为 2

个节点，其中一个为控制节点，另外一个为计算节点。在实验或者开发环境中，可以将所有的服务部署在同一个节点上面。下面对 OpenStack 中的常见节点及其功能进行介绍。

1. 控制节点

运行身份认证服务、镜像服务、计算服务的管理部分、网络服务的管理部分、多种网络代理以及仪表盘等。

2. 计算节点

运行计算服务中管理实例的管理程序部分。默认情况下，计算服务使用 KVM。在一个 OpenStack 系统中，可以部署多个计算节点，每个计算节点至少需要两块网卡。

3. 块存储节点

块存储节点上包含了磁盘，块存储服务和共享文件系统会向实例提供这些磁盘。

4. 对象存储节点

对象存储节点包含了磁盘。对象存储服务用这些磁盘来存储账号、容器和对象。

14.5.2　通过 DevStack 部署 OpenStack

DevStack 是一个非常有用的功能，利用它可以快速地部署一套完整的 OpenStack 环境。这对于开发人员以及普通用户来说，无疑是一件利器。

DevStack 目前支持多种操作系统，包括 Ubuntu 16.04/17.04、Fedora 24/25、CentOS/RHEL 7 以及 Debian 等。不过，OpenStack 还是建议使用 Ubuntu 16.04。

下面以 Ubuntu 17.04 为例，来介绍如何通过 DevStack 部署 OpenStack。

（1）创建用户。由于不可以通过 root 用户执行 DevStack，所以需要创建一个普通用户。

```
chunxiao@ubuntu:~$ sudo useradd -s /bin/bash -d /opt/stack -m stack
```

由于在安装的过程中，DevStack 会对系统进行设置，所以需要授予 stack 用户 sudo 的权限，命令如下：

```
chunxiao@ubuntu:~$ echo "stack ALL=(ALL) NOPASSWD: ALL" | sudo tee
/etc/sudoers.d/stack
```

（2）下载 DevStack。用户需要使用 git 命令将 DevStack 的代码下载到本地，命令如下：

```
stack@ubuntu:~$ git clone https://git.openstack.org/openstack-dev/devstack
```

下载完成之后，进入 devstack 目录，该目录中包含安装 OpenStack 所需要的脚本和配置文件。

```
stack@ubuntu:~$ cd devstack/
```

（3）创建配置文件。将 sample 目录中的 local.conf 文件复制到 devstack 目录中：

```
stack@ubuntu:~/devstack$ cp samples/local.conf .
```

然后修改其中的代码，下面 3 行代码分别表示登录仪表盘的管理员密码、MySQL 数据库的连接密码以及 Rabbit 消息服务器密码，将其修改为自己想要的密码：

```
ADMIN_PASSWORD=nomoresecret
DATABASE_PASSWORD=stackdb
RABBIT_PASSWORD=stackqueue
```

将 HOST_IP 选项的值修改为控制节点的 IP 地址：

```
HOST_IP=10.0.2.15
```

（4）执行安装。

```
stack@ubuntu:~/devstack$ ./stack.sh
```

由于需要安装多个组件，所以上面的命令会执行比较长的时间，根据用户的电脑配置以及网络环境来决定的。

当上面的脚本执行完成之后，一个完整的 OpenStack 环境便部署完成了，包括 Keystone、Glance、Nova、Cinder、Neutron 以及 Horizon 等组件。

在安装完成之后，DevStack 会自动创建一个名称为 lvmdriver-1 的卷类型，但是该类型对应的卷组 stack-volumes-lvmdriver-1 却没有自动创建。因此，在创建实例的时候，会出现创建失败的情况。用户需要使用以下命令来创建该卷组：

```
chunxiao@openstack:~$ sudo pvcreate /dev/sdb
chunxiao@openstack:~$ sudo vgcreate stack-volumes-lvmdriver-1 /dev/sdb
```

上面的命令中假设存储设备的设备名为/dev/sdb。其中，pvcreate 命令用来在块设备上面创建物理卷，vgcreate 命令用来在物理卷上面创建卷组。

> OpenStack 的安装过程比较长。如果在安装过程中会出现中断，用户可以重新执行 stack.sh 文件，继续安装。

14.5.3　仪表盘

安装完成之后，打开浏览器，在地址栏中输入控制节点的 IP 地址，即可打开 Horizon 的登录界面，如图 14-16 所示。

图 14-16　Horizon 登录界面

　　安装完成之后，DevStack 会自动创建 2 个用户，其用户名分别为 demo 和 admin。前者为一般的租户，后者为管理用户。这 2 个用户的密码都是在 local.conf 文件中配置的，在本例中为 nomoresecret。租户登录进去只能管理自己的项目，而管理员则拥有更多的权限，除了管理所有项目之外，还可以管理 OpenStack 系统。

　　图 14-17 显示了一般租户登录后的主界面。一般租户的界面中包括项目和身份管理这两项功能。其中项目管理中包括访问 API、计算、卷和网络这 4 项菜单。"访问 API"菜单中包含了 OpenStack 的各项服务及其服务端点，如图 14-17 所示。

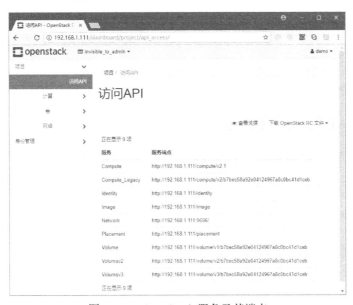

图 14-17　OpenStack 服务及其端点

从图 14-17 可以看出，OpenStack 为各项服务都提供了相应的 RESTful 的 API 接口。

"计算"菜单中主要包括计算节点中的各项服务的概要情况、实例管理、镜像管理以及密钥对管理等，如图 14-18 所示。在实例管理中，用户可以创建实例，以及修改、删除、启动以及停止各个实例。

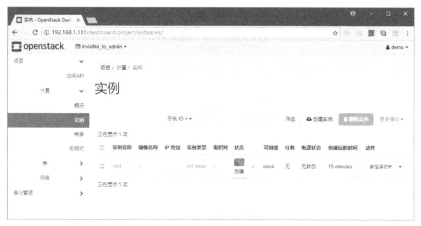

图 14-18　"计算"菜单

"卷"菜单包含了存储管理的各项服务功能，如图 14-19 所示。

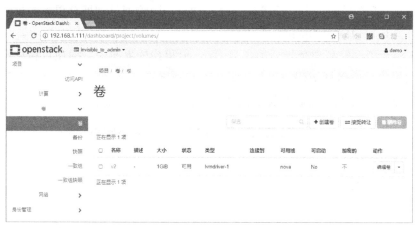

图 14-19　"卷"管理

"网络"菜单中包含 Neutron 的各项功能，主要包括网络管理、路由器管理、安全组以及浮动 IP 地址管理等，如图 14-20 所示。

图 14-20 "网络"菜单

"身份认证"菜单中包含项目管理和用户管理两项功能。

对于管理员用户来说，除了一般租户的功能之外，还包括一项"管理员"菜单，如图 14-21
所示。

图 14-21 管理员仪表盘

"管理员"菜单中包含的内容与"项目"中的内容基本一致，也包括概况、计算、卷和网络等。但是管理员不仅仅管理自身的这些功能组件，还可以管理整个 OpenStack 系统的所有租户的相关功能。

14.5.4 实例管理

OpenStack 的实例相当于传统虚拟化系统中的虚拟机。因为 OpenStack 的所有的虚拟机都是以本地镜像为模板创建出来的，这与面向对象的程序设计中的类和对象的关系非常相似。所以在 OpenStack 中，习惯于将虚拟机称为实例。实例的管理包括创建、启动、关闭、重启、控制台、连接卷、分离卷以及创建快照等多个操作。下面分别进行介绍。

1. 创建实例

（1）选择"项目"→"计算"→"实例"，单击实例列表右上方的"创建实例"按钮，打开"创建实例"对话框，如图 14-22 所示。

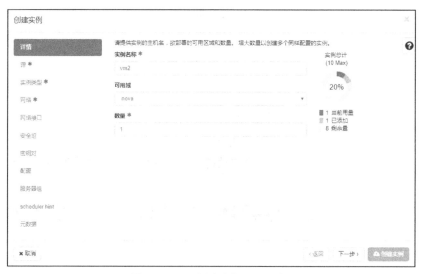

图 14-22 "创建实例"对话框

在"实例名称"文本框中输入新的实例名称，例如 vm2，然后单击"下一步"按钮进入下一步。

（2）选择源。源就是实例的模板。OpenStack 支持从镜像、实例快照或者卷中创建实例。在本例中，选择源下拉列表中选择"镜像"选项。"卷大小"文本框中输入卷的大小，默认值为 1GB。选中"删除实例时删除卷"选项，使得在删除实例的时候自动删除该卷，但是在生产环境中不建议用户选中该选项，以防止误删除导致数据丢失。单击下面的镜像列表中的"cirros-0.3.5-x86_64-disk"选项右边的 ↑ 按钮，将其选中。cirros 是一个非常小巧的迷你主机镜像文件，通常用来测试。设置完成之后，如图 14-23 所示。

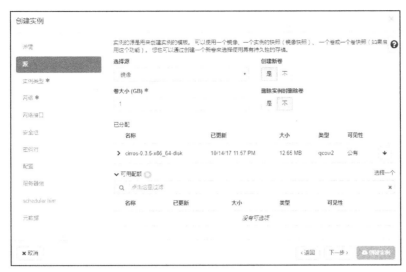

图 14-23　选择源

（3）OpenStack 预定义了一些配置模板，用户可以从中选择自己的实例所需要的内存和存储容量的配置模板。单击右侧的 ↑ 按钮，将其选中。然后单击"下一步"按钮，如图 14-24 所示。

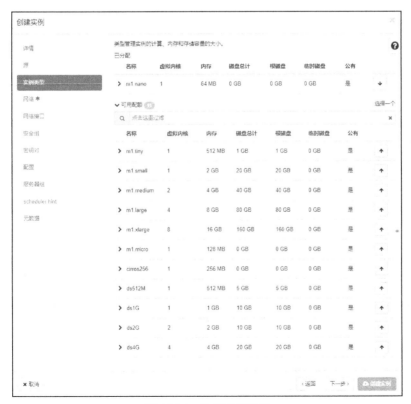

图 14-24　选择实例类型

（4）选择网络。选择实例需要连接到的网络。默认情况下，OpenStack 创建了一个名称为 private 的网络，用来连接实例。单击该项右侧的 ↟ 按钮，将其选中，如图 14-25 所示。然后单击"下一步"按钮。

图 14- 25　选择网络

（5）选择网络接口。如果没有选择，则直接单击"下一步"按钮，如图 14-26 所示。

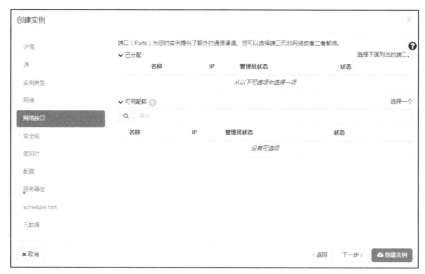

图 14 -26　选择网络接口

（6）选择安全组。安全组的功能类似于防火墙。OpenStack 默认内置了一个名称为 default 的安全组，该安全组禁止所有的入站通信，但是并不阻止出站通信。在后面的安全组管理中，将介绍如何创建新的安全组。直接单击"下一步"按钮，如图 14-27 所示。

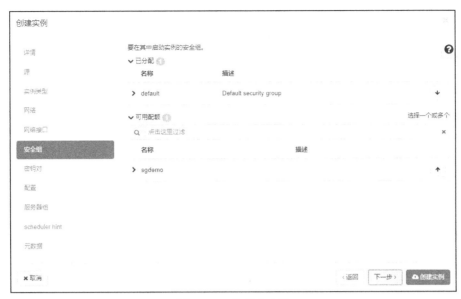

图 14-27　选择安全组

（7）选择密钥对。密钥对主要是在通过 SSH 连接实例时提供密钥验证。如果不想使用这种验证方式，可以直接单击"下一步"按钮，跳过该步骤，如图 14-28 所示。

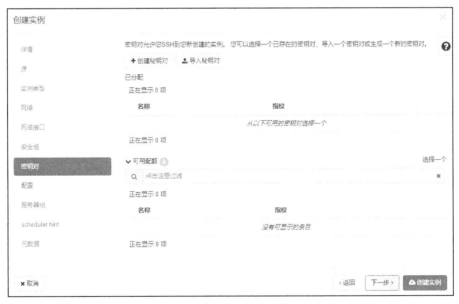

图 14-28　选择密钥对

（8）选择其他的配置。在该对话框中，用户可以选择启动时的自定义脚本以及选择分区方案等，如图 14-29 所示。如果没有需要设置，则单击"下一步"按钮，

图 14-29　其他配置选项

（9）选择服务器组。服务器组可以帮助用户组织和管理实例，如图 14-30 所示。如果没有服务器组，则直接单击"下一步"按钮。

图 14-30　选择服务器组

（10）添加额外的计划调度选项。用户可以单击 按钮添加自定义的调度选项，如图 14-31 所示。

图 14-31 选项计划调度选项

（11）添加元数据。用户可以在本步骤为新的实例添加一些元数据，用来描述实例的功能，如图 14-32 所示。

图 14-32 选择元数据

单击"创建实例"按钮,完成实例的创建。创建完成之后,新的实例会出现在实例列表中,其中的"任务"字段会自动显示当前执行的任务。

2. 实例的其他操作

实例的其他操作比较简单,下面放在一起讲解。实例列表列出了当前系统中的所有的实例及其基本信息,如图 14-33 所示。

图 14-33　实例列表

实例列表中包括实例名称、镜像名称、IP 地址、实例类型、密钥对、状态、可用域、任务、电源状态、创建后的时间以及动作等 11 个字段。单击每个实例的动作字段中的"创建快照"按钮右边的下拉箭头,弹出动作菜单,如图 14-34 所示。

图 14-34　动作菜单

动作菜单提供了实例的所有操作。绑定浮动 IP 使得外部网络能够访问到实例。通过连接端口可以将实例连接到某个网络中。分离端口的功能与连接端口相反,使得实例从某个网络断开。编辑实例可以修改实例的名称,如图 14-35 所示。

图 14-35　编辑实例

连接卷和分离卷可以将新的卷添加到实例或者将某个卷从实例分离。编辑安全组可以修改已有实例的安全组，如图 14-36 所示。

图 14-36　编辑安全组

通过控制台选项，可以以终端的方式连接到实例，进行相应的操作，如图 14-37 所示。

```
Connected (unencrypted) to: QEMU (instance-0000006c)
drwxr-xr-x    3 root     root          1024 Feb 10  2017 boot
drwxr-xr-x    8 root     root          3320 Oct 15 16:36 dev
drwxrwxr-x   13 root     root          1024 Oct 15 16:36 etc
drwxrwxr-x    4 root     root          1024 Feb 10  2017 home
-rwxr-xr-x    1 root     root          2616 Feb 10  2017 init
lrwxrwxrwx    1 root     root            32 Feb 10  2017 initrd.img -> boot/init
rd.img-3.2.0-80-virtual
drwxr-xr-x    4 root     root          1024 Feb 10  2017 lib
lrwxrwxrwx    1 root     root            11 Feb  9  2017 linuxrc -> bin/busybox
drwx------    2 root     root         12288 Feb 10  2017 lost+found
drwxr-xr-x    2 root     root          1024 Feb  9  2017 media
drwxr-xr-x    2 root     root          1024 Feb  9  2017 mnt
drwxr-xr-x    2 root     root          1024 Feb  9  2017 old-root
drwxr-xr-x    2 root     root          1024 Feb  9  2017 opt
dr-xr-xr-x   51 root     root             0 Oct 15 16:36 proc
drwx------    3 root     root          1024 Oct 15 16:36 root
drwxr-xr-x    4 root     root           180 Oct 15 16:36 run
drwxr-xr-x    2 root     root          3072 Feb  9  2017 sbin
drwxr-xr-x   13 root     root             0 Oct 15 16:36 sys
drwxrwxrwt    3 root     root          1024 Oct 15 16:36 tmp
drwxr-xr-x    6 root     root          1024 Feb  9  2017 usr
drwxr-xr-x    8 root     root          1024 Feb 10  2017 var
lrwxrwxrwx    1 root     root            29 Feb 10  2017 vmlinuz -> boot/vmlinuz
-3.2.0-80-virtual
$
```

图 14-37　实例控制台

其他的一些菜单项比较简单，不再详细说明。

14.5.5 镜像管理

OpenStack 的所有实例都是从镜像中创建的，而镜像出 Glance 管理。在 OpenStack 中，使用镜像的最简单的方法就是从网络上面下载标准的镜像。实际上，许多操作系统都提供了官方的 OpenStack 镜像文件。表 14-2 列出了常见的操作系统及其镜像下载地址。

表 14-2　常见操作系统及其镜像下载地址

操作系统	下载地址
CentOS	http://cloud.centos.org/centos/
Ubuntu	http://cloud-images.ubuntu.com/
CirrOS	http://download.cirros-cloud.net/
Debian	http://cdimage.debian.org/cdimage/openstack/
Fedora	https://alt.fedoraproject.org/cloud/
Microsoft Windows	https://cloudbase.it/windows-cloud-images/
OpenSUSE	http://download.opensuse.org/repositories/Cloud:/Images:/

下面以 CirrOS 为例，来介绍如何创建镜像。

（1）下载镜像文件。在 CirrOS 的官方镜像下载站点中，下载 CirrOS 的最新镜像文件，其名称为 cirros-0.4.0-pre1-x86_64-disk.img。

（2）选择"项目"→"计算"→"镜像"菜单。单击镜像列表右上角的"创建镜像"按钮，打开"创建镜像"对话框，如图 14-38 所示。

图 14-38　"创建镜像"对话框

在"镜像名称"对话框中输入镜像的名，例如 zesty-server-cloudimg-amd64。单击"文件"选项中的"浏览"按钮，选择刚刚下载的镜像文件。"镜像格式"下拉菜单中选择"QCOW2-QEMU 模拟器"选项。"架构"文本框中输入当前镜像的架构名称，例如 x86_64。"最小磁盘"为实例在创建时所需的磁盘空间，用户可以根据实例的具体情况进行设置，在本例中输入 1。"最低内存"为实例所需要的最小内存值，同样与具体的实例有关，则本例中输入 256。"可见性"选择"公有"选项，使得镜像文件能够被其他的项目使用。设置完成之后，单击"下一步"按钮。

（3）设置元数据。在本对话框中，用户可以为新的镜像指定某些元数据，用来描述该镜像，如图 14-39 所示。

图 14-39 设置元数据

设置完成之后，单击"创建镜像"按钮，开始创建镜像。当镜像创建完成之后，"创建镜像"对话框便自动关闭，新创建的镜像出现在镜像列表中，如图 14-40 所示。

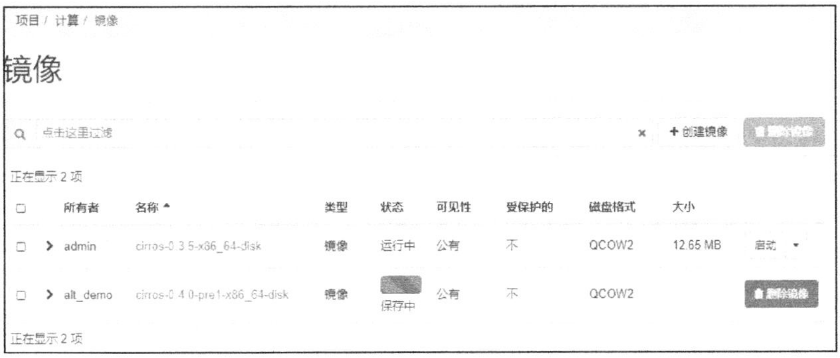

图 14-40 镜像列表

487

镜像的其他管理还包括删除、编辑以及创建实例等。用户选择要删除的镜像的左侧的复选框，然后单击右上角的"删除镜像"按钮，可以将多个镜像删除。此外，单击每个镜像最后一列的"启动"按钮的下拉箭头，可以打开一个下拉菜单，包括启动、创建卷、编辑镜像、更新元数据以及删除镜像等操作，如图 14-41 所示。

图 14-41　镜像管理菜单

其中"启动"菜单可以从该镜像创建一个实例。"创建卷"菜单的功能是创建一个块设备，通常为磁盘，附加到指定的实例。"更新元数据"菜单用来更新当前镜像的元数据描述信息。"删除镜像"菜单可以将当前镜像删除。

14.5.6　卷管理

卷是一个块设备，实际上相当于一个虚拟的磁盘。卷可以附加到指定的实例，一个实例可以附加多个卷。一般租户和管理员都有卷管理的功能。其中，对于一般租户而言，卷管理中包含备份以及快照等功能；而对于管理员来说，则多了卷类型管理功能。

卷需要在项目菜单中创建。选择"项目"→"卷"→"卷"菜单，可以打开卷管理界面，如图 14-42 所示。

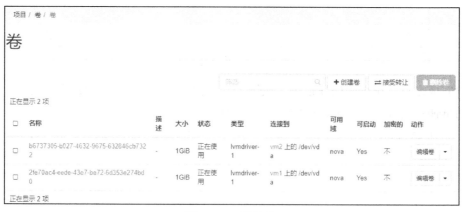

图 14-42　卷管理

在该界面中，用户可以执行创建卷、删除卷以及编辑卷等操作。单击"创建卷"按钮，可以打开"创建卷"对话框，如图 14-43 所示。

图 14-43　"创建卷"对话框

在"卷名称"文本框中输入卷的名称，例如 v1。"卷来源"可以选择空白卷或者镜像。卷类型选择 lvmdriver1 选项。在"大小"文本框中输入新建卷的大小，以 GB 为单位。然后单击"创建卷"按钮即可完成卷的创建。

在卷列表中选中需要删除的卷，然后单击右上角的"删除卷"按钮，即可将多个卷同时删除。

 在删除卷的时候一定要小心谨慎，避免数据丢失。

14.5.7　网络管理：网络拓扑

网络管理是 Neutron 的功能，而 Neutron 是基于 Linux 网桥和 Open vSwitch 这两种虚拟交互技术的。网络管理部分包括网络拓扑、网络、路由、安全组以及浮动 IP 等几个功能。

选择"项目"→"网络"→"网络拓扑"菜单，可以显示当前系统的网络拓扑图，如图 14-44 所示。

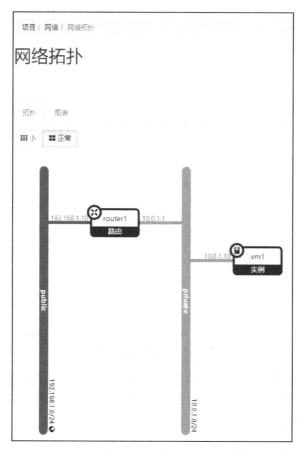

图 14-44 网络拓扑图

在图 14-44 中,可以得知当前网络中有 1 个路由器、2 个网络、1 个实例。

在 OpenStack 中,网络分为内部网络和外部网络。内部网络主要用来连接各个节点,实现节点之间的通信;外部网络则是实现实例与 OpenStack 网络之外的其他的网络之间的通信。

通过网络拓扑图,可以整体了解整个网络情况,包括网络之间的连接以及网络与实例之间的连接。

14.5.8 网络管理:网络的修改和删除

在网络管理中,用户可以创建不同的网络和子网。在网络不再需要的情况下,可以将其删除。

图 14-45 显示了当前系统的网络列表。在该列表中,列出了网络所属的项目、网络名称、已连接的子网、DHCP 代理以及各种状态、属性。

图 14-45　网络列表

网络的修改和删除比较简单，不再详细说明。用户可以自己练习操作。

 当某个网络被使用时，不可以将其删除。

下面重点介绍一下如何创建网络。

（1）单击"创建网络"按钮，打开"创建网络"对话框，如图 14-46 所示。

图 14-46　"创建网络"对话框

在"名称"文本框中输入新建网络的名称，例如 sales。在"项目"下拉菜单中选择网络所属的项目。在"供应商网络类型"下拉菜单中选择新建网络的类型。OpenStack 支持 5 种网络类型，如表 14-3 所示。

表 14-3 OpenStack 网络类型

类型	说明
Local	该网络与其他网络和节点隔离。Local 网络中的实例只能与同一节点上同一网络的实例通信，该类型网络主要用于单机测试
Flat	该网络类型无 VLAN 标签。位于该网络中的所有实例可以相互通信，并且可以跨越多个节点
VLAN	该类型网络具有 802.1q 标签，用以标识不同的 VLAN。同一 VLAN 中的实例可以通信，不同 VLAN 的实例只能通过路由器通信
GRE	与 VXLAN 相似，不同之处在于通过 IP 包进行数据传输
VXLAN	该类型网络是基于隧道技术的覆盖网络。将数据包封装成 UDP 包进行传输

选中"启用管理员状态"复选框，使得该网络能够转发数据包。选中"共享的"复选框，使得该网络能够被其他的租户发现。选中"创建子网"复选框，然后单击"下一步"按钮。

（2）创建子网。在"子网名称"文本框中输入子网的名称。"网络地址资源"下拉菜单选择"手动输入网络地址"。在"网络地址"文本框中以 CIDR 格式输入网络地址，例如 10.0.2.0/24。在"网关 IP"文本框中输入该子网的网关的 IP 地址，本例中为 10.0.2.1。设置完成之后如图 14-47 所示，然后单击"下一步"按钮。

图 14-47 创建子网

（3）设置子网扩展属性，包括 DHCP、DNS 服务器以及主机路由 3 项功能。如果需要明确指定 DHCP 的地址池，则可以在"分配的地址池"文本框中输入，如图 14-48 所示。

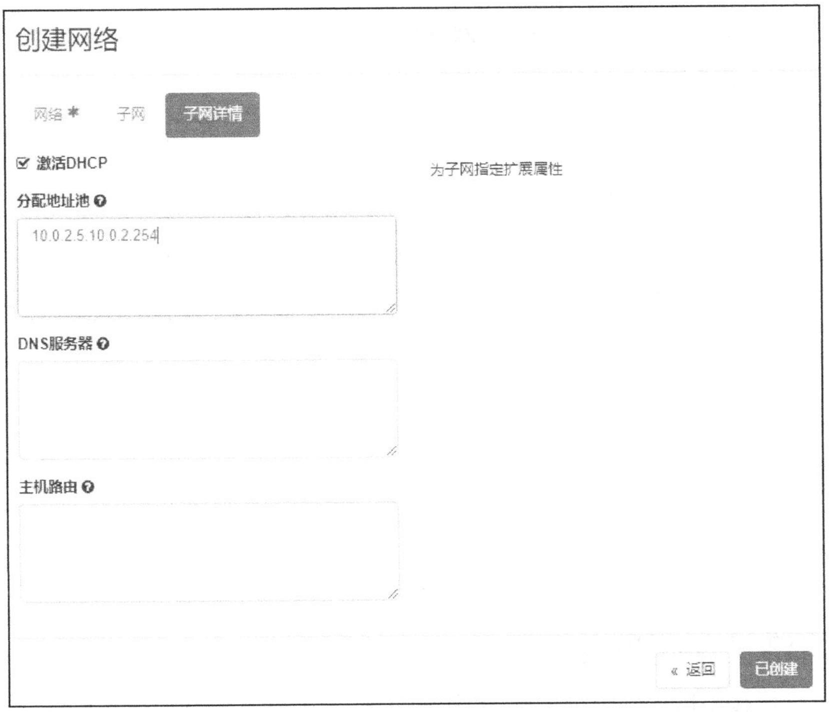

创建网络
网络 *
子网
子网详情
激活DHCP
为子网指定扩展属性
分配地址池
10.0.2.5,10.0.2.254
DNS服务器
主机路由
« 返回
已创建

图 14-48　设置网络扩展属性

设置完成之后，单击“已创建”按钮，完成网络的创建。再次查看网络拓扑图，可以发现刚刚创建的名称为 sales 的网络出现在图中。但是这个网络是孤立的，并没有与其他的网络或者实例连接在一起，如图 14-49 所示。接下来，将介绍如何通过路由器将不同的网络连接起来以及如何将实例连接到网络。

网络拓扑
router1
路由
vm1
实例
public
private
sales
192.168.1.0/24
10.0.1.0/24
10.0.2.0/24

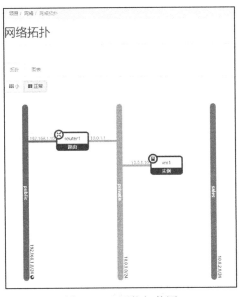

图 14-49　网络拓扑图

网络的删除和修改不再详细介绍。在网络列表中，单击网络的名称，可以查看该网络的详细情况，以及管理子网和端口，如图 14-50 所示。

图 14-50　查看网络详细情况

14.5.9　网络管理：路由

路由器用来连接不同的网络，实现跨网络的通信。选择"项目"→"网络"→"路由"菜单，可以打开路由管理的界面，如图 14-51 所示。

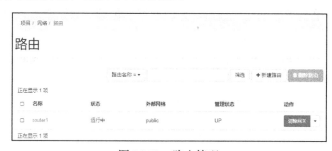

图 14-51　路由管理

同样，下面重点介绍一下路由器的创建过程。单击"新建路由"按钮，打开"新建路由"对话框，如图 14-52 所示。

图 14-52　"新建路由"对话框

在"路由名称"文本框中输入路由器的名称，例如 router2。选中"启用管理员状态"复选框，使得路由器能够转发数据包。在"外部网络"中选择 public 选项。然后单击"新建路由"按钮，完成路由器的创建。

在列表中单击刚刚新建的路由器 router2，打开其详细页面，如图 14-53 所示。

图 14-53　路由器详细页面

路由器通过不同的接口将网络连接起来。在图 14-53 所示的图中，单击"接口"选项卡，切换到网络接口的管理界面，如图 14-54 所示。

图 14-54　路由器网络接口管理

单击"增加接口"按钮，打开"增加接口"对话框，在"子网"下拉菜单中选择要连接的子网，在本例中为 sales 网络中的 sales_subnet 子网；在"IP 地址"文本框中输入网络接口的 IP 地址，该 IP 地址将作为被连接的子网的网关。在前面创建 sales_subnet 子网的时候，把它的网络指定为 10.0.2.1。所以，应该在 IP 地址文本框中输入 10.0.2.1，以保持前后一致。设置完成之后，如图 14-55 所示。单击"提交按钮"完成网络接口的创建。

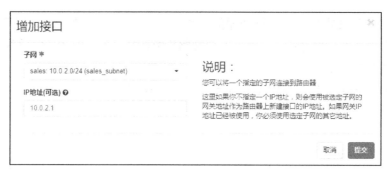

图 14-55　增加网络接口

为了了解当前的网络情况，可以在此打开网络拓扑图，可以发现网络 sales 已经通过路由器 router2 与 public 网络连通，如图 14-56 所示。

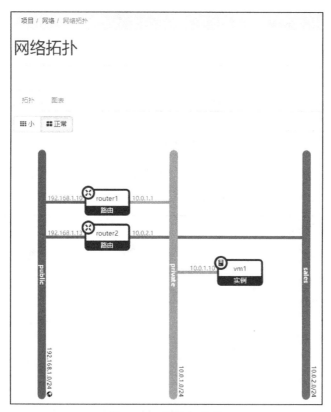

图 14-56　网络拓扑图

14.5.10　网络管理：安全组

安全组的功能类似于防火墙，用来保护实例的网络安全。当 OpenStack 安装完成之后，默认情况下会创建一个名称为 default 的安全组，该安全组禁止所有对于实例的访问，如图 14-57 所示。

图 14-57　安全组

单击"创建安全组"按钮，打开"创建安全组"对话框，如图 14-58 所示。

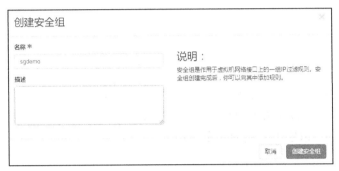

图 14-58　"创建安全组"对话框

在"名称"文本框中输入安全组的名称，例如 sgdemo。单击"创建安全组"按钮，完成安全组的创建。

在安全组列表中，单击刚才创建的 sgdemo 安全组的最后一列的"管理规则"按钮，打开管理规则界面，如图 14-59 所示。

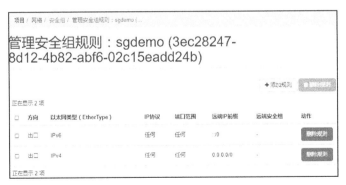

图 14-59　管理安全组规则

可以看到，OpenStack 已经默认创建了 2 条出口规则，分别为 IPv6 和 IPv4。这 2 条规则没有进行任何限制。单击"添加规则"按钮，打开"添加规则"对话框，如图 14-60 所示。

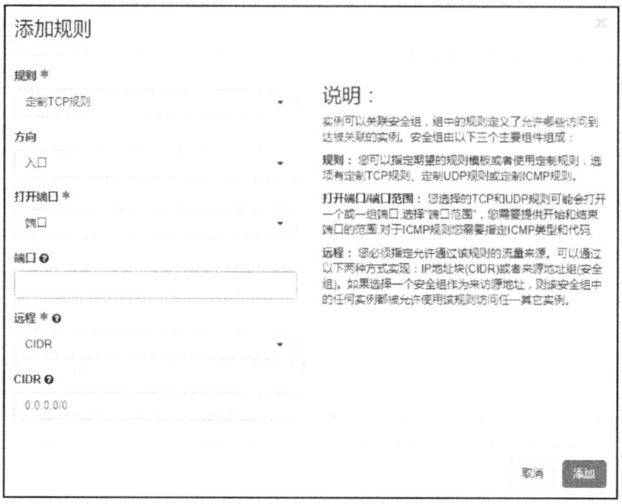

图 14-60 "添加规则"对话框

　　用户可以根据实际情况，在该对话框中设置协议、方向、端口以及来访的远程主机。设置完成之后，单击"添加"按钮关闭对话框。创建完安全组之后，用户可以在实例管理中将安全组指定给特定的实例，以实现实例的安全防护。

第 15 章

系统和网络安全

系统和网络安全始终是系统维护中最为重要的部分，必须引起足够的重视。然而，对于绝大部分的用户来说，仅仅停留在让系统运行起来或者让网络连通起来的阶段；而对于系统和网络安全，却没有采取相应的措施，或者根本不认为需要采取措施。最近几年频繁爆出的网络安全事件，就是不重视系统和网络安全导致的后果。本章将详细介绍 Ubuntu 中的系统和网络安全。

本章主要涉及的知识点有：

- 用户管理安全：主要介绍用户的日常管理中需要注意的安全问题。
- 防火墙：主要介绍 Ubuntu 的防火墙 ufw。
- AppArmor：主要介绍 AppArmor 的命令工具以及配置方法。
- 证书：主要介绍证书类型以及证书的创建和安装方法。
- 弱点扫描、入侵检测：主要介绍弱点扫描工具 OpenVAS、入侵检测系统 Snort 的使用方法。

15.1　用户管理安全

用户管理是 Ubuntu 系统安全中的最为关键的环节之一，许许多多的安全隐患都是因为用户管理不善而引起的。因此，对于如何通过简单而有效的用户管理技术来保护服务器是非常必要的。本节将对用户管理的安全知识进行介绍。

15.1.1　管理好 root 用户

在 Linux 系统中，root 用户成为超级用户。这意味着 root 用户拥有至高无上的权限。因此，root 用户成为许多黑客的攻击目标，企图获取 root 用户的权限和身份成为入侵系统的途径。

因此，在现代许多 Linux 系统的发行版中，都对 root 用户的管理进行了或多或少的改进。在 Ubuntu 中，默认是禁止 root 用户直接登录系统的。但是，这并不影响用户通过 root 用户的权限来进行系统维护。Ubuntu 提供了一个名称为 sudo 的命令来使得普通用户可以完成系统管理任务。在使用 sudo 命令时，普通用户不需要得知 root 用户的密码，只需要输入自己的密码即可。

Ubuntu 强烈建议用户使用 sudo 命令来代替 root 用户执行日常维护工作。通过 sudo 命令，管理员可以为不同的用户分别配置不同的权限，从而达到权限控制细化的效果。

为了保证 root 用户安全，管理员可以使用以下命令锁定 root 用户密码，禁止 root 用户使用密码登录系统：

```
chunxiao@openstack:~$ sudo passwd -l root
```

默认情况下，初始用户，即在安装系统时创建的用户具有 sudo 命令的执行权限。如果想要其他的用户拥有执行 sudo 命令的权限，需要将其添加到/etc/sudoers 文件中。尽管该文件为文本文件，但是不建议用户直接编辑该文件，而是使用 sudoedit 命令来修改。因为如果对于该文件的语法不太熟悉的话，直接修改该文件会出现语法错误，从而导致无法使用 sudo 命令。

15.1.2　用户资料安全

通常情况下，Linux 服务器是多用户共享使用的，也就是说，系统中会存在多个用户账号。在这种情况下，用户应该注意自己的文件资料的安全。

默认情况下，每个用户的主目录都被赋予 rwxr-xr-x 的权限，如下所示：

```
chunxiao@openstack:/home$ ls -ld /home/chunxiao/
drwxr-xr-x  3    chunxiao        chunxiao        4096        Oct 18 17:55
/home/chunxiao/
```

这意味着任何用户都可以进入其他用户的主目录并浏览其他用户的资料。在某些场合中，这种情况是非常不安全的。因此，管理员可以将用户主目录的访问权限修改为 0750，即 rwxr-x---，从而禁止除同组用户之外的其他的用户进入该主目录。

```
chunxiao@openstack:/home$ sudo chmod 0750 /home/chunxiao/
chunxiao@openstack:/home$ ls -ld /home/chunxiao/
drwxr-x---  3    chunxiao        chunxiao        4096    Oct 18 17:55
/home/chunxiao/
```

 有些人喜欢不分青红皂白地对子文件夹和文件使用递归选项-R，其实这并没有必要，有时甚至会产生不必要的麻烦。仅使用父目录会阻止任何对父目录下的非经授权的闯入。

除了修改主目录访问权限之外，管理员还可以修改 adduser 命令的默认选项来指定新的用户主目录的公共默认权限。Adduser 命令的配置文件为/etc/adduser.conf。通过其中的 DIR_MODE 选项，可以指定默认的用户主目录访问权限。例如：

```
DIR_MODE=0750
```

设置完以上选项之后，使用 adduser 命令添加一个新的用户 test：

```
chunxiao@openstack:/home$ sudo adduser test
Adding user `test' ...
Adding new group `test' (1003) ...
Adding new user `test' (1003) with group `test' ...
Creating home directory `/home/test' ...
Copying files from `/etc/skel' ...
Enter new UNIX password:
Retype new UNIX password:
passwd: password updated successfully
Changing the user information for test
Enter the new value, or press ENTER for the default
        Full Name []: test
        Room Number []:
        Work Phone []:
        Home Phone []:
        Other []:
Is the information correct? [Y/n] y
chunxiao@openstack:/home$ ls -ld /home/test/
drwxr-x---  2        test        test        4096    Oct 20 15:24
/home/test/
```

可以看出，用户 test 的主目录的访问权限已经默认为 rwxr-x---。

15.1.3 密码策略

在绝大部分的网络攻击中，弱密码始终是一个非常重要的突破口。许多成功的安全漏洞都涉及穷举和字典攻击弱密码。而在日常工作中，经常有的用户为了便于记忆密码，而将密码设置为简单的字符串，例如 123456、abc 以及 888888 等，或者是比较常见的英文单词和个人生日等。这些密码很轻易地就可以通过字典破解。

密码的安全策略主要涉及 3 个方面，分别为密码长度、密码复杂度和密码的最长寿命。管理员可以从这 3 个方面加强密码安全。

在不同的 Linux 发行版中，设置密码长度的方法有所不同，默认的密码最小长度也有所不同。在 Ubuntu 中，默认的最小密码长度为 6。在基于 Debian 的发行版中，管理员可以在 /etc/pam.d/common-password 文件中指定密码的最小长度。在 common-password 文件中找到以下 1 行：

```
password [success=1 default=ignore]  pam_unix.so obscure use_authtok
try_first_pass sha512
```

在该行的后面追加下面的选项：

```
minlen=8
```

minlen 选项表示密码的最小长度。

修改完成后的代码如下：

```
password [success=1 default=ignore]  pam_unix.so obscure use_authtok
try_first_pass sha512 minlen=8
```

设置完成之后，该规则立刻生效。如下所示：

```
chunxiao@openstack:/home$ passwd
Changing password for chunxiao.
(current) UNIX password:
New password:
BAD PASSWORD: The password is shorter than 8 characters
New password:
```

除了密码长度之外，密码的复杂度也是非常重要的。Ubuntu 使用 libpam-pwquality 或者 libpam-cracklib 来实现密码复杂度的检查。如果当前系统没有安装上面的软件包，可以自己安装。当然，只能安装其中的一个软件包。下面的命令安装 libpam-pwquality：

```
chunxiao@openstack:/home$ sudo apt install libpam-pwquality
```

安装完成之后，同样在/etc/pam.d/common-password 文件中设置密码复杂度要求。在该文件中找到以下代码行：

```
password  requisite       pam_pwquality.so     retry=3
```

其中 retry=3 表示用户最多可以尝试 3 次输入密码。

如果要求用户的密码必须含有 1 个大写字母，可以使用 ucredit 选项，如下所示：

```
password requisite   pam_pwquality.so retry=3 ucredit=-1
```

如果要求密码至少有 1 个小写字母，可以使用 lcredit 选项，如下所示：

```
password requisite    pam_pwquality.so retry=3 ucredit=-1 lcredit=-1
```

如果要求密码至少有 1 个数字，可以使用 dcredit 选项，如下所示：

```
password requisite    pam_pwquality.so retry=3 ucredit=-1 lcredit=-1 dcredit=-1
```

如果要求密码至少含有 1 个除数字和字母之外的字符，可以使用 ocredit 选项，如下所示：

```
password requisite    pam_pwquality.so retry=3 ucredit=-1 lcredit=-1 dcredit=-1
ocredit=-1
```

如果要求密码至少包含上面所讲的 2 种字符集，需要使用 minclass 选项，如下所示：

```
password requisite    pam_pwquality.so retry=3 ucredit=-1 lcredit=-1 dcredit=-1
ocredit=-1 minclass=2
```

在创建用户时，强制指定用户密码的寿命也是密码安全的重要措施。密码的寿命包括最短和最长密码期效，通过指定这两种选项来强迫用户在密码过期时改变他们的密码。

管理员可以使用 chage 命令来查看或者修改密码或者用户的寿命。例如，下面的命令显示了用户 chunxiao 的相关信息：

```
chunxiao@openstack:/home$ sudo chage -l chunxiao
Last password change                                : 10?18, 2017
Password expires                                    : never
Password inactive                                   : never
Account expires                                     : never
Minimum number of days between password change      : 0
Maximum number of days between password change      : 99999
Number of days of warning before password expires   : 7
```

其中第 1 行为用户最后修改密码的时间，第 2 行为密码过期时间，第 3 行为密码过期后的还允许用户登录的最长天数，第 4 行为账户过期时间，第 5 行为密码最短寿命，第 6 行为密码最长寿命，第 7 行为密码过期前提醒天数。

如果需要修改上面的任何一项数据，可以使用不含-l 选项的 chage 命令，进行交互式修改：

```
chunxiao@openstack:/home$ sudo chage chunxiao
```

当然，管理员也可以直接通过选项来指定上面的数值，如下所示：

```
chunxiao@openstack:/home$ sudo sudo chage -E 01/31/2019 -m 5 -M 90 -I 30 -W 14
chunxiao
```

其中，-E 选项表示账户过期日期，-m 选项表示密码最短寿命，-M 选项表示密码最长寿命，-I 选项表示密码过期后还允许用户使用密码登录系统的最多天数，-W 选项表示密码过期前预警的天数。

15.2　防火墙

防火墙是防止网络攻击，保护服务器的重要工具。任何一台连接到互联网的主机，都必须安装和启用防火墙。否则，该主机非常容易成为黑客眼中的目标。通过配置防火墙，可以将网络攻击排除在外。本节将详细介绍 Ubuntu 的默认防火墙管理工具 ufw 以及目前比较流行的防火墙 firewalld。

15.2.1　ufw

在网络管理一章中，已经介绍过了 ufw 的基本用法。正如前面介绍的一样，ufw 本身并不是一个功能完备的防火墙，而是一个为了添加和删除简单规则而提供的防火墙配置工具。而 Ubuntu 仍然使用 iptables 作为防火墙的底层实现方式。

通过 ufw，管理员可以方便地开放或者关闭端口，限制来源主机或者网络；甚至，ufw 还提供了与应用程序的集成功能，通过简单的语法可以允许某些应用程序访问网络。

关于具体的使用方法，由于前面已经详细介绍过了，不再重复说明。

15.2.2 IP 伪装

IP 伪装的目的是为了允许网络里面拥有私有的、不可路由的 IP 地址的主机访问网络。由于互联网上面的数据传输是双向的，也就是说，位于私有网络中的主机向远处的服务器发送了网络请求之后，服务器的响应也必须能够传输到发起请求的主机上面。为了能够做到这一点，Linux 必须修改每个数据包的源地址，从而使得服务器的响应能够被正确路由回来。在这个过程当中，处理数据转发的 Linux 系统充当了网关的角色。

IP 伪装可以通过 ufw 制定规则来实现，这些规则保存在/etc/ufw/*.rules 文件中。为了能够实现 IP 伪装，需要启用数据包的转发。首选，修改 /etc/default/ufw 文件，将 DEFAULT_FORWARD_POLICY 选项的值修改为 ACCEPT，如下所示：

```
DEFAULT_FORWARD_POLICY="ACCEPT"
```

然后修改/etc/ufw/sysctl.conf 文件，去掉下面 1 行前面的注释符号：

```
net/ipv4/ip_forward=1
```

然后在/etc/ufw/before.rules 文件中添加网络地址转换规则，如下所示：

```
01  #nat Table rules
02  *nat
03  :POSTROUTING ACCEPT [0:0]
04  -A POSTROUTING -s 192.168.0.0/24 -o eth1 -j MASQUERADE
05  COMMIT
```

在上面的代码中，第 1 行为注释内容。第 2 行表示下面的规则为 nat 表的规则。第 3 行表示 POSTROUTING 链的默认规则为接受。第 4 行表示将来自网络 192.168.0.0/24 的数据包都通过网络接口 eth1 转发出去。第 5 行表示应用以上规则。

15.2.3 日志

防火墙的日志对于识别攻击、调试防火墙有着非常重要的作用。在发生网络攻击的时候，可以通过日志追踪攻击的来源。

管理员可以通过以下命令启用 ufw 的日志功能：

```
chunxiao@ubuntu:~$ sudo ufw logging on
```

启用日志功能之后，ufw 的日志就会保存到 /var/log/messages、/var/log/syslog 和 /var/log/kern.log 等文件中。

15.3 **AppArmor**

AppArmor 是一个与 SELinux 相类似的访问控制系统。通过 AppArmor，管理员可以控制应用程序的功能。这对于某些提供网络服务的应用程序来说，可以加强其安全性。本节将介绍 AppArmor 的使用方法。

15.3.1　安装 AppArmor

Ubuntu 系统已经集成了 AppArmor，但是包括的配置文件比较少，用户可以自己安装，命令如下：

```
chunxiao@ubuntu:~$ sudo apt install apparmor-prifiles
```

此外，AppArmor 还提供了一系列的命令行工具，可以更改 AppArmor 的执行模式、查看配置文件的状态、创建新的配置文件等。安装命令如下：

```
chunxiao@ubuntu:~$ sudo apt install apparmor-utils
```

AppArmor 有两种工作模式，分别为 enforce 和 complain。对于前者而言，配置文件里列出的限制条件都会得到执行，并且对于违反这些限制条件的程序会进行日志记录。而对于后者而言，配置文件里的限制条件不会得到执行，AppArmor 只是对程序的行为进行记录，例如程序可以写一个在配置文件里注明只读的文件，但 AppArmor 不会对程序的行为进行限制，只是进行记录。

管理员可以通过以下命令重新加载 AppArmor 的配置信息：

```
chunxiao@ubuntu:~$ sudo systemctl reload apparmor
```

执行以下命令可以禁用 AppArmor 服务：

```
chunxiao@ubuntu:~$ sudo systemctl disable apparmor
```

15.3.2　使用 AppArmor

apparmor-utils 软件包包含了许多命令行工具，下面分别进行介绍。

1. apparmor_status

该命令用来查看 AppArmor 配置文件的当前状态，如下所示：

```
chunxiao@ubuntu:~$ sudo apparmor_status
apparmor module is loaded.
80 profiles are loaded.
43 profiles are in enforce mode.
   /sbin/dhclient
   /usr/bin/evince
```

```
    /usr/bin/evince-previewer
…
37 profiles are in complain mode.
    /usr/lib/chromium-browser/chromium-browser
    /usr/lib/chromium-browser/chromium-browser//chromium_browser_sandbox
    /usr/lib/chromium-browser/chromium-browser//lsb_release
…
```

从上面的输出可以得知，当前系统中加载了 80 个配置文件，其中 43 个为 enforce 模式，37 个为 complain 模式。

2. aa-complain

该命令将配置文件以 complain 的模式加载。例如，下面的命令将/etc/apparmor.d 目录下面的所有的配置文件以 complain 的模式加载，如下所示：

```
chunxiao@ubuntu:~$ sudo aa-complain /etc/apparmor.d/*
Profile for /etc/apparmor.d/abstractions not found, skipping
Profile for /etc/apparmor.d/apache2.d not found, skipping
Setting /etc/apparmor.d/bin.ping to complain mode.
Profile for /etc/apparmor.d/cache not found, skipping
Setting /etc/apparmor.d/content-hub-clipboard to complain mode.
Setting /etc/apparmor.d/content-hub-peer-picker to complain mode.
Profile for /etc/apparmor.d/disable not found, skipping
Profile for /etc/apparmor.d/force-complain not found, skipping
Setting /etc/apparmor.d/lightdm-guest-session to complain mode.
Profile for /etc/apparmor.d/local not found, skipping
Profile for /etc/apparmor.d/lxc not found, skipping
Setting /etc/apparmor.d/lxc-containers to complain mode.
…
```

3. aa-enforce

将配置文件以 enforce 的模式加载。例如，下面的命令将/etc/apparmor.d 目录下面的所有的配置文件以 enforce 的模式加载：

```
chunxiao@ubuntu:~$ sudo aa-enforce /etc/apparmor.d/*
Profile for /etc/apparmor.d/abstractions not found, skipping
Profile for /etc/apparmor.d/apache2.d not found, skipping
Setting /etc/apparmor.d/bin.ping to enforce mode.
Profile for /etc/apparmor.d/cache not found, skipping
Setting /etc/apparmor.d/content-hub-clipboard to enforce mode.
Setting /etc/apparmor.d/content-hub-peer-picker to enforce mode.
Profile for /etc/apparmor.d/disable not found, skipping
Profile for /etc/apparmor.d/force-complain not found, skipping
Setting /etc/apparmor.d/lightdm-guest-session to enforce mode.
Profile for /etc/apparmor.d/local not found, skipping
Profile for /etc/apparmor.d/lxc not found, skipping
```

```
Setting /etc/apparmor.d/lxc-containers to enforce mode.
…
```

4. apparmor_parse

用来将一个配置文件载入内核。它也可以通过使用-r 选项来重新载入当前已载入的配置文件。例如，下面的命令载入/etc/apparmor.d/usr.lib.dovecot.anvil 文件。

```
chunxiao@ubuntu:~$ sudo apparmor_parser /etc/apparmor.d/usr.lib.dovecot.anvil
```

如果想重新载入已经位于内核的配置文件，则可以使用-r 选项，如下所示：

```
chunxiao@ubuntu:~$ sudo apparmor_parser -r
/etc/apparmor.d/usr.lib.dovecot.anvil
```

15.3.3　AppArmor 配置文件

AppArmor 是通过一个配置文件，即 profile，来指定一个应用程序的相关权限的。在大多数情况下，可以通过限制应用程序的某些不必要的权限来提升系统安全性，比如指定 Firefox 不能访问系统目录，这样即便是使用 Firefox 访问了恶意网页，也可以避免恶意网页通过 Firefox 访问到系统目录。

AppArmor 的配置文件位于/etc/apparmor.d 目录中，并且以应用程序的绝对路径命名，只是把其中的/替换为.。例如配置文件/etc/apparmor.d/bin.ping 对应的应用程序为/bin/ping。

在 AppArmor 的配置文件中，主要有两种类型的规则：

● 　路径：指定该应用程序能够访问哪些文件。
● 　能力：指定该进程能够拥有哪些权限。

为了能够使读者有个比较深刻的印象，下面看一个简单的例子，即经常使用的 ping 命令的配置文件：

```
chunxiao@ubuntu:~$ cat /etc/apparmor.d/bin.ping
01  # --------------------------------------------------------------------
02  #
03  #    Copyright (C) 2002-2009 Novell/SUSE
04  #    Copyright (C) 2010 Canonical Ltd.
05  #
06  #    This program is free software; you can redistribute it and/or
07  #    modify it under the terms of version 2 of the GNU General Public
08  #    License published by the Free Software Foundation.
09  #
10  # --------------------------------------------------------------------
11
12  #include <tunables/global>
13  profile ping /{usr/,}bin/ping {
14    #include <abstractions/base>
```

```
15    #include <abstractions/consoles>
16    #include <abstractions/nameservice>
17
18    capability net_raw,
19    capability setuid,
20    network inet raw,
21    network inet6 raw,
22
23    /{,usr/}bin/ping mixr,
24    /etc/modules.conf r,
25
26    # Site-specific additions and overrides. See local/README for details.
27    #include <local/bin.ping>
28  }
```

在上面的代码中，第 1~10 行都为注释内容。第 12 行的#include 指令包含来自其他文件的声明。这样的话，可以实现代码的共享。第 13~28 行通过 profile 指令定义配置文件。其中 capability 语句定义了应用程序的能力，例如第 18 行指定 ping 命令可以连接 CAP_NET_RAW Posix.1e，第 19 行指定 ping 命令拥有 setuid 权限。第 23 行的 mixr 表示应用程序能够读取和执行该文件。第 24 行表示 ping 命令能够读取该配置文件等。

AppArmor 提供了许多指令和语句，读者可以参考相关的技术文档以了解更多的信息。

管理员可以根据自己的需求为应用程序创建配置文件。在创建配置文件的时候，需要考虑应用程序会怎样运行，会读写哪些文件等。

然后使用 aa-genprof 命令创建配置文件。该命令的语法如下：

```
aa-genprof <executable> [-d /path/to/profiles] [-f /path/to/logfile]
```

其中，executable 参数为应用程序的路径，**-d** 选项用来指定配置文件的路径，**-f** 选项用来指定日志文件的路径。

例如，下面的命令为 tar 命令创建配置文件：

```
chunxiao@ubuntu:~$ sudo aa-genprof /bin/tar
```

当应用程序出现异常访问时，会被记录在日志文件中。管理员可以通过 **aa-logprof** 命令来扫描日志文件，对其进行审计或者更新配置文件等，如下所示：

```
chunxiao@ubuntu:~$ sudo aa-logprof
Reading log entries from /var/log/syslog.
Updating AppArmor profiles in /etc/apparmor.d.
```

15.4　数字证书

随着网络环境的恶化，人们已经逐渐抛弃网络上面的明文数据传输，而是采用各种加密方式将数据加密后传输。通过密钥加密是目前比较流行的加密方式。系统利用公钥将数据加密，对方收到数据后通过私钥将数据解密。这些操作都需要用到证书，所以证书在保证网络安全方面有着不可代替的作用。本节将介绍证书的类型以及创建方法。

15.4.1　获取数字证书

公开密钥加密最常见的用途就是通过安全套接字来加密传输数据。例如 HTTPS 就是将原本明文传输的 HTTP 协议通过 SSL 加密。通过 SSL，可以使得本身并不支持数据加密的协议能够将数据加密后再进行传输。

公钥通常通过证书来分发 。一般情况下，证书需要认证机构来签发。而认证机构就是一个受信任的第三方机构。由认证机构来确认证书中包含的内容是准确的、真实的。

从认证机构获得一个数字证书的过程非常简单，基本步骤如下：

（1）用户创建一个私钥和公钥密钥对。

（2）基于公钥创建一个数字证书请求。该请求中包含服务器和公司信息。

（3）向认证机构发送证书请求。

（4）当认证机构确认用户提供的资料之后，将数字证书颁发给用户。

（5）用户将数字证书安装到服务器，并使用该证书配置相应的应用程序。

15.4.2　生成密钥

在申请数字证书之前，用户需要自己生成密钥对。根据不同的用途，密钥分为密码保护的密钥和没有密码保护的密钥。如果申请的证书用于某些守护进程，例如 Apache、Postfix 以及 Tomcat 等，则应该生成没有密码保护的密钥，这样的话用户就不需要在每次启动服务时输入密码。但是，没有密码保护的密钥相对而言是不安全，所以，除了应用于守护进程之外，生成的密钥都应该是通过密码保护的。

密钥可以通过 OpenSSL 软件包来完成，该软件包提供了一个名称为 openssl 的命令。

下面的名称创建了一个密码保护的私钥：

```
chunxiao@ubuntu:~$ openssl genrsa -des3 -out server.key 2408
Generating RSA private key, 2408 bit long modulus
.........................................+++
......+++
e is 65537 (0x10001)
Enter pass phrase for server.key:
Verifying - Enter pass phrase for server.key:
```

其中，genrsa 为 openssl 的子命令，表示生成一个 RSA 算法私钥。-des3 表示使用 des3 加密算法保护 RSA 私钥。如果不指定-des3 选项，则生成的私钥没有密码保护。-out 选项用来指定私钥文件名。最后的数字 2408 为生成的私钥的位数。

当执行完以上命令之后，生成的私钥便以 server.key 为文件名存储在当前目录中。用户可以使用 cat 命令查看其内容，如下所示：

```
chunxiao@ubuntu:~$ cat server.key
-----BEGIN RSA PRIVATE KEY-----
Proc-Type: 4,ENCRYPTED
DEK-Info: DES-EDE3-CBC,7BDF4938AA6D0EFF

BtbHjd5umBfZB3YWPcnDo500RZaYYcjG334cXhc7TPFGRG7J76iSMYTjh29GWMIg
Vdxkh21kYay4LBbk8ljrVXUaq26BDJoKBMekavWLxxbw/uhZiG4bT1K3e5LYpO0e
GWhxmIDzhKUMuYG5lXBT4YwH5lQjOfp9pxFcroiE978ESxG6gddGp4ty+ONyU5wb
fQGJuNTCvre1VvZokS8EFWiiorSsl9yT0TxOLkyBUCqUzcHXO3fLiwO5RKHx28Mf
…
nTyCCAn8Ks4=
-----END RSA PRIVATE KEY-----
```

接下来，用户可以使用 openssl 命令从 server.key 文件生成一个没有密码保护的私钥，如下所示：

```
chunxiao@ubuntu:~$ openssl rsa -in server.key -out server-nopasswd.key
Enter pass phrase for server.key:
writing RSA key
```

其中 rsa 子命令表示管理 RSA 密钥，-in 选项用来指定输入的密钥文件，-out 选项指定输出的密钥文件。在输出密钥的过程中，需要用户输入前面设置的保护密码。

15.4.3 生成证书签署请求

证书签署请求简称为 CSR，即通过前面生成的私钥生成一个数字证书请求。该操作需要使用 openssl 命令的 req 子命令。

例如，下面的命令以前面创建的私钥生成一个证书签署请求：

```
chunxiao@ubuntu:~$ openssl req -new -key server.key -out server.csr
Enter pass phrase for server.key:
You are about to be asked to enter information that will be incorporated
into your certificate request.
What you are about to enter is what is called a Distinguished Name or a DN.
There are quite a few fields but you can leave some blank
For some fields there will be a default value,
If you enter '.', the field will be left blank.
-----
Country Name (2 letter code) [AU]:CN
State or Province Name (full name) [Some-State]:Guangdong
Locality Name (eg, city) []:Guangzhou
```

```
Organization Name (eg, company) [Internet Widgits Pty Ltd]:Demo
Organizational Unit Name (eg, section) []:IT
Common Name (e.g. server FQDN or YOUR name) []:www.demo.com
Email Address []:admin@demo.com

Please enter the following 'extra' attributes
to be sent with your certificate request
A challenge password []:
An optional company name []:
```

在生成请求的过程中，会要求用户输入一系列的信息，包括国家名称、省名、城市、组织机构、域名以及电子邮件地址等。此外，还要求用户输入一个可选的密码和公司名称。当所有的问题都回答完毕之后，一个包含证书请求的名称为 server.csr 的文件便生成了。用户可以将该文件提交给证书认证机构，认证机构会根据该文件生成一个数字证书发送给用户。

除了通过认证机构申请证书之外，用户也可以创建自己签署的数字证书。当然，由于自签署证书并没有经过第三方的认证，所以不可以用在生产环境中，仅仅作为开发或者测试使用。

下面的命令生成一个自签名的数字证书：

```
chunxiao@ubuntu:~$ openssl x509 -req -days 365 -in server.csr -signkey server.key
-out server.crt
Signature ok
subject=/C=CN/ST=Guangdong/L=Guangzhou/O=Demo/OU=IT/CN=www.demo.com/emailAd
dress=admin@demo.com
Getting Private key
Enter pass phrase for server.key:
```

在执行上面命令的时候，会要求用户输入私钥的密码，输入完成之后，生成的证书便保存在 server.crt 文件中。

15.4.4　安装证书

数字证书的安装比较简单，直接将证书和私钥复制到指定的目录即可，如下所示：

```
chunxiao@ubuntu:~$ sudo cp server.crt /etc/ssl/certs/
chunxiao@ubuntu:~$ sudo cp server.key /etc/ssl/private/
```

安装完成之后，用户可以在其他的应用系统中使用该数字证书。例如在 Apache 中启用 HTTPS。

15.5　弱点扫描

弱点扫描是保证网络上面的主机安全的重要措施之一。每台主机都难免存在着安全隐患，这些安全隐患会成为网络攻击的目标。通过弱点扫描，可以及时发现这些安全隐患并采取相应的措施，可以避免出现网络安全问题。本节将介绍弱点扫描工具 OpenVAS 的使用方法。

15.5.1　安装 OpenVAS

OpenVAS 是一个开放式的漏洞评估系统，主要用来检测目标网络或主机的安全性。与安全焦点的 X-Scan 工具类似，OpenVAS 系统也采用了 Nessus 较早版本的一些开放插件。OpenVAS 能够基于 C/S（客户端/服务器）或者 B/S（浏览器/服务器）架构进行工作，管理员通过浏览器或者专用客户端程序来下达扫描任务，服务器端负责授权，执行扫描操作并提供扫描结果。

一套完整的 OpenVAS 系统包括服务器端和客户端等多个组件，其架构如图 15-1 所示。

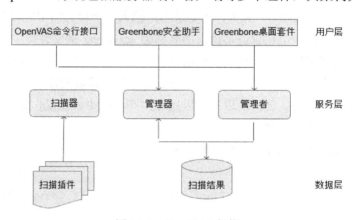

图 15-1　OpenVAS 架构

（1）服务层组件。

- openvas-scanner: 扫描器，负责调用各种漏洞检测插件，完成实际的扫描操作。
- openvas-manager: 管理器，负责分配扫描任务，并根据扫描结果生成评估报告。
- openvas-administrator: 管理者，负责管理配置信息以及用户授权等操作。

（2）用户层组件。

- openvas-cli: 命令行工具，负责提供从命令行访问 OpenVAS 服务层。
- greenbone-security-assistant: 安全助手，负责提供访问 OpenVAS 服务层的 Web 接口，便于通过浏览器来执行扫描任务，是使用最简便的客户层组件。
- Greenbone-Desktop-Suite: 桌面套件，负责提供访问 OpenVAS 服务层的图形界面，主要允许在 Windows 客户机中。

OpenVAS 提供了 3 种安装方式，第 1 种为虚拟机镜像，用户只要下载该镜像，然后在 VirtualBox、Hyper-V 或者 VMware 中直接导入该镜像即可使用。第 2 种为二进制软件包，OpenVAS 为 RHEL 以及 Ubuntu 等多种系统平台提供了二进制软件包，用户只要安装相应的软件包即可。第 3 种为源代码，用户需要下载源代码后自行编译安装。

由于 OpenVAS 为 Ubuntu 提供了二进制软件包，所以通过二进制软件包安装 OpenVAS 是一种最为方便快捷的方式。下面介绍如何在 Ubuntu 中通过 apt 命令安装 OpenVAS。

在安装 OpenVAS 之前，需要添加 OpenVAS 的 PPA 源，命令如下：

```
chunxiao@openvas:~$ sudo add-apt-repository ppa:mrazavi/openvas
```

添加完成之后，执行以下命令更新软件源：

```
chunxiao@openvas:~$ sudo apt update
```

然后执行以下命令安装 OpenVAS 9：

```
chunxiao@openvas:~$ sudo apt install openvas9
```

安装完成之后，执行以下命令同步数据：

```
chunxiao@openvas:~$ sudo greenbone-nvt-sync
chunxiao@openvas:~$ sudo greenbone-scapdata-sync
chunxiao@openvas:~$ sudo greenbone-certdata-sync
```

在执行上面命令的时候，由于下载大量的数据，所以需要花费较多的时间。

当所有数据同步完成之后，重新启动扫描器和管理器，命令如下：

```
chunxiao@openvas:~$ sudo service openvas-scanner restart
chunxiao@openvas:~$ sudo service openvas-manager restart
```

最后通过以下命令更新缓存：

```
chunxiao@openvas:~$ sudo openvasmd --rebuild --progress
```

经过上面的操作，OpenVAS 就安装好了，用户可以通过浏览器访问 OpenVAS 了。其中 OpenVAS 监听到端口为 4000，需要通过 HTTPS 访问。OpenVAS 的登录界面如图 15-2 所示。

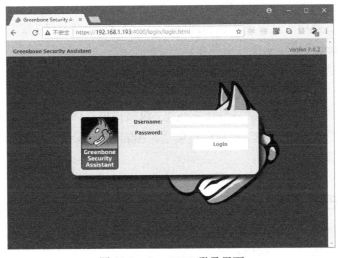

图 15-2　OpenVAS 登录界面

OpenVAS 默认的管理员账号和密码都为 admin。登录成功之后，会直接跳转到仪表盘，如图 15-3 所示。

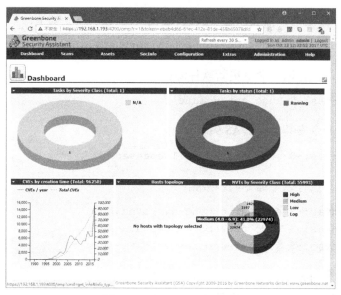

图 15-3　OpenVAS 仪表盘

15.5.2　OpenVAS 仪表盘

OpenVAS 的仪表盘包括 Dashboard、Scans、Assets、SecInfo、Configuration、Extras 以及 Administration 等菜单。其中 Dashboard 为总的仪表盘，显示整个系统当前的重要统计信息。Scans、Assets 和 SecInfo 这 3 个菜单也包含一个仪表盘，但是只是显示某个方面的概况。

Scans 菜单的主要功能是扫描管理，包括 Dashboard（仪表盘）、Tasks（扫描任务）、Reports（报告）以及 Results（结果）等菜单。

Assets 菜单的主要功能是管理主机和操作系统，包括 Dashboard（仪表盘）、Hosts（主机）以及 Operating System（操作系统）等菜单。

SecInfo 菜单主要包括各种与 IT 基础设施有关的安全信息，包括 NVTs（网络攻击测试）、CVEs（厂商和安全人员发布的一般攻击和漏洞）以及 CPE 标准命名等。

Configuration 菜单主要是管理各种配置信息，包括扫描目标、端口、凭据以及任务计划等。

Extras 菜单包括其他的一些功能和配置信息。Administration 菜单包括用户、用户组、角色以及认证方式管理。

15.5.3　扫描任务管理

单击 Scans→Tasks 菜单，打开任务管理界面，如图 15-4 所示。上面的图表为根据不同的标准对任务进行分类统计，下面的表格为任务列表。

图 15-4　任务管理界面

用户可以有两种方式创建扫描任务。首先，用户可以单击左上角的任务向导按钮，通过向导创建扫描任务。其次，用户还可以单击创建任务按钮，直接创建一个扫描任务。

如果用户对于创建任务操作不太熟悉，可以选择向导方式，如图 15-5 所示。

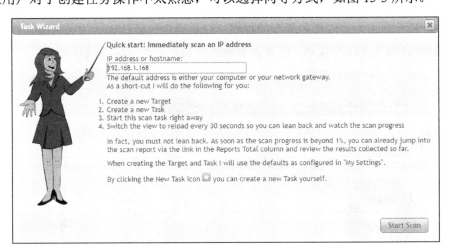

图 15-5　任务向导

在 IP address 或者 hostname 文本框中输入要扫描的主机的 IP 地址或者域名。单击 Start Scan 按钮，即可开始扫描指定的目标。

如果不想使用向导，则可以直接单击创建任务按钮，打开新建任务对话框，如图 15-6 所示。

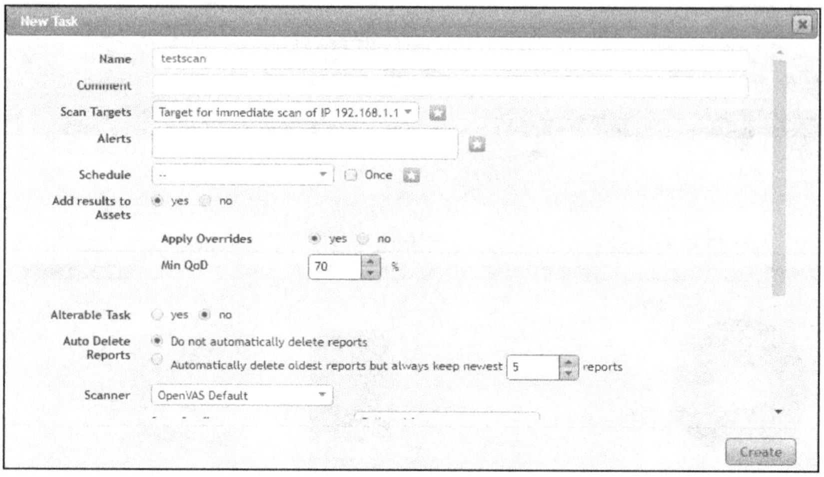

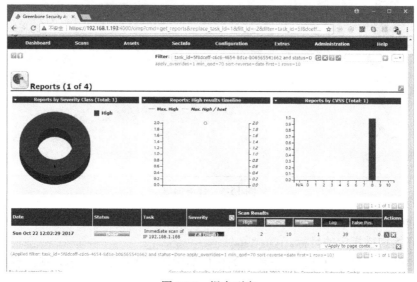

图 15-6　新建任务

在这种方式，用户可以控制更多的选项，例如任务名称、扫描目标、报警方式、计划任务以及扫描任务的并发控制等。设置完成之后，单击 Create 按钮即可开始扫描。

在任务列表的每一行后面，都有 6 个按钮，分别为开始/停止、继续、删除、编辑、克隆以及导出。

15.5.4　扫描报表

OpenVAS 会对每次扫描给出详细的报表。在扫描列表中，有一列名称为 Reports。该列分为 Total 和 Last 两列。Total 列显示了该项扫描任务总的报表数，其中括号前面的数字为已经完成的报表，括号中的为该项任务所有的报表。Last 列则为最近一次扫描的报告。

单击 Total 列括号前面的数字，打开报表列表页面，如图 15-7 所示。

图 15-7　报表列表

单击下面的报表列表的 Date 列，可以列出报表的详细信息，如图 15-8 所示。

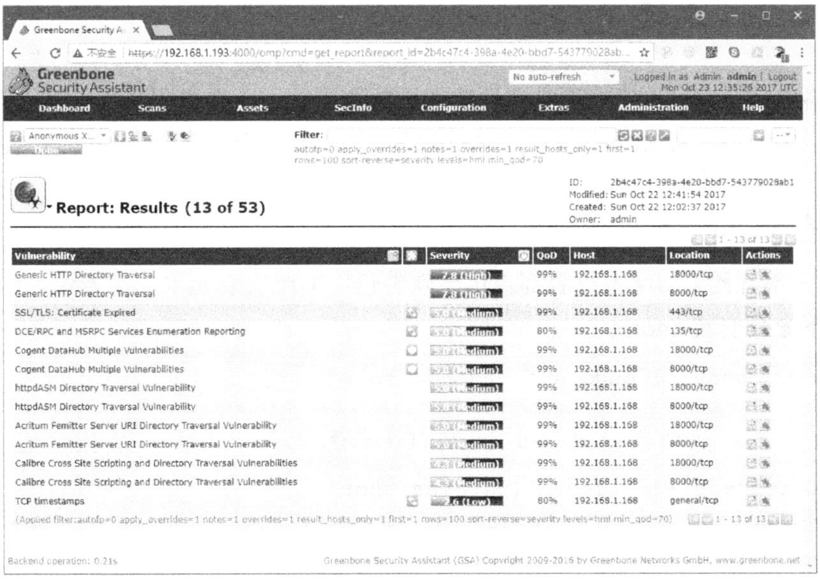

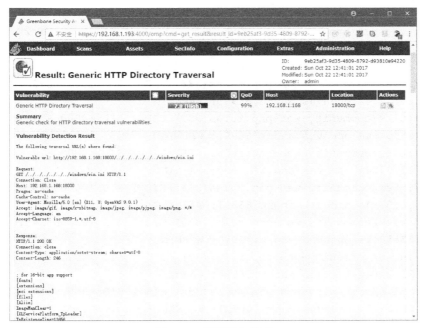

图 15-8　报表详细信息

图 15-8 列出了该次扫描发现的漏洞以及严重程度。通过左上角的下载按钮 ⬇，可以将报表导出为各种格式，例如 HTML、PDF 以及普通的文本等。单击 Vulnerability 列，可以打开该漏洞的详细情况，如图 15-9 所示。

图 15-9　漏洞详细情况

15.6 入侵检测

对于网络安全而言，入侵检测是一件非常重要的事情。入侵检测系统可以用来检测网络中恶意的请求。Snort 是一款非常有名的入侵检测系统。本节将详细介绍 Snort 的安装和配置方法。

15.6.1 安装 Snort

Snort 为大部分的 Linux 发行版都提供了软件包，因此安装起来非常方便。在 Ubuntu 中，可以使用以下命令安装 Snort：

```
chunxiao@openvas:~$ sudo apt install snort
```

安装完成之后，Snort 便以服务的形式运行在系统中：

```
chunxiao@openvas:~$ systemctl status snort
 snort.service - LSB: Lightweight network intrusion detection system
   Loaded: loaded (/etc/init.d/snort; bad; vendor preset: enabled)
   Active: active (running) since 一 2017-10-23 23:57:45 CST; 9min ago
     Docs: man:systemd-sysv-generator(8)
  Process: 6596 ExecStop=/etc/init.d/snort stop (code=exited, status=0/SUCCESS)
  Process: 6690 ExecStart=/etc/init.d/snort start (code=exited,
status=0/SUCCESS)
   CGroup: /system.slice/snort.service
           └─6704 /usr/sbin/snort -m 027 -D -d -l /var/log/snort -u snort -g
snort -c /etc/snort/snort.conf -S HOME_NET

10月 23 23:57:44 openvas snort[6699]: WARNING:
/etc/snort/rules/community-web-php.rules(386) GID 1 SID 100000820 in rul
10月 23 23:57:44 openvas snort[6699]: WARNING:
/etc/snort/rules/community-web-php.rules(387) GID 1 SID 100000821 in rul
10月 23 23:57:44 openvas snort[6699]: WARNING:
/etc/snort/rules/community-web-php.rules(388) GID 1 SID 100000822 in rul
10月 23 23:57:44 openvas snort[6699]: WARNING:
/etc/snort/rules/community-web-php.rules(389) GID 1 SID 100000823 in rul
10月 23 23:57:44 openvas snort[6699]: WARNING:
/etc/snort/rules/community-web-php.rules(390) GID 1 SID 100000824 in rul
10月 23 23:57:44 openvas snort[6699]: WARNING:
/etc/snort/rules/community-web-php.rules(391) GID 1 SID 100000825 in rul
10月 23 23:57:44 openvas snort[6699]: WARNING:
/etc/snort/rules/community-web-php.rules(392) GID 1 SID 100000826 in rul
10月 23 23:57:44 openvas snort[6699]: WARNING:
/etc/snort/rules/community-web-php.rules(393) GID 1 SID 100000827 in rul
10月 23 23:57:45 openvas snort[6690]:    ...done.
10月 23 23:57:45 openvas systemd[1]: Started LSB: Lightweight network intrusion
```

detection system.

Snort 有 3 种工作模式，分别为嗅探器、数据包抓取器和网络入侵检测系统。嗅探器模式仅仅是从网络上读取数据包并作为连续不断的流显示在终端上。数据包抓取器模式把数据包记录到硬盘上。网路入侵检测模式是最复杂的，而且是可配置的。可以让 Snort 分析网络数据流以匹配用户定义的一些规则，并根据检测结果采取一定的动作。

15.6.2　Snort 配置文件

Snort 默认的配置文件为/etc/snort/snort.conf。该配置文件定义了网络变量、解码器、基础检测引擎、预处理器、动态加载库、输出插件以及自定义规则等。

在 Ubuntu 中，网络变量被定义在一个单独的名称为 snort.debian.conf 的配置文件中，如下所示：

```
chunxiao@openvas:~$ sudo cat /etc/snort/snort.debian.conf
01 # snort.debian.config (Debian Snort configuration file)
02 #
03 # This file was generated by the post-installation script of the snort
04 # package using values from the debconf database.
05 #
06 # It is used for options that are changed by Debian to leave
07 # the original configuration files untouched.
08 #
09 # This file is automatically updated on upgrades of the snort package
10 # *only* if it has not been modified since the last upgrade of that package.
11 #
12 # If you have edited this file but would like it to be automatically updated
13 # again, run the following command as root:
14 #   dpkg-reconfigure snort
15
16 DEBIAN_SNORT_STARTUP="boot"
17 DEBIAN_SNORT_HOME_NET="192.168.1.0/24"
18 DEBIAN_SNORT_OPTIONS=""
19 DEBIAN_SNORT_INTERFACE="enp0s3"
20 DEBIAN_SNORT_SEND_STATS="true"
21 DEBIAN_SNORT_STATS_RCPT="root"
22 DEBIAN_SNORT_STATS_THRESHOLD="1"
```

第 17 行定义了需要检测的本地网络，第 19 行定义了需要检测的网络接口。

15.6.3　Snort 检测规则

Snort 依靠一系列的规则来检测入侵行为，这些规则位于/etc/snort/rules 目录中。Snort 已经预定义了许多类型的规则，如下所示：

```
chunxiao@openvas:~$ ls -l /etc/snort/rules/
total 1600
-rw-r--r-- 1  root      root     5520   6月 30 2015
attack-responses.rules
-rw-r--r-- 1  root      root     17898  6月 30 2015   backdoor.rules
-rw-r--r-- 1  root      root     3862   6月 30 2015
bad-traffic.rules
-rw-r--r-- 1  root      root     7994   6月 30 2015   chat.rules
-rw-r--r-- 1  root      root     249    6月 30 2015
community-ftp.rules
…
```

用户可以添加自定义的规则。一般情况下，自定义规则放在/etc/snort/rules/local.rules 文件中。

Snort 的规则一般都写在一个单行上面。如果某条规则被拆分成多行，则在行尾使用/分隔。
单条的 Snort 规则被分为两大部分：规则头和规则选项。规则头包含规则的动作、协议、源和
目标 IP 地址、子网掩码以及源和目标端口信息等。规则部分包含报警消息内容和匹配规则等。
图 15-10 描述了规则头的构成。

动作	协议	地址	端口	方向	地址	端口

图 15-10 规则头

下面首先看一条最简单的规则：

```
alert ip any any -> any any (msg: "ICMP Packet found";sid:234234342342)
```

上面的规则非常不实用，但是通过这条规则，可以让用户测试 Snort 能否正常工作。
该规则使得每当捕获一个 IP 数据包的时候都产生一个警告消息。

● alert: 表示数据包匹配后面的规则，就产生一条警告消息。
● ip: 表示规则将被用在所有的 IP 包上面。
● 第 1 个 any: 定义 IP 包源地址，表示来自任何一个 IP 地址的 IP 包都符合条件。
● 第 2 个 any: 定义源端口号。
● ->: 定义数据包传递的方向。
● 第 3 个 any: 定义目的地址，any 表示任何目的地址。
● 第 4 个 any: 定义目的端口号，any 表示任何端口。

括号内为规则选项，msg 表示匹配规则时发出的消息内容。
下面再看一条稍微复杂的规则：

```
alert tcp any any -> 192.168.1.0/24 111 (content:"|00 01 86 a5|"; msg: "mountd
access";)
```

在该规则中，匹配的协议为 TCP。目标地址为一个网络地址 192.168.1.0/24。圆括号中为

匹配选项，content 表示数据包内容中含有后面的字符。

15.6.4　测试 Snort

为了测试 Snort 是否正常工作，在/etc/snort/rules/local.rules 文件中插入以下一条规则：

```
alert ip any any -> any any (msg: "ICMP Packet found";sid:234234342342)
```

然后执行以下命令开始检测：

```
chunxiao@openvas:~$ sudo snort -A console -q -u snort -g snort -c
/etc/snort/snort.conf
```

如果从另外一台主机上面使用 ping 命令向该主机发送 ICMP 包，就会发现在控制台连续输出以下消息：

```
10/24-00:55:27.617145 [**] [1:382:7] ICMP PING Windows [**] [Classification:
Misc activity] [Priority: 3] {ICMP} 192.168.1.168 -> 192.168.1.193
10/24-00:55:27.617145 [**] [1:2306108358:0] ICMP Packet found [**] [Priority:
0] {ICMP} 192.168.1.168 -> 192.168.1.193
10/24-00:55:27.617145 [**] [1:384:5] ICMP PING [**] [Classification: Misc
activity] [Priority: 3] {ICMP} 192.168.1.168 -> 192.168.1.193
10/24-00:55:27.617145 [**] [1:1:0] ICMP packet detected! [**] [Priority: 0]
{ICMP} 192.168.1.168 -> 192.168.1.193
10/24-00:55:27.617198 [**] [1:2306108358:0] ICMP Packet found [**] [Priority:
0] {ICMP} 192.168.1.193 -> 192.168.1.168
10/24-00:55:27.617198 [**] [1:408:5] ICMP Echo Reply [**] [Classification: Misc
activity] [Priority: 3] {ICMP} 192.168.1.193 -> 192.168.1.168
```

在上面的消息中，192.168.1.168 为发送 ping 命令的主机的 IP 地址。上面的消息表示 Snort 已经能够正常工作。

 Snort 的规则比较简洁，读者可以参考相关的书籍更加深入地了解。